從解題著手懂配位化學

Dissecting Coordination Chemistry by Solving Problems

洪豐裕 著

國立中興大學出版中心
藝軒圖書出版社

國家圖書館出版品預行編目資料

從解題著手懂配位化學／洪豐裕著.--初版--臺中市：興大；
　新北市：藝軒, 2016. 07
　　面；　公分

ISBN 978-986-04-9030-5（平裝）

1. 化學

340　　　　　　　　　　　　　　　　　　　105010986

新聞局出版事業登記證局版台業字第一六八七號

從解題著手懂配位化學

（平裝）定價新臺幣 480 元

著　者：洪豐裕
總編輯：蘇小鳳
發行所：藝軒圖書出版社
發行人：薛富盛
出　版：國立中興大學
　　　　402台中市南區興大路145號
　　　　電話：(04)2284-0291
　　　　傳真：(02)2287-3454
　　　　服務信箱：press@nchu.edu.tw
　　　　藝軒圖書出版社
　　　　23144 新北市新店區寶高路 7 巷 3 號 2 樓
　　　　電話：(02) 2918-2288
　　　　傳真：(02) 2917-2266
　　　　網址：www.yihsient.com.tw
　　　　E-mail：yihsient@yihsient.com.tw
　　　　劃撥帳號：01062928
　　　　帳戶：藝軒圖書文具有限公司
　　　台北聯絡處
　　　　電話：(02) 2367-6824
　　　　傳真：(02) 2365-0346
　　　台中聯絡處
　　　　電話：(04) 2206-8119
　　　　傳真：(04) 2206-8120
　　　高雄聯絡處
　　　　電話：(07) 226-7696
　　　　傳真：(07) 226-7692
本公司常年法律顧問／魏千峰、邱錦添律師

二〇一六年七月初版
ISBN 978-986-04-9030-5
GPN 1010501022

作者簡介

　　本書作者洪豐裕教授畢業於國立清華大學化學系，當過國立台灣大學化學系研究助理一年。後來赴美留學，畢業於美國印地安納州 University of Notre Dame 化學系獲博士學位，並於俄亥俄州立大學 (Ohio State University) 化學系從事博士後研究兩年時間。從 1990 年起任教於中興大學化學系。期間，曾擔任中興大學化學系主任一職。除了無機組的相關科目教學外，作者也從事與有機金屬化學相關的研究工作。

謝誌

　　「無機化學」是一般大學化學系高年級生的必修課程。「配位化學」是「無機化學」的重要子領域，有些學校也提供大四選修「配位化學」，足見其重要性及困難度。很幸運地，大學時期「無機化學」授課老師是已故清華大學化學系張召鼎教授，他淵博的學術涵養讓筆者初窺「無機化學」的堂奧。張教授是一位博學又關心社會動態及科學教育的長者。另外，我也要感謝博士論文指導老師 Thomas P. Fehlner 教授，筆者就讀美國印地安納州 U. of Notre Dame 化學系當時 Fehlner 教授是系主任，他在忙碌的系務及研究中卻展現不慌不忙、從容不迫的做事態度，很值得學習，他是位有耐心又友善的紳士學者。我也要感謝已故的 Ohio State University 化學系的 Sheldon Shore 教授在我博士後研究期間的教導。他曾是多項美國化學界大獎的得主，但他不善交際也不喜歡演講，行事作風獨樹一格，卻天生很有幽默感，令人感懷。Notre Dame 和 Columbus 位處美國中西部，到秋季時份遍地紅黃色楓葉交錯，猶如西洋油畫景致，非常漂亮。那是一段令人懷念的求學時光。有人說留學生涯「窮而不苦」，是很貼切的描述。我也要感謝歷年來從我實驗室畢業的學生和博士後研究員，他們經常做出一些我沒有事先預期但卻又充滿趣味的實驗結果，這些新奇的發現也成為我們繼續不斷研究的動力。另外，中興大學化學系修過我開的相關課程的學生，也讓我學習到教學相長的功課。很高興此書能順利上市，能夠為臺灣的化學教育盡點心意，個人實感榮幸。當然，在這整個出版過程當中，中興大學圖書館出版組的黃俊升組長及李萌蘭小姐在聯繫和各種困難的排除上扮演關鍵角色，感謝兩位的辛勞。我也要感謝幫我校正的化學系陳炳宇教授及陳雅倩小姐。最後要謝謝幫助我使此工作能順利完成的每一位，包括家人、同事、學生及出版社人員。

中興大學化學系 洪豐裕
2016.03 於台中

前言

　　「配位化學」和「有機金屬化學」是無機化學課程的兩個重要子領域。「配位化學」的發展時間比「有機金屬化學」早，約於十九世紀末即已開始。早期，化學家對於所合成的「配位化合物」迥異於有機化合物的特殊構型、多采多姿的顏色、及有些配位化合物甚至具有磁性等等的特性感到困惑。為了要解釋這些化合物所展現的特殊性質，化學家開始正視鍵結理論的重要性，因而引發新的鍵結理論的發展。這個領域的發展也與某些配位化合物的優異催化能力有關，在學術界及工業界都有相當出色的應用。配位化合物也在某些生化醫藥上扮演重要的角色。近來，有些配位化合物則被當成催化劑應用在不對稱合成上，合成具有高附加價值的具有光學活性的藥物或材料。

　　初學配位化學的學子對於配位化合物的特殊構型、顏色及磁性現象可能和早期化學家一樣感到困惑，不容易抓住課文內容重點。有鑑於此，《從解題著手懂配位化學》乃針對配位化學課程內容以解題的方式帶入，期盼讀者能由解題的過程中迅速了解章節主要內容和重點。

　　撰寫這本《從解題著手懂配位化學》對我個人而言是項不小的挑戰。一方面，這門「配位化學」已有一百多年的歷史，資料非常豐富，如何在眾多的內容中做適當的章節取捨是個難題；另一方面，這是一門歷久彌新、推陳出新的學門，每隔一段時間都會有令人驚嘆的新發現及新應用出現，如何在有限篇幅中「容舊納新」，的確需要仔細斟酌。

　　本書在題材的編輯上偏重化合物的結構分析及鍵結理論的介紹，而化合物的合成方法，因個案太多且繁瑣，只舉一些重要者加以說明。

　　配位化學包含的領域範圍相當廣泛；很明顯地，以本書的篇幅無法完全涵蓋此領域的所有內容。本書的架構是依個人有限的知識及對特定內容偏好所選定編輯而成，難免有遺珠之憾。個人誠摯地希望這本《從解題著手懂配位化學》會是一本合適的配位化學課程輔助教材，並帶給讀者對學習配位化學的興趣及信心。

中興大學化學系 洪豐裕

2016.03 台中

目錄

第 1 章
配位化學簡介

「沒有理論指引的實驗家就像海員出海沒有羅盤或方向舵一樣。」(Without theory to guide him the experimenter is as lost as a sailor setting out without compass or rudder.) ─達文西 (Leonardo da Vinci, 1452-1519)

本章重點摘要

 ## 1.1 配位化合物

1.1.1 配位化合物 (Coordination Compound) 的定義

　　配位化合物 (Coordination Compound) 最直接的定義是：將帶有可參與鍵結價電子的**配位基**（**路易士鹼**，Lewis Base）以**配位共價鍵** (Dative Bond) 的方式鍵結到**路易士酸** (Lewis Acid) 的基團上（通常為金屬）所形成的化合物。所謂的配位共價鍵方式鍵結有別於**共價鍵**方式鍵結。前者配位基 (B) 提供兩個鍵結電子，而被鍵結的基團 (A) 不提供電子（圖 1-1(a)）；後者的鍵結方式是兩個基團（A 及 B）各提供一個電子來參與鍵結（圖 1-1(b)）。以配位共價鍵的方式鍵結會造成被配位的基團（如金屬）上的負電荷增加。以**形式電荷** (Formal Charge) 的觀點來看，每配位上一個類似的配位基，被配位的基團（如金屬）上的負電荷增加一。因而在某些情形下必須使用其他途徑將累積的負電荷疏散掉，以免太多負電荷累積在小空間產生斥力而造成分子不穩定。一個簡單的非金屬配位化合物的例子是 $N(CH_3)_3$ 和 BF_3 的鍵結，路易士鹼 ($N(CH_3)_3$) 以配位共價鍵的方式鍵結到路易士酸 (BF_3) 的基團上形成 $F_3B：N(CH_3)_3$。而金屬配位化合物的例子如將六個路易士鹼 (NH_3) 以配位共價鍵的方式鍵結到路易士酸 (Co^{3+}) 上形成 $[Co(NH_3)_6]^{3+}$。

A⬤○○**B**　　**A**○⬤⬤○**B**

圖 1-1　(a) 配位共價鍵：B 提供兩個鍵結電子，A 不提供電子；(b) 共價鍵：A 及 B 各提供一個電子參與鍵結。

從簡單的分子軌域理論 (Molecular Orbital Theory, MOT) 來建立**配位共價鍵**的鍵結模式和一般**共價鍵**的鍵結模式如下圖（**圖 1-2**）。從圖中可看出，一般共價鍵鍵結後能量比構成原子的原先能量降低很多，形成穩定鍵結（**圖 1-2b**）；而配位共價鍵鍵結比構成原子的原先能量降低不多（**圖 1-2a**）。因此，從分子軌域理論來看，一般共價鍵鍵結比配位共價鍵鍵結強。

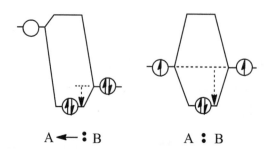

圖 1-2 (a) 配位共價鍵鍵結模式；(b) 一般共價鍵鍵結模式。

1.1.2 錯合物 (Complex)

在早期，**配位化合物**以當時化學家眼中認為「不尋常」的複雜結構及化學特性出現，化學家經常無法以當時慣用的化學鍵結規則（即**鏈狀理論**，Chain Theory）來描述這些化合物奇特的構型及化學特性，因此這類型化合物在當時被稱為 Complex（即錯綜複雜的化合物，或簡稱「錯合物」）。可見原先以中文翻譯而來的**錯合物** (Complex) 並沒有**錯誤** (Wrong) 化合物的含意。**配位化合物**和**錯合物**兩個名詞在一般**無機化學**教科書上經常被互用。

1.1.3 配位化合物和有機金屬化合物的差別

雖然，**配位化合物** (Coordination Compounds) 和**有機金屬化合物** (Organometallic Compounds) 兩者都是由**配位基**鍵結到**金屬**而形成，但嚴格來說有機金屬化合物和配位化合物仍有所區別。1963 年，**皮爾森 (Pearson)** 提出**硬軟酸鹼理論** (Hard and Soft Acids and Bases, HSAB)，簡化的結論即是「硬酸喜歡硬鹼，軟酸喜歡軟鹼」。一般而言，典型配位化合物如 $Co(NH_3)_6^{3+}$ 的中心金屬為高氧化態，被視為「硬」酸，且配位基 (NH_3) 被視為「硬」鹼；而有機金屬化合物如 $Cr(CO)_6$ 的中心金屬為低氧化態，被視為「軟」酸，且配位基 (CO) 被視為「軟」鹼。此處「硬」或「軟」酸鹼是根據皮爾森 (Pearson) 的硬軟酸鹼理論定義而來，和「強」或「弱」酸鹼定義有所不同。前者，是指基團外層電子被其它帶相反電荷離子**極化** (polarization) 的指標；而後者是指**解離質子** (H^+) 能力大小的指標。

典型的配位化合物如 $Co(NH_3)_6^{3+}$ 的中心金屬 (Co^{3+}) 為高氧化態。這類型化合物比較不厭氧，可在一般設備的反應桌面上執行合成步驟。另外一類型含金屬的化合物如典型的有機金屬化合物如 $Cr(CO)_6$，其中心金屬 (Cr^0) 為低氧化態比較厭氧。因而，有機金屬化合物必須在無氧的情況下（高眞空或在鈍氣下）執行反應。因爲技術層面上的要求比較高加上其他原因，導致有機金屬化學的發展比配位化學要來得晚上半個世紀左右。

1.2 配位化學早期發展過程

1.2.1 配位化學發展早期裘金生 (Jøgensen) 和華納 (Werner) 的爭論

在 19 世紀末，當**配位化學**發展初期仍未有先進可靠的科學儀器可供分析無機化合物的性質，包括最重要的分子構型。當時，兩位大師級的無機化學家，即**裘金生** (Jøgensen) 和**華納** (Werner)，爲了**配位化合物**的立體構型而有過一段精彩的科學上的論辯過程。最後是由華納提出的正八面體構型符合實驗觀察事實而勝出。

1.3 配位化合物的顏色與磁性

以金屬原子爲核心的**配位化合物** (Coordination Compounds) 和以碳原子爲核心的**有機化合物** (Organic Compounds) 性質上最明顯的不同在於，前者有鮮明的**顏色**及可能具有**磁性**，而絕大多數的後者沒有**顏色**也沒有**磁性**。配位化合物的顏色及磁性基本上是由過渡金屬上所具有的 d（或 f）軌域所引起的。

1.4 處理配位化合物相關的鍵結理論

解釋**配位化合物**鍵結的常見理論有三個，即早期的**結晶場理論** (Crystal Field Theory, CFT) 及後來發展的**價鍵理論** (Valence Bond Theory, VBT) 和**分子軌域理論** (Molecular Orbital Theory, MOT)。以完全離子模型爲基礎的結晶場理論後來被修正爲加入共價模型後稱爲**配位場理論** (Ligand Field Theory, LFT)。這些理論的優缺點將在下一章中會加以討論。

1.5 配位化學的應用與前景

1.5.1 配位化合物當催化劑

不論學術界或工業界都常使用含過渡金屬化合物（配位化合物和有機金屬化合物）來當催化反應的催化劑。偏好使用含過渡金屬的錯合物來當催化劑的理由很多，其中有：(a) 過渡金屬因含有 d（或 f）軌域而具有多方位的鍵結能力，使經由碰撞而產生反應的機率大增；(b) 配位基的選擇多樣化，可產生不同的**電子及立體效應** (Electronic and Steric effects)；(c) 不同的中心金屬氧化態，使氧化或還原反應更容易進行；(d) 中心金屬配位數變化多，使**加成**或**脫去反應**更容易進行。(e) 過渡金屬錯合物的金屬及配位基間的鍵能通常比較低，容易進行斷鍵或生成鍵，使反應容易進行。

化學家偏好使用由配位基所配位的過渡金屬錯合物來當催化劑，其中一個重要理由是配位基可以有多樣化的**電子**及**立體效應**。配位基的選擇性很多，可以有不同的鍵結原子，也可以單牙、多牙方式呈現，來和金屬鍵結形成穩定度不同的錯合物，甚至以具有**光學活性 (Optical Active) 配位基**的方式呈現，可用來進行**不對稱催化反應**。另外，選擇適當的**配位基**可讓過渡金屬錯合物在有機溶劑中（常用的反應環境）的溶解度增加，有利於反應進行。從這個角度來看，配位基在含過渡金屬的化合物中確實扮演著不可或缺的角色。

1.5.2 配位化合物當藥物

配位化合物本身被當成藥物使用最有名的例子可能是 Cisplatin，其結構為含鉑 (Pt) 金屬的**平面四邊形**化合物 *Cis*-Pt(NH$_3$)$_2$Cl$_2$（有中文翻譯稱之為**順鉑**），其中兩個 Cl$^-$ 及兩個 NH$_3$ 配位基分別在鉑金屬 *cis*-位置（**圖 1-3**）。Cisplatin 的發現及應用原理將在《充電站》中詳細討論。

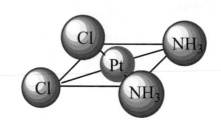

圖 1-3 Cisplatin 的平面四邊形構型。

1.5.3 配位化合物當特殊材料

化學家也使用配位化合物如 Ir(ppy)$_3$ 來當發光材料（**圖 1-4**）。這類典型配位化合物的特徵為有機發色團的配位體會吸收光的能量，並將其傳遞給金屬離子使其激發放光。

圖 1-4 類似正八面體構型的 Ir(ppy)$_3$。

1.5.4　配位化學前景

　　除了上述的應用外，近來化學家利用合成配位化合物的原理將其擴展，用來研究**生物配位化學** (Bio-coordination Chemistry) 包括模擬**人工血液**及**固氮酵素**等等。另外，化學家也利用透過分子**自組裝** (Self-assembly processes) 的概念，將配位化合物自行組裝聚合成有用的**分子孔洞材料** (Metal-Organic Framework, MOFs)。這些都是目前很重要的研究課題。

🔋 充電站

S1.1 華納 (Alfred Werner，1866-1919) 其人其事

華納 (Werner) 無疑地是科學史上最有天賦的化學家之一。於 1893 年，當時年僅 26 歲的華納即發表幾篇重要論文，闡述他所提出的**配位化學**的革命性理論。奠定了**無機化學**（更精確地說應該是配位化學）有關**配位化合物**結構的幾何形狀的基本理論。華納假設配位化合物容易形成**正八面體構型**。例如在錯合物 $Co(NH_3)_6Cl_3$ 中，六個配位基 NH_3 分子以配位共價鍵方式和中心 Co^{3+} 金屬離子鍵結形成**正八面體構型**，而三個 Cl^- 離子在正八面體構型外面以離子方式平衡中心 Co^{3+} 離子的電荷。華納也曾研究配位化合物的另一個重要屬性就是**結構異構物**的存在。他在 1907 年分離出 $[Co(NH_3)_4Cl_2]Cl$ 的二種**幾何異構物**，完全符合他的含 Co 金屬的配位化合物應該形成正八面體構型理論。這些成就讓華納於 1913 年贏得了**諾貝爾化學獎**。得獎理由是「為了表彰他特別是在對於分子內原子間的連結的研究工作，他的工作為早期無機化學研究投下曙光並開闢新的領域。」("in recognition of his work on the linkage of atoms in molecules by which he has thrown new light on earlier investigations and opened up new fields of research especially in inorganic chemistry"). 目前，瑞士**蘇黎世大學** (University of Zurich) 仍然保存著幾千個由華納和他的學生們花了幾十年時間所製備下來的配位化合物樣本。可惜，華納於 52 歲即因血管硬化而英年早逝。有部分原因和他長期吸食強烈雪茄及沉溺於酒精有關。聽說華納的脾氣也相當大，有一次一個學生為了自己畢業口試通過與否來辦公室找華納談論，因為華納在口試中問了很多看似刁難的問題，學生覺得情況不樂觀，故有此舉動。可能言談間起了衝突，華納竟然拿起自己的座椅丟向學生，足見其暴躁脾氣。是否真有其事，姑罔言之，姑罔聽之。現代的老師對學生的態度比起華納那時代顯然要友善多了。

其實，當初華納選用含 Co^{2+}/Co^{3+} 離子的配位化合物來發展配位化學理論還真是有點運氣。這類型的配位化合物幾乎都形成正八面體構型。如果選擇其他金屬可能會有其他構型出現，使其判斷的複雜性增高。這也說明選擇適當的研究題目是很重要的。

有關華納 (Werner) 的軼事可參考以下所列出的一篇論文。E. C. Constable, C. E. Housecroft, "Coordination Chemistry: the scientific legacy of Alfred Werner", *Chem. Soc. Rev.* **2013**, *42*, 1429-1439.

S1.2 裘金生 (Sophus Mads Jørgensen，1837-1914) 的風範

配位化學發展的初期，兩位大師級的化學家**裘金生**和**華納**為了**配位化合物**的構型而有一段科學上的精采的論辯過程。裘金生年紀比華納大很多，是一位優秀的合成化學家。相較之下，一般認為華納實驗室的合成能力比裘金生遜色很多。諷刺的是，裘金生所合成的一大堆配位化合物不但沒有支持自己相信的**鏈狀理論** (Chain Theory)，反而更加印證了華納所主張的配位化合物應具有正八面體構型理論的正確性。後來，裘金生承認自己對配位化合物構型的錯誤判斷，展現了一位受人尊重老化學家的風範。

S1.3　配位化學和有機金屬化學的區別

　　一般對於**配位化學**和**有機金屬化學**所涵蓋的範圍有常見的兩種觀點。其一，認為配位化學涵蓋有機金屬化學；其二，認為兩者雖有重疊的部分，但不互相涵蓋對方。個人認為第二種看法比較中肯（**圖 S1-1**）。因為，根據**皮爾森 (Pearson)** 的定義，有些含金屬化合物的**金屬**和**配位基**的屬性是介於「硬」和「軟」之間，很難區分。

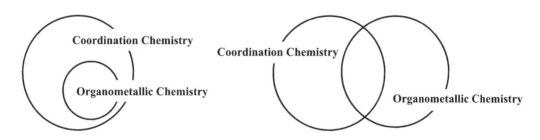

圖 S1-1　針對配位化學和有機金屬化學涵蓋範圍常見的兩種觀點。左圖：配位化學涵蓋有機金屬化學；右圖：兩者有重疊的部分，但不互相涵蓋對方。

S1.4　配位化學和有機金屬化學發展的時間序

　　無機化學的兩大領域即**配位化學**和**有機金屬化學**在發展的時間序上有將近約半世紀的差別（**圖 S1-2**）。其中**配位化合物**的中心金屬為高氧化態，不容易再氧化。可以在一般的環境下做實驗。而**有機金屬化合物**的中心金屬為低氧化態，容易被氧化。必須在無氧的環境下做實驗。後者的技術層面要求比較高，因此發展的時間會比較慢。除此之外，含有過渡金屬的有機金屬化合物的中心金屬和烷基容易進行所謂的 β-**氫離去步驟** (β-Hydrogen Elimination) 的分解機制，造成分子瓦解，也限制了此一領域科學的進展。所幸，後者的問題在 1950 年代獲得解決，有機金屬化學這領域才有接下來的快速發展。

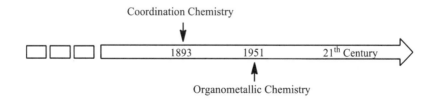

圖 S1-2　配位化學和有機金屬化學發展的時間序。

S1.5　抗癌藥物 Cisplatin 與羅森伯格 (Barnett Rosenberg)

　　Cis-Pt(NH$_3$)$_2$Cl$_2$ 是亮黃色的典型四配位錯合物，此化合物早在 1844 年即被前**蘇聯**化學家合成出來。但是真正的用途是在 60 年代（1964 年）才被**密西根州立大學** (Michigan

State Uuiversity) 的**羅森伯格** (Barnett Rosenberg) 發掘。再經過十幾年的努力後，抗癌藥品 Cisplatin 才於 1978 年上市，使 *Cis*-Pt(NH$_3$)$_2$Cl$_2$ 成爲配位化合物在癌症治療應用的最突出例子。

　　早期**羅森伯格**有興趣研究電場對細菌生長影響的主題。他們將培養皿內細菌以電流通過兩個鉑電極之間加以電擊再觀察細菌的變化（**圖 S1-3**）。令人訝異的是，他們發現在一個小時左右之後細菌停止細胞分裂。經過分析他們發現培養皿裡含有一種含鉑金屬的化合物可能是造成抑制細胞分裂的主因。因而，羅森伯格推斷此化合物可能可以作爲一種抗癌藥劑。

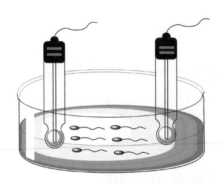

圖 S1-3　羅森伯格研究電場對細菌生長影響的培養皿示意圖。

　　Cis-Pt(NH$_3$)$_2$Cl$_2$ 的結構是中心鉑金屬分別被兩個 Cl$^-$ 及兩個 NH$_3$ 配位基在 *cis*-位置配位而形成的化合物（**圖 S1-4**）。在培養皿裡產生 *Cis*-Pt(NH$_3$)$_2$Cl$_2$（後來稱爲 Cisplatin）的可能原因是，原來不甚乾淨的培養皿內可能含有氨及氯離子的殘存（推測可能是 NH$_3$・HCl），再加上電極內有鉑金屬，少量的 Cisplatin 就意外地在培養皿裡產生出來了。

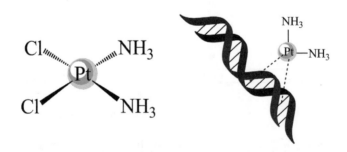

圖 S1-4　Cisplatin 及其抑制細胞分裂的示意圖。

　　此一觀察現象其實很容易就被其他人所忽略，而羅森伯格卻鍥而不捨地研究 Cisplatin 抑制細胞分裂的原因。原來，在細胞分裂過程中，雙鏈 DNA（去氧核糖核酸）將拆分爲兩條單鏈，每條單鏈再精確地複製相同鹼基順序的雙鏈 DNA。此時 Cisplatin 的作用機制即是在雙鏈 DNA 的個別鏈上的特定鹼基以螯合方式拉住，阻止其拆分為兩個單鏈。如此，細菌細胞成長到某一階段即無法繼續藉由分裂複製而老化死亡。Cisplatin 的反式異構體化合物 (*trans*-Pt(NH₃)₂Cl₂)，因配位基的相關位置不對，無法作為抗癌藥物。

可惜，服用 Cisplatin 當抗癌藥物可能導致嚴重的副作用，包括嚴重的腎功能受損等等。其他類似 Cisplatin 的配位化合物（如下圖）也被陸續開發出來研究其抗癌效率。一般的做法是將原先**單牙配位基** (NH₃) 改變成為**雙牙配位基**使分子更穩定（**圖 S1-5**）。

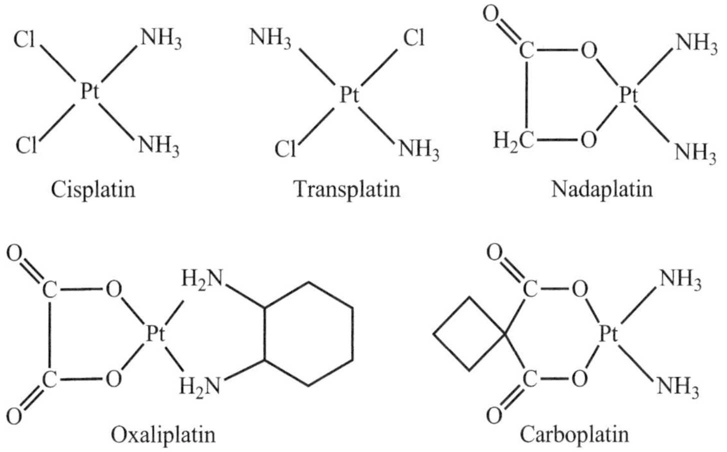

Cisplatin　　　　Transplatin　　　　Nadaplatin

Oxaliplatin　　　　Carboplatin

圖 S1-5　被開發出來的一些 Cisplatin 衍生物。

Cisplatin 用途的發現是一個有趣的「無心插柳柳成蔭」的故事。從這個藥物開發的例子也可看到羅森伯格的良好科學訓練、機警及鍥而不捨的精神。正如俗語所說：「運氣是給準備好的人預備的。」

S1.6　科學發展與儀器

科學儀器的出現有其時間順序（**圖 S1-6**)。如果早期**配位化學**發展當時即已經有了 X-ray 的技術（X- 光繞射儀於 1950 年代才開始商業化）則**裘金生和華納**的爭論很快就能平息。足見適當的儀器在科學發展上的重要性。另一個研究配位化學的重要儀器是**核磁共振光譜儀** (Nuclear Magnetic Resonance, NMR)，NMR 為相當昂貴且具多功能的精密儀器。一張化合物的 NMR 光譜圖包含**化學位移** (Chemical Shift)、**耦合常數** (Coupling Constant) 及**積分值** (Integration) 等資訊。化學家藉由這些光譜圖資訊來判斷此原子核所處之化學環境。另外，可使用靈敏的 SQUID (Superconducting Quantum Interference Device) 儀器來量測劑量很小的配位化合物的**磁化率** (Magnetic susceptibility)。

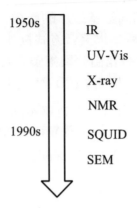

圖 S1-6 配位化學研究相關儀器發展時間序。

✎ 練習題

1. 請說明配位基 (Ligand) 的概念。

Please provide a concise explanation for the concept of "Ligand".

答：配位基是帶有可參與鍵結價電子的**鹼基**，當和金屬基團鍵結時提供電子參與鍵結。此種鍵結通常採取**配位共價鍵**的形態為之。

補充說明：配位基有單牙及多牙甚至環狀牙基或以具有**光學活性** (Optical Active) 牙基等等不同的類型方式呈現。

2. 什麼是皮爾遜 (G. Pearson) 的硬軟酸鹼理論 (Hard Soft Acids and Bases theory, HSAB)？

What is the Pearson's "Hard Soft Acids and Bases theory (HSAB theory)"?

答：皮爾森 (Pearson) 於 1963 年提出**硬軟酸鹼** (Hard and Soft Acids and Bases theory) 理論。簡單地說，即是「硬酸喜歡硬鹼，軟酸喜歡軟鹼」。**配位基**是路易士鹼，金屬是路易士酸。

補充說明：注意**硬軟酸鹼** (Hard and Soft Acids and Bases) 和**強弱酸鹼** (Strong and Weak Acids and Bases) 的定義不同。硬軟酸鹼是指陰陽離子（團）是否容易被具有相反電荷離子（團）所極化的程度。容易被極化的為**軟**，反之為**硬**；**強弱酸**是指解離質子 (H^+) 的程度，解離大的為**強酸**，反之為**弱酸**；**強鹼**是指解離氫氧離子 (OH^-) 的程度大的鹼，反之為**弱鹼**。

3. 請適當地定義配位化合物 (Coordination Compound)。

Please provide a suitable definition for "Coordination Compound".

答：配位化合物是由**配位基**以**配位共價鍵**方式鍵結到**金屬**所形成的化合物。

補充說明：配位化合物上也有可能有其他取代基以別種方式（如一般共價鍵方式）鍵結到金屬上。

---

4. 解釋高氧化態金屬是強的路易士酸和硬酸。

High valence metal is a strong "Lewis Acid" as well as a "Hard Acid". Explain it.

答：高氧化態金屬將電子密度更拉近金屬的中心，使電子密度更難被極化。根據**皮爾森** (Pearson) 的**硬軟酸鹼理論** (Hard Soft Acids and Bases theory, HSAB) 來定義，它是**硬酸**。高氧化態金屬容易吸引**路易士鹼**（配位基）提供的電子密度。因此，高氧化態金屬也是**強路易士酸**。

---

5. 解釋高氧化態金屬在水溶液中也可被視爲阿瑞尼亞斯 (Arrhenius) 的酸。

A metal with high oxidation state in aqueous solution could be also regarded as an Arrenhius' acid. Explain.

答：高氧化態金屬會和水的鍵結更強，使水解反應更容易發生，釋放出質子。$M^{n+} + mH_2O$
$\rightarrow M(H_2O)_m^{n+} \rightarrow M(OH)(H_2O)_{m-1}^{(n-1)+} + H^+$。因此，高氧化態金屬在水溶液中被視爲**阿瑞尼亞斯** (Arrhenius) 酸。當釋放的質子數越多，酸性越強。

---

6. 從金屬的 HOMO-LUMO 能階差的角度來解釋硬酸。

Explain the concept "Hard Acid" of a metal complex from the viewpoint of "HOMO-LUMO gap".

答：金屬的 HOMO-LUMO 能階差越大，表示其上的電子越不容易被移走，即是金屬的電子密度不容易被極化。根據**皮爾森** (Pearson) 的**硬軟酸鹼理論** (Hard Soft Acids and Bases theory, HSAB) 來定義，電子密度不容易被極化，是爲**硬酸**。因此，金屬的 HOMO-LUMO 能階差越大，越是硬酸。

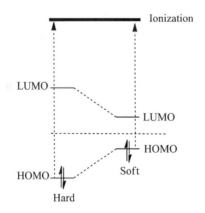

7. 從電負度 (electronegativity) 的角度來解釋金屬為硬酸的情形。

Explain the concept "Hard Acid" from the viewpoint of "electronegativity" for metal.

答： 金屬原子具有高的電負性，表示其上的電子越不容易被拉走，即是電子密度不容易被極化。根據皮爾森 (Pearson) 的硬軟酸鹼理論 (Hard Soft Acids and Bases theory, HSAB) 來定義，金屬具有高的**電負度**，是為硬酸。

8. 根據皮爾森 (G. Pearson) 的硬軟酸鹼理論 (Hard Soft Acids and Bases theory, HSAB) 來定義配位化合物 (Coordination Compound)。

Provide a proper definition for "Coordination Compound" according to Pearson's "Hard Soft Acids and Bases theory (HSAB theory)".

答： 根據皮爾森 (Pearson) 的硬軟酸鹼理論 (Hard Soft Acids and Bases theory, HSAB)，配位化合物的中心金屬為高氧化態，為「硬」酸，且配位基為「硬」鹼。

補充說明： 根據皮爾森 (G. Pearson) 的硬軟酸鹼理論 (Hard Soft Acids and Bases)，配位化學可視為「硬酸－硬鹼」的化學。而**有機金屬化學**是「軟酸－軟鹼」的化學。

9. 根據皮爾森 (G. Pearson) 的硬軟酸鹼理論 (Hard Soft Acids and Bases) 說明配位化合物 (Coordination Compounds) 和有機金屬化合物 (Organometallic Compounds) 的區別。

Could you tell the differences between "Coordination Compounds" and "Organometallic Compounds" according to Pearson's "Hard Soft Acids and Bases theory (HSAB theory)"?

答： 根據皮爾森 (Pearson) 的硬軟酸鹼理論 (Hard Soft Acids and Bases theory, HSAB)，通常**配位化合物**的中心金屬為高氧化態，為「硬」酸，且配位基為「硬」鹼；而**有機金屬化合物**的中心金屬為低氧化態，為「軟」酸，且配位基為「軟」鹼。

10. 說明配位化學 (Coordination Chemistry) 的發展比有機金屬化學 (Organometallic Chemistry) 更早的原因。

The development of "Coordination Chemistry" is earlier than "Organometallic Chemistry". Please provide your reason for it.

答： **配位化合物**的中心金屬為高氧化態，不容易再氧化，可以在一般的環境下做實驗。而**有機金屬化合物**的中心金屬為低氧化態，容易被氧化，必須在無氧的環境下做實驗。

後者的技術層面要求比較高，因此發展的時間會比較慢。另外，有機金屬化合物的合成常受到所謂的 β-氫離去步驟 (β-Hydrogen Elimination) 的分解機制的影響，常常造成合成的分子瓦解，限制了早期**有機金屬化學**的發展。

---

11. 請說明一般共價鍵 (Covalent Bond) 比配位共價鍵 (Dative Bond) 的鍵結較強的原因。

The strength of a "Covalent Bond" is always stronger than that of a "Dative Bond." Please provide a reason for it.

答： 一般**共價鍵**為參與鍵結的 A 和 B 方，各帶一個電子來參與。**配位共價鍵**為參與鍵結的 A 方（路易士鹼）帶兩個電子來，而 B 方（路易士酸）不帶電子來參與鍵結。後者方式（配位共價鍵），兩者（A 和 B 方）能量差距大，形成鍵結的強度較弱。

補充說明： 另一種看法是從軌域能量來看。左圖為一般**共價鍵** (Covalent Bond) 的**鍵結軌域能量圖**。因參與鍵結的 A 和 B 方，各帶一個電子來參與，可以形成比較穩定的基態。右圖為配位共價鍵 (Dative Bond) 的鍵結軌域能量圖。不帶電子的 B 方能量高，帶電子的 A 方能量低，形成基態時穩定度小。前者比後者穩定，鍵結較強。

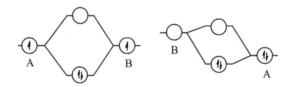

---

12. 在配位化學發展的早期配位化合物又稱為「錯合物」，原因為何？

In its early stage of the development of "Coordination Chemistry", "Coordination Compounds" were also called as "Complexes". Explain it.

答： 在早期，配位化合物以「不尋常」的複雜結構及化學特性出現，似乎無法以當時常用的化學鍵結規則來描述的構型，因而被稱為「錯綜複雜的化合物 (Complex)」。配位化合物以當時的化學家而言是**錯綜複雜** (Complex) 的化合物，但不是**錯誤** (Wrong) 的化合物。

補充說明： **配位化合物** (Coordination Compound) 和**錯合物** (Complex) 這兩個名詞在配位化學領域裡頭常常被混用，其意義是一樣的。

13.
簡述配位化學發展初期裘金生 (Jøgensen) 和華納 (Werner) 的爭議。

Briefly describe the argument between Jøgensen and Werner during the early stage of the development of "Coordination Chemistry".

答：早期**配位化學**發展的兩位代表性人物是**裘金生** (Jøgensen) 和**華納** (Werner) (1866-1919)。裘金生是老一輩的化學家，受到當時**鏈狀理論** (Chain Theory) 的影響，認為分子構型應該像有機化合物一樣是鏈狀的。華納是年輕一輩的化學家，比較不受當時鏈狀理論的影響，認為配位化合物分子應該是立體的，最有可能是**正八面體**。其中一個有名的實驗是合成 $CoCl_3 \cdot 6NH_3$ 分子。裘金生認為此分子應該是多鏈狀的，如同這樣的排列方式：

$$Co \begin{cases} NH_3-Cl \\ NH_3-NH_3-NH_3-NH_3-Cl \\ NH_3-Cl \end{cases}$$

華納則認為此分子應該是立體的**正八面體**形狀，Co 的周遭有六個 NH_3 配位，外圍有三個 Cl^- 離子。

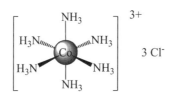

在配位化學發展早期，華納認知一些含 Co^{3+} 錯合物 ($CoCl_3 \cdot nNH_3$，n = 3~6) 有不同比例組成的配位基 NH_3 及 Cl^-。這些配位化合物都含有 NH_3，然而卻不會和 HCl 反應。推斷在這些配位化合物中配位基 NH_3 和金屬 Co^{3+} 鍵結強，不易解離。將這些配位化合物和 $AgNO_3$ 反應形成 AgCl 沉澱，具有離子特性的 Cl^-，會產生 AgCl 沉澱。在 $CoCl_3 \cdot 6NH_3$ 分子，有 3 個具離子特性的 Cl^-，產生 3 莫耳的 AgCl 沉澱。在 $CoCl_3 \cdot 5NH_3$ 分子，有 1 個具配位共價鍵特性的 Cl^-，及有 2 個具離子特性的 Cl^-，產生 2 莫耳的 AgCl 沉澱。其餘類推。華納認為這些配位化合物是以正八面體六配位方式來形成鍵結。先由強的配位基 NH_3 填入，剩下的位置再以弱配位基 Cl^- 填入，無法填入的 Cl^- 則當陰離子。此實驗結果比較符合華納認為分子是正八面體的假設。裘金生的多鏈狀的排列方式無法解釋此實驗結果。科學理論必須符合實驗結果。華納在這場和裘金生的科學競爭中最後勝出。

$CoCl_3 \cdot 6NH_3$ + excess $Ag^+ \rightarrow$ 3 AgCl ↓

$CoCl_3 \cdot 5NH_3$ + excess $Ag^+ \rightarrow$ 2 AgCl ↓

$CoCl_3 \cdot 4NH_3$ + excess $Ag^+ \rightarrow$ 1 AgCl ↓

<table>
<tr><td rowspan="2">14.</td><td>簡單說明以下名詞：(a) 配位數 (C.N., Coordination Number)；(b) 氧化數 (O.N., Oxidation Number)。</td></tr>
<tr><td>Briefly describe the following terms: (a) C.N. (Coordination Number)；(b) O.N. (Oxidation Number)</td></tr>
</table>

答：(a) **配位化合物**是由**配位基**鍵結到金屬所形成的化合物。配位基鍵結到金屬的個數是**配位數** (C.N., Coordination number)；(b) 中心金屬的價數（氧化態）是**氧化數** (O.N., Oxidation number)。如在 $[Pt(NH_3)_3Cl]Cl$ 中，配位數為 4；氧化數為 +2。

<table>
<tr><td rowspan="2">15.</td><td>即使擁有相同種類及個數配位基的配位化合物，因配位基所在的位置不同，則其化學性質也不同，例如 $CoCl_3 \cdot 4NH_3$。說明在配位化學發展初期，華納 (Werner) 如何利用此特性來建立他的配位化合物模型，他的模型是以六配位正八面體方式來形成鍵結。</td></tr>
<tr><td>Chemical properties of "Coordination Compounds" might be different although the same type and number of ligands are coordinated to the same metal such as $CoCl_3 \cdot 4NH_3$. How did Werner use this property to construct his model of octahedral six-coordinated metal complex?</td></tr>
</table>

答：具有相同分子式的 $CoCl_3 \cdot 4NH_3$ 分子被發現有兩種顏色，這表示此分子具有**兩種異構物**。

Complex	Color	Early name
$CoCl_3 \cdot 4NH_3$	Green	Praseo complex
$CoCl_3 \cdot 4NH_3$	Violet	Violeo complex

華納 (Werner) 將 $CoCl_3 \cdot 4NH_3$ 分子和 $AgNO_3$ 反應形成一當量的 AgCl 沉澱，表示有一個 Cl^- 具有離子特性的，另外兩個 Cl^- 不具有離子特性。因此，金屬中心接 4 個 NH_3 及 2 個 Cl^- 共 6 個配位基。當 $CoCl_3 \cdot 4NH_3$ 分子是以正八面體的方式存在時，具有兩種**結構異構物**，符合華納 (Werner) 的假設。後來從其他相關實驗結果來看，$CoCl_3 \cdot 4NH_3$ 分子的確是以正八面體的方式存在。

補充說明：當時並沒有 X-ray 的技術，能夠從其他間接方式推導出配位化合物分子為正八面體的構型，足見華納很有科學洞察力。

16.

說明如果華納在當時遭遇到的配位化合物除了有六配位外，尚有四配位的情形，可能對他發展的理論的影響。

What could be the outcome of the Werner's theory of Coordination Chemistry if he encountered the fact that the metal complexes could be existed in four-coordinated besides six-coordinated forms?

答：**華納**的**配位化學**理論完全奠基在**配位化合物**為六配位的**正八面體**構型上。如果他同時要處理有六配位的正八面體構型及四配位的**正四面體**或**平面四邊形**的構型時，他的**配位數**的概念會產生混淆，增加理論發展過程的複雜性。其實，華納所處的年代已有平面四邊形構型的分子存在，而他的研究主要集中在 $Co^{2+/3+}$ 系統，這些配位化合物絕大多數為六配位正八面體構型。華納選擇了適當的研究題目，對他的後續理論推導很重要。

17.

以 $[Pt(NH_3)_3Cl]Cl$ 為例，說明即使相同種類配位基因其配位位置不同，其化學性質也可能不同。

Using $[Pt(NH_3)_3Cl]Cl$ as an example to illustrate that chemical properties of the same type of ligands might be different before and after coordinating to metal at different environments.

答：在 $[Pt(NH_3)_3Cl]Cl$ 中，雖然有兩個相同的 Cl^-，但卻是各為不同類型的鍵結模式。其一是直接和 Pt 配位形成共價鍵，其二是當成陰離子。後者和 Ag^+ 反應形成 AgCl 沉澱，而前者不會。

18.

配位基以配位共價鍵方式和金屬鍵結後，經常導致配位基的化學性質的改變。請舉例說明之。

The chemical properties of ligands might be changed dramatically after coordinating to metals through dative bond. This is a common observation for Coordination Compounds containing transition metals. Explain.

答：形成配位化合物後，通常原來配位基本身的特性改變。如原來具有劇毒性的 CN^- 在配位化合物 $Fe_4[Fe(CN)_6]_3(aq)$ 中當配位基後不再具有毒性；在配位化合物 $[Co(NH_3)_4Cl_2]Cl$ 中內層的 Cl^- 不再具有離子性，不會和 $AgNO_3$ 形成 AgCl 沉澱。

> 以下爲實驗觀察現象。一個粉紅色固體分子式爲 $CoCl_3 \cdot 5NH_3 \cdot H_2O$。在水溶液也是粉紅色，被硝酸銀 ($AgNO_3$) 溶液滴定，迅速產生 3 mol $AgCl$ 沉澱。粉紅色的固體加熱時會失去 1 mol H_2O 而得到紫色的固體。當紫色固體被硝酸銀 ($AgNO_3$) 溶液滴定，迅速產生 2 mol $AgCl$ 沉澱。試著繪出兩個正八面體錯合物的結構。

19.

> There are several experimental observations as the follows. A pink solid has the chemical formula of $CoCl_3 \cdot 5NH_3 \cdot H_2O$. Three molar equivalents of AgCl precipitation was observed while the solution of this salt was titration with silver nitrate ($AgNO_3$) solution. This pink solid lost one molar equivalent of H_2O and to yield a purple solid with the same ratio of NH_3:Cl:Co while it was heated. Two molar equivalents of AgCl precipitation was observed while the solution of this purple solid was titration with excess silver nitrate ($AgNO_3$) solution. Draw out the structures of these two octahedral complexes.

答： 第一個粉紅色固體分子式可寫成 $[Co(NH_3)_5(H_2O)]Cl_3$，如左下圖。金屬 Co^{3+} 和配位基 NH_3 有強鍵結，而和配位基 H_2O 有弱鍵結。另有 3 個具離子特性的 Cl^-，和 $AgNO_3$ 反應可產生 3 莫耳的 $AgCl$ 沉澱。加熱後，弱配位基 H_2O 解離，由其中一個外圍 Cl^- 離子取代其位置，形成 $[Co(NH_3)_5(Cl)]Cl_2$ 紫色的固體，如右下圖，只剩 2 個具離子特性的 Cl^-，可和 $AgNO_3$ 反應產生 2 莫耳的 $AgCl$ 沉澱。

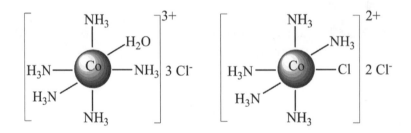

> 含有結晶水的氯化鉻的化學組成爲 $CrCl_3 \cdot 6H_2O$。在沸騰的氨溶液 (NH_3) 中，此化合物變成紫色，且具有和 $[Co(NH_3)_6]Cl_3$ 相似的莫耳電導度。相反地，$CrCl_3 \cdot 5H_2O$ 是綠色，在溶液中具有較低的莫耳電導度。在稀釋的酸性溶液中幾個小時內，它就會變成紫色。請解釋這些觀察現象與結構的關係。

20.

> A chromium complex is having the chemical formula of $CrCl_3 \cdot 6H_2O$. In boiling ammonia solution, it exhibits violet color and has similar molar electrical conductivity to that of $[Co(NH_3)_6]Cl_3$. The chemical formula of another chromium complex is $CrCl_3 \cdot 5H_2O$. The color is green and has lower molar conductivity in solution. It turns into violet, if the green complex is allowed to be reacted in a dilute acidified solution for several hours. Interpret these observations and draw out their possible structures.

答：第一個固體分子式可寫成 $[Cr(H_2O)_6]Cl_3$。金屬 Cr^{3+} 和配位基 H_2O 有弱鍵結。另有 3 個
具離子特性的 Cl^-，如左下圖。在沸騰的氨溶液中，弱配位基 H_2O 被強配位基 NH_3 取
代，形成 $[Cr(NH_3)_6]Cl_3$，如右下圖。因為配位環境不同，顏色應該不同。

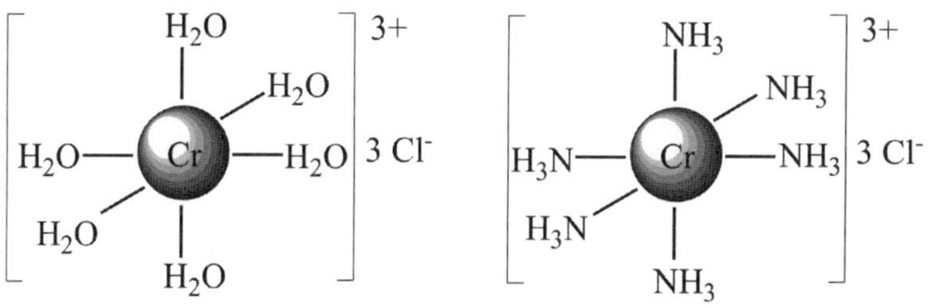

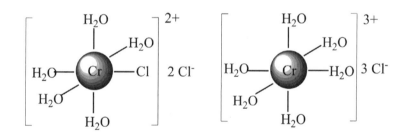

$CrCl_3 \cdot 5H_2O$ 可寫成 $[Cr(H_2O)_5(Cl)]Cl_2$。有五個配位基 H_2O 及一個配位基 Cl^-。另有 2
個具離子特性的 Cl^-，如左下圖。$[Cr(H_2O)_5(Cl)]Cl_2$ 比 $[Cr(H_2O)_6]Cl_3$ 有較低的莫耳電導
度。因為配位環境不同，顏色為綠色。$[Cr(H_2O)_5(Cl)]Cl_2$ 在稀釋的酸性溶液中幾個小時
轉變成 $[Cr(H_2O)_6]Cl_3$，如右下圖。因為金屬中心的配位環境和 $[Cr(H_2O)_6]Cl_3$ 相同，顏
色和第一個固體 $[Cr(H_2O)_6]Cl_3$ 相同，為紫色。

21. 簡述電中性原理 (The Electroneutrality Principle)。

Briefly describe the term: The Electroneutrality Principle.

答：**電中性原理**是指分子內各組成的原子的電荷愈接近中性越好。由**配位基**鍵結到金屬所
形成的**配位化合物**，其中心金屬接受太多的電子密度，造成不穩定，需以其他方式將
過多的電子密度移走，使分子內各組成的原子的電荷愈接近中性越好。在配位化合物
中如果**配位基**有 π-**逆鍵結** (backbonding) 能力者可以藉由 π-逆鍵結方式將過量電子密
度從中心金屬移走。

22. 說明 18 電子規則 (18-Electron Rule)。

Explain "18-Electron Rule" for transition metal compounds.

答： 在過渡金屬化合物中有所謂的**十八電子規則** (18-Electron Rule)。這規則可視爲從**路易士結構理論**的**八隅體規則** (Octet Rule) 的概念延伸過來的。而第一列過渡金屬元素（除了比較前面及後面的元素外）則大部分遵守此規則，即原子外層共用價電子數達到 18 個。因其一個 4s、三個 4p 及五個 3d 軌域共九個軌域，共需要填入十八個電子才能完全填滿價殼層，價殼層填滿十八個電子分子比較穩定。

23. 古典配位化合物如 $Fe(H_2O)_6^{2+}$ 其金屬周圍雖共有十八個價電子，仍不被視爲遵守 18 電子規則。請解釋。

Classical coordination complex such as $Fe(H_2O)_6^{2+}$ cannot be regarded as obeying the "18-Electron Rule" in strict sense. Provide a proper explanation for it.

答： 在配位金屬化合物如 $Fe(H_2O)_6^{2+}$ 雖然總價電子數目爲十八電子，仍不被視爲遵守十八電子規則。原因是 H_2O 爲弱場配位基，$Fe(H_2O)_6^{2+}$ 內有「尚未成對」的電子，不符合十八電子規則需達到鈍氣組態，電子須配對，分子必須爲逆磁性的概念。

24. 請由游離能 (ionization energies)、電子親合力 (electron affinities) 與電負度 (electronegativities) 之間的關係來考慮，如果增加一些 d 軌域成份於原子的混成 (Hybridization) 的百分比中，結果會提高或降低原子的電負度？例如，當硫中心被視爲是 sp^3 或 sp^3d^2 混成時，何時電負度較大？

Would you expect the electronegativity of central atom be raised or lowered while incorporating d-orbital character into the hybridization of central atom in which originally employs s- and p-orbitals only? In other words, for a sulfur atom which do you expect to be more electronegative while in its sp^3 or sp^3d^2 hybridization form? [Hint: The relationships among ionization energies, electron affinities, and electronegativities shall be all taken into consideration.]

答： **游離能**、**電子親合力**與**電負度**之間的關係都和**有效核電荷** (Effective Nuclear Charge, Z*) 有關，即和原子軌域的**穿透效應** (Penetration Effect) 有關，相同主量子數的 s 軌域電子密度比其他**角動量子數**大的軌域（如 p 或 d）更易穿透原子外層，而更接近原子核，因爲正負吸引力不同，使雖然具有相同**主量子數**的軌域能階仍然產生差別。例如，從原子核的觀點視之，3s 軌域在接近原子核附近出現電子機率比其他軌域（如 3p 或 3d）大。換言之，從原子外層的角度視之，3s 軌域電子比其他軌域（如 3p 或 3d）

更易穿透接近原子核。軌域能量順序 3s < 3p < 3d。如果混成增加一些 d 軌域成份的百分比於其中，會降低**電負度**。當硫中心被視為 sp³ 混成時比 sp³d² 混成其電負度較大。

---

25. 根據皮爾森 (G. Pearson) 的硬軟酸鹼理論 (Hard Soft Acids and Bases)，BH_3 的硼原子被視為軟酸；而 BF_3 中的硼原子被認為是硬酸。哪個硼化物會和 NF_3 有較強的結合？

According to the Pearson's Hard Soft Acids and Bases theory (HSAB theory), the boron atom of BH_3 is considered to be a "soft acid" while the boron atom in BF_3 is regarded as a "hard acid". Which one, BH_3 or BF_3, will have stronger bonding with NF_3?

答：F 原子的**電負度**大，其拉電子能力使 N 上的孤對電子不容易被極化，NF_3 被視為**硬鹼**。同理，BF_3 被認為是**硬酸**。根據**皮爾森 (G. Pearson)** 的**硬軟酸鹼理論**，硬酸喜歡硬鹼，軟酸喜歡軟鹼。因此，BF_3 和 NF_3 有較強的結合。

補充說明：F^- 的電負度比 H^- 大，使 B 外層電子被拉住，不易極化。因此，BF_3 被視為比 BH_3 更硬的酸。

---

26. 首先，請定義共生 (Symbiosis)。接著，採用共生的概念來預測以下反應的方向。（K > 1 或 < 1）。

$BH_2F + BHF_2 \Leftrightarrow BH_3 + BF_3$

Please provide a proper definition for the concept of "Symbiosis". Using this idea of "Symbiosis" to predict the reaction direction for the following reaction. (K > 1 or < 1).

$BH_2F + BHF_2 \Leftrightarrow BH_3 + BF_3$

答：以上述反應為例，共生 (Symbiosis) 的涵義是硬的取代基如 (F) 會使硼原子變成更硬，更願意接上硬的取代基如 (F)。所以，BF_3 比較穩定。同理，軟的取代基如 (H) 會使硼原子變成更軟，更願意接上軟的取代基如 (H)。所以，BH_3 比較穩定。綜合而言，BF_3 + BH_3 比 $BH_2F + BHF_2$ 穩定，平衡往右 (K > 1)。反之，如果以**亂度 (ΔS)** 因素考量，平衡方向應該往左才對 (K < 1)。所以，在這裡**能量因素（共生效應）比亂度因素重要**。

補充說明：此處的共生和生物學上共生的涵義不同。

---

27. $N(C_3H_7)_3$ 鹼性比 NH_3 強。然而，$N(C_3H_7)_3$ 和路易士酸 $B(C_3H_7)_3$ 結合時卻展現比 NH_3 更為弱鹼性的傾向。說明之。

In general, the basicity of $N(C_3H_7)_3$ is stronger than NH_3. However, $N(C_3H_7)_3$ exhibits weaker basicity tendency toward Lewis acid, $B(C_3H_7)_3$, than NH_3. Explain.

答：丙基 (C_3H_7) 比氫 (H) 提供更多電子密度給中心氮原子，所以 $N(C_3H_7)_3$ 的鹼性比 NH_3 較大，理論上和**路易士酸** $B(C_3H_7)_3$ 結合時應該較強。然而，因丙基取代基比較大，$N(C_3H_7)_3$ 和 $B(C_3H_7)_3$ 結合時取代基之間的排斥力使鍵結減弱，結果反而似乎是 $N(C_3H_7)_3$ 鹼性變小。所以，在這裡**立體障因素** (Steric Effect) 比**電子效應** (Electronic Effect) 重要。

28.

根據皮爾森 (G. Pearson) 的硬軟酸鹼理論 (Hard Soft Acids and Bases, HSAB) 的概念，預測以下鹼基的質子親合力順序：NR_3、S^{2-}、NF_3、O^{2-}、NH_3、OH^-、NCl_3、N^{3-}。從這個系列中隨便選取前後任何兩個鹼基，解釋為什麼你認為其中之一鹼基比另一鹼基對質子的親合力較強。

According to the concept of Pearson's HSAB theory, list the order of basicity for the following bases: NR_3, S^{2-}, NF_3, O^{2-}, NH_3, OH^-, NCl_3, N^{3-}. Choose any two bases from this series and explain why the picked base is much stronger than the other one in terms of basicity.

答：根據**皮爾森** (Pearson) 的定義，質子 (H^+) 為「硬酸」，所以，「硬鹼」的質子**親合力**應該比「軟鹼」強。根據皮爾森 (Pearson) 的定義，電子密度難被極化的是硬的。根據此標準，「硬鹼」的順序：$NF_3 > NCl_3 > NH_3 > NR_3 > OH^- > O^{2-} > S^{2-} > N^{3-}$。隨便取兩個鹼基 NF_3 及 NR_3 為例，F 為拉電子基，R 為推電子基，NF_3 比 NR_3 電子密度難被極化，NF_3 比 NR_3 為「硬鹼」。另外，N^{3-} 為負三價，電子密度容易被極化，為「軟鹼」。

29.

簡述羅森伯格 (Barnett Rosenberg) 與抗癌藥品 Cisplatin 被發現之間的關係。

Briefly describe the relationship between the discovery of anti-cancer drug Cisplatin and the works of Barnett Rosenberg.

答：請參考 S1-5。早在 1844 年前蘇聯化學家即已合成四配位錯合物 Cis-$Pt(NH_3)_2Cl_2$（順－雙氨雙氯鉑，或簡稱為順鉑），但是真正發現它可用於抗癌的用途是在 60 年代（1964

年）才被**密西根州立大學** (Michigan State Uuiversity) 的**羅森伯格** (Barnett Rosenberg) 無意中發掘的。羅森伯格經過十幾年的努力，終於促使抗癌藥品 Cisplatin 於 1978 年上市，Cisplatin 即是 Cis-Pt(NH$_3$)$_2$Cl$_2$ 的商品名稱。Cis-Pt(NH$_3$)$_2$Cl$_2$ 或其衍生物成爲配位化合物在癌症治療應用上最突出的例子。

30.
簡述抗癌藥品 Cisplatin 如何治療癌症。

Briefly describe the process of how the anti-cancer drug Cisplatin functions in dealing with cancer cells.

答：請參考 S1-5。在一般正常的細胞分裂過程，其染色體內 DNA（去氧核糖核酸）雙鏈先拆分爲兩條單鏈，接著每條單鏈再精確地複製對應鹼基順序的雙鏈 DNA。研究指出 Cisplatin 的作用機制是對即將進行分裂的 DNA 雙鏈的個別鏈上的特定鹼基以螯合方式拉住，阻止其拆分爲兩個單鏈。如此一來，細菌細胞雖然可以繼續成長到某一階段，卻無法藉由分裂複製下一代，而逐漸老化，最終導致死亡。可惜，服用 Cisplatin 當抗癌藥物時也可能導致其他嚴重的副作用，包括嚴重的腎功能受損等等，因其藥物成份 Cis-Pt(NH$_3$)$_2$Cl$_2$ 中心爲重金屬 Pt 無法代謝。因此，有些藥廠針對 Cisplatin 產生的副作用的改進方案正在進行中。

31.
簡述生物配位化學 (Bio-coordination Chemistry)。

Briefly describe the term: Bio-coordination Chemistry.

答：生命現象中有許多重要大分子的主結構基本上是**配位化合物**。如**血紅素**及**葉綠素**即類似的以大環方式分別配位到鐵及鎂上面，如下圖示（此處大環被簡化，詳見**圖 4-11**）。研究這些生物分子的化學稱爲**生物配位化學** (Bio-coordination Chemistry)。例如，研究人工血液或人工固氮酵素。

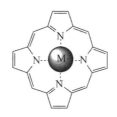

補充說明：近來，化學界有一門研究模擬自然界生物分子的功能的學門稱爲「仿生化學 (Biomimetic Chemistry)」。

32. 請舉出配位化合物當特殊材料的例子。

Please list examples of using coordination compounds as functional materials.

答：**配位化合物**當特殊材料的例子之一如可以藉由「自組裝」的方式形成**分子孔洞材料**
(Metal-Organic Frameworks, MOFs)。這些分子孔洞材料視其孔洞大小可以用來儲存小
分子如 H_2 等等，或讓小分子在孔洞內進行反應，請參考第 4 章**圖 4-13**。例子之二如
Ir(ppy)$_3$ 等等類型配位化合物本身也可用來當發光材料，請參考本章**圖 1-4**。

33. 說明儀器在科學發展上的重要性。

Explain the importance of scientific instruments in the development of science.

答：儀器在科學發展上的重要性就如同眼睛對於人類一般，人類用眼睛來辨別外界所見的
一切事務。而化學家合成出來的化合物須經儀器鑑定，才能了解其內部成份及功能，
從外觀上無法清楚其內部情形。儀器在科學發展上非常重要，所謂的「工欲善其事，
必先利其器。」

第 **2** 章
配位化合物的結構和鍵結

「分子軌域理論很精確，卻不實用；價鍵軌域理論很實用，卻不精確。」
(Molecular Orbital Theory (MOT) is too true to be good; Valence Bond Theory (VBT) is too good to be true.) ─科頓 (F. A. Cotton)

本章重點摘要

化學家以鍵結理論來解釋**分子**如何由**原子**來組合而成的原因。正如所有的科學理論出現的情形一樣，化學鍵結理論的發展有一定的時間序（**圖 2-1**）。量子力學於十九世紀末開始發展，1925 年**薛丁格** (Schrödinger) 提出有名的**薛丁格方程式** (Schrödinger Equation)，再經過幾年後才出現**軌域** (orbital) 的概念。所以，當**路易士** (G. N. Lewis) 於 1916 年提出**路易士結構理論** (Lewis Structure) 時，尚未有軌域的概念。因此，基本上此理論只有考慮**電子**的作用。而**結晶場理論** (Crystal Field Theory, CFT)、**價鍵理論** (Valence Bond Theory, VBT) 和**分子軌域理論** (Molecular Orbital Theory, MOT) 提出的時間序比量子**力學**出現為晚，這些理論都已經有了**軌域**的概念。

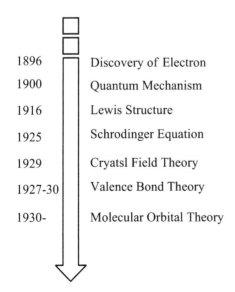

1896	Discovery of Electron
1900	Quantum Mechanism
1916	Lewis Structure
1925	Schrodinger Equation
1929	Cryatsl Field Theory
1927-30	Valence Bond Theory
1930-	Molecular Orbital Theory

圖 2-1 化學理論發展的時間序。

2.1 配位化合物的結構複雜性

　　早期化學家受到當時流行的**鏈狀理論** (Chain Theory) 影響，認為分子構型應該像**有機化合物**一樣是鏈狀的。當**配位化合物**以當時認為的「不尋常」的複雜構型及化學特性出現，化學家一時之間無法提出有效的理論來解釋，因此稱這些化合物為**錯綜複雜的化合物**，簡稱**錯合物** (Complex)。既使到了各式各樣科學儀器已經很發達的今日，有些配位化合物的結構仍然相當複雜，對化學家仍是不小的挑戰。

 2.2 配位化合物的鍵結

　　常見的解釋配位化合物的鍵結的理論有三個：**結晶場理論** (Crystal Field Theory, CFT)、**價鍵理論** (Valence Bond Theory, VBT) 和**分子軌域理論** (Molecular Orbital Theory, MOT)。從簡化的具有**正八面體** (Octahedral) 結構的金屬化合物 ML_6 的鍵結**分子軌域能量圖**中可看出，結晶場理論和價鍵理論都可視為是分子軌域理論的特例（**圖 2-2**）。結晶場理論只討論分子軌域能量圖中的 HOMO 及 LUMO 的部分。價鍵理論則是討論分子軌域能量圖中的鍵結軌域部分，完全不理會反鍵結軌域的部分，這樣的理論模型無法解釋配位化合物分子常常顯示的鮮豔顏色的現象。分子軌域理論在形容分子的結構、磁性和顏色時都能勝任，只是處理上較為複雜。**科頓** (F.A. Cotton) 曾說：「分子軌域理論很精確，卻不實用；價鍵軌域理論很實用，卻不精確。」(Molecular Orbital Theory (MOT) is too true to be good; Valence Bond Theory (VBT) is too good to be true.)

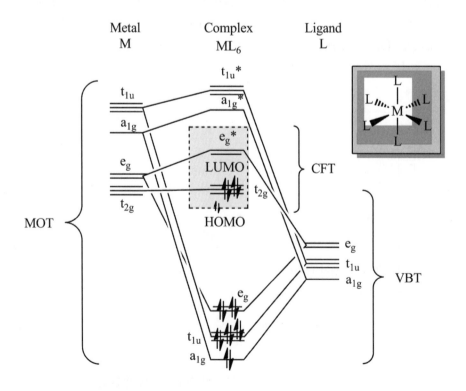

圖 2-2 正八面體金屬化合物 (ML_6) 鍵結分子軌域能量圖。

2.2.1 結晶場理論 (Crystal Field Theory)

　　由研究地質或礦物的專家從地底所挖掘出來令人愛不釋手的寶石中經常呈現淡淡的顏色。他們發現造成顏色的原因是寶石中含有少量的過渡金屬。物理學家**貝特** (Bethe) 及**范弗萊克** (van Vleck) 於 1930 年提出以完全**離子鍵**模型來解釋寶石中常具有顏色的現象。當時已經有了「軌域」的概念，也知道過渡金屬具有五個 d 軌域，分別是 d_{x2-y2}、d_{z2}、d_{xy}、d_{yz}、d_{zx}（**圖 2-3**）。他們的理論基礎是**配位基**的軌域和中心過渡金屬（特指 d 軌域）的軌域正面接觸時能量上升；反之，能量下降。由兩能階之間的電子跳動，吸收可見光的某部分，其互補光即為所展現的顏色。這理論模型即是**結晶場論** (Crystal Field Theory, CFT)。這個理論簡單易懂，但是太過簡化，無法解釋不同配位基展現強弱鍵結能力的現象，後來此理論被修正為將**共價鍵**因素加入而成為**配位場論** (Ligand Field Theory, LFT)。但是在一般的使用上，結晶場論 (CFT) 和配位場論 (LFT) 這兩名詞常被混用。

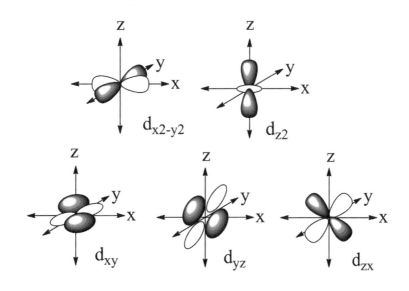

圖 2-3　五個 d 軌域外觀。

　　根據**結晶場理論模型**，在**正八面體** (Octahedral) 金屬化合物 (ML_6) 結構，其中心金屬的五個 d 軌域中，有兩個 d 軌域（d_{x2-y2} 及 d_{z2}）受到配位基的直接作用力（斥力），能量升高，合稱為 e_g 軌域。另外其他的三個軌域 (d_{xy}, d_{yz}, d_{zx}) 相對應能量較低，合稱為 t_{2g} 軌域。舉 d_{x2-y2} 和 d_{xy} 軌域為例，因受到**配位基**的作用力不同，d_{x2-y2} 軌域能量上升，而 d_{xy} 軌域能量下降。兩組軌域即 t_{2g} 軌域和 e_g 軌域之間的能量差設定為 Δ_0 或 10 Dq（**圖 2-4**）。不同的**錯合物**，其 10 Dq 值皆不同。

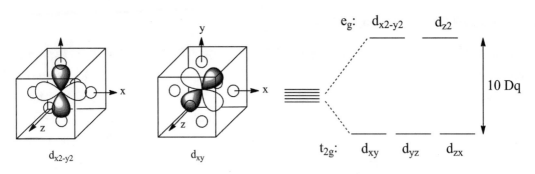

圖 2-4 在正八面體金屬化合物 (ML$_6$) 結構中，d$_{x2-y2}$ 和 d$_{xy}$ 軌域受到配位基的作用力不同，d$_{x2-y2}$ 軌域能量上升；而 d$_{xy}$ 軌域能量下降。

　　金屬化合物 (ML$_4$) 在**正四面體** (Tetrahedral) 的結構環境中，其中心金屬的五個 d 軌域分裂情形和在**正八面體**時剛好相反。三個軌域 (d$_{xy}$, d$_{yz}$, d$_{zx}$) 受到**配位基**的直接作用力（斥力），能量升高，合稱為 t$_2$ 軌域。相對應兩個 d 軌域 (d$_{x2-y2}$ or d$_{z2}$)，能量較低，合稱 e 軌域。舉 d$_{x2-y2}$ 和 d$_{xy}$ 軌域為例，因受到配位基的作用力不同，d$_{x2-y2}$ 軌域能量下降而 d$_{xy}$ 軌域能量上升（**圖 2-5**）。因為**正四面體**結構沒有中心對稱，所以沒有類似在正八面體的「g」符號。正四面體結構軌域之間的能量差雖然設定為 Δ$_o$ 或 10 Dq，但其實際值比正八面體的情況要小，粗略估算約為正八面體的 4/9。以正四面體結構方式存在的金屬化合物 (ML$_4$) 其配位場通常為弱場 (weak field)。因此，常常具有電子**高自旋** (high spin) 的狀態。

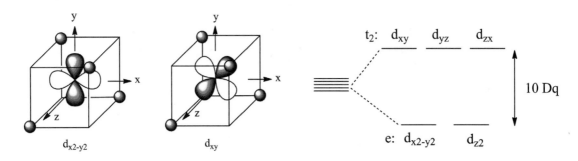

圖 2-5 金屬化合物 (ML$_4$) 在正四面體 (Tetrahedral) 結構環境中，d$_{x2-y2}$ 和 d$_{xy}$ 軌域受到配位基的作用力不同，d$_{xy}$ 軌域能量上升；而 d$_{x2-y2}$ 軌域能量下降。。

　　電子填入被分裂的 d 軌域時，可能得到比原先狀態額外多出來的穩定能量稱為**結晶場穩定能** (Crystal field stabilization energy, CFSE)。以下以具有 d^4 組態的**正八面體** (Octahedral) 金屬化合物 (ML$_6$) 結構為例，來說明**結晶場穩定能**。在**強場**的環境下：d^4 (t$_{2g}^4$e$_g^0$), CFSE = (4 x (−4) Dq) = −16 Dq；在**弱場**的環境下：d^4 (t$_{2g}^3$e$_g^1$), CFSE = (3 x (−4) Dq) + (1 x 6 Dq) = −6 Dq（**圖 2-6**）。強場或弱場由幾個因素決定，如金屬種類及氧化態和配位基的種類，個數及排列方式等等。

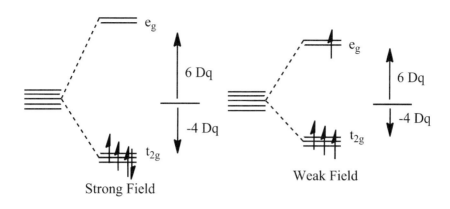

圖 2-6 以 d^4 組態為例計算正八面體 (Octahedral) 金屬化合物 (ML_6) 在強場（左圖）及弱場（右圖）的環境下的結晶場穩定能。

　　由**結晶場穩定能** (Crystal field stabilization energy, CFSE) 的概念可以推斷為何某些固態分子以**尖晶石** (Normal spinel) 或是**反尖晶石** (Inverse spinel) 構型存在。例如，某類形固態分子 $AB_2O_4(A^{II}B^{III}_2O_4)$，其中氧離子以最密堆積方式形成架構，每個**晶胞** (Unit Cell) 會形成 4 個**正八面體洞** (O_h hole) 及 8 個**正四面體洞** (T_d hole)，金屬離子 A 或 B 填入部分的洞中形成某種構型。在**晶胞** (Unit Cell) 內這些洞有些是完整的，有些是部份的（**圖 2-7**）。**正常的尖晶石**：A^{II} 佔有 1/8 的正四面體洞，兩個 B^{III} 佔據 1/2 正八面體洞。反尖晶石：一個 A^{II} 和一個 B^{III} 佔據 1/2 的 O_h 正八面體洞，另一個 B^{III} 佔據 1/8 的正四面體洞。

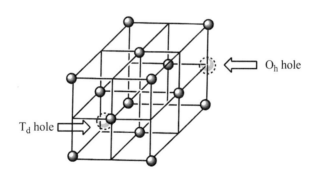

圖 2-7 最密堆積方式形成架構會形成正八面體洞及正四面體洞。

　　上述提及**結晶場論**使用完全的**離子鍵**模型來解釋光譜現象。根據此離子鍵模型的理論，帶負電的配位基 OH^- 應該是比中性的 H_2O 來得強。然而從實驗結果發現所排列出的**光譜化學序列** (Spectrochemical Series) 如下所列出順序來看，實質上配位基 H_2O 比 OH^- 強。後來化學家將結晶場論的完全離子鍵模型修改成具有**共價鍵**特性的理論叫**配位場論** (Ligand Field Theory) 來解釋光譜化學序列中配位基排列順序。

光譜化學序列 (Spectrochemical Series)：

$I^- < Br^- < S^{2-} < SCN^- < Cl^- < NO_3^- < F^- < OH^- < ox^{2-} < H_2O < NCS^- < CH_3CN < NH_3 < en < bipy < phen < NO_2^- < phosph < CN^- < CO$

　　配位化合物內中心金屬和配位基有作用力（即具有共價鍵特性）的事實可由某些配位化合物內金屬和配位基有**耦合現象 (Coupling)** 來證明。由於共價鍵的特性使電子密度分散在金屬和配位基之間，稱爲**雲散效應** (Nephelauxetic effect, cloud expanding)。由此實驗事實也可說明純粹離子鍵模型的**結晶場論 (CFT)** 並不正確。

2.2.2 價鍵理論 (Valence Bond Theory)

　　包林 (Linus Pauling) 是開始提出可使用**價鍵理論** (Valence Bond Theory, VBT) 的模型來說明配位化合物的鍵結的先驅者之一。價鍵理論關心的是有填電子的鍵結軌域部分。從 VBT 的角度來看，一個錯合物的形成是經由**路易士鹼**（配位基）和**路易士酸**（金屬或金屬離子）之間的反應。配位基與金屬之間形成配位共價鍵 (Dative Bond)。這裡用圓圈來代表軌域，裡面填入金屬的價電子及配位基提供的電子。在 $PtCl_4^{2-}$ 的例子，錯合物不具有順磁性，包林提議在這種鍵結時金屬使用一個 5d、一個 6s 及二個 6p 軌域來接受由配位基提供的電子，形成 dsp^2 混成，爲**平面四邊形** (Square Planar)（**圖 2-8**）。

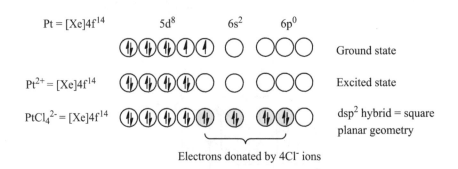

圖 2-8 使用價鍵理論的模型來說明配位化合物 $PtCl_4^{2-}$ 的鍵結。

　　而在由同族金屬形成的錯合物 $NiCl_4^{2-}$ 的例子中，由於錯合物具有順磁性，包林因而提議在此錯合物中金屬使用一個 4s 及三個 4p 軌域形成 sp^3 混成軌域，且不使用 d 軌域（**圖 2-9**）。在這裡包林以磁性爲標準來分類鍵結模式：逆磁性 = **平面四邊形**；順磁性 = **正四面體**。這比較像是馬後炮的作法，這也是**價鍵理論**的問題之一。這理論比較像是以實驗結果來推論鍵結，而非眞正具有正確預測鍵結模式的能力的理論。一個好的鍵結理論應該是具有預測分子結構的能力。

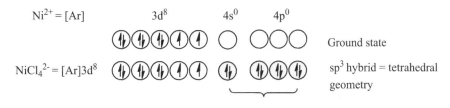

圖 2-9　使用價鍵理論的模型來說明配位化合物 $NiCl_4^{2-}$ 的鍵結。

　　儘管 VBT 方法應用到簡單的含羰基金屬化合物如 $Cr(CO)_6$ 也是可行的（**圖 2-10**），但最多的應用仍是在含高氧化態的過渡金屬錯合物上。

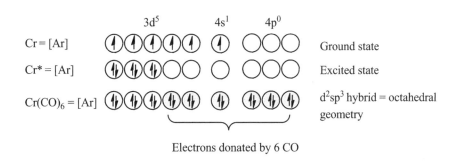

圖 2-10　使用價鍵理論的模型來說明配位化合物 $Cr(CO)_6$ 的鍵結。

　　華納合成很大數目的 Co^{3+} 配位化合物，其中錯合物 $Co(NH_3)_6^{3+}$ 利用包林的 VBT 模式來處理時視為逆磁性（**圖 2-11**）。在這裡的鍵結，中心 Co 金屬使用二個 3d、一個 4s 及三個 4p 軌域來接受由配位基提供的電子，形成 d^2sp^3 混成，為**正八面體**結構。

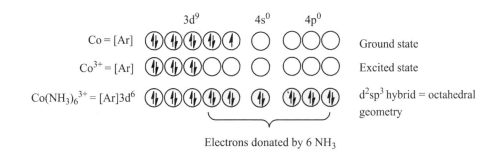

圖 2-11　使用價鍵理論的模型來說明配位化合物 $Co(NH_3)_6^{3+}$ 的鍵結。

　　上述的情形可由 VBT 充分說明 $Co(NH_3)_6^{3+}$ 錯合物的完美正八面體結構及不具有不成對的電子的屬性。但是，實驗上卻發現另一個正八面體結構的 CoF_6^{3-} 可能形成且有四個不成對的電子的順磁錯合物。因此 VBT 理論在此又需要做調整。**包林**建議 F^- 可以和 Co 金屬的外層 4d 軌域鍵結。這種利用 4d 的 d^2sp^3 混合和使用 3d 的 d^2sp^3 會有相同的正八面體結構。CoF_6^{3-} 離子的鍵結模式因而可以寫成如下圖（**圖 2-12**）。這種以磁性為標準來分類鍵結模式的作法是便宜行事，並非好的鍵結理論的作法。

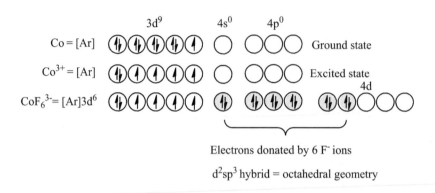

圖 2-12　包林建議使用價鍵理論的模型來說明配位化合物 CoF_6^{3-} 的鍵結。

　　因為這些配位化合物利用外面的 4d 軌域，且產生順磁性，有時被稱為**外軌域 (Outer Sphere)** 錯合物。有別於利用 3d 軌域且為逆磁性的**內軌域 (Inner Sphere)** 錯合物。其實在這例子中利用到 Co^{3+} 的 4d 軌域來參與鍵結是不正確的做法，4d 軌域的能量相對比較高，不適宜拿來混成。

2.2.3　VBT 方法的優點和缺點 (Strengths and shortcoming of the VB approach)

　　使用**包林**的 VBT 方法來解釋配位化學已廣泛地被化學家接受約有幾十年時間。原因是此簡單的理論在處理配位化合物的結構上還算好用。但是使用 VBT 的缺點之一是在磁性預測上經常出錯，在光譜解釋上更是無能為力。在四配位的錯合物，VBT 經常無法預測其為正四面體或平面四邊形的的結構。在正八面體錯合物 VBT 無法預測其是否會低自旋或高自旋。例如四配位的銅 d^9 錯合物 $[Cu(NH_3)_4]^{2+}$，可能為正四面體。以 VBT 模式，可解釋如下圖（**圖 2-13**）。

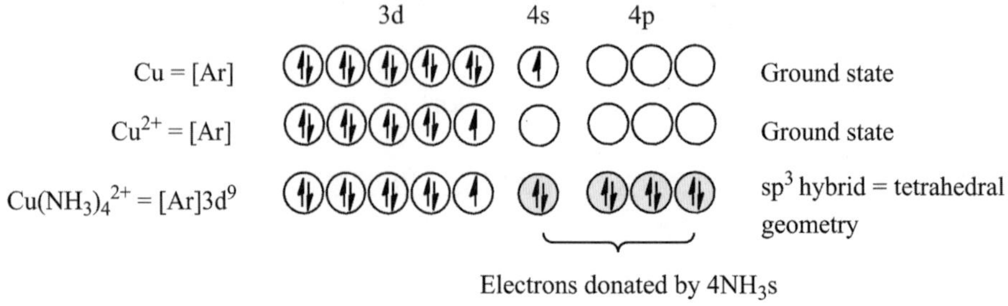

圖 2-13　使用價鍵理論的模型來說明配位化合物 $Cu(NH_3)_4^{2+}$ 的鍵結。

事實上此銅 d^9 錯合物的結構經由 X-ray 晶體結構測法確定爲**平面四邊形**。VBT 模式解釋只好改成如下（**圖 2-14**）。其中一個電子已從 3d 軌域提升到 4p 軌域。這種沒有預測能力而是隨著實驗結果來任意修改解釋方向的 VBT 理論，遲早會碰到更大的問題。

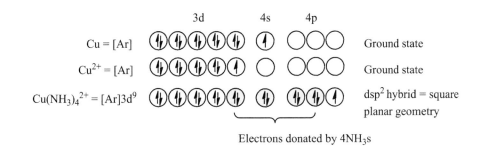

圖 2-14　使用價鍵理論的另外一組模型來說明配位化合物 $Cu(NH_3)_4^{2+}$ 的鍵結。

　　其實，VBT 理論的最大的缺點是它完全忽視了激發態。配位化合物的最有趣的現象之一是它們常常展現多彩多姿的顏色。這些顏色的產生是配位化合物的電子從**基態**跳到**激發態**吸收可見光的某部分，展現互補光的結果。可惜 VBT 理論因爲完全忽視了激發態，失去解釋這多彩多姿現象的機會。

2.2.4　分子軌域理論 (Molecular Orbital Theory)

　　薛丁格 (Schrödinger) 於 1925 年發表影響深遠的**薛丁格方程式** (Schrödinger Equation) 幾乎奠定了**量子力學** (Quantum Mechanics) 可實質處理原子結構的基礎。其後量子力學被引進化學領域。由氫原子的薛丁格方程式解出的解（波函數）即稱爲**軌域** (Orbital)。日後軌域的概念成爲化學家利用來描述**化學鍵結** (Chemical Bonding) 時不可或缺的利器。兩原子之間的化學鍵結要成立的先決條件是兩者參與鍵結**軌域**之間的**重疊** (Overlap, S) 必須大於零 (S > 0)。

　　以 H_2 分子爲例，由 2 個 H 原子（H_A 和 H_B）的原子軌域（ψ_{A1s} 和 ψ_{B1s}）做**線性組合** (Linear Combination) 當成**薛丁格方程式**的趨近解，可得到兩個分子軌域，即能量較低的**鍵結軌域** (Bonding Orbital, σ_{1s}) 及能量較高的**反鍵結軌域** (Anti-bonding Orbital, σ_{1s}^*)。前者 S > 0；後者 S < 0。其中，ψ_{A1s} 和 ψ_{B1s} 各別爲氫原子 A 和 B 的 1s 軌域；C_1 和 C_2 爲線性組合係數。

　　鍵結軌域 (Bonding Orbital): $\sigma_{1s} = C_1[\psi_{A1s} + \psi_{B1s}]$

　　反鍵結軌域 (Anti-bonding Orbital): $\sigma_{1s}^* = C_2[\psi_{A1s} - \psi_{B1s}]$

　　自然界趨勢爲系統往**最低能量**及**最大亂度**方向達到平衡。由圖 2-15 視之，形成 H_2 分子後 2 個電子填入能量較低的**鍵結軌域**，此時能量比以單獨氫原子存在時爲低，有利於鍵結。因此，H_2 分子可由 2 個 H 原子組合而成。

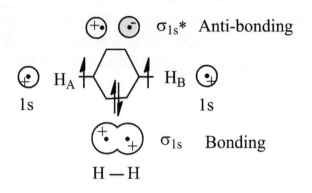

圖 2-15 氫分子軌域能量圖。

當要以**分子軌域理論**來處理比較大的分子，會變得很複雜。但具有高對稱如**正八面體** (Octahedral, O_h) 的配位化合物 ML_6 時，可以應用**配位基群組軌域** (Ligand Group Orbital, LGO) 的概念，對特定對稱屬性的配位基軌域做線性組合當成**薛丁格方程式**的趨近解。如正八面體的配位化合物 ML_6 的六個配位基為等值 (Equivalent)，即從**群論**的觀點經由**對稱元素操作後無法區分者，可以線性組合** (Linear Combination) 來形成六個 LGO，組合後其中有 1 個 a_{1g}、2 個簡併狀態 e_g、3 個簡併狀態 t_{1u}（**圖 2-16**）。舉例說明其中一個 LGO（如兩個簡併狀態 e_g 中的一個），可以基礎波函數以如下方式組合而成：$\psi_{LGO} = 1/2 \, (\psi_{\sigma x} + \psi_{\sigma-x} - \psi_{\sigma y} - \psi_{\sigma-y})$，或是簡化如下：$\Sigma = 1/2 \, (\sigma_x + \sigma_{-x} - \sigma_y - \sigma_{-y})$。很明顯地，此 LGO 可以找到中心過渡金屬中的 d_{x2-y2} 軌域來形成鍵結。參考**圖 2-2**。同理可推，a_{1g} 可以找到 s 軌域，t_{1u} 可以找到 p 軌域來形成鍵結。一般配位化合物 ML_6 的中心過渡金屬被設定為有 1 個 ns、3 個 np 及 5 個 $(n-1)d$ 共 9 個軌域可用來參與鍵結。顯然，金屬尚有 3 個 $(n-1)d$ 軌域 (t_{2g}) 找不到適當相對應的軌域來參與鍵結，有時候稱這些軌域為**不鍵結** (non-bonding) 軌域。

六個 LGO 如下，1 個 a_{1g}：$1/\sqrt6(\sigma_x + \sigma_{-x} + \sigma_y + \sigma_{-y} + \sigma_z + \sigma_{-z})$；3 個簡併狀態 t_{1u}：$1/\sqrt2(\sigma_x$

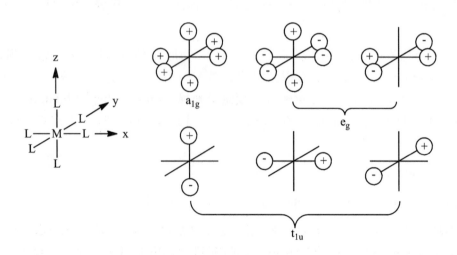

圖 2-16 正八面體 (O_h) 配位化合物 ML_6 的六個群組軌域 (LGO)。

$-\sigma_{-x}$)、$1/\sqrt{2}$ ($\sigma_y - \sigma_{-y}$)、$1/\sqrt{2}$ ($\sigma_z - \sigma_{-z}$)；2 個簡併狀態 e_g：$1/2$ ($\sigma_x + \sigma_{-x} - \sigma_y - \sigma_{-y}$)、$1/\sqrt{12}(2\sigma_x + 2\sigma_{-x} - \sigma_y - \sigma_{-y} - \sigma_z - \sigma_{-z}$)。

 ## 2.3 不同構型的配位化合物其五個 d 軌域分裂情形

2.3.1 正八面體 (Octahedral) 結構

　　根據**結晶場理論**模型，在正八面體 (Octahedral) 金屬化合物 (ML_6) 結構，其中心金屬的五個 d 軌域分裂情形如下（**圖 2-17**）。

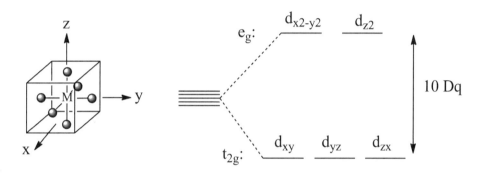

圖 2-17　在正八面體結構下的五個 d 軌域分裂情形。

　　另外一個方法是從**群論**的**徵表**的右邊欄位中可看出五個 d 軌域分成 $d_{x^2-y^2}$ 及 d_{z^2} 為一組 (E_g) 和 d_{xy}、d_{yz} 及 d_{zx} 為另外一組 (T_{2g})（**表 2-1**）。由群論所提供的資訊是**定性** (Qualitatively) 而非**定量** (Quantitatively) 的。無法告訴我們何者能量高或何者能量低。但同一組的，其能量一樣，稱為**簡併狀態** (degenerate)。

表 2-1　正八面體 (Octahedral, O_h) 徵表

O_h	E	$8C_3$	$6C_2$	$6C_4$	$3C_2(=C_4^2)$	i	$6S_4$	$8S_3$	$3\sigma_h$	$6\sigma_d$		
A_{1g}	1	1	1	1	1	1	1	1	1	1		$x^2+y^2+z^2$
A_{2g}	1	1	−1	−1	1	1	−1	1	1	−1		
E_g	2	−1	0	0	2	2	0	−1	2	0		$2z^2-x^2-y^2$, x^2-y^2
T_{1g}	3	0	−1	1	−1	3	1	0	−1	−1	(R_x,R_y,R_z)	
T_{2g}	3	0	1	−1	−1	3	−1	0	−1	1		(xy , yz, xz)
A_{1u}	1	1	1	1	1	−1	−1	−1	−1	−1		
A_{2u}	1	1	−1	−1	1	−1	1	−1	−1	1		
E_u	2	−1	0	0	2	−2	0	1	−2	0		
T_{1u}	3	0	−1	1	−1	−3	−1	0	1	1	(x,y,z)	
T_{2u}	3	0	1	−1	−1	−3	1	0	1	−1		

2.3.2 正四面體 (Tetrahedral) 結構

　　正四面體 (Tetrahedral) 結構可視為從**立方體** (Cubic) 而來，立方體的每個頂點都有粒子，只是正四面體是相間位置才有粒子存在。從結晶場理論，在正四面體結構下的五個 d 軌域分裂情形正好和正八面體相反（**圖 2-18 & 2-19**）。

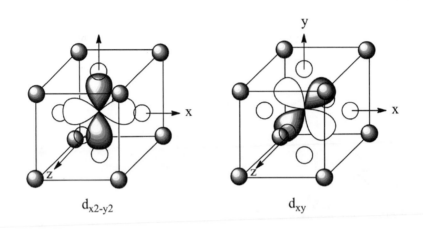

圖 **2-18**　正四面體結構可視為從立方體而來。

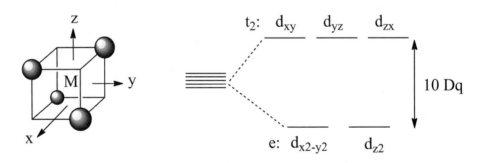

圖 **2-19**　在正四面體結構下的五個 d 軌域分裂情形。

　　同理，五個 d 軌域在正四面體結構下的分裂情形可以從群論的徵表的右邊欄位中可看出五個 d 軌域分成兩組為：$d_{x^2-y^2}$ 及 d_{z^2} 一組 (E) 和 d_{xy}、d_{yz} 及 d_{zx} 為另外一組 (T_2)（**表 2-2**）。由群論所提供的資訊是定性的，五個 d 軌域在正四面體和正八面體的環境下分裂情形一樣，並無法區分兩者的能量高低，也無法提供兩者的能量分裂大小資訊。正四面體徵表中沒有出現象徵中心對稱的符號「g」或「u」；而正八面體則有。利用前面提到的原理，如正四面體的配位化合物 ML_4 的四個配位基為等值，可以**線性組合** (Linear Combination) 來形成四個 LGO，組合後為 1 個 a_1 及 3 個簡併狀態 t_2。四個 LGO 如下，1 個 a_1：$1/2(\sigma_1 + \sigma_2 + \sigma_3 + \sigma_4)$；3 個簡併狀態 t_2：$1/2(\sigma_1 + \sigma_2 - \sigma_3 - \sigma_4)$、$1/2(\sigma_1 - \sigma_2 - \sigma_3 + \sigma_4)$、$1/2(\sigma_1 - \sigma_2 + \sigma_3 - \sigma_4)$。

表 2-2　正四面體 (Tetrahedral, T$_d$) 徵表

T$_d$	E	8C$_3$	3C$_2$	6S$_4$	6σ$_d$		
A$_1$	1	1	1	1	1		$x^2+y^2+z^2$
A$_2$	1	1	1	−1	−1		
E	2	−1	2	0	0		$2z^2-x^2-y^2, x^2-y^2$
T$_1$	3	0	−1	1	−1	(R$_x$, R$_y$, R$_z$)	
T$_2$	3	0	−1	−1	1	(x,y,z)	(xy , yz, xz)

　　從**徵表** (Character Table) 的**級數** (Order) 或**對稱元素** (Element) 的數目可看出分子是否比較對稱。例如正八面體及正四面體結構的對稱元素數目分別爲 48 及 24；因此，可以說從群論的觀點可看出正八面體比正四面體要來得更對稱。

2.3.3　平面四邊形 (Square planar) 結構

　　從另一個角度來看，**平面四邊形**的結構也可視爲是從**正八面體**延伸而來，即將正八面體在 z 軸向的配位基移到無窮遠處就形成平面四邊形（**圖 2-20**）。

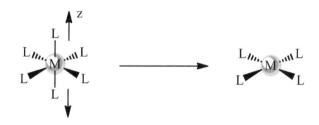

圖 2-20　平面四邊形可視為從正八面體延伸而來。

　　根據**結晶場論**的模型，z 軸方向斥力減少，能量下降。到極端情形形成平面四邊形，其五個 d 軌域能量分裂情形如下（**圖 2-21**）。通常 d$_{xy}$ 和 d$_{x2-y2}$ 軌域能量差距大，電子填到 d$_{xy}$ 軌域，有 8 個 d 軌域電子，加上 8 個從配位基提供的電子，平面四邊形錯合物被視爲具 16 個價電子的分子，是穩定狀態。這裡是一個錯合物不一定要遵守 18 電子規則才能穩定的例子。平面四邊形分子具 D$_{4h}$ 對稱。5 個 d 軌域在平面四邊形分裂情形也可以從徵表看出（**表 2-3**）。注意平面四邊形徵表中有出現象徵中心對稱的符號「g」或「u」。

　　楊-泰勒變形 (Jahn-Teller distortion) 是指對於在軌域處於**簡併狀態** (degenerate) 下的非線性分子，分子會藉由發生構型扭曲來降低對稱性減少簡併狀態，以達到降低分子總體能量的效果。楊-泰勒變形定理並不能預測結構扭曲時往哪個方向。但是，分子原先的對稱中心必須維持。例如從正八面體的軸線上取代基被往外延伸或往下壓縮，降低對稱性，原先

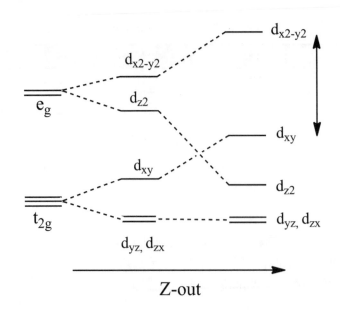

圖 2-21 從正八面體到極端平面四邊形五個 d 軌域能量分裂情形。

表 2-3 平面四邊形 (Square planar, D$_{4h}$) 徵表

D$_{4h}$	E	2C$_4$	C$_2$	2C$_2$'	2C$_2$"	i	2S$_4$	σ$_h$	2σ$_v$	2σ$_d$		
A$_{1g}$	1	1	1	1	1	1	1	1	1	1		x^2+y^2, z^2
A$_{2g}$	1	1	1	−1	−1	1	1	1	−1	−1	R$_z$	
B$_{1g}$	1	−1	1	1	−1	1	−1	1	1	−1		$x^2−y^2$
B$_{2g}$	1	−1	1	−1	1	1	−1	1	−1	1		xy
E$_g$	2	0	−2	0	0	2	0	−2	0	0	(R$_x$, R$_y$)	(yz, xz)
A$_{1u}$	1	1	1	1	1	−1	−1	−1	−1	−1		
A$_{2u}$	1	1	1	−1	−1	−1	−1	−1	1	1	z	
B$_{1u}$	1	−1	1	1	−1	−1	1	−1	−1	1		
B$_{2u}$	1	−1	1	−1	1	−1	1	−1	1	−1		
E$_u$	2	0	−2	0	0	−2	0	2	0	0	(x,y)	

簡併狀態分裂，如**圖 2-22**。當 d 電子填入新形成的軌域時，有可能降低分子總體能量。線形配位錯合物分子 ML$_2$ 上面的配位基往外延伸或壓縮並不會改變其對稱性，因此，楊-泰勒變形原理並不適用於線形錯合物分子。

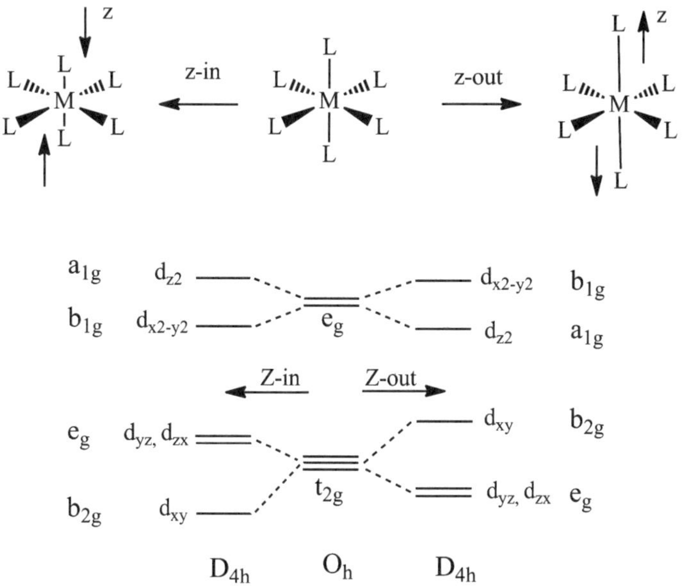

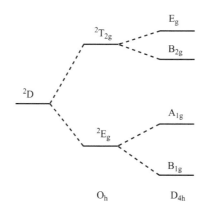

圖 2-22　從正八面體分子產生 z 軸上配位基往外延伸或壓縮的楊-泰勒變形。

　　下圖為當一個含 d^1 化金屬化合物從正八面體產生楊-泰勒變形後其**電子態** (electronic state) 的變化情形（**圖 2-23**）。有關**電子組態** (electronic configurations) 和**電子態** (electronic state) 的差別，請參考第九章。

圖 2-23　含 d^1 金屬化合物從正八面體產生楊-泰勒變形的電子態變化。

　　結晶場論使用完全的**離子鍵**模型來解釋光譜現象。根據此離子鍵模型的理論，**配位基** X^- 應該比 CO 強。然而，後來從實驗結果發現所排列出來的**光譜化學序列**來看，實質上配位基 CO 比 X^- 強。純粹離子鍵模型的結晶場論無法解釋此現象，而必須從比較複雜的**分**

子**軌域理論**來解釋爲何**配位基** CO 比 X⁻ 強。以正八面體配位化合物 $[ML_6]^{n-}$ 爲例，下圖中心框框爲中心金屬原來的五個 d 軌域分裂情形，此處只考慮 σ-**鍵結**（**圖 2-24**）。圖的左右兩邊則爲加入 π-**鍵結**考慮的結果，右邊爲配位基沒有 π-**逆鍵結**接受能力者如 X⁻，其 10 Dq 比原來的軌域分裂情形小；反之，左邊爲配位基有 π-逆鍵結接受能力者如 CO，其 10 Dq 比原來的軌域分裂情形大。由此可見結晶場論是很簡化的理論，使用上很方便，但不精確。當眞正面對處理配位化合物的複雜現象時，例如要解釋配位基強度時，仍須使用到分子軌域理論。

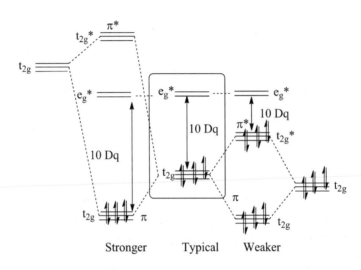

圖 2-24　從分子軌域理論說明不同類形的配位基所造成的不同強度關係。

充電站

S2.1　正八面體和華納的運氣

　　配位化學發展的初期**華納**提出**配位化合物**具有**正八面體**構型的理論主張。**裘金生**則主張**鏈狀理論**。諷刺的是，裘金生所合成的一大堆配位化合物結果成為支持**華納**理論的重要實驗證據。其實，華納的主張也是有點牽強的成分在內。因為在前**蘇聯**西伯利亞地區有白金 (Pt) 礦，他們的科學家發展的配位化學以四配位的平面四邊形的白金配位化合物為主。其中 *cis*- 和 *trans*-Pt(NH$_3$)$_2$Cl$_2$ 早在 1844 年就被合成出來，華納也認知這化合物是平面四邊形結構的配位化合物。還好華納使用比較便宜的鈷金屬 (Co$^{2+/3+}$) 化合物來建立他的理論模型，而鈷金屬 (Co$^{2+/3+}$) 化合物絕大多數是正八面體構型。

S2.2　包林 (Linus Pauling) 和價鍵理論 (Valence Bond Theory, VBT)

　　萊納斯・**包林** 1901 年出生在**美國俄勒岡州波特蘭市**。於 1917 年進入**俄勒岡州立學院**就讀，並於 1922 年拿到化學工程學士學位。從 1922 到 1925 年期間在**加州理工學院** (California Institute of Technology, CIT) 當研究生，在**迪金遜** (Roscoe G. Dickinson) 和**托爾曼** (Richard C. Tolman) 教授的指導下，以成績優異在 1925 年拿到博士學位。他的研究興趣領域在探討分子結構和化學鍵的本質。其後，包林開始在加州理工學院教書。

　　1925 年，**薛丁格** (Schrödinger) 提出有名的**薛丁格波動方程式**，同時**海森堡** (Heisenberg) 提出**矩陣量子力學**。那時歐洲成為量子力學研究的重鎮。在 1925-1926 年期間包林在**約翰・西門・古根漢紀念基金會** (John Simon Guggenheim Memorial Foundation) 的贊助下有機會到歐洲和當時的量子力學大師們如**索末菲** (Sommerfeld)、**薛丁格** (Schrödinger) 和**玻爾** (Bohr) 等人學習，有助於他日後將量子力學引介入北美洲。

　　包林有幾本重要著作，其中最經典的是**化學鍵的本質** (The Nature of the Chemical Bond) 一書。書中闡述**價鍵理論** (Valence Bond Theory, VBT) 的精神。1954 年因在化學鍵方面的傑出研究成果讓他獲得**諾貝爾化學獎**的殊榮。後來，在妻子的影響下，包括參與反對美國軍方進行地面核子試爆的行動，更於 1962 年獲得**諾貝爾和平獎**。

　　後來，包林提倡服用高劑量的維生素 C 能有效抵禦感冒和其他疾病的論調，引發爭議和醫界反彈，認為他撈過界。包林於 1994 年逝世，結束了他在化學界傳奇的一生，享年 93 歲。

S2.3　配位化合物五個 d 軌域在不同構型分裂情形

　　五個 d 軌域在原子的球形環境下為**簡併狀態**（即波函數不同，能量相同）。另一種五個 d 軌域為簡併狀態的情形為在 Icosahedral(I$_h$) 的環境下。通常，在越不對稱的環境下，五個 d 軌域越分裂，甚至到完全分裂的情形。對稱的概念可以用**群論**來理解。下表為常見的**配位化合物**的配位環境下五個 d 軌域分裂的情形，數值以 Dq 為單位（**表 S2-1**）。

表 **S2-1** 常見的配位化合物的配位環境下五個 d 軌域分裂的情形

C.N.	Structure	d_{z2}	d_{x2-y2}	d_{xy}	d_{xz}	d_{yz}
1	Linear	5.14	−3.14	−3.14	0.57	0.57
3	Trigonal	−3.21	−6.28	−6.28	1.14	1.14
4	Tetrahedral	−2.67	−2.67	1.78	1.78	1.78
4	Square planar	−4.28	12.28	2.28	−5.14	−5.14
5	Trigonal bipyramidal	7.07	−0.82	−0.82	−2.72	−2.72
5	Square Pyramidal	0.86	9.14	−0.86	−4.57	−4.57
6	Octahedral	6.00	6.00	−4.00	−4.00	−4.00
6	Trigonal prismatic	0.96	−5.84	−5.84	5.36	5.36
7	Pentagonal bipyramidal	4.93	2.82	2.82	-5.28	−5.28
8	Cubic	−5.34	−5.34	3.56	3.56	3.56
8	Square antiprismatic	−5.34	−0.89	−0.89	3.56	3.56
12	Icosahedral	0.00	0.00	0.00	0.00	0.00

參考文獻：(a) J. J. Zuckerman, *J. Chem. Edu.* **1965**, *42*, 315; (b) R. Krishnamurthy, W. B. Schaap, *J. Chem. Edu.* **1969**, *46*, 799.

　　已知分子中展現 Icosahedral(I_h) 對稱的有 $B_{12}H_{12}^{2-}$ 和 C_{60}（**圖 S2-1**）。由上表可看出，理論上將過渡金屬置入其中心，其五個 d 軌域並不會分裂，五個 d 軌域仍然應為**簡併狀態**。因此，將過渡金屬置入其中（I_h 對稱環境）五個 d 軌域不會分裂，就不會展現由過渡金屬 d 軌域所可能造成的顏色現象。

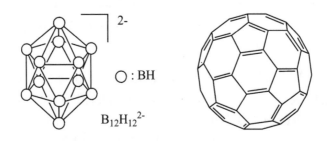

圖 S2-1 分子 $B_{12}H_{12}^{2-}$ 和 C_{60} 具有 Icosahedral(I_h) 對稱。

S2.4 為何有機化學家偏好價鍵理論 (Valence Bond Theory, VBT)？

　　價鍵理論可視為只是討論**分子軌域**的**鍵結軌域**內有填電子的部分，完全不理會沒有填電子的**反鍵結軌域**部分。因此，此理論不能解釋分子具有顏色的現象。有機分子基本上沒有顏色，不需要考慮如**配位化合物**的電子從**鍵結軌域**到**反鍵結軌域**的跳動所帶來的顏色變化。有機分子考慮有填電子的鍵結軌域部分即已足夠。所以，這是有機化學家偏好使用價鍵理論的原因之一。當然價鍵理論簡潔好用是另外的一個重要原因。

練習題

1. 分子如何由原子結合而成？請說明之。

How can a molecule be constructed from its composed atoms? Explain.

答：化學家解釋**分子**由**原子**結合成的過程是以**化學鍵結** (Chemical Bonding) 來描述。**化學鍵結理論** (Chemical Bonding Theory) 有多種，視情形需要，化學家選擇使用適當理論。

2. 由原子結合成分子時軌域扮演的角色為何？請說明之。

Explain the role played by the orbitals while different atoms are combined to form a molecule.

答：現代化學家描述當**原子**結合成**分子**的過程是由個別原子內適當的**軌域**間來產生重疊，使系統能量降低，以達到形成**化學鍵** (Chemical Bonding) 的目的。

3. 由兩原子結合形成化學鍵鍵結的必要條件為何？請說明之。

What are the necessary requirements for two different atoms to form a chemical bond? Explain.

答：**必要條件**為當**原子**間結合形成**化學鍵** (Chemical Bonding) 時，其兩者的鍵結**軌域重疊** (orbital overlap, S) 必須大於零 (S > 0)。**充分條件**為兩者的鍵結**軌域**能量差距不能太大。例如 2s 和 2s 軌域重疊很好，而 2s 和 4s 軌域重疊雖然大於零，但兩者的能量差距太大，並不是好的重疊。

4. 請說明含過渡金屬配位化合物通常擁有磁性、五彩繽紛的顏色、多樣化的鍵結模式是由何原因造成的。

Coordination Compounds containing transition metals always exhibit magnetism, color and various types of bonding modes. Explain.

答：我們可以說過渡金屬的特性是由 d 軌域來展現。例如，金屬的磁性、五彩繽紛的顏色、多樣化的鍵結模式都是因 d 軌域的存在而特有的現象。詳細分析這些現象可以**分**

子軌域理論 (Molecular Orbital Theory) 來說明。

---

5. 目前常用於解釋配位化合物的鍵結方式有哪些理論模型？請說明之。

What are currently the most commonly used theories in interpreting the bondings of Coordination Compounds?

答：解釋**配位化合物**的鍵結方式目前常用的理論模型有**結晶場論** (Crystal Field Theory) 或改良的**配位場論** (Ligand Field Theory)、**價鍵軌域理論** (Valence Bond Theory) 及**分子軌域理論** (Molecular Orbital Theory)。

---

6. 好的化學鍵結理論應具備哪些條件？請說明之。

What are the necessary requirements for a good chemical bonding theory?

答：好的化學鍵結理論應能解釋現有化合物的現象及預測未發現的化合物現象的能力。好的化學鍵結理論也應能解釋化合物的**結構**、**鍵結**、**光譜**（顏色）及**磁性**等等性質。

---

7. 最早期解釋配位化合物的鍵結方式是何理論模型？其理論基礎為何？

What are the earliest theories in interpreting the bonding of Coordination Compounds? What is the basic assumption behind this theory?

答：最早期解釋**配位化合物**的鍵結方式的理論模型是**結晶場論** (Crystal Field Theory)。結晶場論理論的模型是完全離子鍵模型，其理論基礎是**配位基**的軌域和中心**過渡金屬**（特指 d 軌域）的軌域正面接觸時能量會上升；反之，其他軌域因能量守衡的原因則能量下降。

---

8. 結晶場論 (Crystal Field Theory) 的基本假設是什麼？請說明之。

What is the basic assumption of the "Crystal Field Theory"?

答：**結晶場論**是以完全的離子鍵模式來描述鍵結。中心金屬的軌域（特指 d 軌域）被帶電子的配位基的軌域**斥力**作用，兩者直接接觸者能量上升；反之，兩者沒有直接接觸者能量下降。因此，五個 d 軌域的能量就產生分裂。

補充說明：在原子的球形球面的配位基環境下，五個 d 軌域的能量不產生分裂，而為簡併狀態。另一個可能讓五個 d 軌域的能量不產生分裂的情形是在正二十**面體** (Icosahedral, I_h) 如 C_{60} 的配位環境下。

9. 請說明 d_{z2} 軌域和其他四個 d 軌域 (d_{xy}, d_{yz}, d_{zx}, d_{x2-y2}) 外觀形狀不同的原因。另外，請說明 d_{z2} 軌域和 d_{x2-y2} 軌域在正八面體的環境中是等值的，仍為簡併狀態。

The shape of orbital d_{z2} is different from other four d orbitals (d_{xy}, d_{yz}, d_{zx}, d_{x2-y2}). Orbitals d_{z2} and d_{x2-y2} in an octahedral ligand field are equivalent and remain degenerate. Explain.

答：**薛丁格**在 1925 年提出有名的**薛丁格方程式**：$-(h^2/8p^2m)(d^2\psi(x)/dx^2) + V(x)\psi(x) = E\psi(x)$。它是為本徵方程式 (Eigenfunction Equation, $H\Psi = E\Psi$) 的一種。在解氫原子的薛丁格方程式時，五個 d 軌域有不同波函數解（d_2, d_1, d_0, d_{-1}, d_{-2} 軌域）卻相對應到同一能量，此時稱此五個 d 軌域為**簡併狀態** (Degeneracy)。五個 d 軌域 (d_2, d_1, d_0, d_{-1}, d_{-2}) 函數解除了 d_0 外都帶有虛數。因為五個 d 軌域為簡併狀態，理論上可以將它們進行線性組合後形成沒有帶虛數的函數解（d_{xy}, d_{yz}, d_{zx}, d_{x2-y2} 和 d_{z2} 軌域）。其中 d_{z2} 軌域可視為 d_{y2-z2} 和 d_{z2-x2} 軌域的線性組合。正確來說，d_{z2} 軌域應該寫成 $d_{\sqrt{(1/3)(2z2-x2-y2)}}$。所以，$d_{z2}$ 軌域雖然和其他四個 d 軌域在外觀上形狀不同，其內涵是一樣的。d_{z2} 軌域和 d_{x2-y2} 軌域在正八面體的環境中其實只是座標的不同，它們都是面對軸線，它們是等值的，且仍為簡併狀態。

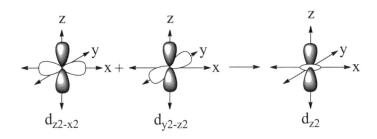

$$d_{z2-x2} + d_{y2-z2} \longrightarrow d_{z2}$$

10. 請說明過渡金屬配位化合物的五個 d 軌域在被配位基 (Ligand) 的包圍影響下，五個 d 軌域能量分裂的情形。

The five degenerate d orbitals of transition metal are split under the environment created by surrounding ligands. Explain.

答：過渡金屬的五個 d 軌域在球形環境下（原子狀態下）本是能量相同的**簡併狀態** (degeneracy)。通常在**配位基** (Ligand) 的包圍下，對稱性會下降，五個 d 軌域會產生分裂。不同的分子對稱性，對五個 d 軌域造成分裂情形都不同。配位基環境越不對稱，d 軌域越容易產生分裂，最終有可能導致五個 d 軌域完全分裂能量都不同。

> 五個 d 軌域在原子的球形球面環境下本來是簡併狀態（即能量一樣，波函數不一樣）。在正八面體 (O_h) 環境下，五個 d 軌域會受到不同作用力，它們的能量如何分裂？

11. The energies of five d orbitals in a transition metal in its free state (without ligands) are the same. It means that these five d orbitals are degenerate. When the surrounding environment created by ligands are brought up, the energies of these five d orbitals might be changed. List the splitting pattern of these five d orbitals under octahedral geometry.

答：中心金屬五個 d 軌域的其中兩個 d 軌域（$d_{x^2-y^2}$ 及 d_{z^2}）受到配位基的直接作用力（斥力），能量升高。軌域能量較高的 $d_{x^2-y^2}$ 和 d_{z^2} 軌域合稱為 e_g 軌域。相對地，沒有直接作用的軌域能量較低的 d_{xy}, d_{yz}, d_{zx} 軌域合稱為 t_{2g} 軌域。化學家將 t_{2g} 軌域和 e_g 軌域能量差設定為 Δ_o 或 10 Dq。

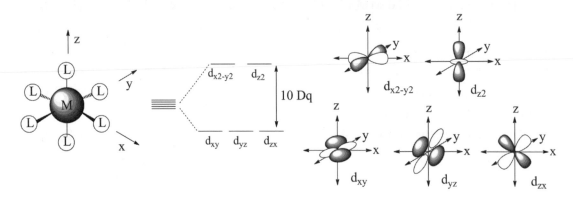

12. (a) 在正八面體的環境下，三個軌域 d_{xy}、d_{yz}、d_{zx} 以及兩個軌域 d_{z^2} 和 $d_{x^2-y^2}$，個別是簡併狀態。一個軌域的波函數可以描述為徑向部分和角向部分的相乘組合：$\Psi(r, \theta, \phi) = R(r) \cdot \Theta(\theta) \cdot \Phi(\phi)$。以下列出的三個 t_{2g} 軌域波函數 [忽略徑向部分]。$d_{xy} = C \cdot \sin^2\theta\sin2\phi$；$d_{yz} = C \cdot \sin\theta\cos\theta\sin\phi$；$d_{zx} = C \cdot \sin\theta\cos\theta\cos\phi$。從其波函數你如何判斷三個軌域在正八面體的環境中是簡併狀態？(b) 在特定區域內發現電子密度的概率是填有電子軌域波函數平方。當上述三個軌域都填滿電子時，軌域看起來像什麼形狀？(c) 當其中 d_{xy} 和 d_{yz} 二個軌域都填滿電子時，軌域看起來像什麼形狀？

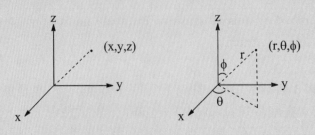

(a) While a transition metal complex is localted in an octahedral environment, the three d orbitals (d_{xy}, d_{yz}, d_{zx}) as a set as well as the two d orbitals (d_{x2-y2}, d_{z2}) as a set are degenerate. The wavefunction of an orbital can be described as the combination of radial part and angular part: $\Psi(r, \theta, \phi) = R(r) \cdot \Theta(\theta) \cdot \Phi(\phi)$

The wavefunctions of three t_{2g} orbitals are listed. [Neglecting the radial part]

$d_{xy} = C \cdot \sin^2\theta\sin2\phi$; $d_{yz} = C \cdot \sin\theta\cos\theta\sin\phi$; $d_{zx} = C \cdot \sin\theta\cos\theta\cos\phi$. Can you rationalize the fact that theses three orbitals are degenerate in octahedral environment by judging from their wavefunctions? (b) The probability of finding the electron density in certain region is to take the square of the electron filled wavefunction. What does the shape of the orbital look like when all three t_{2g} orbitals are filled with six electrons? (c) What does the shape of the orbital look like when d_{xy} and d_{yz} orbitals are filled with four electrons?

答：(a) 在正八面體的環境，三個軌域 (d_{xy}，d_{yz}，d_{zx}) 是簡併狀態可以從軌域形狀看出，它們的外觀一模一樣只有方位不同。另一個作法是將軌域的波函數的座標交換，就可以得到其他軌域的波函數。如將 d_{xy}($C \cdot \sin^2\theta\sin2\phi$) 軌域的 x 軸換成 z 軸即可得到 d_{yz}($C \cdot \sin\theta\cos\theta\sin\phi$) 軌域。因此，它們是簡併狀態。(b) 根據「哥本哈根釋義」，發現電子的機率是將填有電子軌域的波函數平方而得。當三個軌域都填滿電子時，發現電子的機率是 $\Psi^2 = (C \cdot \sin^2\theta\sin2\phi)^2 + (C \cdot \sin\theta\cos\theta\sin\phi)^2 + (C \cdot \sin\theta\cos\theta\cos\phi)^2$。這個相加的函數最後角度的因素（$\theta$ 和 ϕ）全部消除，加總後軌域電子密度看起來像球形。(c) 同 (b) 的作法，當 d_{xy} 和 d_{yz} 二個軌域都填滿電子時，加總後軌域電子密度看起來像甜甜圈形狀。

---

13. 說明不同配位基造成配位化合物的弱場 (weak field) 及強場 (strong field) 的原因。

Explain the reason behind "weak field" and "strong field" that is caused by various types of ligands surrounding central metal.

答：**配位基**和**金屬**間鍵結的形成是由兩者的適當**軌域**重疊來達成。不同環境 d 軌域的分裂情形不一樣。鍵結**強弱**造成分裂的 d 軌域間的能量差有所不同。能量差大者為**強場**；反之，為**弱場**。

---

14. 在正八面體 (O_h) 環境下，Cr^{3+} 離子中的電子如何填入 d 軌域？

How are the d electrons of Cr^{3+} being added to the d orbitals under octahedral geometry?

答：Cr^{3+} 離子具有三個 d 軌域電子。不論**強場**或**弱強**，三個 d 軌域電子填入能量較低的 t_{2g} 軌域。根據**韓德法則** (Hund's Rule)，三個電子分別填入不同簡併狀態軌域且自旋方向相同，具有三個未成對電子，因此為順磁性。

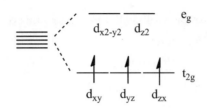

15.	在正八面體 (O_h) 環境下，Mn^{3+} 離子中的電子如何填入 d 軌域？
	How are the d electrons of Mn^{3+} being added to the d orbitals under octahedral geometry?

答：Mn^{3+} 離子有四個 d 軌域電子，其中三個 d 電子填入能量較低的 t_{2g} 軌域。第四個 d 電子因為場的強弱不同考量而有兩種填法，若填入 e_g 軌域，則有四未成對電子。若填入 t_{2g} 軌域，則有二未成對電子。左圖中 t_{2g} 軌域和 e_g 軌域能量差較大（強場），第四個 d 軌域電子填入 t_{2g} 軌域，有二未成對電子，相對而言是**低自旋** (low-spin)。右圖中 t_{2g} 軌域和 e_g 軌域能量差較小（弱場），第四個 d 軌域電子填入 e_g 軌域，有四未成對電子，相對而言是**高自旋** (high-spin)。場的強弱和配位基及中心金屬等等因素有關。

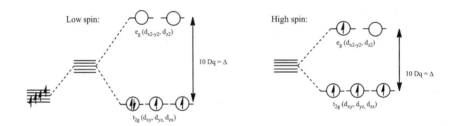

16.	在正八面體 (O_h) 環境下，Co^{2+} 離子中的電子如何填入 d 軌域？
	How are the d electrons of Co^{2+} being added to the d orbitals under octahedral geometry?

答：在 Co^{2+} 離子中有七個 d 軌域電子，依照**強場**或**弱場**，而有兩種填法。左圖為強場的情形，有一未成對電子，是**低自旋** (low-spin)。右圖為弱場的情形，有三未成對電子，是**高自旋** (high-spin)。

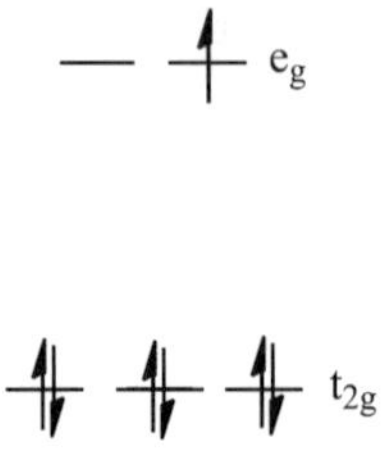

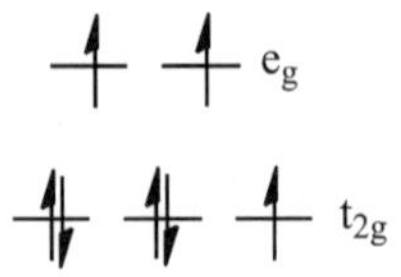

17. 說明 [Fe(CN)$_6$]$^{3-}$ 只有一個不成對的電子，但 [Fe(H$_2$O)$_6$]$^{3+}$ 有五個不成對的電子的原因。

Explain the fact that the complex [Fe(CN)$_6$]$^{3-}$ has only one unpaired electron; yet, [Fe(H$_2$O)$_6$]$^{3+}$ has five.

答：[Fe(CN)$_6$]$^{3-}$ 和 [Fe(H$_2$O)$_6$]$^{3+}$ 結構都是**正八面體**。Fe^{3+} 的電子組態是 d^5。前者的配位基 CN$^-$ 造成**強場**，5 個電子在這種情形只有一個不成對的電子。後者的配位基 H$_2$O 造成**弱場**，具五個不成對的電子。

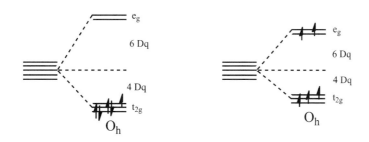

18. 錯合物 [Co(NH$_3$)$_6$]$^{3+}$ 和 [CoF$_6$]$^{3-}$ 結構都是正八面體。前者是逆磁性 (diamagnetic)；而後者為順磁性 (paramagnetic)。請說明之。

Both [Co(NH$_3$)$_6$]$^{3+}$ and [CoF$_6$]$^{3-}$ are with octahedral geometry and having six ligands surrounding a central Co^{3+} ion. Nevertheless, the former is diamagnetic and the latter is paramagnetic species. The latter is even having four unpaired electrons. Explain.

答：[Co(NH$_3$)$_6$]$^{3+}$ 和 [CoF$_6$]$^{3-}$ 結構都是**正八面體**。Co^{3+} 的電子組態是 d^6。前者的配位基 NH$_3$ 造成**強場**，6 個 d 電子全配對，錯合物為**逆磁性** (diamagnetic)。後者的配位基 F$^-$ 造成**弱場**，具有 4 個未成對電子，錯合物為**順磁性** (paramagnetic)。注意，後者是弱場時，5 個 d 電子先半填滿，第 6 個 d 電子再填 t$_{2g}$ 軌域。

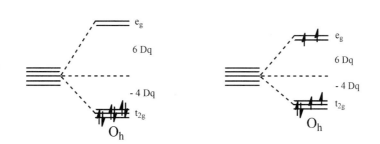

19.
以結晶場論 (Crystal Field Theory, CFT) 理論模型來解釋配位化合物 $Co(NH_3)_6^{3+}$ 及 $[Ni(NH_3)_6]^{2+}$ 的鍵結。

Using Crystal Field Theory (CFT) model to interpret the bonding of $Co(NH_3)_6^{3+}$ and $[Ni(NH_3)_6]^{2+}$.

答：配位化合物 $Co(NH_3)_6^{3+}$ 中心金屬 Co^{3+} 為 d^6；$[Ni(NH_3)_6]^{2+}$ 中心金屬 Ni^{2+} 為 d^8。以**結晶場論** (Crystal Field Theory) 理論模型來解釋，配位基 NH_3 造成強場，結果是前者沒有未成對電子為逆磁性，後者有兩個未成對電子則是順磁性的。

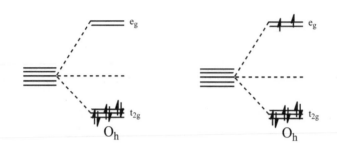

20.
計算 $[Co(NH_3)_6]^{3+}$ 和 $[Co(H_2O)_6]^{3+}$ 的結晶場穩定能 (Crystal Field Stabilization Energies, CFSE)。

Calculate the Crystal Field Stabilization Energies (CFSE) for $[Co(NH_3)_6]^{3+}$ and $[Co(H_2O)_6]^{3+}$.

答：在**正八面體** (O_h) 的環境中，五個 d 軌域在**強場**（左圖）和**弱場**（右圖）下的分裂情形如下圖。能階之間的能量差值定為 10 Dq。Co^{3+} 有 6 個 d 電子；NH_3 是強場配位基，而 H_2O 是弱場配位基。電子排列情形有異，造成的**結晶場穩定能**不一樣。$[Co(NH_3)_6]^{3+}$：CFSE = 6*(− 4 Dq) = −24 Dq；$[Co(H_2O)_6]^{3+}$：CFSE = 4*(− 4 Dq) + 2*(6 Dq)= − 4 Dq。注意它們雖然同以 Dq 為單位，但兩者 Dq 大小是不同的。

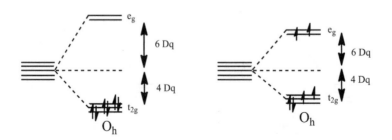

21.

分別在弱場 (weak field) 及強場 (strong field) 下，請建立正四面體 (Tetrahedral, T_d) 的構型所有 d^n $(d^1 \sim d^9)$ 的結晶場穩定能 (Crystal Field Stabilization Energies, CFSE)，並請列表。哪種 d^n 在強場下會反磁性？

Construct a table of Crystal Field Stabilization Energies (CFSE) for all d^n configurations in tetrahedral complexes under both weak field and strong field. Which d^n configurations could be diamagnetic under a strong field?

答：所有 d^n $(d^1 \sim d^9)$ 的**配位場穩定能**如列表，以 Dq 為單位。在**強場**下 d^4 會反磁性。

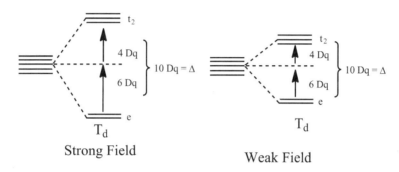

Strong Field　　　Weak Field

	d^1	d^2	d^3	d^4	d^5	d^6	d^7	d^8	d^9
Strong Field	-6	-12	-18	-24	-20	-16	-12	-8	-4
Weak Field	-6	-12	-8	-4	0	-6	-12	-8	-4

22.

正四面體 (Tetrahedral, T_d) 環境剛好和正八面體 (Octahedral, O_h) 相反。在正四面體環境下，五個 d 軌域受到不同作用力，軌域如何分裂？

The surrounding environment of a Tetrahedral (T_d) geometry can be regarded as the inverse of an Octahedral (O_h) geometry. List the splitting of five d orbitals of a Coordination Compound containing transition metal under Tetrahedral environment.

答：**正四面體**環境剛好和**正八面體**相反。在正四面體環境下，五個 d 軌域分裂情形和正八面體相反。三個軌域 (d_{xy}, d_{yz}, d_{zx}) 受到配位基的直接作用力（斥力），能量升高，合稱為 t_2 軌域。相對應兩個 d 軌域 (d_{x2-y2} or d_{z2})，能量較低，合稱 e 軌域。因為正四面體結構沒有中心對稱，所以沒有類似在正八面體的 g 或 u 符號。兩個分列能量差仍以 10 Dq 為單位。

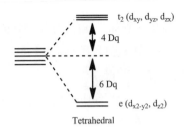

t₂ (d_xy, d_yz, d_zx)

4 Dq

6 Dq

e (d_x2-y2, d_z2)

Tetrahedral

23. 爲什麼錯合物在正四面體 (T_d) 的環境下通常不會有低自旋的情形？

Why low-spin complexes are usually not encountered for tetrahedral coordination?

答：在**正四面體** (T_d) 的環境下分裂的 10 Dq 能量差只是在**正八面體** (O_h) 的環境下分裂的 4/9。因此在正四面體 (T_d) 的環境下電子容易填入高能階軌域，電子配對情形較少，通常不會有低自旋的情形。

24. 過渡金屬的五個 d 軌域在正八面體 (O_h) 的環境和正四面體 (T_d) 的環境下分裂情形如何？化學家定義此分裂的能量差是 10 Dq，這兩個分裂的比率如何？

What is the splitting pattern of 5 d orbitals under either O_h or T_d environment? Assuming that the energy difference between these two energy states is 10 Dq. What is the ratio of these two splittings?

答：在**正八面體** (O_h) 和**正四面體** (T_d) 的環境下五個 d 軌域都是分裂爲三個軌域 (d_xy, d_yz, d_zx) 一組及兩個 d 軌域 (d_x2-y2 or d_z2) 一組。在正八面體 (O_h) 稱爲 t_2g 及 e_g；而在正四面體 (T_d) 稱爲 t_2 及 e。能量高低相反。在正八面體 (O_h) 的環境和正四面體 (T_d) 的環境下分裂的能量差雖然都被定義爲 10 Dq，但理論上兩個 10 Dq 大小不同，後者只是前者比率的 4/9。可以利用圖 2-18 計算兩者 10 Dq 的比率。

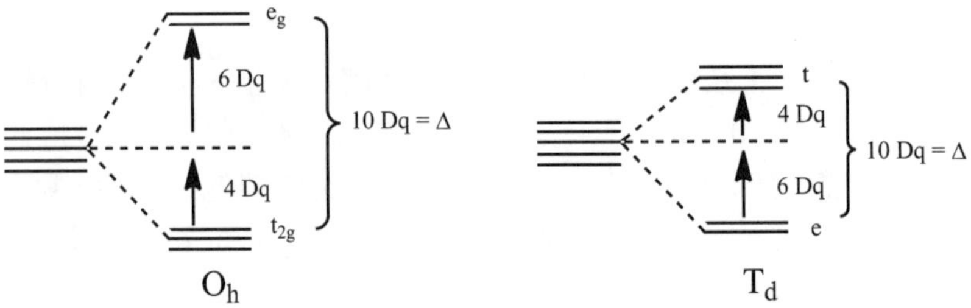

e_g

6 Dq

4 Dq

t_2g

O_h

10 Dq = Δ

t

4 Dq

6 Dq

e

T_d

10 Dq = Δ

25. 第一列過渡金屬元素從 Mn²⁺ 到 Zn²⁺ 的水合能 (M²⁺ + 6H₂O → M(H₂O)₆²⁺, ΔH) 如下圖所示。(a) 解釋爲何 ΔH 會如虛線所示地直線增加的原因。(b) 原先期望 ΔH 是如盧線所示地直線增加。解釋爲何事實上 ΔH 是比預期地直線增加之外要穩定更多。

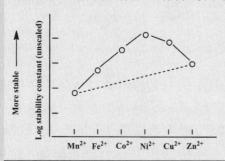

The hydration energies ($M^{2+} + 6H_2O \rightarrow M(H_2O)_6^{2+}$, ΔH) for the first row transition metal elements from Mn^{2+} to Zn^{2+} are measured and as shown. (a) Originally, it was expected that the ΔH shall increase as the dash line shown. Explain it. (b) In fact, extra stabilities are observed from Fe^{2+} to Cu^{2+} than expected by merely based on the factor as named in (a). Explain.

答：(a) 陽離子的**水合能** (ΔH) 和其 1/r 大小成正比。從 Mn^{2+} 到 Zn^{2+} 的水合能增加原因是陽離子的半徑受到**有效核電荷** (Z*) 增加而變小的結果。(b) 除了水合能 (ΔH) 和陽離子的 1/r 大小成正比的因素外，應該加上**結晶場穩定能** (Crystal field stabilization energy, CFSE) 的因素。

下圖所示爲第一列過渡金屬的二價金屬鹵化物 MX_2 的晶格能。

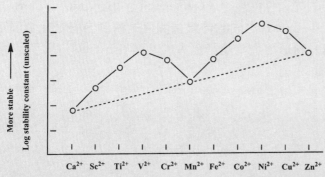

26.

請回答下列問題。(a) 解釋「越後面的金屬，其晶格能越大」的一般趨勢。(b) 解釋晶格能出現「雙峰曲線」的現象。(c) 解釋 Mn^{2+} 的晶格能甚至低於 Cr^{2+} 的原因。(d) 三個金屬 (Ca^{2+}, Mn^{2+}, and Zn^{2+}) 的晶格能幾乎在同一線上。(e) 當金屬價數從 +2 改到 +3，請重新繪製從 Sc^{3+} 至 Zn^{3+} 的新曲線。

A diagram for the lattice energies of the divalent metal halides MX_2 of the first transition series is as shown. Answer the following questions. (a) Explain the general trend of "the latter the metal, the larger the lattice energy". (b) Explain the observation of a "double-humped curve". (c) Explain the lattice energy of Mn^{2+} is even smaller than that of Cr^{2+}. (d) The lattice energies of three metals, (Ca^{2+}, Mn^{2+}, and Zn^{2+}) are almost on the line. (e) What is the new curve for the charge of each metal changes from +2 to +3? Draw the new curve for Sc^{3+} to Zn^{3+}.

答：(a) 第一列過渡金屬水合能和金屬離子半徑成反比。因**有效核電荷** (Z*) 依原子序增加，第一列過渡金屬水合能隨之增加。(b) 第一列過渡金屬水合能本來應在一直線上，因**結晶場穩定能** (Crystal Field Stabilization Energy, CFSE) 的因素使得 $d^1 \sim d^4$, $d^6 \sim d^9$ 得到額外穩定能量。(c) $Mn^{2+}(d^5)$ 沒有額外穩定能量 CFSE，而 $Cr^{2+}(d^4)$ 有額外穩定能量 CFSE。(d) $Ca^{2+}(d^0)$、$Mn^{2+}(d^5)$、$Zn^{2+}(d^{10})$ 則沒有額外穩定能量 CFSE，金屬離子水合能本應在一直線上。(e) 當金屬價數從 +2 改到 +3，d^0 是出現在 Sc^{3+}。從 Sc^{3+} 至 Zn^{3+} 新曲線如下。

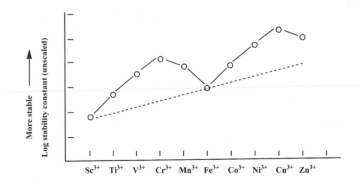

以下的圖形說明了金屬離子的先天性酸度 (inherent acidity) 和 Irving-Williams 系列的金屬離子軟硬度 (hardness-softness) 之間的什麼樣關係？哪個方向是往金屬離子更大的酸度 (acidity)？哪個方向是往金屬離子更大的硬度 (hardness)？

27.

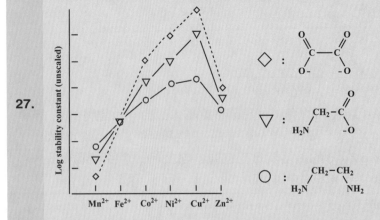

What does the figure tell you about the "inherent acidity" and "hardness-softness" of "Irving-Williams series" of metal ions? Which side of metal ions is much "inherent acidity"? Which side of metal ions is much "harder"?

答：除了 Zn^{2+} 外，其餘金屬離子對配位基的穩定度越來越大。配位基是鹼基，所以金屬離子的**先天性酸度** (Inherent acidity)：$Cu^{2+} > Ni^{2+} > Co^{2+} > Fe^{2+} > Mn^{2+}$

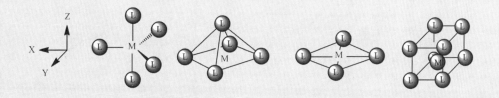

以草酸根 (ox^{2-}) 及乙二氨 (en) 爲例，圖形中顯示從 Co^{2+} 到 Cu^{2+} 都是草酸根 (ox^{2-}) 與金屬形成的穩定度較大。因爲配位基的**硬度** (Hardness)：$O > N$，所以金屬離子的硬度 (Hardness)：$Cu^{2+} > Ni^{2+} > Co^{2+} > Fe^{2+} > Mn^{2+}$。

28.

以結晶場論 (Crystal Field Theory) 預測過渡金屬配位化合物的五個 d 軌域在下面環境中分裂的情形：(a) 雙三角錐 (Trigonal BiPyramidal, TBP)；(b) 金字塔形 (Square Pyramidal, SPY)；(c) 平面四邊形 (Square Planar, SP)；和 (d) 立方體 (Cubic)。

Predict the splitting patterns of 5 d orbitals under the following environments using Crystal Field Theory: (a) trigonal bipyramidal, (b) square pyramidal, (c) square planar, and (d) cubic.

答：根據**結晶場論** (Crystal Field Theory) 來預測過渡金屬配位化合物的五個 d 軌域在不同環境中分裂的情形及能量差異，請參考表 S2-1。

(a) **雙三角錐** (Trigonal BiPyramidal, TBP)：分成三組 $(d_{z^2})(d_{x^2-y^2}, d_{xy})(d_{xz}, d_{yz})$

(b) **金字塔形** (Square Pyramidal, SPY)：分成四組 $(d_{x^2-y^2})(d_{z^2})(d_{xy})(d_{xz}, d_{yz})$

(c) **平面四邊形** (Square Planar, SP)：分成四組 $(d_{x^2-y^2})(d_{xy})(d_{z^2})(d_{xz}, d_{yz})$

(d) **立方體** (cubic)：分成二組 $(d_{xy}, d_{xz}, d_{yz})(d_{z^2}, d_{x^2-y^2})$

29.

平面四邊形 (Square Planar, D_{4h}) 和正八面體 (Octahedral, O_h) 的週遭環境不同。在平面四邊形環境下，五個 d 軌域受到不同作用力，如何分裂？

The environment of Square Planar (D_{4h}) is quite different from an Octahedral (O_h) geometry. Draw out the splitting pattern of five d orbitals of a transition metal containing coordination compound under Square Planar environment.

答：平面四邊形和正八面體環境相當不同。在平面四邊形環境下，五個 d 軌域分裂情形較複雜，分成四組。注意平面四邊形有對稱中心，其符號有 "g"。請參考表 **2-3**：平面四邊形 (Square planar, D_{4h}) 徵表。

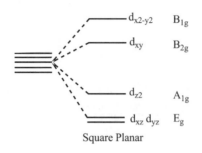

Square Planar

另一種看法是從**正八面體**開始，再延伸至**平行四邊形**。方法是將在 z 軸上的配位基移到無窮遠處，因 z 軸上的斥力減少，這時候軌域含有 z 成份者（如 d_{z2}, d_{xz}, d_{yz}）能量會更下降。

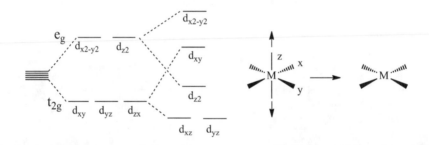

> 說明錯合物 $[Ni(CN)_4]^{2-}$ 是逆磁性的；而 $[NiCl_4]^{2-}$ 是順磁性的，且具有兩個未配對電子。
>
> **30.**
>
> Explain the fact that the complex $[Ni(CN)_4]^{2-}$ is diamagnetic, but $[NiCl_4]^{2-}$ is paramagnetic with two unpaired electrons.

答：$[NiCl_4]^{2-}$ 是正四面體環境，Ni^{2+} 的電子組態是 d^8。電子排列造成兩個未配對電子，具有**順磁性**的。而實驗觀察 $[Ni(CN)_4]^{2-}$ 是**逆磁性**的，顯然不會是正四面體。如果在平面四邊形環境下，五個 d 軌域分裂情形如下圖。8 個 d 電子填入，電子均配對，$[Ni(CN)_4]^{2-}$ 是逆磁性。此處也說明四配位的強場配位基在金屬為 d^8 組態下，容易形成**平面四邊形**。

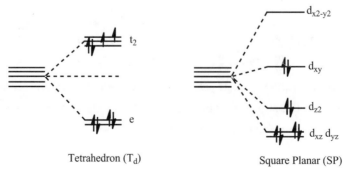

Tetrahedron (T_d)   Square Planar (SP)

31.

> 由結晶場論 (Crystal Field Theory, CFT) 的假設，五個 d 軌域在正八面體 (Octahedral) 環境中的分裂形成能量較低的 t_{2g} (d_{xy}，d_{yz}，d_{zx}) 和較高的 e_g (d_{z2}，d_{x2-y2}) 量兩組。有人說 CFT 由錯誤的理由（假設）卻獲得正確的答案。請解釋之。
>
> The splitting pattern of five d orbitals in octahedral environment predicted by the Crystal Field Theory (CFT) is consisted of a set of lower energy t_{2g} (d_{xy}, d_{yz}, d_{zx}) and a set of higher energy e_g (d_{x2-y2}, d_{z2}). One may say that the CFT gets the right answer from a wrong reasoning. Explain.

答：簡單的**結晶場論** (Crystal Field Theory, CFT) 描述配位化合物的**配位基和金屬**間的鍵結完全以離子鍵模型為之。由 CFT 的假設，五個 d 軌域在**正八面體** (Octahedral) 環境中的分裂形成能量較低的 t_{2g} (d_{xy}，d_{yz}，d_{zx}) 和較高的 e_g (d_{z2}，d_{x2-y2})。以此來解釋電子在兩組軌域中躍遷產生光譜的現象。而在**分子軌域理論** (Molecular Orbital Theory, MOT)，t_{2g} (d_{xy}，d_{yz}，d_{zx}) 軌域是**不鍵結軌域** (nonbonding orbitals)；e_g (d_{z2}，d_{x2-y2}) 軌域是**反鍵結軌域** (antibonding orbitals)（其實應該是 e_g^*）。從不鍵結軌域躍遷到反鍵結軌域剛好吸收在可見光區。所以說，結晶場論由錯誤的理由意外取得正確的答案。請參考**圖 2-2**。

32.

> 計算以下各配位化合物分子的不成對電子數目和配位場穩定能 (Ligand Field Stabilization Energy, LFSE)。(a) $[Mn(CN)_6]^{4+}$; (b) $[Ru(NH_3)_6]^{3+}$; (c) $[CoCl_4]^{2-}$ (tetrahedral); (d) $[PtCl_6]^{4+}$; (e) $[Cu(NH_3)_2]^+$; (f) $[NiCl_4]^{2-}$ (T_d); (g) $[Mn(H_2O)_6]^{2+}$ (O_h); (h) $[Co(CN)_6]^{4-}$ (O_h); (i) $[Pd(CN)_4]^{2-}$ (Square planar); (j) $Cr(CO)_6$ (O_h); (k) $[Fe(CN)_6]^{4-}$; (l) $[Fe(H_2O)_6]^{3+}$; (m) $[Co(NH_3)_6]^{3+}$; (n) $[Cr(NH_3)_6]^{3+}$.
>
> Determine the number of unpaired electrons and the Ligand Field Stabilization Energy (LFSE) for each of the molecules listed.

答：請參考前面五個 d 軌域在不同的環境下分裂情形的對應圖。各配位化合物分子的**不成對電子數目和配位場穩定能**如下。(a) $[Mn(CN)_6]^{4+}$ (O_h)：CN^- 為強場，Mn^{2+} 有 5 個 d 電子。1 個**不成對電子**；LFSE = –20 Dq。(b) $[Ru(NH_3)_6]^{3+}$ (O_h)：NH_3 為強場，Ru^{3+} 有 5 個 d 電子。1 個不成對電子；LFSE = –20 Dq。(c) $[CoCl_4]^{2-}$ (T_d)：Cl^- 為弱場，Co^{2+} 有 7 個 d 電子。3 個不成對電子；LFSE = –12 Dq。(d) $[PtCl_6]^{4+}$ (O_h)：Cl^- 為弱，但加上的第三列過渡金屬元素 Pt 的因素，此為強場。Pt^{2+} 有 8 個 d 電子。2 個不成對電子；LFSE = –12 Dq。(e) $[Cu(NH_3)_2]^+$：NH_3 為強場，Cu^+ 有 10 個 d 電子。0 個不成對電子；LFSE = 0 Dq。(f) $[NiCl_4]^{2-}$ (T_d)：Cl^- 為弱場，Ni^{2+} 有 8 個 d 電子。2 個不成對電子；LFSE = –8 Dq。(g) $[Mn(H_2O)_6]^{2+}$ (O_h)：H_2O 為弱場，Mn^{2+} 有 5 個 d 電子。5 個不成對電子；LFSE = – 0 Dq。(h) $[Co(CN)_6]^{4-}$ (O_h)：CN^- 為強場，Co^{2+} 有 7 個 d 電子。1 個不成對電子；LFSE = –18 Dq。(i) $[Pd(CN)_4]^{2-}$ (Square planar)：CN^- 為強場，Pd^{2+} 有 8 個 d 電子。

0 個不成對電子；LFSE = –8 Dq。 (j) Cr(CO)$_6$ (O$_h$)：CO 為強場，Cr^0 有 6 個 d 電子。0 個不成對電子；LFSE = –24 Dq。 (k) [Fe(CN)$_6$]$^{4-}$ (O$_h$)：CN$^-$ 為強場，Fe^{2+} 有 6 個 d 電子。0 個不成對電子；LFSE = –24 Dq。 (l) [Fe(H$_2$O)$_6$]$^{3+}$ (O$_h$)：H$_2$O 為弱場，Fe^{2+} 有 6 個 d 電子。4 個不成對電子；LFSE = – 4 Dq。 (m) [Co(NH$_3$)$_6$]$^{3+}$ (O$_h$)：NH$_3$ 為強場，Co^{3+} 有 6 個 d 電子。0 個不成對電子；LFSE = –24 Dq。 (n) [Cr(NH$_3$)$_6$]$^{3+}$ (O$_h$)：NH$_3$ 為強場，Cr^{3+} 有 3 個 d 電子。3 個不成對電子；LFSE = –12 Dq。

33.

計算以下各過渡金屬配位化合物分子的不成對電子數目及自旋磁矩。只考慮 spin-only 貢獻。

(a) [Ni(CN)$_4$]$^{2-}$ (planar)　　(b) [Co(NH$_3$)$_6$]$^{3+}$　　(c) [Ni(NH$_3$)$_6$]$^{2+}$

(d) [CoCl$_4$]$^{2-}$ (tetrahedral)　　(e) [Cu(NH$_3$)$_4$]$^{2+}$ (planar)　　(f) [Cr(NH$_3$)$_6$]$^{3+}$

(g) [Ag(NH$_3$)$_2$]$^+$ (linear)　　(h) Ni(CO)$_4$ (tetrahedral)

Determine the number of unpaired electrons and magnetic moment for the molecules. Consider spin-only contribution only.

答：各過渡金屬配位化合物分子的**不成對電子數目**及**自旋磁矩**如下。在軌域和自旋間沒有耦合 (coupling) 的情況下，磁矩計算公式：μ = $\sqrt{(n(n+2))}$。(a) [Ni(CN)$_4$]$^{2-}$ (square planar)：CN$^-$ 為強場，Ni^{2+} 有 8 個 d 電子。0 個不成對電子。自旋磁矩為 0。(b) [Co(NH$_3$)$_6$]$^{3+}$ (O$_h$)：NH$_3$ 為強場，Co^{3+} 有 6 個 d 電子。0 個不成對電子。自旋磁矩為 0。(c) [Ni(NH$_3$)$_6$]$^{2+}$ (O$_h$)：NH$_3$ 為強場，Ni^{2+} 有 8 個 d 電子。2 個不成對電子。自旋磁矩為 2.828 BM。(d) [CoCl$_4$]$^{2-}$ (T$_d$)：Cl$^-$ 為弱場，Co^{2+} 有 7 個 d 電子。3 個不成對電子。自旋磁矩為 3.873 BM。(e) [Cu(NH$_3$)$_4$]$^{2+}$ (square planar)：Cu^{2+} 有 9 個 d 電子。1 個不成對電子。自旋磁矩為 1.732 BM。(f) [Cr(NH$_3$)$_6$]$^{3+}$ (O$_h$)：NH$_3$ 為強場，Cr^{3+} 有 3 個 d 電子。3 個不成對電子。自旋磁矩為 3.873 BM。(g) [Ag(NH$_3$)$_2$]$^+$：Ag$^+$ 有 10 個 d 電子。0 個不成對電子。自旋磁矩為 0。(h) Ni(CO)$_4$ (T$_d$)：Ni^0 有 10 個 d 電子。0 個不成對電子。自旋磁矩為 0。

34.

請繪製能量圖代表含過渡金屬的配位化合物的五個 d 軌域從正八面體 (Octahedral, O$_h$) 環境變到雙四角錐 (Tetragonal) 到平面四邊形 (Square Planar, SP) 分裂的情形。

Draw an energy diagram to represent the splitting patterns of the five d orbtals in the environments from octahedral to tetragonal then to square planar.

答：根據結晶場論的模型，從正八面體 (Octahedral) 環境到**雙四角錐** (Tetragonal)，z 軸方向斥力減少，能量下降。到極端情形下形成**平面四邊形** (Square Planar)。

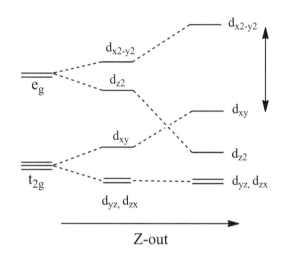

其五個 d 軌域能量分裂情形如下。剛開始從**正八面體** (Octahedral) 環境到**雙四角錐** (Tetragonal)，d_{z2} 和 d_{x2-y2} 軌域能量分開，d_{xy} 和 (d_{yz}, d_{zx}) 軌域能量分開。到**平面四邊形** (Square Planar) 時 d_{z2} 軌域能量甚至低於 d_{xy} 軌域。

35.

有一過渡金屬配位化合物的金屬含 7 個 f 軌域，在正八面體 (O_h) 的環境和正四面體 (T_d) 的環境下被配位基 (Ligand) 包圍，以結晶場論 (Crystal Field Theory) 預測其分裂情形。

Using Crystal Field Theory to predict the splitting pattern of coordination compound containing seven f orbitals under the following environments: Octahedral geometry (O_h) and Tetrahedral geometry (T_d).

答： 7 個 f 軌域的過渡金屬配位化合物在**正八面體** (O_h) 的環境分裂成能量由高而低的三組：(f_{x3}, f_{y3}, f_{z3})、($f_{x(y2-z2)}$, $f_{y(x2-z2)}$, $f_{z(x2-y2)}$)、(f_{xyz})。分別稱爲 t_{1g}, t_{2g}, a_{2g}。預期在**正四面體** (T_d) 的環境下分裂成能量高低相反的相同三組。在正四面體的情形沒有中心對稱的符號「g」或「u」。

補充說明： 理論上可以從相對應的**群論**對稱**徵表**的最右邊區域找到同屬相同**不可化約表述** (irreducible representations) 的三次方的函數群即可看出 f 軌域的分裂情形。不過，一般的徵表只列到二次方的函數群。

36.

請舉出反對完全由簡單離子鍵模型來構築的結晶場論 (Crystal Field Theory, CFT) 的實驗證據。並說明如何來改進此理論。

List experimental evidences that against the simple Crystal Field Theory (CFT). What can be done to improve the theory?

答：簡單的**結晶場論** (Crystal Field Theory, CFT) 描述配位化合物的**配位基**和**金屬**之間的鍵結完全以離子鍵模型爲之。事實上，配位基和金屬間的鍵結是具有共價性的。這個具有共價性的事實可以從量測**核磁共振光譜**時有些**配位基**和**金屬**之間有耦合現象展現在**耦合常數**，或由 **EPR** 光譜發現配位基和金屬之間有作用來得到印證。改進結晶場論的方法是將共價鍵模型帶入配位化合物的鍵結中。改良後的模型稱之爲**配位場論** (Ligand Field Theory, LFT)。

37.

在結晶場論 (Crystal Field Theory, CFT) 中，正八面體分裂以 10 Dq 來表示。(a) 錯合物 ML_8 在立方體的環境下五個 d 軌域會有什麼樣分裂情形？(b) 假定在正八面體和立方體的情形下，配位基及鍵長都相同。(c) 假定形成立方體 (Cubic) 及正八面體 (Octahedral) 兩者的盒子邊長都相同。

Octahedral splitting is expressed as 10 Dq. (a) What would be the splitting pattern for ML_8 with cubic coordination enviroment? (b) Presumably, the bond lengths are the same for both octahedral and cubic cases. (c) Presumably, the unit cell for forming the structures for both cases are the same.

答：(a) **立方體** (Cubic) 環境下的分裂情形可視同爲**正四面體**的分裂情形，但分裂能量爲 2 倍。(b) 第一種情形，假設立方體 (Cubic) 及正八面體 (Octahedral) 兩者的 M-L 距離都相同。則兩者配位場強度比爲 8:6 = 4:3。

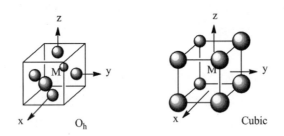

(c) 第二種情形，假設形成**立方體** (Cubic) 及**正八面體** (Octahedral) 兩者的盒子邊長都相同。中心金屬座標設爲 (0,0,0)；立方體錯合物 (ML_8, Cubic) 的配位基座標設爲 (1,1,1)；正八面體 (ML_6, O_h) 的配位基座標設爲 (1,0,0)。兩者 M-L 距離比爲 $\sqrt{3}:1$。配位場強度和配位基的個數成正比，和 M-L 的距離平方成反比。兩者配位場強度比爲 4:9。

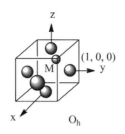

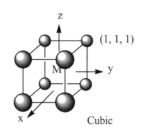

六配位錯合物 ML_6 在三角棱柱形 (D_{3h}) 的環境下，五個 d 軸域會有什麼樣分裂情形？錯合物 ML_5 是雙三角錐形，和上述都是 D_{3h} 的環境，五個 d 軸域分裂情形是否一樣？

38.

What is the splitting pattern for the five d orbitals for a complex (ML_6) with trigonal prismatic coordination environment (D_{3h})? How about in trigonal bipyramidal environment (ML_5) case in which with the same symmetry (D_{3h})?

答：從**群論**的觀點，兩錯合物有相同的 D_{3h} 對稱，五個 d 軸域分裂情形應該都一樣。五個 d 軸域分裂情形為三組：$(d_{z^2})(d_{x^2-y^2}, d_{xy})(d_{xz}, d_{yz})$。三角棱柱形能量分別為 (0.96)、(−5.84)、(5.36)。雙三角錐形，能量分別是 (7.07)、(− 0.82)、(− 2.72)。參考**表 S2-1**。

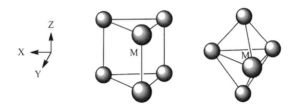

五配位錯合物 ML_5 可能為雙三角錐形 (TBP, D_{3h}) 或金字塔形 (SPY, C_{4v}) 的幾何結構。計算五個 d 軸域分裂的相對能量，以 10 Dq 方式來表示。對高自旋 d^6-d^9 金屬離子，哪個幾何結構有明顯的能量優勢？

39.

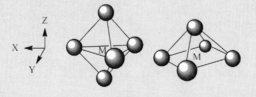

Calculate the relative energies of the separated d orbitals for ML_5 in the TBP (D_{3h}) and SP (C_{4v}) geometries. Which geometry is preferred for metal with high-spin d^6–d^9?

答：錯合物 ML_5 為**雙三角錐形** (TBP, D_{3h}) 或**金字塔形** (SPY, C_{4v}) 的幾何結構，其五個 d 軸域分裂的相對能量如下圖表示。請參考**表 S2-1**。如果光從能量因素來看，金字塔形

(SPY, C_{4v}) 高自旋 d^6-d^9 金屬離子在**結晶場穩定能**上有明顯的能量優勢。但是 TBP 有立體障礙小的優勢。自然界絕大多數 ML_5 錯合物仍以 TBP 幾何結構存在居多數。有些特例是，在金字塔形的結構有平面四邊形多牙基當配位基時，可能強迫分子成為這種結構型狀。

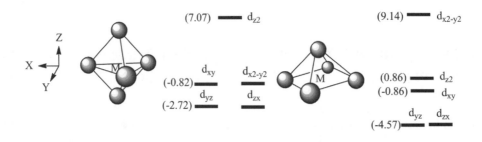

表 2-2　具 d^6-d^9 電子的錯合物以雙三角錐 (Trigonal BiPyramidal, TBP, D_{3h}) 或金字塔形 (Square Pyramidal, SPY, C_{4v}) 構型的結晶場穩定能 (Crystal Field Stabilization Energy, CFSE)

	d^6	d^7	d^8	d^9
TBP(D_{3h})	−12.52	−13.34	−14.16	−7.09
SPY(C_{4v})	−20.00	−19.14	−18.28	−9.14

40.

六配位正八面體錯合物 ML_6 的點群對稱符號為 O_h。z 軸線拉長後引起正八面體變形，變形後新的點群符號是什麼？

The point group symbol for ML_6 with octahedral geometry is O_h. What is the point group symbol after tetragonal distortion?

答：正八面體 ML_6 點群符號為 O_h。Z 軸線拉長或變短變形後，對稱下降，引起點群符號變化成為 D_{4h} 對稱。

六配位正八面體錯合物 ML_6 點群符號為 O_h。z 軸線拉長變形後，x 軸線又拉長變形，五個 d 軌域的分裂情形如何？如果 y 軸線又拉長變形，結果三軸距不等長，最後五個 d 軌域的分裂情形如何？

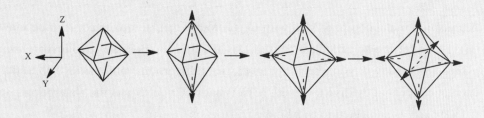

41.

What will you expect for a "z-out distortion" do to the energetic levels of the five d orbitals from an octahedral geometry? What will you expect for the splitting pattern of the five d orbitals when "x-out distortion" is added besides "z-out distortion"? How about "y-out distortion" is added again which causes the three axis in totally different lengths?

答： 五個 d 軌域在**正八面體** (ML_6) 環境下的分裂為 $t_{2g}(d_{xy}, d_{yz}, d_{zx})$ 及 $e_g(d_{z2}, d_{x2-y2})$。z 軸線拉長變形後，有 z 成分的軌域能量下降，其它相對的軌域能量上升。x 軸線拉長變形後，有 x 成分的軌域能量下降，其它相對的軌域能量上升。其實，這時候三軸線已不等長，五個 d 軌域已完全具不同能量。因此，假設 x, y, z 軸線拉長變形都不相等。此時五個 d 軌域已完全分開。

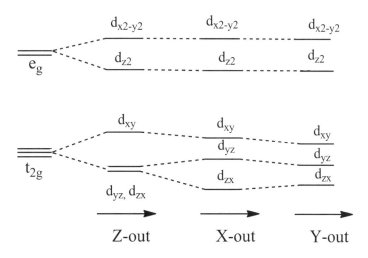

正八面體 (ML_6) 點群符號為 O_h。在下圖中可以看作 (I)，或被視為 (II)（它稱為「大衛之星」）。後者是由相反向的兩個平面三角形組成。(a) 如果進行「面向扭曲 (face-out distortion)」，即從 (II) 圖中 z-軸往上下兩邊拉開，指出五個 d 軌域分裂的情形。(b) 如果正八面體錯合物 $Ti(H_2O)_6^{3+}$ 遭受這種變形，吸收峰的模式將會是如何？

42.

A transition metal complex ML_6 with O_h geometry can be looked as (I) or be viewed as (II). The latter is also called as "Star of David", it is composed of two inverse triangular planes. (a) What will you expect for a "face-out distortion from z-axies" do to the energetic levels of the five d orbitals? (b) What will you expect the absorption pattern be if $Ti(H_2O)_6^{3+}$ is subjected to this kind of distortion?

答: (a) 如果進行從 z-軸的「面向扭曲 (face-out distortion)」，具有 z-成份軌域能量下降，新形狀具有 D_{3d} 對稱。五個 d 軌域的分成三組：(d_{yz}, d_{xz})、(d_{x2-y2}, d_{xy})、d_{z2}。(b) 因為 Ti^{3+} 只有一個 d 電子，光譜比較單純。$Ti(H_2O)_6^{3+}$ 被「面向扭曲」，應該會有兩個吸收峰：$d_{z2} \rightarrow (d_{yz}, d_{xz})$ 及 $d_{z2} \rightarrow (d_{x2-y2}, d_{xy})$。

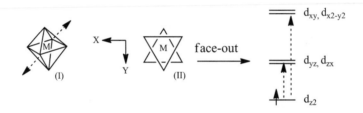

D_3d 徵表

D_{3d}	E	$2C_3$	$2C_2$	i	$2S_6$	$3\sigma_d$		
A_{1g}	1	1	1	1	1	1		x^2+y^2, z^2
A_{2g}	1	1	−1	1	1	−1	R_z	
E_g	2	−1	0	2	−1	0	(R_x, R_y)	(yz, xz) (x^2-y^2, xy)
A_{1u}	1	1	1	−1	−1	−1		
A_{2u}	1	1	−1	−1	−1	1	z	
E_u	2	−1	0	−2	1	0	(x,y)	

43. 請區分結晶場論 (Crystal Field Theory, CFT) 和配位場論 (Ligand Field Theory, LFT) 的差別。同時請說明雲散效應 (Nephelauxetic Effect)。

Explain the differences between Crystal Field Theory (CFT) and Ligand Field Theory (LFT), also explain Nephelauxetic Effect.

答: **結晶場論** (Crystal Field Theory, CFT) 描述配位化合物的**配位基**和**金屬**間的鍵結完全以離子鍵模型為之。事實上，配位基和金屬間的鍵結電子雲分佈，比較偏向共價鍵模型而非離子鍵模型。也就是說電子雲分散在配位基和金屬之間，這稱之為雲**散效應** (Nephelauxetic effect)。後來化學家將共價鍵模型帶入配位化合物的鍵結，稱之為**配位場論** (Ligand Field Theory, LFT)。

---

44. (a) 說明化學家基於什麼樣的實驗結果來安排配位基在光譜化學序列 (Spectrochemical series) 中的位置？ (b) 這一光譜化學序列如何和結晶場理論的基本假設衝突？ (c) 根據純結晶場理論 (CFT) 模型，陰離子原被期望比起中性分子排列在更強的配位基位置上。然而，X^- 在光譜化學序列中是比 CO 較弱的配位基。試以 σ-加上 π-鍵結模式來加以說明。由分子軌域理論 (Molecular Orbital Theory, MOT) 來考慮 σ- and π- 兩種鍵結模型，畫出 X^- 及 CO 兩個狀況的分子軌域理論 (Molecular Orbital Theory, MOT) 圖，並藉此對這種觀察現象提供答案。[X^- : halide]

(a) The strength of ligands is shown in Spectrochemical series. Based on what kind of experimental results did chemists arrange these ligands in this sequence? (b) How does this series oppose the basic assumption of the original Crystal Field Theory? (c) In Spectrochemical series, CO is a stronger ligand than X^-. Provide an answer for this observation by taking both σ– and π– bonding models into consideration by Molecular Orbital Theory (MOT). Draw two MOT plots for each case (CO & X^-) to explain the observation. [X^- : halide]

答： (a) 化學家根據實驗中每個配位基造成光吸收頻率的移動位置來排列出配位基的強度，即**光譜化學序列** (Spectrochemical Series)。

$I^- < Br^- < S^{2-} < SCN^- < Cl^- < NO_3^- < F^- < OH^- < ox^{2-} < H_2O < NCS^- < CH_3CN < NH_3 < en <$ bipy $<$ phen $< NO_2^- < PPh_3 < CN^- < CO$

(b) 這系列中並不一定是由帶負電荷的配位基造成強吸收，如帶負電的 OH^- 反而比中性的 H_2O 弱，這實驗結果打破結晶場論的基本假設。(c) 當加入 π-鍵結模式時，原來純粹以 σ-鍵結模型為考慮的模型發生改變。左圖顯示 X^- 的情形，10 Dq 減少；右圖顯示 CO 的情形，10 Dq 增加。前者形成弱場；後者形成強場。

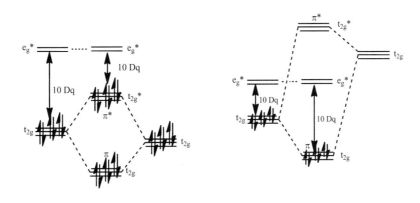

45. 解釋為什麼純結晶場論 (Crystal Field Theory, CFT) 無法解釋 CO 是比 F⁻ 強配位基的事實。

Explain why pure Crystal Field Theory (CFT) cannot explain the fact that CO is a stronger coordinating ligand than F⁻?

答：純結晶場論 (Crystal Field Theory, CFT) 描述配位化合物的**配位基**和**金屬**間的鍵結完全以離子鍵模型為之。如此帶負電的 F⁻ 應該比不帶電的 CO 和中心金屬 (M^{n+}) 的鍵要強。實驗結果顯示相反趨勢。所以，純粹的結晶場論需要經過適當地修正。

46. 說明為什麼 $[CoX(NH_3)_5]^{2+}$（X⁻ = F⁻, Cl⁻, Br⁻, and I⁻）配位場（d-d 轉移）吸收峰只略為不同，但電荷轉移吸收峰 (charge-transfer bands) 卻差別很大。

The only differences between $[CoX(NH_3)_5]^{2+}$ ions are coordinated halides (X⁻ = F⁻, Cl⁻, Br⁻, and I⁻). Explain why the ligand field (d–d) bands are shifted only slightly, but charge-transfer bands are shifted greatly for the ions.

答：d–d 轉移吸收峰和配位場強度有關，在 $[CoX(NH_3)_5]^{2+}$ 中 X⁻ 配位基只佔 1/6，且相對應於 NH_3 為弱配位基，因而對配位場強度影響不大。而**電荷轉移吸收峰** (charge-transfer bands) 卻直接和 X⁻ 上電子轉移到中心金屬的能力有關，因此不同的 X⁻ 其大小不同，X⁻ 上電子轉移到中心金屬的能力有很大差異，因此對吸收峰影響很大。

47. 含四配位基之配位化合物中，以立體障礙效應 (steric effect) 來說，正四面體 (Tetrahedral) 應該比平面四邊形 (Square-Planar) 穩定，什麼樣的情況下平面四邊形 (Square-Planar) 會存在？

Tetrahedral geometry is favorable than Square-Planar in terms of steric effect for four-coordinated metal complexes. Why, then, still many Square-Planar complexes are observed?

答：當以立體障礙效應 (steric effect) 因素來考量不利的結構，應該會以**電子效應** (electronic effect) 來彌補。Au^{3+}, Ir^+, Rh^+, Pd^{2+} 和 Pt^{2+} 容易形成**平面四邊形** (Square-Planar) 結構。注意這些中心金屬都是大半徑的離子或是電子組態為 d^8 的第二或第三列重金屬。

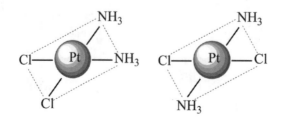

五配位的錯合物常見的有兩種結構即雙三角錐 (Trigonal Bipyramid) 和金字塔形 (Square Yyramid)。從電子效應和立體障礙效應來分析哪種是有利的結構。下面是從雙三角錐 (Trigonal Bipyramid) 轉變到方形金字塔形 (Square Pyramid) 過程，五個 d 軌域分裂的簡化能量圖。從中心金屬具不同 d 電子數 d^n (n: 1～10) 去分別考量。

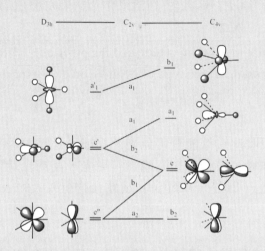

48.

There are two frequently observed structures, trigonal bipyramid and square pyramid, for five coordinated complexes. Point out which structure is more favorable from both the electronic and steric viewpoints. You may argue the electronic viewpoint from the following diagram by placing d electron(s) d^n (n: 1~10) to this simplified energy diagram. This simplified energy diagram only includes the splitting of the five d orbitals.

答：以**立體障礙效應** (steric effect) 因素來考量，五配位的錯合物常見為**雙三角錐** (Trigonal BiPyramid)。從**電子效應** (electronic effect) 來分析，則不同的 d 電子數目會有不同的影響。從 $d^1 \sim d^4$，雙三角錐能量上仍然有利。但從 $d^5 \sim d^6$，金字塔形能量上可能有利。從 $d^7 \sim d^9$，雙三角錐能量上仍然有利。綜合而言，不論從立體障礙效應或電子效應來分析，**雙三角錐結構**在大部分情形下都有利。因此，五配位的錯合物以雙三角錐為較常見。

49.

說明具逆磁性的錯合物 $[Co(NH_3)_6]^{3+}$、$[Co(en)_3]^{3+}$ 和 $[Co(NO_2)_6]^{3-}$ 顏色是橘黃色。相比之下，具順磁性的錯合物 $[CoF_6]^{3-}$ 和 $[Co(H_2O)_3F_3]$ 是藍色的。請定性地解釋這種顏色間的差異。

Diamagnetic complexes of cobalt(III) such as $[Co(NH_3)_6]^{3+}$, $[Co(en)_3]^{3+}$, and $[Co(NO_2)_6]^{3-}$ are orange-yellow. In contrast, the paramagnetic complexes $[CoF_6]^{3-}$ and $[Co(H_2O)_3F_3]$ are blue. Explain this discrepancy qualitatively in terms of color differences.

答：NH_3, en, NO_2^- 是**強場**配位基，吸收比較高能量可見光，互補光是頻率較低能量的可見光，在這例子是呈現橘黃色。反之，H_2O 和 F^- 是**弱場**配位基，吸收比較低能量可見光，互補光是頻率較高能量的可見光，在這例子是呈現藍色。在這例子中看出可藉由分子顏色，可以判定配位基的相對強度。

50.

兩個不同配位基所形成的 $[CuL_6]^{2+}$ 在溶液中，一個是藍色的，另一個是綠色的，預計哪一個會有較大的 Δ_o 值。

One $[CuL_6]^{2+}$ complex in solution is blue and the other one is green while two different types of ligands are used. Which type of ligand would be expected to cause higher value of Δ_o.

答：在**弱場**，電子遷移吸收比較低能量可見光，互補光是頻率較高能量的可見光，在這例子是呈現藍色。在**強場**，吸收比較高能量可見光，互補光是頻率較低能量的可見光，在這例子是呈現綠色。所以呈現綠色的 Cu 錯合物有較大的 Δ_o 值。

51.

乾燥的 $CoCl_2$ 是藍色固體。解釋它在陰雨的天氣下顏色變為粉紅色的現象。

A dried $CoCl_2$ solid exhibits blue color. Explain the fact that its color might be changed from blue to pink in a raining day.

答：乾燥的 $CoCl_2$ 是藍色固體。它在陰雨的天氣下吸收水氣成為具結晶水的固體 $CoCl_2 \cdot nH_2O$，H_2O 改變金屬的配位場強度使之變強，吸收比較高能量可見光，互補光是頻率較低能量的可見光，在這例子是粉紅色。所以藍色鈷錯合物固體顏色變為粉紅色的現象是吸收水氣造成的。將粉紅色的 $CoCl_2 \cdot nH_2O$ 加熱可除去水，回復到藍色固體 $CoCl_2$。因此藍色 $CoCl_2$ 被用來當除濕劑。

52.

我們血液的顏色在動脈是鮮紅色的，在靜脈則變成暗紅色的。請解釋。

Our blood color changes from bright red in artery and to dark red in vein. Explain.

答：血紅素在動脈被 O_2 配位，血液的顏色呈現鮮紅色；在靜脈被 CO_2 配位，血液的顏色呈現暗紅色。呈現顏色不同的主要的原因是 O_2 或 CO_2 配位到中心金屬造成配位場強度不同所造成的。下圖為簡化的血紅素和 O_2 或 CO_2 配位圖。

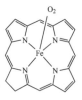 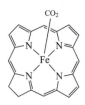

> [PtCl$_4$]$^{2-}$ 是逆磁性；而 [NiCl$_4$]$^{2-}$ 具有順磁性。請分別使用價鍵軌域理論 (Valence Bond Theory, VBT) 和結晶場論 (Crystal Field Theory, CFT) 來解釋此種觀測現象。第一種方法 (VBT) 的缺點是什麼？重複使用同樣的方式解釋 [CoF$_6$]$^{3-}$ 和 [Co(NH$_3$)$_6$]$^{3+}$ 的磁性現象。說明前者是順磁性，後者則是逆磁性的。

53. [PtCl$_4$]$^{2-}$ is a diamagnetic species, while [NiCl$_4$]$^{2-}$ is a paramagnetic species. Explain these observations by using both Valence Bond Theory (VBT) and Crystal Field Theory (CFT). What is the drawback of the first approach (VBT)? Repeat the same processes for the cases of [CoF$_6$]$^{3-}$ and [Co(NH$_3$)$_6$]$^{3+}$. The former is a paramagnetic species while the latter is a diamagnetic species.

答：在 PtCl$_4$$^{2-}$ 的例子中，錯合物具有逆磁性，包林提議在這種鍵結時金屬可能使用到 5d、6s 及 6p 軌域來接受由配位基提供的電子，形成 dsp^2 混成，為**平面四邊形** (Square Planar)。

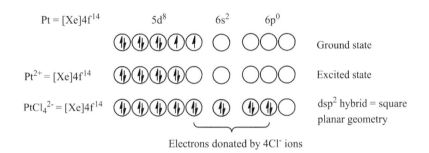

而在由同族金屬形成的錯合物 NiCl$_4$$^{2-}$ 的例子中，由於錯合物具有**順磁性，包林**提議在此錯合物中金屬使用 sp^3 混成，沒有用到 3d 軌域。這裡包林以磁性為標準來分類錯合物鍵結模式：逆磁性 = 平面四邊形；順磁性 = 正四面體。這比較像是馬後炮的作法，而以結果來推論鍵結這也是**價鍵理論**的缺點之一。

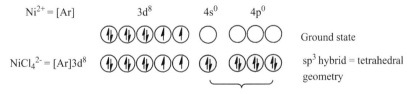

[NiCl$_4$]$^{2-}$ 具有**順磁性**，根據**結晶場論** (Crystal Field Theory, CFT) 理論，可使用左下圖來解釋，當成**正四面體**。[PtCl$_4$]$^{2-}$ 是逆磁性，可使用右下圖來解釋，當成**平面四邊形**。

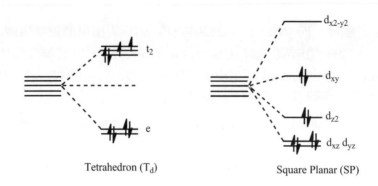

Tetrahedron (T_d)   Square Planar (SP)

可以使用**價鍵軌域理論** (Valence Bond Theory, VBT) 理論的方式來解釋 $[CoF_6]^{3-}$ 和 $[Co(NH_3)_6]^{3+}$ 的磁性現象。因為 $[Co(NH_3)_6]^{3+}$ 為逆磁性，中心金屬 Co 使用到 3d、4s、4p 軌域。而 $[CoF_6]^{3-}$ 為順磁性，為了解釋順磁性的特性，**包林**提議在此錯合物中心金屬 Co 使用到 4d、4s、4p 軌域。其實，在此錯合物中使用到 4d 軌域的說法是不正確的。

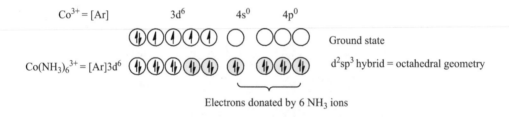

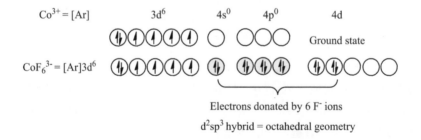

使用**結晶場論** (Crystal Field Theory, CFT) 理論的強場及弱場的方式來解釋 $[CoF_6]^{3-}$ 和 $[Co(NH_3)_6]^{3+}$，是可以得到正確的磁性現象。

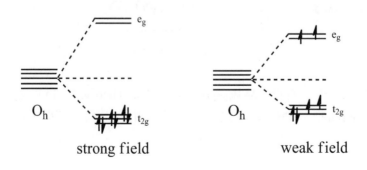

strong field   weak field

$Cu(NH_3)_4^{2+}$ 的結構是平面四邊形 (Square Planar)。使用價鍵軌域理論 (Valence Bond Theory, VBT) 方法來解讀它的結構可能會引發什麼問題？

The structure of $Cu(NH_3)_4^{2+}$ is square planar. What are the problems that might be encountered by using Valence Bond Theory (VBT) approach in interpreting the structure?

答：四配位的錯合物 $[Cu(NH_3)_4]^{2+}$ 中心金屬 Cu 為 d^9，可能為**正四面體**結構。以 VBT 模式，可解釋為：

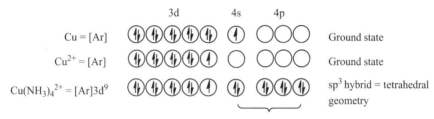

事實上，此四配位錯合物 $[Cu(NH_3)_4]^{2+}$ 的結構經由 X-ray 晶體結構測定法證實為**平面四邊形** (Square Planar)。上述 VBT 模式解釋只好改成如下：

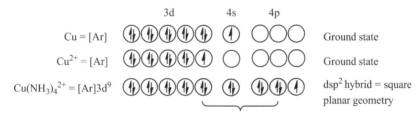

在其中一個電子已從 3d 軌域提升到 4p 軌域，或是 4d 軌域。這種隨著實驗結果來任意修改解釋的方向，沒有預測能力的理論如**價鍵理論** (VBT)，會給使用者帶來預測錯合物結構上的不確定性。其實，在此解釋中使用到 4d 軌域的說法是不正確的，4d 軌域並非不能使用，只是能量太高，使用無益。

55. 分子 $AB_2O_4(A^{II}B^{III}_2O_4)$ 以氧離子來構成立方最密堆積的晶格 (close-packed cubic lattice)，每晶格會產生八個正四面體洞 (T_d hole) 和四個正八面體的洞 (O_h hole)。正常的尖晶石：A^{II} 佔有 1/8 的正四面體洞 (T_d hole)，兩個 B^{III} 佔據 1/2 正八面體的洞。反尖晶石：一個 A^{II} 和一個 B^{III} 佔據 1/2 的 O_h 正八面體的洞 (O_h hole)，另一個 B^{III} 佔據 1/8 的正四面體洞 (T_d hole)。10 Dq (T_d) = 4/9 10 Dq (O_h)。(a) 試著根據配位

場穩定能 (Ligand Field Stabilization Energy, LFSE) 來預測 $NiFe_2O_4$ 為正常的尖晶石或是反尖晶石構型。(b) 試著根據 LFSE 來預測 Fe_3O_4 為正常的尖晶石或是反尖晶石構型。

A type of compound with the chemical formula of AB_2O_4 (A = +2 chagred metal; B = +3 chagred metal). The oxide ions form a close-packed cubic lattice with eight tetrahedral holes and four octahedral holes per "molecule" of AB_2O_4 ($A^{II}B^{III}_2O_4$). Normal spinel: A^{II} occupies 1/8 of the Td, two B^{III} occupy 1/2 of O_h. Inverse spinel: A^{II}, and one B^{III} occupy 1/2 of the O_h, another B^{III} occupies 1/8 of Td. 10 $Dq_{(Td)}$ = 4/9 10 $Dq_{(Oh)}$.

(a) Predict $NiFe_2O_4$ as normal spinel or inverse spinel based on the Ligand Field Stabilization Energy (LFSE). (b) Predict Fe_3O_4 as normal spinel or inverse spinel also based on LFSE.

答： (a) Ni(II): $4s^0 3d^8$；Fe(III): $4s^0 3d^5$。

由氧離子 (O^{2-}) 堆積而成的最密堆積環境是弱場。

Ni(II) (d^8) 在 T_d 環境：4 x (− 6) + 4 x (4) = − 8 Dq (T_d)

Ni(II) (d^8) 在 O_h 環境：6 x (− 4) + 2 x (6) = − 12 Dq (O_h)

Fe(III) (d^5) 在 T_d 環境：2 x (− 6) + 3 x (4) = 0 Dq (T_d)

Fe(III) (d^5) 在 O_h 環境：3 x (− 4) + 2 x (6) = 0 Dq (O_h)

10 $Dq_{(Td)}$ = 4/9 10 $Dq_{(Oh)}$

正常尖晶石 (Normal spinel): − 8 Dq (T_d) + 2 x (0 Dq (O_h)) = − 8 Dq (O_h)

反尖晶石 (Inverse spinel): − 12 Dq (O_h) + 0 Dq (O_h) + 0 Dq (T_d) = − 12 Dq (O_h)

如果純粹從 LFSE 來判定，$NiFe_2O_4$ 應該是**反尖晶石** (Inverse spinel) 構型。

(b) Fe(II): $4s^0 3d^6$；Fe(III): $4s^0 3d^5$。

Fe(II) (d^6) 在 T_d 環境：3 x (− 6) + 3 x (4) = − 6 Dq (T_d)

Fe(II) (d^6) 在 O_h 環境：4 x (− 4) + 2 x (6) = − 4 Dq (O_h)

Fe(III) (d^5) 在 T_d 環境：2 x (− 6) + 3 x (4) = 0 Dq (T_d)

Fe(III) (d^5) 在 O_h 環境：3 x (− 4) + 2 x (6) = 0 Dq (O_h)

10 $Dq_{(Td)}$ = 4/9 10 $Dq_{(Oh)}$

正常尖晶石 (Normal spinel): − 6 Dq (T_d) + 2 x (0 Dq (O_h)) = − 6 Dq (T_d) x 4/9 = − 2.67 Dq(O_h)

反尖晶石 (Inverse spinel): − 4 Dq(O_h) + 0 Dq(O_h) + 0 Dq(T_d) = − 4 Dq(O_h)

如果純粹從 LFSE 來判定，Fe_3O_4 應該是**反尖晶石** (Inverse spinel) 構型。這種判斷完成根據 LFSE，沒有考量到金屬離子是否太大不能填入**正四面體洞** (T_d hole) 的因素。

56. (a) 請寫下 Co(0)、Co(I) 及 Co(II) 的電子組態 (electron configuration)。(b) 從 Co(II) 氧化到 Co(III)，結果是原來的高自旋轉變成低自旋。請解釋之。

(a) Write down the electron configuration of Co(0), Co(I) and Co(II). (b) The oxidation of Co(II) to Co(III) usually results in a change from high to low spin. Explain.

答：(a) Co(0) 的電子組態：$4s^2 3d^7$；Co(I) 的電子組態：$4s^2 3d^6$；Co(II) 的電子組態：$4s^2 3d^5$。

(b) Co(III) 的電子組態：$4s^0 3d^6$；從 Co(II) 氧化到 Co(III)，中心金屬轉變為高氧化態，變成強場。且中心金屬六個 d 電子全配對，變成低自旋。

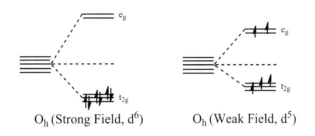

O_h (Strong Field, d^6)　　　O_h (Weak Field, d^5)

57. 解釋下列從 Co(II) 氧化到 Co(III) 的電位能 (emf) 變化情形。

$[Co(H_2O)_6]^{2+} \leftrightarrow [Co(H_2O)_6]^{3+} + e^-$	$\varepsilon^0 = -1.84$
$[Co(EDTA)]^{2-} \leftrightarrow [Co(EDTA)]^- + e^-$	$\varepsilon^0 = -0.60$
$[Co(ox)_3]^{4-} \leftrightarrow [Co(ox)_3]^{3-} + e^-$	$\varepsilon^0 = -0.57$
$[Co(phen)_3]^{2+} \leftrightarrow [Co(phen)_3]^{3+} + e^-$	$\varepsilon^0 = -0.42$
$[Co(NH_3)_6]^{2+} \leftrightarrow [Co(NH_3)_6]^{3+} + e^-$	$\varepsilon^0 = -0.10$
$[Co(en)_3]^{2+} \leftrightarrow [Co(en)_3]^{3+} + e^-$	$\varepsilon^0 = +0.26$

Explain the following observations for the changes of the emf values in the process of the oxidation of Co(II) to Co(III).

答：Co(II) 氧化到 Co(III) 的電位能 (emf) 顯然受到不同配位基所造成的不同**配位場**強度的影響，不同配位場強度會影響**結晶場穩定能** (Crystal Field Stabilization Energy, CFSE)。在 $[Co(en)_3]^{2+}$ 的例子，en 造成強場，在 e_g 軌域上的第 7 個電子造成 CFSE 不利，容易被移走，導致 ε^0 為正值。e_g 軌域在**分子軌域理論** (Molecular Orbital Theory, MOT) 上被視為反鍵結軌域 e_g^*，被移除反而有利用總體能量的穩定。

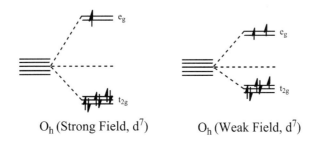

O_h (Strong Field, d^7)　　　O_h (Weak Field, d^7)

58.

化合物 pentacyanocobalt(III)-μ-cyanopentaamminocobalt(III) 的結構可能是 [(NH₃)₅Co-CN-Co(CN)₅] 或 [(NH₃)₅Co-NC-Co(CN)₅]，其中 CN⁻ 是雙向配位基 (ambidentate ligand)，何者比較穩定？根據配位場穩定能 (Ligand Field Stabilization Energy, LFSE) 的計算來支持你的答案。

Which of the following structure is the most stable one for pentacyanocobalt(III)-μ-cyanopentaamminocobalt(III), [(NH₃)₅Co-CN-Co(CN)₅] or [(NH₃)₅Co-NC-Co(CN)₅]? Why? Based your answer on Ligand Field Stabilization Energy (LFSE). CN⁻ is an ambidentate ligand.

答：CN⁻ 是**雙向配位基** (ambidentate ligand)。可以 C 或以 N 去鍵結 Co³⁺(d⁶)。從**光譜化學序列** (Spectrochemical Series) 來看，配位基 CN⁻ 比 NH₃ 強。由此可推論 CN⁻ 以 C 比以 N 去鍵結 Co³⁺ 更強。根據配位場穩定能 (Ligand Field Stabilization Energy, LFSE) 的概念，Co(CN)₅(CN)³⁻ 比 Co(CN)₅(NC)³⁻ 造成更大的 LFSE。因此，[(NH₃)₅Co-NC-Co(CN)₅] 比 [(NH₃)₅Co-CN-Co(CN)₅] 穩定。

59.

請定義「楊-泰勒變形 (Jahn-Teller distortion)」。請說明爲什麼「楊-泰勒變形」會發生在非線性的分子。爲什麼不會發生在線性分子？

Define "Jahn-Teller distortion". Explain why "Jahn-Teller distortion" takes place for a nonlinear molecule. Why not for a linear molecule?

答：「**楊-泰勒變形**」的定義是：非線形分子，可藉著降低分子的對稱，使系統得到額外穩定能量。「楊-泰勒變形」發生的原因在於藉著降低分子對稱時，軌域分裂，電子填入較低能階而得到額外的穩定能量。而線性分子 (ML₂) 發生「楊-泰勒變形」時，配位基不論往外拉或往內縮，分子的對稱並沒有改變，並沒有得到額外穩定能量。因此，線性分子並不會發生「楊-泰勒變形」。

60.

在 Ti(H₂O)₆³⁺ 中只有一個 d 電子，理論上由實驗上觀察到的光譜應歸因於單一的電子躍遷 t₂g → eg。可是實驗發現吸收光譜是左右不對稱的吸收峰。仔細觀察吸收峰，它可能不只是一個吸收峰，而是由兩個接近的吸收峰重疊而成。使用「楊-泰勒變形 (Jahn-Teller distortion)」定理來解釋此觀察現象。

In principle, the absorption spectrum of Ti(H₂O)₆³⁺ (d¹) is attributed to a single electronic transition t₂g → eg. A close look at this band found that it is not symmetrical and probably more than one absorption are involved. Explain this observation by using the Jahn-Teller distortion theorem.

答：如果 $Ti(H_2O)_6^{3+}$ 爲正八面體結構，且只有一個 d 電子，應該只有一個吸收峰。顯然，在 $Ti(H_2O)_6^{3+}$ 中有發生「楊-泰勒變形」，軌域發生分裂情形。實驗測得的吸收峰圖實際上是由兩個接近的吸收峰重疊而成。比較正確描述光譜的方式應該由 (electronic state) 的方向去處理，而非以簡單的軌域分裂（如本題的做法）方式來說明。

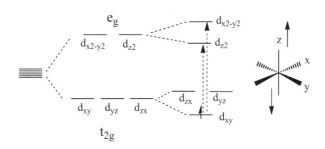

61. 在正四面體的環境下，高自旋 d^4 及 d^5 的「楊-泰勒變形 (Jahn-Teller distortion)」分裂的情況爲何？請預測幾何形狀被扭曲的情形。

Point out the splitting patterns for tetrahedral complexes with high-spin d^4 or d^5 configuration under Jahn-Teller distortion. What is the nature of this distortion?

答：在正四面體環境下，當其電子組態爲 d^4 時，發生 z-in 的「楊-泰勒變形」可得到額外**配位場穩定能** (Ligand Field Stabilization Energy, LFSE)。在正四面體環境下，電子組態爲 d^5，高自旋 d^5，不管發生任何軸線 (x, y, z) 的 in 或 out 的「楊-泰勒變形」都沒有得到額外 LFSE。所以電子組態爲 d^5 者，不會有任何軸線的「楊-泰勒變形」發生。

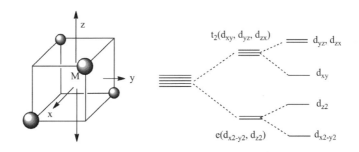

補充說明：分子從比較對稱結構變形爲比較不對稱，對亂度因素有利。因此，既使能量因素沒有差別，亂度因素仍會有利於分子結構變形。

62. 在忽略可能低自旋的情形下，哪些 d^n 在正四面體的環境下，不會有「楊-泰勒變形 (Jahn-Teller distortion)」分裂發生？

For which d^n configurations shall one not expect the Jahn-Teller distroation to take place for the tetrahedral case (ignore possible low-spin cases)?

答： 正四面體經過 z-out 的「楊-泰勒變形」後，軌域能量分布如下。

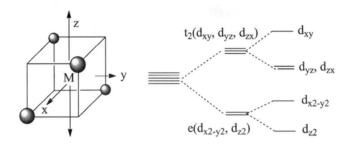

高自旋 d^2 兩個電子各填入 d_{z2} 和 d_{x2-y2} 軌域，能量抵銷，沒有「楊-泰勒變形」發生。高自旋 d^5 五個電子半填滿五個軌域，能量抵銷，沒有「楊-泰勒變形」發生。另外在 d^7 的情形四個電子填滿 d_{z2} 和 d_{x2-y2} 軌域，三個電子半填滿 d_{yz}, d_{zx} 和 d_{xy} 軌域，能量抵銷，沒有「楊-泰勒變形」發生。其餘電子組態均可能發生「楊-泰勒變形」。

63.

什麼是雙三角錐 (Trigonal BiPyramidal, TBP) 結構的化合物 PCl_5 的混成組合？列出所有參與混成的軌域。

What is the hybridization of TBP structure of PCl_5? List all orbitals involved in hybridization.

答： TBP 為 dsp^3 混成。參與軌域包括 d_{z2}, s, p_x, p_y, p_z。軸線為 $d_{z2} + p_z$ 軌域混成。三角面為 s $+ p_x + p_y$ 軌域混成。

補充說明：**混成** (hybridization) 是**價鍵理論** (Valence Bond Theory, VBT) 的概念。根據**分子軌域理論** (Molecular Orbital Theory, MOT) 的理念，只要有適當的軌域就可用於鍵結。有理論化學家認為 TBP 的混成，其中不一定要用 d_{z2} 軌域，而是適當的 σ* 軌域就可以用於鍵結。

64.

利用混成 (Hybridization) 概念解釋為什麼 PCl_5 的 z 軸的鍵長和那些在赤道位置（x 和 y 軸）的鍵長不同。哪個軸上鍵長比較長？

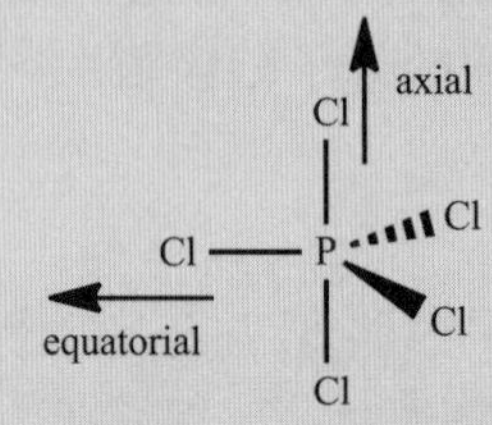

Explain why the bond lengths of axis are different from those in equatorial positions by using the concept of hybridization. Which axis is longer?

答：在雙三角錐形 (TBP) 化合物的中心原子為 dsp^3 混成。參與軌域包括 d_{z2}, s, p_x, p_y, p_z。z 軸上 (axial position) 為 dp 混成 (d_{z2}, p_z)；而三角面上 (equatorial position) 為 sp^2 混成 (s, p_x, p_y)。在三角面上的混成含 s 軌域，鍵長較短；軸線混成含 d 軌域，軸線鍵較長。

---

65. 根據價殼層電子對排斥理論 (Valence Shell Electron Pair Repulsion Theory, VSEPR) 理論解釋為什麼 PCl_5 的 z 軸的鍵長和那些在赤道位置（x 和 y 軸）的鍵長不同。哪個軸上鍵長比較長？

Explain why the bond lengths of axis are different from those in equatorial positions by using the concept of Valence Shell Electron Pair Repulsion Theory (VSEPR). Which axis is longer?

答：根據 VSEPR 理論，在赤道位置 (equatorial position) 的 Cl 受到兩個 90º 夾角斥力，及三個 120º 夾角斥力，120º 夾角斥力通常可以忽略。在 z 軸向 (axial position) 的 Cl 受到三個 90º 夾角斥力，所受斥力比較大，軸向鍵長比較長。

---

66. 從混成 (Hybridization) 概念和價殼層電子對排斥理論 (Valence Shell Electron Pair Repulsion Theory, VSEPR) 來解釋 PCl_5 的鍵長情形是否得到一致的結果？

Are the conclusions concerning the bond lengths of PCl_5 from the hybridization and the Valence Shell Electron Pair Repulsion Theory (VSEPR) theory consistent?

答：兩種理論模型推導出一致的結果。參考習題 64、65 題

補充說明：價殼層電子對排斥理論 (VSEPR) 在預測以非金屬為中心原子的分子結構的準確性很高，而在預測以金屬為中心原子的分子結構時因沒有考慮**結晶場穩定能** (Crystal field stabilization energy, CFSE) 的因素，常常會有預測錯誤的情形發生。

---

67. (a) 從價鍵軌域理論的角度來看，碳 CH_4 中心被視為 sp^3 混成。碳的 2s, $2p_x$, $2p_y$ 和 $2p_z$ 軌域可以形成 sp^3 混成的基本假設是什麼？ (b) 請使用 2s, $2p_x$, $2p_y$ 和 $2p_z$ 軌域為例，進行 sp^3 混成。(c) 從價鍵軌域理論的角度來看，第一列過渡金屬以正八面體 (O_h) 的幾何形狀的金屬中心的混成是 d^2sp^3 混成。所涉及混成的兩個 d 軌域是什

麼？(d) 爲什麼其他三個 d 軌域不能參與混成？

(a) From the viewpoint of Valence Bond Theory (VBT), the carbon center of CH_4 is treated as a sp^3 hybridization. What is the assumption for carrying out "sp^3 hybridization" from 2s, $2p_x$, $2p_y$ and $2p_z$ orbitals? (b) Using 2s, $2p_x$, $2p_y$ and $2p_z$ orbitals as an example to carry out "sp^3 hybridization". (c) From the viewpoint of Valence Bond Theory, the hybridization of metal center of the first-row transition metal complex with an O_h geometry is d^2sp^3 hybridization. What are the two d orbitals which are involved in hybridization? (d) Why the other three d orbitals are not proper for involving in hybridization?

答：(a) 不同軌域間能進行混成的基本假設是 2s, $2p_x$, $2p_y$ 和 $2p_z$ 軌域能量相同，即爲簡併狀態。嚴格來講，2s 和 2p 軌域不是真正的簡併狀態，其能量有些微差別。但爲了能進行混成，化學家假設它們能量相同。(b) 假設 2s, $2p_x$, $2p_y$, $2p_z$ 軌域相對應的能量 (E_{2s}, E_{2px}, E_{2py}, E_{2pz}) 皆相同。根據 $H\psi = E\psi$，$H(\psi_{2s} + \psi_{2px} + \psi_{2py} + \psi_{2pz}) = H(\psi_{2s}) + H(\psi_{2px}) + H(\psi_{2py}) + H(\psi_{2pz}) = E_{2s}(\psi_{2s}) + E_{2px}(\psi_{2px}) + E_{2py}(\psi_{2py}) + E_{2pz}(\psi_{2pz}) = E_{2s}(\psi_{2s} + \psi_{2px} + \psi_{2py} + \psi_{2pz})$。混成後的軌域 ($\psi_{2s} + \psi_{2px} + \psi_{2py} + \psi_{2pz}$) 仍是 H 的解。(c) 所涉及混成的兩個 d 軌域是 d_{z^2} 及 $d_{x^2-y^2}$。

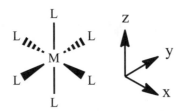

(d) 在這只考慮 σ-鍵結的情形下，d_{xy}, d_{yz}, d_{zx} 不能參與混成，因爲軌域形狀方向和配位基位置錯開，其**重疊** (overlap) 爲零。但當配位基加入 π-鍵結因素時，此三個 d 軌域仍可被使用參與鍵結。

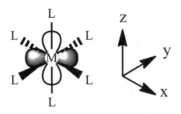

68.

以 ML_6（M：過渡金屬；L：配位基）爲例來說明價鍵軌域理論 (Valence Bond Theory, VBT) 和分子軌域理論 (Molecular Orbital Theory, MOT) 處理鍵結的方式。

Describe the bonding of the ML_6 (M: transition metal; L: ligand) by using both Valence Bond Theory (VBT) and Molecular Orbital Theory (MOT) methods.

答：**價鍵軌域理論**處理鍵結時偏重考慮有填電子的軌域部分。請參考**圖 2-10**，這方法先利用混成軌域的概念，將 ML_6 中心金屬以 d^2sp^3 先混成，形成六個可鍵結軌域，再和六個配位基的個別軌域結合，理論上電子都配對，因此無法解釋分子具有順磁性的問題。**分子軌域理論**則是將可參與鍵結的軌域都拿來組合形成分子軌域，電子再依照規則由低能階填入，請參考**圖 2-2** 及 **2-16**。因此，由分子軌域理論推導出來的結果，有可能存在沒有填入電子的反鍵結軌域，也有可能存在沒有配對的電子，因此分子軌域理論可以解釋分子具有順磁性的問題。反之，由價鍵軌域理論推導出來的結果，電子必須配對，分子只能逆磁性。

69. 使用價鍵軌域理論 (Valence Bond Theory, VBT) 來描述配位化合物的鍵結有哪些長處和短處？

What are the strengths and shortcomings of the Valence Bond Theory (VBT) approach to the bonding of coordination compounds?

答：處理配位化合物的鍵結的理論模型最精確的是**分子軌域理論**，因為包含**鍵結軌域**部分及**反鍵結軌域**的部分。**價鍵軌域理論**只討論**分子軌域**的**鍵結軌域**部分，完全不理會**反鍵結軌域**的部分。價鍵軌域理論在形容分子的結構處理上較為簡便，但在磁性和顏色上完全無法處理。因為，有機化合物幾乎沒有磁性及顏色的問題需要處理，所以價鍵軌域理論在有機化學裡仍受到歡迎。

70. 分別使用價鍵軌域理論 (Valence Bond Theory, VBT) 和分子軌域理論 (Molecular Orbital Theory, MOT) 方法來描述 M-CO 的鍵結模式。

Describe the bonding mode of the M-CO bonding by using both Valence Bond Theory (VBT) and Molecular Orbital Theory (MOT) methods.

答：**價鍵軌域理論** (Valence Bond Theory, VBT) 描述 M-CO 的鍵結模式為 Form(A) 和 Form(B) 間的共振所組成。

$$[M] \longrightarrow C \equiv O \quad \longleftrightarrow \quad [M] = C = O$$

Form (A)　　　　　Resonance　　　　Form (B)

分子軌域理論 (Molecular Orbital Theory, MOT) 描述 M-CO 的鍵結模式為同時具有 σ-bonding 和 π-backbonding 模式。

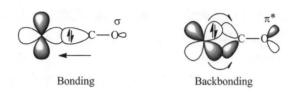

Bonding   Backbonding

補充說明：MOT 的描述較精細，可以說明許多 M–CO 鍵結的細節。

錯合物 ML_6 中心金屬處於正八面體環境中。請先從六個配位基可用的軌域中建構出 LGOs 軌域，再從金屬的 4s、3d 和 4p 軌域中找出和 LGOs 軌域對稱性符號相同的軌域，共同來建構分子軌域。(a) 什麼是金屬處於正八面體環境中的 4s、3d 和 4p 軌域的對稱符號？(b) 假設六個 LGOs 的對稱符號是 T_{1u}、E_g 和 A_{1g}，請找出金屬中和 LGOs 軌域對稱性符號相同的軌域。請繪製分子軌域能量圖。(c) 哪些金屬軌域找不到從 LGOs 匹配的軌域？ [參考正八面體 (O_h) 的徵表 (Character Table) 如表 **2-1**]

71. For a coordination compound ML_6 with center metal in an octahedral environment, 4s, 3d and 4p orbitals from the metal are available for constructing molecular orbitals with the LGOs which are constructed from the available orbitals via the six ligands. (a) What are the symmetry symbols for these orbitals (4s, 3d and 4p) from metal? (b) Can you fill in the matching symbol to the plotted molecular orbital energy correlation diagram from metal and LGOs assuming that the symmetry symbols for six LGOs are T_{1u}, E_g and A_{1g}? (c) Which set of orbitals from metal can't find matching LGOs? [The character table for O_h symmetry is given in Table 2-1.]

答：參考正八面體 (O_h) 的徵表 (Character Table, Table 2-1) 及圖 **2-16**。(a) 金屬的 4s、3d 和 4 p 軌域的對稱符號分別是 a_{1g}、$(t_{2g} + e_g)$ 及 t_{1u}。(b) 分子軌域能量圖如下。六個 LGOs（t_{1u}、e_g 和 a_{1g}）可以找到和金屬中對稱性符號相同的軌域來建構分子軌域。

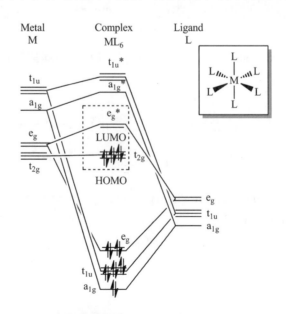

(c) 金屬 $t_{2g}(d_{xy}, d_{yz}, d_{zx})$ 軌域找不到從 LGOs 能匹配的軌域，為非鍵結 (non-bonding) 軌域。

> 錯合物 ML_6^{n+} 在正八面體 (O_h) 的環境中，d 軌域能量的分裂是和配位基有關。以 CoF_6^{3-} 和 $Cr(CO)_6$ 做為例子。解釋 d 軌域分開的兩種極端情況：一個只用 σ-鍵結，另一個用 σ-鍵結加上 π-逆鍵結。

72. For a coordination complex ML_6^{n+}, the splitting pattern of d orbitals is mainly related to the coordinated ligands. Explain the splitting patterns for d orbitals from two extreme cases: one with σ-bonding only, the other with σ-bonding plus π-backbonding. Using CoF_6^{3-} and $Cr(CO)_6$ as examples.

答： 下圖為只有考慮 σ-鍵結的情形。

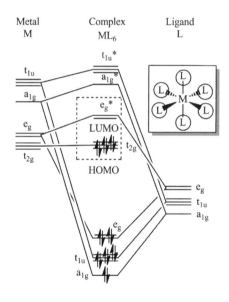

下圖為加入考慮**配位基** π-逆鍵結的情形。配位基上面原先尚未使用到的軌域共組成 12 個 LGOs，可以從群論推導出共形成四組 t_{1u}, t_{1g}, t_{2g}, t_{2u}。其中只有和金屬中有對稱性符號相同的 t_{2g} 軌域可和金屬鍵結。當同時考慮 σ-鍵結及 π-逆鍵結的情形時，中心金屬的 ns、(n–1)d 和 n p 軌域都可參與鍵結。

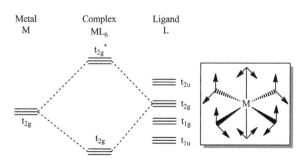

當加入 π-鍵結模式時，原來純粹以 σ-鍵結模型爲考慮的模型發生改變。左圖顯示 CoF_6^{3-} 的情形，因 F^- 的外層軌域電子已填滿，造成 10 Dq 減少；右圖顯示 $Cr(CO)_6$ 的情形，CO 有 π* 軌域尚未填電子，造成 10 Dq 增加。注意左圖 t_{2g}^* 填電子，造成 $t_{2g}^* \rightarrow e_g^*$ 能量較低，10 Dq 減少。右圖 t_{2g} 沒有填電子，$t_{2g} \rightarrow e_g^*$ 能量較高，10 Dq 增加。這個配位基特色的差異造成後來所形成鍵結的能量差別，即造成**光譜化學序列** (Spectrochemical Series) 中配位基的強弱順序。

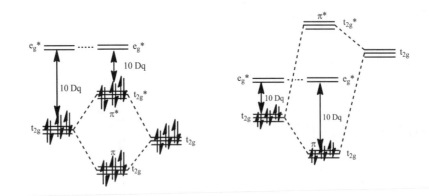

回答以下由過渡金屬所形成平面四邊形 (Square Planar) 錯合物 ML_4 的問題。(a) 請建構平面四邊形錯合物 ML_4 的四個 Ligand Group Orbitals (LGO)。假設四個 LGO 由配位基上 σ-類型的軌域來組成。（提示：就像一個 H_2 分子可從兩個 H 原子的 σ-類型的軌域來先組成，再從兩個相反位置組成其他兩個軌域。最後再做組合。）(b) 繪出過渡金屬的五個 d 軌域在平面四邊形錯合物 ML_4 的環境中裂解的情形。[提示：請利用相關的徵表] (c) 找出金屬和 LGOs 中適當的對稱性軌域，通過雙方鍵結從中建構分子軌域能量圖。[提示：找出相同的 Irreducible Representation] (d) 哪些過渡金屬上的軌域在 LGOs 中找不到適當的對稱性軌域來鍵結？

73. Answer the following questions for a transition metal complex ML_4 with square planar geometry. (a) Construct four LGOs from the σ-orbital of the four ligands of a ML_4 molecule with square planar geometry. (Hint: It is similar to the construction of a H_2 molecule from two H atoms. It can be constructed by two σ-orbitals from the opposite position, then repeat the same process for the other two orbitals.) (b) Draw the splitting pattern of five d orbitals from the transition metal in square planar geometry. [Hint: Check the corresponding Character Table] (c) Try to construct the molecular energy diagram by matching the appropriate symmetry from both sides (metal and LGOs). [Hint: The same irreducible representation] (d) Which of the orbitals from the transition metal can not find orbitals with appropriate symmetry from LGOs?

答：參考表 **2-3**：平面四邊形 (Square planar, D_{4h}) 徵表。

(a) 平面四邊形錯合物 ML_4 的四個 Ligand Group Orbitals (LGO) 如下。

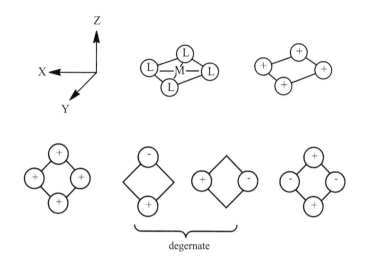

degernate

相對應能量圖如下。

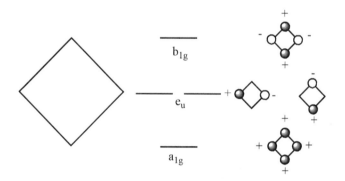

(b) 過渡金屬的五個 d 軌域在平面四邊形錯的環境中分裂的情形。分裂為四組：(d_{yz}, d_{xz}), d_{xy}, d_{x2-y2}, d_{z2}。

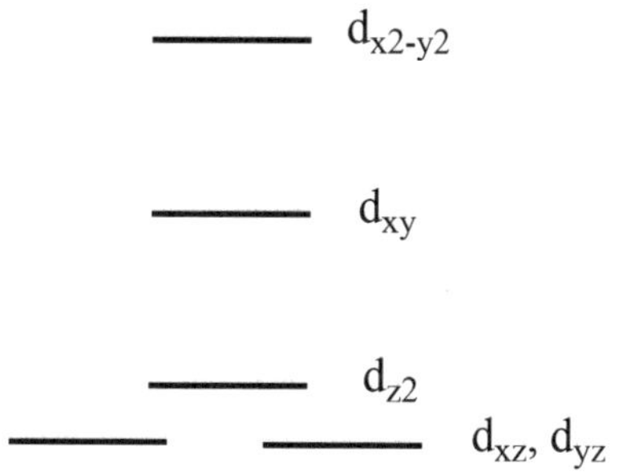

———— d_{x2-y2}

———— d_{xy}

———— d_{z2}
————   ———— d_{xz}, d_{yz}

(c) 金屬和 LGOs 中適當的對稱性軌域：$a_{1g} \leftarrow$ 4s, $3d_{z2}$；$e_u \leftarrow p_x$, p_y；$b_{1g} \leftarrow 3d_{x2-y2}$（或 d_{xy}，看座標如何定義）。

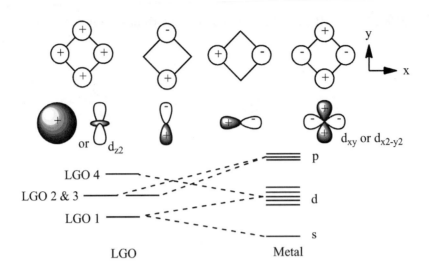

(d) 找不到適當的對稱性軌域來鍵結者：d_{yz}, d_{zx}, d_{xy}（或 d_{x2-y2}，看座標如何定義）。

苯環的六個 π 分子軌域可以描述如下。已知雙苯鉻 (η^6-C_6H_6)$_2$Cr) 如同三明治結構，兩個苯環各在鉻金屬的上下。找出金屬和兩個苯環所形成的 LGOs 中適當的對稱性軌域，通過雙方鍵結從中建構分子軌域能量圖。

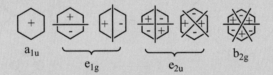

74.

The molecular orbitals formed by the six π-orbitals in benzene may be depicted as shown. Consider a molecule of bis(benzene)chromium as having a chromium atom at the origin of a set of Cartesian axes with a benzene ring on each side, centered on, and perpendicular to the z axis. Draw an energy-level diagram showing ligand orbitals, metal orbitals, and molecular orbitals with appropriate labeling.

答：先將兩個苯環所形成的適當的對稱軌域做組合形成 LGOs，再找出對應的金屬的適當對稱性軌域來鍵結，有些可以找到對應的金屬軌域，有些如 b_{1u}, b_{2g}, e_{2u} 則不行。金屬的 ns, np 和 (n–1)d 軌域都可找到對應的配位基 LGOs 來鍵結。

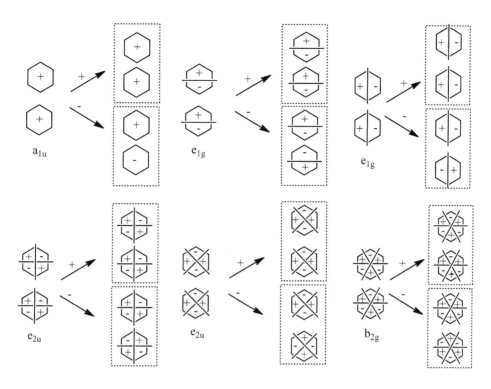

以下是雙苯鉻 (η^6-C_6H_6)$_2$Cr) 分子軌域能量圖，由金屬和雙苯軌域的適當對稱性軌域來鍵結。

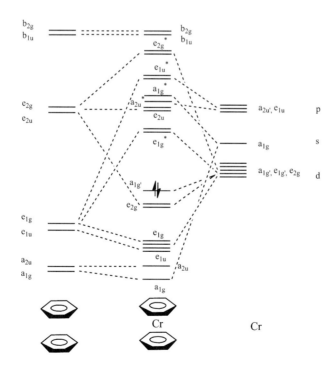

75.
假定在平面四邊形的分子 Pt(NH₃)₄²⁺ 上，配位基 NH₃ 使用 σ-軌域和金屬鍵結。(a) 找出 Pt(NH₃)₄²⁺ 的對稱性。(b) 先建立四個配位基 NH₃ 所形成的 LGOs 軌域，再找出合用於形成 Pt(NH₃)₄²⁺ 分子的鍵結中 Pt 的適當軌域。通過雙方鍵結從中建構 Pt(NH₃)₄²⁺ 的分子軌域能量圖。(c) 從分子軌域能量圖找出 HOMO 和 LUMO。

Assuming that the four NH₃ ligands use sigma orbital for bonding in Pt(NH₃)₄²⁺ to form a square planar molecule. (a) Find out the symmetry of Pt(NH₃)₄²⁺. (b) Look for appropriate orbitals for bonding with Pt in Pt(NH₃)₄²⁺ and construct energy diagram for it. (c) Point out HOMO and LUMO from the energy diagram.

答：(a) 平面四邊形 Pt(NH₃)₄²⁺ 對稱性符號為 D_{4h}。參考**表 2-3**。(b) 假設平面四邊形的分子 Pt(NH₃)₄²⁺ 上配位基 NH₃ 只使用 σ-軌域和金屬鍵結，先形成 4 個 LGOs。

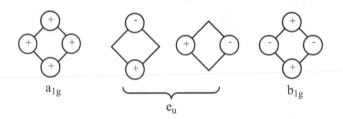

再由 LGOs 去找到 Pt 上的適當軌域來鍵結，通過雙方鍵結從中建構出**分子軌域能量圖**如下。四個 LGO 均可找到金屬上的軌域形成鍵結。而金屬上有些軌域找不到合適的 LGO 鍵結。

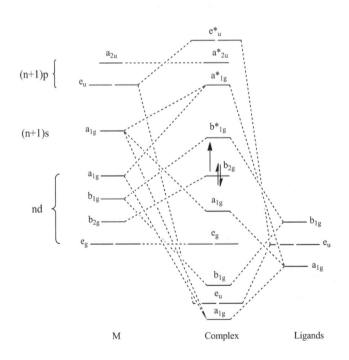

(c) 從分子軌域能量圖可看出 HOMO 為 b_{2g}；LUMO 為 b_{1g}^*。

線性和彎曲 AH_2 分子的分子軌域圖和定性能量如下所示。(a) 從該圖表解釋爲什麼 BeH_2 分子是線性的。(b) 預測 CH_2 分子是否爲線性或彎曲形。(c) 從該圖表解釋爲什麼 H_2O 分子是彎曲形。(d) 當 1 個電子從 H_2O 分子的基態跳躍到激發態的光化學過程，H_2O 鍵角被改變。預期發生什麼樣的鍵角變化？H_2O 鍵角會變小或變更大？(e) 在能量圖左手邊圖形有什麼錯誤之處嗎？

76.

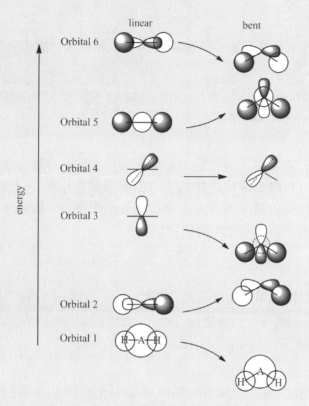

Figure Molecular orbital pictures and qualitative energies of linear and bent AH_2 molecules.

Molecular orbitals and their accompanied qualitative energies of AH_2 molecule (linear and bent) are as shown. (a) Explain why the BeH_2 molecule is linear by judging from this diagram. (b) Predict whether CH_2 molecule is linear or bent. (c) Explain why the H_2O molecule is bent from this diagram. (d) The bond angle of H_2O is changed when 1 electron of the molecule is jumped from the ground state to the excited state by photochemical process. What kind of change will you expect? Do you expect the bond angle of H_2O become smaller or larger? (e) Is any problem with the energy diagram in the left-hand side of this figure?

答：(a) 分子 BeH_2 共有四個價電子分別填入 orbital 1 & 2。若將 BeH_2 彎曲，能量上升，不利。因此 BeH_2 分子是線性的。(b) 分子 CH_2 有六個價電子填入 orbital 1，2 & 3（或 4）。若將 CH_2 彎曲，能量下降，有利。因此 CH_2 分子是彎曲形的。CH_2 稱爲碳烯

(Carbene)，在一般情況下存在時間很短，爲不穩定分子。可以互相結合成乙烯，或和金屬鍵結成 M=CH$_2$ 形成穩定結構。(c) 分子 H$_2$O 有八個價電子填入 orbital 1，2，3 & 4。若將 H$_2$O 彎曲，能量下降，有利。因此 H$_2$O 分子是彎曲形的。(d) H$_2$O 本爲彎曲形，若將 H$_2$O 分子的一個 HOMO 電子激發，往線形方向，能量下降，分子角度變大，能量有利。(e) Orbital 3 & 4 能量一樣，應爲簡併狀態 (degeneracy)，圖中沒有正確顯示。

77.
配位化合物中含有直接金屬－金屬鍵的例子不如有機金屬化合物來得多。請說明原因。

There are more organometallic compounds having direct metal-metal bonds than coordination compounds. Explain it.

答：**配位化合物**的中心金屬爲高氧化態，若形成直接金屬－金屬鍵後會產生高電荷累積，造成分子不穩定。**有機金屬化合物**的中心金屬爲低氧化態（可能爲零價），若形成直接金屬－金屬鍵後產生電荷不高，不會造成分子不穩定。因此，配位化合物含有直接金屬－金屬鍵的例子不如有機金屬化合物多。

78.
化學家合成有直接金屬－金屬鍵的異核雙（多）金屬化合物的目的爲何。說明之。

Explain the pausible reason for chemists to synthesize heterobimetallic compounds. Those compounds are having direct metal-metal bonds.

答：化學家利用有直接金屬－金屬鍵的異核雙金屬化合物的主要目之一是想將簡單分子如 H$_2$ 裂解。H$_2$ 裂解在工業上是重要反應。當 H$_2$ 接近異核雙金屬化合物被極化，再斷 H-H 鍵，一般認爲在異核雙金屬化合物上比在同核雙金屬化合物上更容易發生反應，因爲異核雙金屬化合物的金屬不同，可造成核之間有電荷極化現象。

$$[M'] \!-\! [M''] \xrightarrow{H_2} \left[\begin{array}{c} H - H \\ \vdots \quad \vdots \\ [M'] \!-\! [M''] \end{array} \right]^{\ddagger} \longrightarrow \begin{array}{c} H \quad\; H \\ | \quad\;\; | \\ [M'] - [M''] \end{array}$$

79.
最有名的同核雙金屬化合物可能是 Re$_2$Cl$_8^{2-}$。說明其構型及鍵結。

The most famous bimetallic compound might be Re$_2$Cl$_8^{2-}$. Explain its structure and bonding mode.

答：**科頓** (F. A. Cotton) 的重大貢獻之一是於 1964 年發現第一個具有金屬－金屬間**四重鍵**

(Quadruple Bond) 的金屬化合物 $Re_2Cl_8^{2-}$。這四重鍵分別為 1 個 σ、2 個 π，及 1 個 δ。其中 δ-鍵結是以兩個過渡金屬 Re 上面適當的 d 軌域面對面相鍵結而成。鍵結以後，從兩參與鍵結原子的軸線（z 軸）看過去電子雲被切成四片，是為 δ-鍵結。δ-鍵結在有機物中沒有相對應的例子，因為碳原子沒有 d 軌域，或者更精確地講是沒有能量足夠低的 d 軌域可以利用來參與鍵結。另外值得注意的是，兩個 Re 金屬基團必須採取**掩蔽式** (eclipsed, D_{4h}) 組態才能產生 δ-鍵結。注意，四重鍵中的 1 個 σ-及 2 個 π-鍵結，不一定要由 d 軌域來組成。只要找到適當的相對應的軌域如 s 或 p 軌域都可以。但是此處的 δ-鍵結只有 d 軌域才能組成。

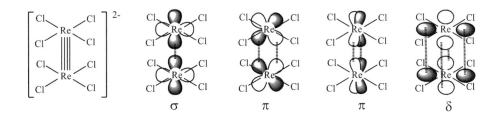

80.

有些含有直接金屬－金屬鍵的多金屬配位化合物其中不同金屬可能為混價。說明之。

Explain the fact that some coordination compounds are having direct metal-metal bonds with mixed valence metals.

答：雙金屬化合物其中金屬可能為混價（不同價數），原因是每個金屬周圍的配位基環境不同。

$$L'_x[M^{m+}] \textemdash [M''^{n+}]L''_y$$

81.

含混價金屬－金屬鍵的多金屬配位化合物其中金屬可能有電子轉移情況。說明之。

Explain the fact that mixed valence bimetallic compounds might in fact have the capacity of processing electron transfer between two metals.

答：混價雙金屬化合物有可能將電子從低價金屬轉移到高價金屬。這種轉移可能直接經由金屬－金屬鍵，或透過配位基來達成。

$$[M']^{n+} \textemdash [M'']^{m+} \xrightarrow{e^- \text{ transfer}} [M']^{(n+1)+} [M'']^{(m-1)+}$$

82.

有些雙金屬化合物並沒有直接金屬－金屬鍵，而是由如鹵素之類的架橋基來連結。說明之。

In some bimetallic compounds, there could be no direct metal-metal bond between two metals. Rather, two meals are bridged by halide. Explain.

答：配位化合物的中心金屬為高氧化態。將兩個高氧化態的金屬直接連結會累積太多正電荷。因此，雙核配位化合物有直接金屬－金屬鍵結者不多。比較有可能的方式是透過**架橋配位基** (Bridging Ligand) 的連結。鹵素之類的原子或分子基團可提供類似球形軌域者都有機會當架橋配位基，其中包括 X^-、H^-、Me、Ph、$C\equiv CR$ 等等。

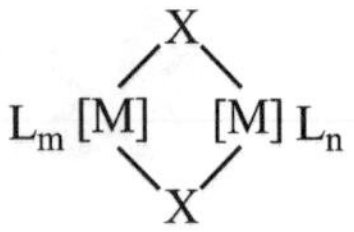

$$L_m\,[M] \overset{\displaystyle X}{\underset{\displaystyle X}{\diamondsuit}} [M]\,L_n$$

83.

請定義 (a) 多牙基效應 (Chelate Effect)。(b) 大環效應 (Macrocyclic Effect)。

Please provide a proper definition for: (a) Chelate Effect; (b) Macrocyclic Effect.

答：(a) 多牙基比單牙基和金屬鍵結時平衡常數大很多，稱為**多牙基效應** (Chelate Effect)。主要原因是由於**亂度**增加的因素。其中比較有名的雙牙基是 en 及 dppe，多牙基是 EDTA。

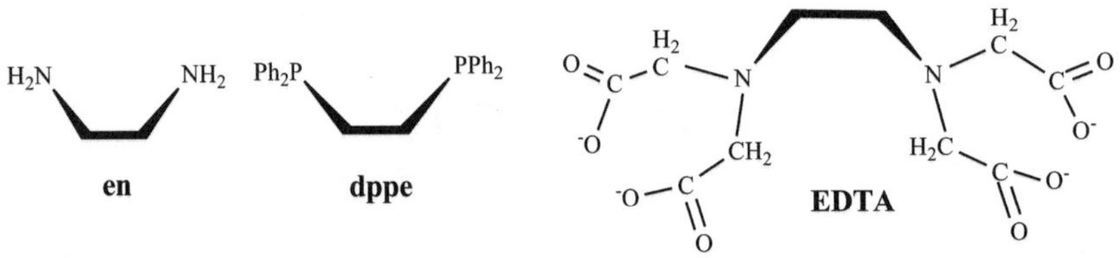

$$H_2N\!\!-\!\!-\!\!NH_2 \qquad Ph_2P\!\!-\!\!-\!\!PPh_2$$

en   **dppe**   **EDTA**

(b) 當多牙基為環狀，和金屬鍵結時，其平衡常數更大，稱為**大環效應** (Macrocyclic Effect)。比較有名的環狀多牙基是**卟啉** (Porphyrin)，如下圖示（此處大環被簡化，詳見**圖 4-11**）。生命現象中的**血紅素**及**葉綠素**即以類似大環方式分別配位到鐵及鎂上面。

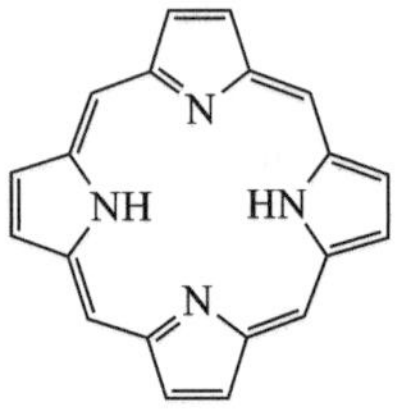

第 **3** 章

配位化合物合成技術及鑑定

「工欲善其事，必先利其器。」(Sharp tools make good works.) ──中國諺語

「光譜技術是化學家的眼睛。」(Spectroscopic techniques are eyes of Chemists.)

──不知名化學家

本章重點摘要

 3.1 配位化合物合成技術

　　根據**皮爾森 (Pearson)** 所提出的**硬軟酸鹼理論**（Hard and Soft Acids and Bases Theory，簡稱 HSAB）的定義，**配位化合物**其中心金屬為高氧化態的「硬」酸，且配位基為「硬」鹼。高氧化態的金屬不易再被氧化，理論上實驗操作可以在空氣存在下進行。但是這並不是表示所有的配位化合物都這麼不怕氧氣，因此化學家執行合成配位化合物實驗時仍須盡量在除氧的環境下進行，比較有保障。現代化學家常用來避開氧氣環境的方法稱為 Schlenk **技術**。Schlenk 技術使用鈍氣（氮氣或氬氣）的玻璃真空系統，在 10^{-3} torr 左右壓力下操作，為 Schlenk **真空系統**。經常配合**無氧乾燥箱 (Dry Box)** 或稱**手套箱 (Glove Box)** 於實驗進行中使用（**圖 3-1**）。高真空系統則須要在 10^{-6} torr 左右壓力下操作。

圖 3-1 Schlenk 真空系統及無氧乾燥箱。

常見的反應瓶為**圓底燒瓶 (Round Flask)** 或**長管瓶 (Schlenk tube)**。反應瓶通常有磨砂口的**側管 (side arm)**，便於抽灌氣體，側管可為一邊或兩邊都有（**圖 3-2**）。塗磨砂口側管的**真空塗脂 (Grease)** 在反應中可能被溶劑蒸氣溶解到反應溶液中，干擾往後產物的鑑定，因此不可塗過量。反應進行中除非需要高度密閉，否則反應瓶的管口部分以**血清塞 (Septum)** 蓋緊即可。在會產生氣體的反應，反應瓶側管上可外接 bubbler，讓產生的氣體可排出，避免危險產生。常用於反應的有機溶劑為 THF、toluene、CH_2Cl_2 等等。只要在溶解度許可情形下，反應也可能在水溶液中進行。注意水會溶氧可能將化合物氧化，反應前先以 N_2 bubble 溶液，趕出溶氧，再進行反應。對空氣敏感 (air-sensitive) 的試劑要放在**無氧乾燥箱**保存，反應前再取用。有些無氧乾燥箱裝有小冰箱，可保存對熱敏感（thermally sensitive 或 thermal-sensitive）的化合物。

通常為使速率加快，反應需要加溫，一般加熱使用**油浴鍋 (Oil Bath)**，有時則用放海砂的加熱包。有些**磁攪拌器 (Magnetic Stirrer)** 除了攪拌功能外並附有加熱的功能（**圖 3-2**）。高溫下，加熱中的玻璃器皿在遇水時有裂開的危險，應該遠離水源。特別是有加**迴流管 (Condenser)** 冷卻的反應，必須注意防範低溫迴流管凝結水往下流到玻璃反應瓶造成破裂的風險。

圖 3-2　有側管圓底燒瓶及磁攪拌器。

 3.2 配位化合物合成及分析技術

當一個化學反應執行完後，最重要及最費時的後續工作是化合物分離、純化及其成分的分析。雖然，藉助於現代化儀器的先進技術，這些煩瑣的工作比以前要輕省及精確許多。然而，想要有良好的實驗結果往往還是有賴於實驗者本身對各種先進儀器方法的了解和細心操作。

在溶液 (Solution) 狀態下所做的化學反應，其化合物分離及純化技術的關鍵字只有一個，即**溶解度 (Key Word: solubility)**。常用的化合物分離方法是**色層分析法 (Chromatography)**，色層分析法是利用各化合物在液相的溶解度不同，而在載體（通常為矽膠）上被流體沖淋分出先後順序，而被一一分離出來。一般比較常見的色層分析法有**管柱色層分析法 (Column Chromatography)**、**高壓液相層析法 (High Pressure Liquid Chromatography, HPLC)**、

氣相層析法 (Gas Chromatography, GC) 及比較少見的**離心式薄層色層分析法** (Centrifugal Thin-Layer Chromatography, CTLC)（圖 3-3）。常見管柱色層分析法的添充物是**矽膠** (SiO_2) 或**氧化鋁** (Al_2O_3)，也有使用**氧化鎂** (MgO) 當添充劑的情形。當要被純化的產物可能對這些添充劑敏感而導致分解，無法使用色層分析法時，可使用**部分結晶法** (Fractional Crystallization)。此法藉由溶解度的概念，使用不同極性溶劑加以操作，使目標物的晶體狀態從完全溶解的溶液中逐漸因過飽和而析出，但此法步驟繁瑣耗時，現在已經很少被使用。如果晶體是要用於 **X-光單晶繞射法** (X-Ray Diffraction Method) 上，此時養晶速度必須要慢，才能得到合適大小及品質良好的晶體。

圖 3-3　（左）管柱色層分析管；及（右）離心式薄層色層分析儀

　　化合物的性質鑑定需要使用到多種不同儀器方法才能比較準確的確保其鑑定的可信度，單一或少數的儀器方法所獲得的數據很片面，有時候會誤導研究者對實驗目標物實質的判斷。研究配位化合物性質的分析技術常見的有：**核磁共振光譜法** (Nuclear Magnetic Resonance, NMR)，其中包括氫、碳、磷等等原子的核磁共振；**X-光單晶繞射法** (X-Ray Diffraction Method)；**質譜法** (Mass, MS)；**元素分析法** (Elemental Analysis, EA)；**紫外線 / 可見光 / 近紅外光 / 分光光譜儀** (UV-VIS-NIR)。有時候需量測化合物的**磁性** (Magnetic Susceptibility) 時會用到**超導量子干涉磁量儀** (Superconducting Quantum Interference Device, SQUID)。其它比較少用到的儀器方法如：**電子自旋共振** (Electron Spin Resonance, ESR)、**梅思堡光譜** (Mössbauer Spectrometry)、**磁性圓偏振二色向譜** (Magnetic Circular Dichroism)、**微波光譜** (Microwave Spectrometry)、**光電子能譜** (Photoelectron Spectrometry)、**導電度** (Conductivity) 等等。另外，很少用到的**圓二色譜及旋光色散** (CD ORD) 技術則用於判定配位化合物的立體結構性質。

 3.3　常用鑑定配位化合物技術

3.3.1　紫外線 / 可見光 / 近紅外光 / 分光光譜儀 (UV-Vis-NIR)

　　在大多數情形，分子振動的吸收頻率出現在紅外光區，而電子轉移則常出現在紫外線 / 可見光區。配位化合物的可見光區吸收常受**選擇律** (Selection Rule) 的限制，其吸收係數小，強度弱；反之，紫外光區吸收不受選擇律的限制，其吸收係數經常很大，強度很強。兩者強度之差可能上萬倍。因此，在量測可見光區和紫外光區附近重疊區域，其可見光的吸收峰可能被紫外光的強吸收峰所覆蓋，辨識時要特別注意。

3.3.2 核磁共振光譜 (Nuclear Magnetic Resonance, NMR)

核磁共振光譜的基本原理是利用外加磁場使選定之特定的一群原子核（例如氫原子），產生能階高低分裂的兩組，然後在適當的能量波（通常爲無線電波）照射下引發原子核產生**共振** (Resonance)，使低能階原子核跳到高能階狀態，再藉由觀察原子核由高能階狀態衰變到低能量狀態的過程，其中所蘊含的資訊（時間的函數），將其資訊藉由**傅立葉轉換** (Fourier Transform) 方法轉換爲光譜圖上的吸收峰（頻率的函數）。此光譜圖即包含**化學位移** (Chemical Shift)、**耦合常數** (Coupling Constant) 及**積分值** (Integration) 等資訊。化學家藉由這些光譜圖資訊判斷此原子核所處之化學環境。**核磁共振光譜儀**爲相當昂貴且具多功能的精密儀器（**圖 3-4**），爲現代化學研究上所不可或缺的工具。

圖 3-4　（左）400 MHz 核磁共振儀；及（右）操作者。

3.3.3 X-光單晶繞射法 (X-Ray Diffraction Method)

含金屬化合物因有金屬 d 或 f 軌域加入混成，使其結構往往比傳統有機化合物更複雜，其不可預期性更高。然而，使用其他儀器方法往往無法直接得到分子構型的資訊。目前，**X-光單晶繞射法** (X-Ray Diffraction Method) 是最直接能提供分子結構的儀器方法。X-光單晶繞射法需要品質不錯的化合物單晶來收集數據。現代 **X-光繞射儀**收集數據在數小時內即可完成。將數據進一步解讀爲分子內原子在三度空間的相關位置資訊，即一般稱爲**晶體結構** (Crystal Structure)。X-光單晶繞射法對氫原子位置的鑑定誤差度大。研究如果需要求得精確的氫原子位置，可使用**中子單晶繞射法** (Neutron Diffraction Method)，然而此法所使用的儀器在取得上有困難，限制了它使用的普遍性。

3.3.4 質譜法 (Mass, MS)

質譜法主要的功能是量測分子的分子量。一般**質譜圖**展示的資訊除了包括主分子量外，也包含該**分子降解** (Fragmentation) 時一些「碎片」的質量。其原因是因為被打掉一個（或以上）電子的待測化合物所形成的正離子在質譜儀內真空管的飛行過程中發生斷鍵而降解。有時候質譜圖會得到比該化合物的分子量更大質量的結果，其原因是因為正離子在真空管的飛行過程產生一些降解的「碎片」重新組合的情形，結果是有可能組合出比該化合物的分子量更大質量的吸收峰。還好，這些非主要吸收峰的強度通常很小。仔細檢查質譜圖主要吸收峰的樣式也可看出該化合物內組成元素內含有的同位素的種類及個數。因此，精密的質譜儀藉著**吸收峰比對** (Peak Match) 技術也可以推測該化合物的主要組成成分的原子種類及個數。

3.3.5 元素分析法 (Elemental Analysis, EA)

含金屬化合物的元素分析主要是量測碳和氫的百分比含量，有時候會再加上量測氮、氧或硫的含量。比起其他現代化儀器，**元素分析法**經常以其準確度不佳而被化學家所垢病，特別在濕氣很重的地區，因為水氣的影響容易使分析結果產生偏差。

3.3.6 磁性 (Magnetic susceptibility) 量測

配位化合物因其中心金屬可能含有未成對 d 電子而展現磁性。早期量測配位化合物的磁性是以 Gouy apparatus 來執行。Gouy apparatus 如（**圖 3-5**）所示。操作方法是將待量測配位化合物置於樣品瓶中，從開啟磁場前後重量的變化可倒算回去化合物的未成對電子數。現代量測配位化合物的磁性可以藉由**超導量子干涉磁量儀** (Superconducting Quantum Interference Device, SQUID) 為之，因為靈敏度高，所需的樣品量可以很少。

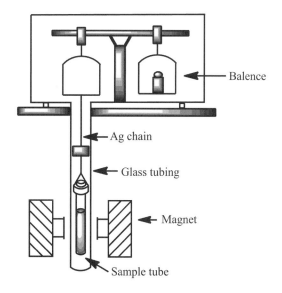

圖 3-5　量測磁性的 Gouy 裝置簡圖。

3.3.7 圓二色譜及旋光色散 (CD ORD) 技術

　　一般而言，**X-光單晶繞射法** (X-Ray Diffraction Method) 是最直接能提供分子結構的儀器方法。然而，除非經由特別方式處理，否則 X-光單晶繞射法對**鏡像異構物**無法區分其絕對結構。更有甚者，並不是每種固體化合物都能養成晶體。如果想知道某分子的絕對結構，或分子某部份的絕對結構，可以利用**圓二色譜及旋光色散** (CD ORD) 技術，將結構相似且絕對結構已知的分子和待測分子的光譜做比對，有類似**趨勢**的話，則兩分子在分子某部份的絕對結構相似。如下圖示，三個配位化合物的絕對結構及其對應相類似的 ORD 光譜（**圖 3-6**）。

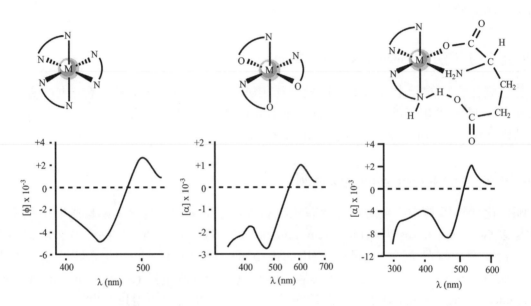

圖 3-6 化合物的絕對結構及其對應 ORD 光譜：(a) D-[Co(en)$_3$]$^{3+}$; (b) D-[Co(L-ala)$_3$]; (c) D-[Co(en)$_2$(glu)]$^{+}$。

充電站

S3.1 孤獨的時代先行者阿弗雷德·史達克 (Alfred Stock, 1876.7.16-1946.8.12)

　　談到**玻璃真空系統**一定不可忘記開發此技術的時代先行者**阿弗雷德·史達克**。現代通稱的玻璃真空系統技術可追溯到 1912 年**德國**科學家**史達克**的工作。史達克是德國的無機化學家，他對硼和矽氫化物、配位化學和汞中毒等等議題都有開創性地研究。因為硼氫化物與空氣的極端反應性，史達克於 1912 年開發玻璃高真空系統藉著隔絕空氣來處理這些高爆性化合物。玻璃真空系統的發明對日後化學家研究對空氣敏感的化合物（如**硼氫化物**和**有機金屬化合物**）有很大的幫助。德國化學學會阿弗雷德·史達克紀念獎創建於 1950 年，就是為了紀念史達克的貢獻而命名的。這學會每隔一年頒獎給「在無機化學領域的優秀且獨立的科學實驗研究」。一個小插曲，現代化學家聽起來有點不可思議的實驗操作方式，玻璃真空系統發展初期竟然有化學家使用有爆炸性的氫氣 (H_2)，而非穩定的氮氣 (N_2) 或更高級的氬氣 (Ar)，來當玻璃真空系統的操作氣體。其本來目的是要隔絕氧氣，卻可能帶來更嚴重的氫氣爆炸的危險。

S3.2 X-光單晶繞射儀 (X-Ray Diffractometer) 和核磁共振光譜儀 (Nuclear Magnetic Resonance, NMR) 的重要性

　　配位化合物中心金屬因有 d 或 f 軌域加入混成，使其結構比有機化合物更複雜，其不可預期性更高。因此，**配位化學**發展的過程當中，確定化合物的立體結構非常重要。利用 X-光晶體繞射法可得到分子中各個原子在三度空間的相關位置資訊。如此一來，分子內幾個相關原子間的鍵長、鍵角及雙面角等資料都可取得。可以說 **X-光單晶繞射法** (X-Ray Diffraction Method) 是最直接能提供分子結構的儀器方法。而**核磁共振光譜儀** (Nuclear Magnetic Resonance, NMR) 可以得到化合物靜態甚至動態的化學訊息。兩者於現代化學研究中均為不可或缺的工具，可以相輔相成。

S3.3 質譜法 (Mass, MS) 和有毒物質

　　喧騰一時的「**中國毒牛奶事件**」發生於 2008 年左右。在那一陣子，中國有許多嬰兒因腎結石及急性腎功能衰竭而住院，甚至導致有多起嬰兒死亡的案例。後來研究發現這些案例和嬰兒所食用奶粉有關，在這些奶粉中被檢驗出添加了高濃度的「三聚氰胺」。三聚氰胺的化學式為 $C_3N_3(NH_2)_3$。這些含「三聚氰胺」的奶製品及相關物品也於日後陸續流入**台灣**，造成台灣民眾極大恐慌及忿怒。**衛生署**在輿情壓力之下，將原來不合時宜的舊規定修改成不該添加的添加劑「不得檢出」。也就是說，在使用現有最精密的儀器量測下不該有的其他添加劑必須要低於儀器的檢測極限。**質譜法**是擔任此檢測任務的極佳方法，檢測者通常以**液相層析串聯質譜儀** (LC/MS/MS) 來量測三聚氰胺的含量。精密的**質譜儀**藉著**吸收峰比對** (Peak Match) 技術可以推測該化合物的主要組成元素的成分，減少誤判的可能性，讓毒害人體的物質無所遁形。

🖉 練習題

1. 請說明化學家如何處理配位化合物對空氣敏感 (air-sensitive)、對水氣敏感 (moisture-sensitive) 及對熱敏感 (thermally sensitive) 的問題。

Describe how chemists deal with air-sensitive, moisture-sensitive and thermally sensitive properties of coordination compounds in routine laboratory works.

答： 大多數的情況下，配位化合物不太會有對空氣敏感 (air-sensitive)、對水氣敏感 (moisture-sensitive) 及對熱敏感 (thermally sensitive) 的問題。如果有疑慮，反應可以在真空系統中進行，藥品可放在**無氧乾燥箱**保存，有些無氧乾燥箱裝有小冰箱，可保存對熱敏感 (thermally sensitive) 的化合物。

補充說明： 在化學上的慣用法，對水氣敏感是 moisture-sensitive，不是 water-sensitive。對熱敏感是 thermally sensitive 或是 thermal-sensitive，不是 heat-sensitive。

2. 說明史達克 (A. Stock) 在使用鈍氣的玻璃真空系統方面的貢獻。

Briefly describe the contribution of A. Stock in the early development of vacuum technique.

答： **阿弗雷德‧史達克** (Alfred Stock, 1876.7.16-1946.8.12) 是**德國**的無機化學家。為了處理遇到空氣即產生極端反應的一些高爆性化合物如硼氫化物，他設計了**玻璃真空系統**。這系統可排除空氣，而使化學家可以在鈍氣或沒有氣體存在下做反應。玻璃真空系統的發明對日後化學家研究對空氣敏感的化合物有很大的幫助。針對某些對氧氣敏感的含金屬化合物如**有機金屬化合物**的合成操作，可使用此技術。

3. 說明使用鈍氣的玻璃真空系統和無氧乾燥箱或稱手套箱 (Dry Box 或 Glove Box) 對含過渡金屬化合物研究的重要性。

Explain that the utilizations of Vacuum Line and Dry Box (or Glove Box) techniques are indispensable for the studies of the modern chemistry of transition metal-containing compounds.

答： 過渡金屬化合物在空氣中有被氧化的風險。因此，化學家執行合成過渡金屬化合物實驗仍需盡量在除氧的環境下進行，以減少可能被氧化的風險。化學家常使用鈍氣的**玻璃真空系統**配合**無氧乾燥箱**或稱手套箱（Dry Box 或 Glove Box）使用，來避開氧氣環

境。這種組合已經是很成熟的技術

4.

一般有機金屬化合物 (Organometallic Compounds) 比較怕氧，因此操作時要避開氧氣。而配位化合物 (Coordination compound) 卻比較不怕氧，可在空氣下操作。請說明原因。

In general, organometallic compounds are vulnerable to air. The operation for organometallic compounds in the presence of air shall be avoided. The coordination compounds are relatively not so sensitive to air. Explain it.

答：一般**有機金屬化合物**的中間金屬為低氧化態。當金屬遇氧氣被氧化後形成高氧化態，金屬和配位基間的鍵結容易斷裂，導致分子瓦解。**配位化合物**的中間金屬為高氧化態，比較不怕被再氧化。因此，實驗操作時除了特殊狀況外通常不需要刻意避開氧氣環境。

5.

化合物如果含有碳和氫元素，且對氧氣較為敏感易被氧化者，如果被氧化後對量測碳和氫的元素分析的百分比含量有何影響？另外，在濕度大的地方如台灣，化合物含水分後對元素分析量測碳和氫的百分比含量有何影響？何者降低？何者升高？

A compound contains carbon and hydrogen elements as its major composition. What effect might be caused in elemental analysis while an air-sensitive compound being exposed to air and oxidized? Besides, the humidity in Taiwan is often rather high in raining days. What effect might be caused by the compounds containing too much water in elemental analysis?

答：一般而言，對氧氣較為敏感的化合物易被氧化，在送測及量測過程中化合物有機會曝露空氣中而被氧化造成誤差。化合物在分離純化的過程中也可能因氧化而造成部分化合物分解，使送測樣品純度不夠造成誤差。若溶劑被包在化合物內，也會對分析結果造成誤差。在比較潮濕的地區如**台灣**，水氣也會扮演造成量測誤差的幫兇之一。當送測樣品被氧化或水氣進入時，顯然地，碳的百分比會下降，而氫的百分比可能會上升。不過，真正情形要看化合物被干擾後是否分解或有其他的副反應而定。

6.

簡述色層分析法 (Chromatography) 在化合物分離的應用。

Briefly describe the applications of Chromatography technique in the process of purification of reaction products.

答： 常用的化合物分離方法是**色層分析法** (Chromatography)。色層分析法是利用各化合物在液相的溶解度不同，而在載體上被分出先後，再被一一分離出來。一般比較常見的色層分析法有**管柱色層分析法** (Column Chromatography)、**高壓液態層析法** (High Pressure Liquid Chromatography, HPLC)、**氣態層析法** (Gas Chromatography, GC) 及比較少見的**離心式薄層色層分析法** (Centrifugal Thin-Layer Chromatography, CTLC)。一般管柱色層分析法的添充物是矽膠 (SiO_2) 或氧化鋁 (Al_2O_3) 也有用氧化鎂 (MgO) 的，氧化鎂 (MgO) 的鹼性太高，並不適合用含過渡金屬的化合物的分離上。以矽膠當添充物也可藉由酸或鹼性溶劑先行處理使其具有合適的 pH 值。

7.
說明管柱色層分析法 (Column Chromatography) 和離心式薄層色層分析法 (Centrifugal Thin-Layer Chromatography, CTLC) 的差異。

Explain the differences between Column Chromatography and Centrifugal Thin-Layer Chromatography (CTLC).

答： **管柱色層分析法** (Column Chromatography) 以溶劑由管柱上方往下方沖滌，靠著溶劑和待分離物及載體的作用力及地心引力的吸引，將混合物分離。**離心式薄層色層分析法** (Centrifugal Thin-Layer Chromatography, CTLC) 則藉由離心力將溶劑由盤內往外沖滌，靠著溶劑和待分離物及載體的作用力及離心力的作用，將混合物分離。後者分離速度較快，溶劑使用量較少。缺點是儀器的價錢不便宜及多了預先準備分離盤的步驟。

8.
說明質譜法 (Mass, MS) 在配位化學研究上的用途。

Explain the function of Mass Spectroscopic method in the study of Coordination Chemistry.

答： **質譜法**可以量測配位化合物的主分子量。另外，配位化合物所含金屬若有同位素亦可以精密的質譜儀藉著**吸收峰比對** (Peak Match) 技術推測該化合物的組成中成分的原子種類及個數。

9.
說明 X-光晶體繞射法 (X-Ray Diffraction Method) 在配位化學研究上的重要性。

Describe the importance of X-Ray Diffraction Method in the study of Coordination Chemistry.

答： **配位化合物**的立體結構資訊非常重要，分子結構會影響其物理及化學性質。原則上，只要化合物能養成適當品質的晶體，就可以利用 **X-光晶體繞射法**來取得分子中各個原子在空間的相關位置資訊，即晶體結構 (crystal structure)。因此，分子內原子間的鍵長、鍵角及雙面角等重要資料都可取得。目前，**X-光單晶繞射法** (X-Ray Diffraction Method) 是最直接能提供分子結構的儀器方法。另外，分子晶體結構也可使用**中子-單晶繞射法** (Neutron Diffraction Method) 得到，然而此法因為限制多比較不普遍。

---

10. 說明核磁共振光譜儀 (Nuclear Magnetic Resonance, NMR) 在配位化學研究上的重要性。

Describe the importance of Nuclear Magnetic Resonance (NMR) technique in the study of Coordination Chemistry.

答： 大多數的情況下，化學家利用**核磁共振光譜儀** (Nuclear Magnetic Resonance, NMR) 來得到化合物在溶液狀態下靜態甚至動態的重要化學訊息，這些化學訊息包括常見的氫（或碳、磷）或金屬等等原子在分子中所處的環境。少數情況下，**固態核磁共振光譜儀** (Solid State Nuclear Magnetic Resonance) 可以用來獲得化合物在固體狀態下的化學訊息。目前，核磁共振光譜儀是合成化學家最常用的儀器。

---

11. 從 X-光晶體繞射法得到分子中各個原子在三度空間相關位置的資訊是靜態的。而在液態中取得分子的 NMR 或 IR 光譜數據是動態的。說明之。

The information obtained from single crystal X-ray diffractometer for a molecule is static. On the contrast, The information obtained from NMR or IR for a molecule is dynamic. Explain it.

答： 分子經過養晶過程，形成穩定的固態晶體。然後，從 **X-光晶體繞射法**得到分子中每個原子在三度空間相關位置的資訊，這是分子在固態下獲得的數據。而分子的 NMR 或 IR 光譜數據通常是在液態中取得，因分子在常溫液態下是動態的，所以從這些方法得到的資訊是動態下的平均值。因此，由 X-光晶體繞射法得到分子的空間立體的資訊不一定反應出它們在液態中的真正構型。有時候，IR 光譜也可以固態方式取得，即將樣品加入鹽類（如 KBr）打成薄鹽片，再量測固態 IR 光譜數據。

---

12. 核磁共振光譜 (NMR) 的吸收峰形狀會影響其解析度。太寬的吸收峰會造成彼此間重疊，光譜解析度下降。請解釋一般吸收峰變寬的理由。說明測量核磁共振光譜前樣品溶液需先經除氧步驟的理由。同理，說明樣品溶液含具有磁性的過渡性金屬也會影響其解析度的原因。

The resolution of NMR signals will be greatly affected by their shapes. Two close broad signals might be indistinguishable in NMR pattern. Explain the reason why the signal might be broaden. Also, explain the reason for the removal of oxygen or paramagnetic species before taking NMR is necessary.

答：根據**海森堡測不準原理** (Heisenberg's Uncertainty Principle)，實驗中同時量度一粒子的**位置和動量誤差**（Δx 和 ΔP_x）的精確度受到系統本質上的限制。其位置和動量誤差的相乘積的誤差度約略大或等於**普郎克常數** (Plank Constant)：$\Delta x \cdot \Delta P_x \geq \hbar$。將公式稍加轉換而成為 $\Delta E \cdot \Delta t \geq \hbar$。從上述公式可看出如果一待量測物體存在某狀態的時間越短 ($\Delta t \downarrow$)，則其被測量出的能量誤差度越大 ($\Delta E \uparrow$)。在量測光譜上能量誤差度越大表示其吸收峰越寬，有時候吸收峰寬到無法確定是否有吸收峰存在。這就說明了有些在**流變現象**的分子原本預期應該出現的吸收峰卻在測量時不見了。若測量**核磁共振光譜**樣品溶液含有氧分子，它是順磁性的物質，其產生的磁場會使量測核磁共振光譜 (NMR) 的樣品存在激發態的時間變短 ($\Delta t \downarrow$)，造成吸收峰變寬 ($\Delta E \uparrow$)。因此，測量核磁共振光譜前樣品溶液需先經除氧處理。同理，樣品溶液含具有順磁性的過渡性金屬（通常為未成對 d 軌域的電子）也會影響其解析度使其變寬。因此，量測 NMR 前通常要將樣品溶液過濾除掉順磁性的過渡性金屬的不純物。

13.

一個待測 NMR 樣品應盡量除去具有順磁性的物種。原因為何？

Sample for taking ^{1}H NMR shall be pre-treated firstly by the removal of paramagnetic species.

答：樣品中存在順磁性物種時，其產生的磁場會使量測**核磁共振光譜** (NMR) 的樣品激態的時間過短。根據**海森堡測不準原理** (Heisenberg's Uncertainty Principle)，如果一分子存在某狀態的時間越短，則其被測量出的能量誤差度越大。在光譜上能量誤差度越大表示吸收峰越寬。因此，測量核磁共振光譜前樣品溶液應盡量除去具有順磁性的物種。有些含過渡性金屬的化合物分解後可能產生具有順磁性的金屬團簇（含未成對 d 軌域的電子），量測 NMR 前樣品溶液應先過濾除去具有順磁性的沉澱物。參考 19 題。

14.

如何證明在核磁共振光譜 (^{1}H NMR) 中兩根鄰近且積分很相近的吸收峰是因為 (a) 被其它原子耦合分裂造成的，(b) 還是它們原來就是來自兩個不同環境的兩根吸收峰？

How to differentiate two close signals in the ratio of almost 1:1 in ^{1}H NMR are caused by coupling or indeed two distinct signals?

答：要分辨此兩狀況可以利用不同磁場強度的**核磁共振光譜** (^{1}H NMR) 來量測樣品，如由

200 MHz 升級爲 400 MHz。若是後者的狀況，兩根鄰近吸收峰化學位移 (ppm) 的位置不變；若是前者的狀況，兩根鄰近吸收峰會互相靠近。因爲耦合常數是以 Hz 來表達，在高磁場強度的核磁共振光譜 (^{1}H NMR) 下量測，同樣 Hz 數轉換成 ppm 值時會變接近。

15.

有時候預期要出現在核磁共振光譜 (NMR) 的化合物吸收峰並沒有出現。說明可能原因。

Sometimes, the expected signals for compound in NMR spectrum do not show up. Provide the plausible reasons for it.

答：預期要出現在**核磁共振光譜 (NMR)** 的化合物吸收峰卻沒有出現，稱爲 **NMR 靜默** (NMR silent)。可能原因很多，提出其中二個常見的原因來說明。其一，如上述樣品中含有順磁性的物種，在光譜中吸收峰變寬，太寬就會被視爲背景干擾，而被認爲沒有吸收峰。另外，分子構型變化太快的情形，即處於**流變現象** (Fluxional behavior) 的狀態，在光譜中吸收峰變很寬，而被視爲沒有吸收峰。

16.

通常量測一個 ^{1}H NMR 光譜圖約十分鐘即可完成，而量取一個 ^{13}C NMR 光譜圖則約需花數十分鐘至幾小時才能完成。說明可能原因。

It takes about 10 minutes to finish a ^{1}H NMR spectrum recording process; while, it may take several hours to get a ^{13}C NMR recording process done. Provide the plausible reasons for it.

答：一個原因是自然界儲量的問題。^{1}H 同位素在氫元素中佔 99.985%；而 ^{13}C 同位素在碳元素中只佔 1.109%。另外一個重要原因是 ^{13}C 同位素對**核磁共振**的靈敏度 (gyromagnetic ratio) 很低。因此，量測一個 ^{13}C NMR 光譜比量測 ^{1}H NMR 要費時很多。

17.

說明 UV-Vis 儀器在配位化合物的研究中的使用時機。

Point out the occasion where UV-Vis instrument is applied in the study of the character of coordination complex.

答：**配位化合物**通常具有鮮明的顏色，因爲它們的電子從**基態**被躍遷到**激發態**的吸收通常出現在可見光區。有時候也會有 charge-transfer 的現象發生。Charge-transfer 可能出現在可見光的比較靠紫光區段及紫外光區，一般強度都很強。因此，UV-Vis 儀器可以偵測配位化合物的電子從**基態**被躍遷到**激發態**及發生 charge-transfer 現象的光譜。

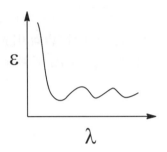

---

18. 指出 CD-ORD 儀器在配位化合物中的使用時機。

Point out the occasion where CD-ORD instrument is applied in the study of the character of coordination complex.

答：有時候某些固體分子不能養成晶體，因而無法以 **X-光單晶繞射法**得到其絕對結構，但研究上卻亟需知道此分子的絕對構型，或分子某部份的絕對構型，此時可用此技術將結構相類似且絕對結構已知的分子和此待測分子的 CD-ORD 光譜比對，有類似**趨勢**的話，則兩分子在分子某部份的絕對構型應該相似。

補充說明：參考本章 3.3.7 節。

---

19. 說明化學家利用哪些儀器來量測配位化合物的磁性 (Magnetism) 並由此推導出化合物的未成對電子數目。

Describe the methods and commonly used instruments for measuring the magnetism of a coordination compound and determination of the number of unpaired electron(s).

答：配位化合物的樣品量大時，可使用傳統**磁性分析儀** Gouy apparatus 來執行量測化合物的**磁性** (magnetic susceptibility)。參考圖 **3-5**。樣品量小時，可使用**超導量子干涉磁量儀** (Superconducting Quantum Interference Device, SQUID) 為之。再由磁矩計算公式 ($\mu = \sqrt{n(n+2)}$) 推導出化合物的未成對電子數目。有時候推導出的未成對電子數目並非整數，表示配位化合物可能是由部分高磁性 (high spin) 及低磁性 (low spin) 的狀態下的混合。

---

20. 簡述合成 $Co(NH_3)_6^{2+}$ 方法。

Briefly describe the synthesis of $Co(NH_3)_6^{2+}$.

答：將 $CoCl_2$ 加入氨水 ($NH_3(aq)$) 中即可形成 $Co(NH_3)_6^{2+}$。因為原先的 Cl^- 是比 NH_3 弱的配

位基，因而被更強的配位基 NH_3 所取代。原先的兩個和 Co 鍵結的 Cl^- 變成在外圍，當陰離子使用。

---

21. 簡述從 $CoCl_2$ 合成 $CoCl(PPh_3)_3$ 的方法。

Briefly describe the synthesis of $CoCl(PPh_3)_3$ from $CoCl_2$.

答：乾燥的 $CoCl_2$ 是鮮艷藍色，將 $CoCl_2$ 加入反應瓶中，於適當溶劑（可使用乙醇）內加入 Mg 粉及 PPh_3。攪拌到藍色轉為綠色為止，就形成 $CoCl(PPh_3)_3$。此處 Mg 粉當還原劑使用將 Co(II) 還原成 Co(I)；PPh_3 當配位基。此處 $CoCl(PPh_3)_3$ 為**正四面體**結構；而同族的重金屬 Rh 所形成的 $RhCl(PPh_3)_3$ 則為**平面四邊形**結構。

---

22. 簡述從 $RuCl_2$ 合成 $Ru_3(CO)_{12}$ 的方法。

Briefly describe the synthesis of $Ru_3(CO)_{12}$ from $RuCl_2$.

答：將 $RuCl_2$ 置入不鏽鋼製高壓反應瓶中，再將高壓反應瓶灌入高壓 CO 並密閉。在油液鍋中加熱並以電磁攪拌器攪拌幾小時，洩壓後取出金黃色化合物即為 $Ru_3(CO)_{12}$。在此反應中 CO 同時當還原劑及反應物（配位基）。

---

23. 說明在下面的反應中，鈷金屬本身及周遭的變化。

$2[Co(H_2O)_6]Cl_2 + 2NH_4Cl + 10\ NH_3 + H_2O_2 \rightarrow 2[Co(NH_3)_6]Cl_3 + 14H_2O$

Describe the changes of the character of cobalt metal and its surrounding during the reaction as shown.

答：原先反應物 $[Co(H_2O)_6]Cl_2$ 中心鈷金屬的氧化態為 +2，周遭的六個配位基為 H_2O。後來形成的產物 $[Co(NH_3)_6]Cl_3$ 其中心鈷金屬的氧化態變為 +3，且周遭的六個配位基變為 NH_3。因為原先鈷金屬中心的 H_2O 是比較弱的配位基，因而被更強的配位基 NH_3 所取代。原先中心鈷金屬也被 H_2O_2 氧化。此反應過程發生了氧化及取代反應。

---

24. *Cisplatin* 已經是上市的治療癌症的藥物。其分子式為 *cis*-$[PtCl_2(NH_3)_2]$。簡述其合成方法及其功能。

Cisplatin now is commercial available anti-cancer drug. Its chemical formula is *cis*-$[PtCl_2(NH_3)_2]$. Explain its function and the methods to make it.

答：將 $K_2[PtCl_4]$ 加入氨水中逐步取代 Cl^- 配位基可形成黃色 *cis*-$[PtCl_2(NH_3)_2]$ 沉澱。但若從 $Pt(NH_3)_4$ 開始，可能形成 *trans*-$[PtCl_2(NH_3)_2]$。*Cisplatin* 當抗癌藥物的原因及機制詳見第一章 S1.5。

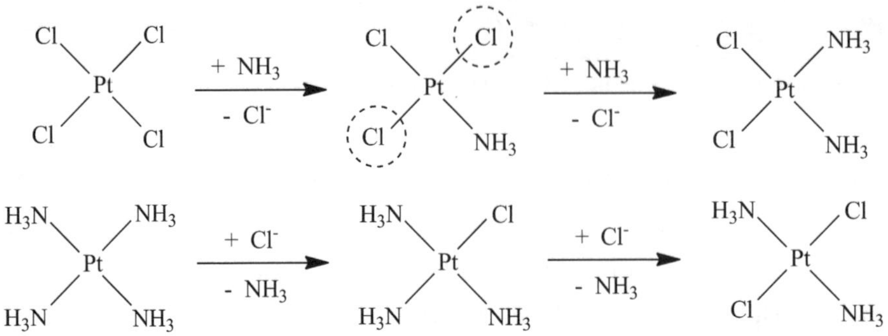

---

25. 從 $[PtCl_4]^{2-}$ 開始設計合成順式和反式- $[PtCl_2(NO_2)(NH_3)]^-$。

Design two-step syntheses for *cis*- and *trans*-$[PtCl_2(NO_2)(NH_3)]^-$ starting from $[PtCl_4]^{2-}$.

答：將 $[PtCl_4]^{2-}$ 加入氨水中先形成 $[PtCl_3(NH_3)]^-$，再加入 $NaNO_2$ 可形成 *cis*-$[PtCl_2(NO_2)(NH_3)]^-$。後面這一步驟是使用 trans-influence 的概念。

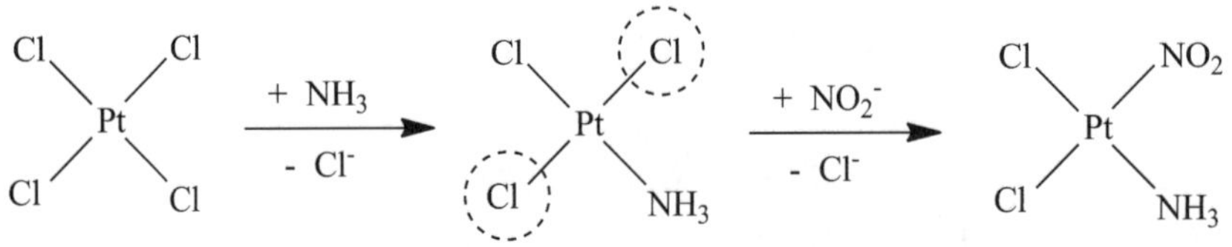

將 $[PtCl_4]^{2-}$ 加入 $NaNO_2$ 中先形成 $[PtCl_3(NO_2)]^{2-}$，再加入氨水可形成 *trans*-$[PtCl_2(NO_2)(NH_3)]^-$。

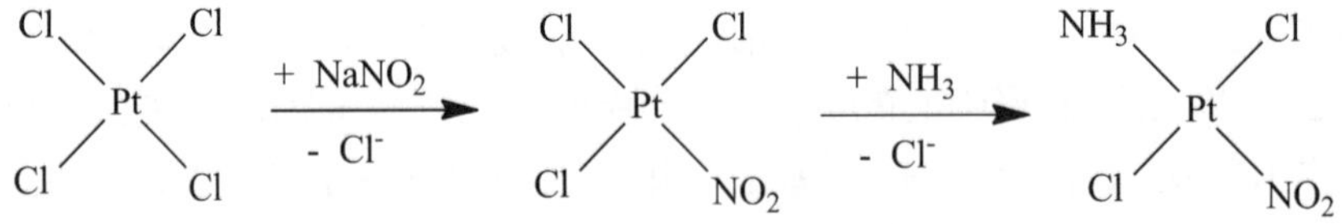

---

26. 使用對邊效應 (trans effect) 的概念從 $[Pt(NH_3)_4]^{2+}$ 和 $[PtCl_4]^{2-}$ 合成順式和反式的 $[PtCl_2(NH_3)_2]$。

Use the concept of "trans effect" to carry out synthetic routes to *cis*- and *trans*-$[PtCl_2(NH_3)_2]$ starting from $[Pt(NH_3)_4]^{2+}$ and $[PtCl_4]^{2-}$, respectively.

答： 合成步驟使用**對邊效應** (trans effect) 的概念，再加上金屬和配位基的鍵能強弱的關係因素，可逐步合成目標產物。

從 $[PtCl]_4^{2-}$ 開始來製備 $Pt(Cl)(Br)(NH_3)(py)$。[提示：應考慮兩個因素：1. M-X 化學鍵不穩定因素；及 2. 對邊效應 (trans effect)。]

Provide a methods to prepare $Pt(Cl)(Br)(NH_3)(py)$ from $[PtCl_4]^{2-}$. [Hint: Two factors shall

27. be taken into consideration: 1. M-X bond is labile; and 2. trans effect.]

答： 將 $[PtCl_4]^{2-}$ 加入氨水中先形成 $[PtCl_3(NH_3)]^-$，再利用 M-X 化學鍵不穩定的因素加入 py 可形成 $cis\text{-}[PtCl_2(py)(NH_3)]$。再利用**對邊效應** (trans effect) 因素加入 Br^- 可形成 $Pt(Cl)(Br)(NH_3)(py)$。

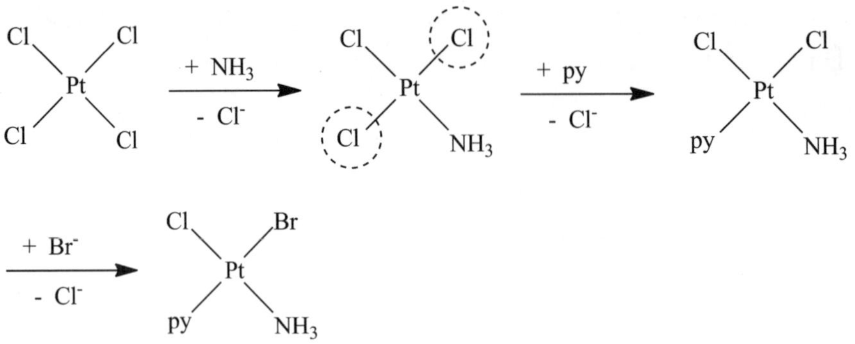

---

28. 從 *cis*-[CoCl₂(en)₂]Cl 開始來製備 *cis*-[Co(ox)(en)₂]Cl。[提示：en = ethylenediamine; ox²⁻ = 草酸根。]

Provide a methods to prepare *cis*-[Co(ox)(en)₂]Cl from *cis*-[CoCl₂(en)₂]Cl. [Hint: en = ethylenediamine; ox²⁻ = oxalate.]

答：將 *cis*-[CoCl₂(en)₂]Cl 置於草酸鈉溶液中慢慢形成 *cis*-[Co(ox)(en)₂]Cl。強的草酸根雙牙基 (ox²⁻) 會取代兩個弱的配位基 (Cl⁻)，但不會取代另一個強的雙牙基 (en)。

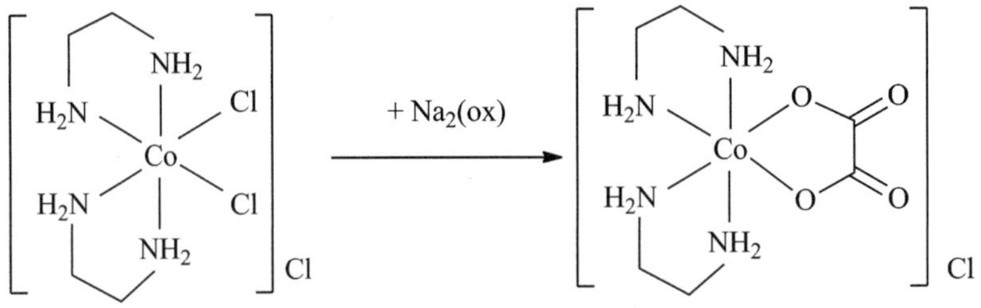

---

29. 請繪出 [Co(CO₃)₃]³⁻ 和 Cyclam 反應所形成的產物及其結構。[提示：Cyclam = 1,4,8,11-tetraazacyclotetradecane。]

Please plot out the structure of the product from the reaction of [Co(CO₃)₃]³⁻ with Cyclam. [Hint: Cyclam = 1,4,8,11-tetraazacyclotetradecane。]

答：Cyclam 為四牙基會取代 [Co(CO₃)₃]³⁻ 上兩個 CO₃²⁻ 根的位置。因為尚有一雙牙基 CO₃²⁻ 根接在金屬上，所以在此處 Cyclam 無法以平面環狀而是以摺疊式四配位基的方式配位。注意整個分子的電荷變化。中心 Co(III) 的價數沒變。

30.

如果以一步一步方式合成大環多牙基 (Macrocyclic Ligand)，其實很費時，且因多步反應導致產率偏低。化學家其實是利用模板效應 (Template Effect) 來合成大環多牙基。請說明之。

It is always a time-consuming and often low yield procedure for the synthesis of macrocyclic ligand through step-by-step processes. Instead, chemists use the concept of "Template Effect" to synthesize macrocyclic ligands. Explain.

答： 下面有一個例子說明化學家利用**模板效應** (Template Effect) 來合成**大環多牙基**。此法以金屬離子為核心將相關的分子聚集在周圍，伴隨有些簡單的反應（如脫水反應）發生，最後集合成由大環多牙基配位而成的分子。最後可以藉由其它方式（如加入強鹼）將中心金屬離子趕出，純化後可獲得純的大環多牙基。

31.

[ZrCl$_4$(dppe)] 與 Mg(CH$_3$)$_2$ 反應生成 [Zr(CH$_3$)$_4$(dppe)]。dppe 是一種雙牙磷基。^{1}H 核磁共振譜圖顯示所有甲基都等值。請繪出錯合物可能的正八面體和三角棱鏡結構，並指出如何從核磁共振譜圖分辨出錯合物是三角棱鏡結構的結論。

The reaction of [ZrCl$_4$(dppe)] (dppe is a bidentate phosphane ligand) with Mg(CH$_3$)$_2$ yields [Zr(CH$_3$)$_4$(dppe)]. ^{1}H NMR spectrum indicates that all methyl groups are equivalent. Draw octahedral and trigonal prism structures for the complex and show how the evidence from ^{1}H NMR spectrum supports the trigonal prism assignment. (P. M. Morse, G. S. Girolami, *J. Am. Chem. Soc.*, **1989**, *111*, 4114.)

答： 從下面圖形可看出在三**角棱鏡**結構的分子上面四個甲基都等值，而在**正八面體**結構的並沒有。其中，有兩個甲基可直接連接兩個磷基；有兩個甲基只可連接一個磷基。所以在 ^{1}H NMR 中，前者的甲基只有一個吸收峰，後者有二個吸收峰。

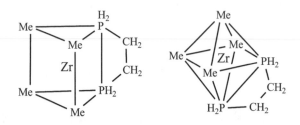

32.

早期配位化學家無緣使用核磁共振光譜學技術來鑑定磷配位基 (PR$_3$) 和 ^{195}Pt 及 ^{103}Rh 的鍵結。藉由現代核磁共振光譜學技術，化學家可以分析磷配位基 (PR$_3$) 和 ^{195}Pt 及 ^{103}Rh 的鍵結情形。^{31}P、^{195}Pt 和 ^{103}Rh 的自然界儲量分別是 100%、33% 和 100%。所有核自旋量子數為 1/2。假設所有質子都從磷原子核去耦合 (decoupled)，請繪出以下的配位化合物的 ^{31}P NMR 譜：

(a) *cis*-[Pt(PR$_3$)$_2$Cl$_2$]　　　　(b) *trans*-[Pt(PR$_3$)$_2$Cl$_2$]　　　　(c) [Pt(PR$_3$)$_3$Cl]BF$_4$
(d) *fac*-[Rh(PR$_3$)$_3$Cl$_3$]　　　　(e) *mer*-[Rh(PR$_3$)$_3$Cl$_3$]

It is possible to describe the bonding of phosphine towards platinum or rhodium by ^{31}P NMR spectroscopy. The natural abundances of ^{31}P, ^{195}Pt, and ^{103}Rh are 100%, 33% and 100%. All atoms have nuclear spin quantum numbers of 1/2. Please plot out the ^{31}P NMR spectra for these complexes. [Hint: All protons are decoupled from the phosphorus nuclei.]

答： (a) 從下面圖形可看出兩個磷配位基 (PR$_3$) 等值，^{195}Pt 的自然界儲量是 33%，其它核種的 Pt 自然界儲量還有 67%。^{195}Pt 的核自旋量子數為 1/2。^{31}P NMR 光譜會有一組 doublet（積分 33%）及一根 singlet（積分 67%）。(b) 兩個磷配位基 (PR$_3$) 等值，情

形同 (a)，但化學位移應該不同。(c) 兩個相對的磷配位基 (PR$_3$) 等值，另一磷配位基 (PR$_3$) 不等值。除了類似 (b) 的 pattern 外，加上類似 (a) 的 pattern。而且，類似 (b) 的 pattern 是類似 (a) 的 pattern 強度的兩倍。

(d) ^{103}Rh 的自然界儲量分別是 100%。核自旋量子數爲 1/2。三個磷配位基 (PR$_3$) 等值，一組 doublet（積分 100%），被 ^{103}Rh 耦合。(e) 兩個相對的磷配位基 (PR$_3$) 等值，另一磷配位基 (PR$_3$) 不等值。兩組 doublet（積分比 2:1）。

> 假設 PtCl$_2$(PPh$_3$)$_3$ 以雙三角錐構型存在，磷配位基 (PPh$_3$) 和 ^{195}Pt 鍵結。^{31}P 和 ^{195}Pt 的自然界儲量分別是 100% 和 33%。所有核自旋量子數爲 1/2。請繪出每個異構物的 ^{31}P NMR 譜。
>
> **33.**
>
> Three structural isomers of PtCl$_2$(PPh$_3$)$_3$ are presumably all existed in trigonal bipyramidal form. Plot out ^{31}P NMR spectra for each of the complexes. The natural abundances of ^{31}P and ^{195}Pt are 100% and 33%, respectively, and both have nuclear spin quantum numbers of 1/2. Which isomer is the most stable one?

答：(a) 從圖形可看出三個磷配位基 (PR$_3$) 等值，等值的磷基不會互相耦合，^{195}Pt 的自然界儲量是 33%，其它核種的 Pt 自然界儲量還有 67%。^{195}Pt 的核自旋量子數爲 1/2。^{31}P NMR 譜會有一組 doublet（積分 33%）及一根 singlet（積分 67%）。

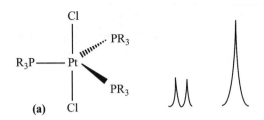

(b) 在軸線上兩個磷配位基 (PR₃) 等值，等值的磷基不會互相耦合，另一磷配位基 (PR₃) 在三角面上，和軸線上兩個磷配位基不等值，但是互為 90º，不會互相耦合。軸線兩個磷配位基的 pattern 是類似 (a) 的 pattern；三角面上的磷配位基的 pattern 是類似 (a) 的 pattern，但是積分面積減半。

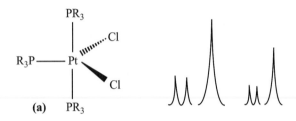

(c) 三角面上的兩個磷配位基 (PR₃) 等值，另一在軸線上磷配位基 (PR₃) 不等值。類似 (b) 的 pattern。在三角面上磷基，和軸線上兩個磷基互為 90º，不會互相耦合。

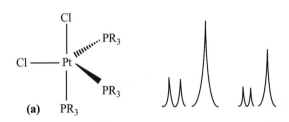

(a) 說明 ^{31}P 核磁共振譜的什麼參數可以用於區分 $[W(CO)_4(P(CH_3)_3)_2]$ 的順式和反式異構物。(b) 說明如何由核磁共振譜區分雙三角錐構型的 $[M(CO)_3(PR_3)_2]$ 的軸向位置和三角平面上的磷配位基。

34. (a) Point out which type of parameter of ^{31}P NMR spectra might be used to distinguish the *cis-* from *trans-* isomers of $[W(CO)_4(P(CH_3)_3)_2]$. (b) What features of NMR spectra could distinguish a complex $[M(CO)_3(PR_3)_2]$ of trigonal bipyramid geometry having the phosphane ligands in the axial positions from one having the phosphane ligands in the trigonal plane?

答：(a) 從下面圖形可看出兩個磷配位基 (PR₃) 在**順式**和**反式**異構物中均等值，磷原子核不會互相**耦合** (coupling)，無法從 ^{31}P NMR 耦合的 pattern 來判斷，但兩者在 ^{31}P NMR 的化學位移應該不同。IR 光譜倒是可以提供判斷的資訊。*Trans* form 構型結構比 *Cis* form 結構異構物對稱，越對稱越容易形成**簡併狀態**，IR 吸收峰的個數越少。可由 IR 吸收峰個數的多寡來區分異構物的構型。另外，在 *Cis* form 結構異構物在 (PR_3) 對面的 CO 其 IR 吸收峰頻率較低。

O　C
　W
cis-　　　　trans-

(b) **雙三角錐形**的 $[M(CO)_3(PR_3)_2]$ 有三種可能構型。構型 (a) 上兩個磷配位基 (PR_3) 不等值，在 ^{31}P NMR **化學位移**應該不同。但因為互為 90°，兩磷原子核不會互相**耦合** (coupling)，無法從耦合的 pattern 來判斷。但是，構型 (a) 有兩組磷吸收峰構型 (b) 和 (c) 上兩個磷配位基 (PR_3) 等值，在 ^{31}P NMR 化學位移應該相同。兩磷原子核不會互相耦合，無法從耦合的 pattern 來判斷。構型 (b) 和 (c) 只有一組吸收峰。構型 (c) 在兩個 PMe_3 對面的 CO 其 IR 吸收峰頻率較低。

(a)　　　　(b)　　　　(c)

雙牙配位基 (a⌢b) 形成八面體的錯合物 $[Fe(a⌢b)_3]Cl_2$。(a) 繪製可能的異構物。(b) $[Fe(a⌢b)_3]Cl_2$ 在 120 K 展示自旋交叉。請解釋。

35. $[a⌢b:]$　〔pyridine-CH₂NH₂ structure〕

An octahedral complex, $[Fe(a⌢b)_3]Cl_2$, was formed from Fe(II) chelated by three bidentate ligands (A). (a) Draw diagrams to show how many isomers are possible. (b) $[Fe(a⌢b)_3]Cl_2$ exhibits spin crossover at 120 K. What does this statement mean?

答：(a) **八面體**的錯合物 $[Fe(a⌢b)_3]Cl_2$ 有幾個以下可能的異構物。

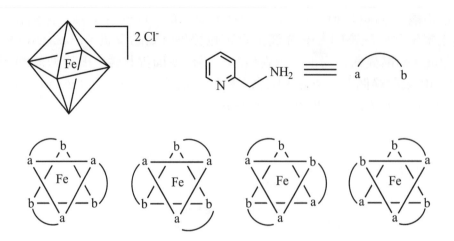

(b) 雙牙配位基 (a⌒b) 應該形成強配位場，Fe(II) 的電子組態為 d^6，電子應該全部配
對，為低自旋。[Fe(a⌒b)$_3$]Cl$_2$ 在 120 K 展示自旋交叉，表示在此溫度開始電子自旋
值增高。可能是部分的錯合物 [Fe(a⌒b)$_3$]$^{2+}$ 中的雙牙基其中一牙基解離由兩個 Cl$^-$ 基
取代，形成 [Fe(a⌒b)$_2$Cl$_2$] 如此造成比較弱的配位場，使高自旋增加。另外，由原先
[Fe(a⌒b)$_3$]Cl$_2$ 其中兩個雙牙基變單牙基，其空出兩個位置由兩個 Cl$^-$ 基取代，也有
可能。

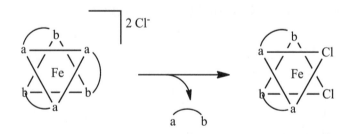

核磁共振光譜可以用來觀察下面互變異構 (tautomerism) 的機制。P(=O)H(^{t}Bu)$_2$ ⇔
P(–OH)(^{t}Bu)$_2$。說明如何由核磁共振光譜來區分平衡方向趨勢。

36. NMR can be employed to monitor the tautomerism of the following equilibrium.
P(=O)H(^{t}Bu)$_2$ ⇔ P(–OH)(^{t}Bu)$_2$. Explain how the NMR experiment could tell about the
tendency of the chemical reaction.

答：從下面圖形可看出**二級氧化磷基** (P(=O)H(^{t}Bu)$_2$) 和**磷酸** (P(–OH)(^{t}Bu)$_2$) 之間經由**互變異**
構 (tautomerism) 的機制達到平衡。在二級氧化磷基的磷原子核和氫原子核會互相**耦合**
(coupling)，而且**耦合常數** (coupling constant) 可達 500 Hz，但磷酸的磷原子核和氫原
子核不會互相耦合。從 ^{31}P 核磁共振譜吸收峰的積分比可判斷兩者的量之間的比例而
看出平衡趨勢。

（上方結構式）

H — P('Bu, 'Bu, O)　⇌　HO — P('Bu, 'Bu, 'Bu)

---

37. 有一化合物經由元素分析後發現其簡式為 $[PtCl_2(NH_3)_2]$。但其分子量卻為此簡式的兩倍，且被發現具有離子性的 Cl^- 離子存在。請預測此化合物的可能結構。

Chemical analysis of a Pt compound shows that its empirical formula is $[PtCl_2(NH_3)_2]$. Nevertheless, the molecular weight of this compound is double of its empirical formula. It was also found that there are Cl^- ions with ionic character in the molecule. Using all these data to predict the structure of this Pt compound.

答：此化合物的分子量為 $[PtCl_2(NH_3)_2]$ 的兩倍，且具有離子性的 Cl^- 離子存在。推測此化合物的可能結構如下。雙聚物的兩中心金屬 Pt 為正二價。其中有兩個 Cl^- 當外圍離子；有兩個 Cl 當架橋。另外，具有直接金屬－金屬鍵結構的可能性不大。

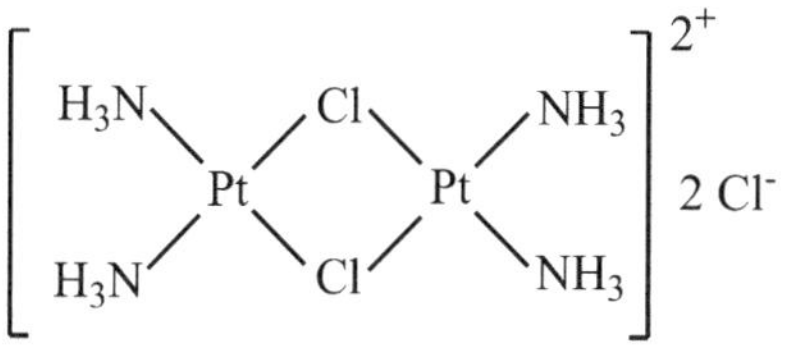

$$\left[\begin{array}{ccccc} H_3N & & Cl & & NH_3 \\ & Pt & & Pt & \\ H_3N & & Cl & & NH_3 \end{array} \right]^{2+} \quad 2\,Cl^-$$

---

38. 有一個雙金屬化合物 $[Cu_2(CH_3CO_2)_4 \cdot 2H_2O]$ 在低溫時為逆磁性，在高溫時為順磁性。請繪出此化合物的可能結構並說明此磁性現象。

A bimetallic complex $[Cu_2(CH_3CO_2)_4 \cdot 2H_2O]$ is diamagnetic at low temperature and is paramagnetic at high temperature. Please draw out its structure and explain its magnetic behavior at different temperature regions.

答：此化合物的結構如下左圖，理想狀況下為 D_{2h} 對稱。由實驗得知此化合物的 Cu(1)-Cu(2) 鍵長為 2.6Å，應該有直接金屬－金屬鍵。有四個醋酸根，每個配位到不同 Cu 金屬上，而兩個 H_2O 在軸線上配位。把 Cu(1)-Cu(2) 之間的鍵結軌域能量圖簡化為如下右圖。在低溫時，兩個 Cu 上的 d 電子配對，為逆磁性。在高溫時，d 電子有機會從基態躍遷到激發態，形成兩個沒配對電子，此時化合物為順磁性。

第 **4** 章
配位基的種類及功能

「一般而言，我們不應說配位基是什麼 ...... 而是應該說它們當成什麼來用。」
(In general, we should not say that ligands ARE… but that they ACT AS…) 一吉斯伯 (J. R. Gispert)

「磷基非常有用，因可調整電子效應及立體障礙效應。」(Phosphines are so useful because they are electronically and sterically tunable.) 一克雷布楚列 (R. H. Crabtree)

本章重點摘要

 4.1 配位基的功能

在近代有關含金屬化合物的研究及應用上，**配位基**扮演不可或缺的角色，它可影響含金屬化合物的**電子**及**立體障礙**效應 (Electronic & Steric Effect)、在溶液中的溶解度、提供中心金屬的電子密度的能力、改變中心金屬的**氧化還原電位**以及引發**對邊效應** (*Trans* effect) 等等眾多的功能。可以說選擇恰當的**配位基**可以改變整個含金屬化合物的特性及效能，甚至在催化反應中可以影響產物的**選擇性** (Selectivity) 引導反應偏向某種特定**構型** (Conformation) 產物。

 4.2 配位基的原子種類

理論上，**配位基**可提供不同的電子數在和金屬的鍵結中，而通常以提供二個電子數的配位基最為常見。配位基為鹼基，常見配位基上的鍵結原子是 N、O、P 或 S，少數情形可能使用 C 當鍵結原子。

 4.3 單牙配位基 (Mono-dentate ligand)

在早期配位化合物中最常見的單牙**配位基**為 NH_3。例如具代表性配位化合物 $Co(NH_3)_6^{2+/3+}$ 為二價或三價鈷離子被六個單牙配位基 NH_3 基以**正八面體**方式所鍵結而成

（**圖 4-1**）。另外，常見的單牙配位基有 X^-、OH^-、H_2O、THF、R-O-R、PR_3 及 R_2S 等等。

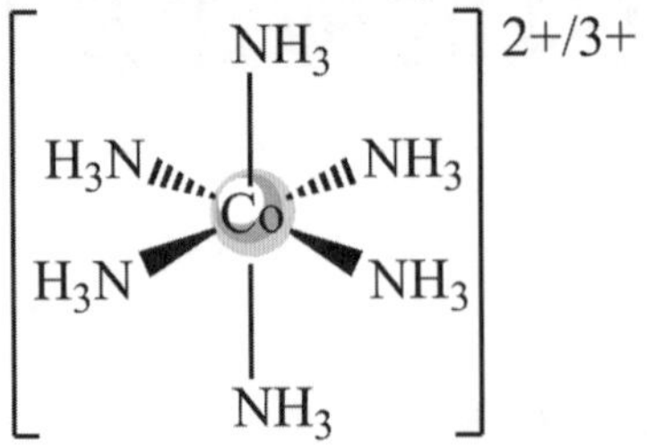

$$\left[\begin{array}{c} \text{Co(NH}_3\text{)}_6 \end{array} \right]^{2+/3+}$$

圖 4-1 具代表性配位化合物 Co(NH$_3$)$_6$$^{2+/3+}$。

早期配位化合物中很少有以碳原子來鍵結的配位基。目前則有一種熱門的單牙配位基**氮異環碳醯** (N-Heterocyclic Carbene, NHC) 是少數以碳原子來鍵結的配位基。**碳醯** (Carbene) 一直被視為是不穩定化合物，這個類型的氮異環碳醯配位基 (NHC) 直到 1991 年才由 Arduengo 成功地分離並以 **X-光單晶繞射法**鑑定之（**圖 4-2**）。

$$+ \text{Na} \longrightarrow \qquad + H_2 + \text{NaCl}$$

圖 4-2 由 Arduengo 成功地合成的氮異環碳醯 (N-Heterocyclic Carbene, NHC)。

氮異環碳醯可以提供一對電子，和過渡金屬採取配位共價鍵方式鍵結，所形成的**碳烯金屬錯合物**為穩定的鍵結結構（**圖 4-3**）。在此錯合物結構上兩個氮上的取代基往接近金屬方向靠近，和一般的**磷基** (PR$_3$) 或**胺基** (NR$_3$) 上其取代基往遠離金屬方向有所不同。可以藉由改變 R 基的種類來影響**立體障礙**效應 (Steric Effect)。

$$+ \text{ML}_n \longrightarrow$$

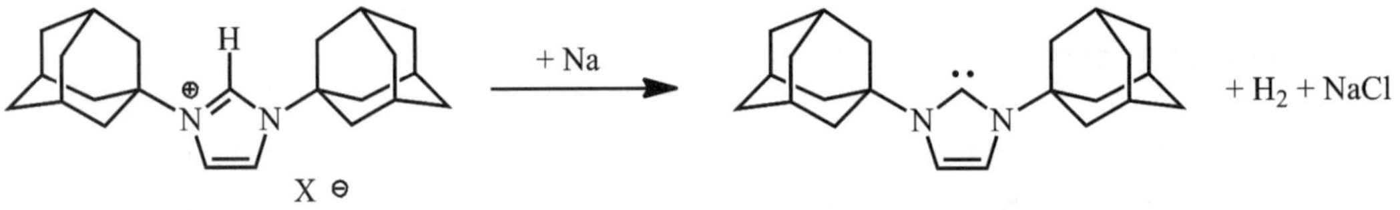

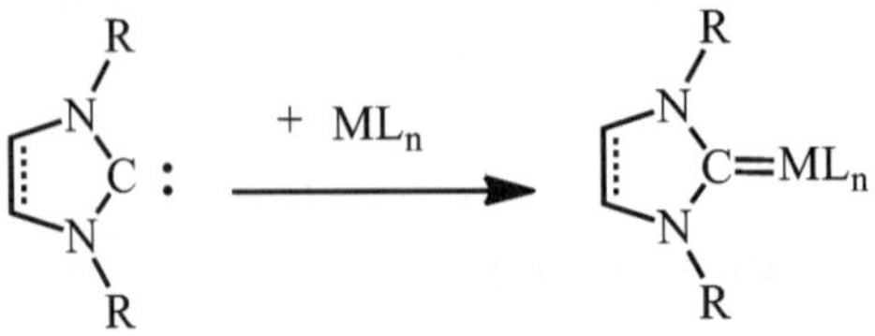

圖 4-3 氮異環碳醯 (NHC) 配位的金屬錯化合物。

三取代磷基（PR₃: R= 烷基或苯基）在**有機金屬化合物**中常當配位基來使用，而在**配位化合物**中比較不常見，這可以利用**皮爾森 (Pearson)** 的**硬軟酸鹼理論** (Hard and Soft Acids and Bases, HSAB) 來解釋。然而，有些配位化合物仍可能使用三取代**磷基**來當配位基參與鍵結。它是帶兩個電子的配位基，因此常以此取代 NH₃ 在**配位化合物**中的角色。三取代**磷基**會因磷上接不同烷基當取代基造成在空間所佔的大小不同而影響其配位能力。Tolman 曾定義了所謂的**錐角** (Cone Angle(Θ)) 的概念，來說明此類配位基在所造成空間大小的影響。根據 Tolman 對三烷基磷**錐角**的定義是指當磷基鍵結 Ni 金屬上且鍵距為 2.28 Å 時，將磷基旋轉 360º 所涵蓋形成的角錐，稱為**錐角**。

三烷基磷在以**威金森催化劑** (Wilkinson's Catalyst, RhCl(PPh₃)₃) 催化的**氫化反應**（將烯類化合物加氫催化成烷類）中扮演相當重要的角色。雙牙**磷基**也可以被修飾成具有**光學活性** (Optical Active) 的雙牙基，進行**不對稱合成** (Asymmetry Synthesis)。

雖然三取代**磷基**（PR₃: R= 烷基或苯基）被廣泛地應用在參與和金屬離子的鍵結上，但由於磷化物容易受氧氣或水氣的作用而氧化，失去配位能力，因此有些化學家提議以**二級氧化磷基** (Secondary Phosphine Oxide, SPO, R₂P(H)(=O)) 來代替一般的磷化物（PR₃: R= 烷基或苯基）。二級氧化磷基克服了一般磷化物對空氣或水氣敏感問題，並且可以長時間穩定保存，因此逐漸受到重視。在一般環境下二級氧化磷基是穩定存在的化合物。它可在溶液中進行**分子內互變異構化** (tautomerization)，使磷從原本的五價轉換成三價，進而形成**磷酸** (Phosphinous Acid, PA) 的構型（**圖 4-4**），此時磷酸的磷上會裸露出一對孤對電子，可配位於金屬錯合物上。因此，SPO 在催化反應中可以被當作含磷配位基的前驅物使用（**圖 4-4**）。

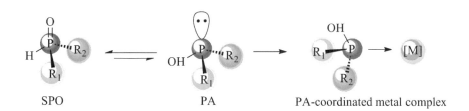

SPO　　　　　PA　　　　PA-coordinated metal complex

圖 4-4　二級氧化磷基的互變異構化及和金屬鍵結的模式。

 4.4 多牙配位基 (Multiple-dentate ligand)

除了上述提到以單牙方式鍵結到金屬的磷基外，也有各式各樣的雙（多）牙基常被應用於和金屬的鍵結上。比較有名的**雙牙氨基**是 ethylenediamine (en) 及**雙牙磷基**是 1,2-Bis(diphenylphosphino)ethane (dppe)，雙牙基咬合金屬的夾角稱為**咬合角** (Bite Angle, Θ)（**圖 4-5**）。

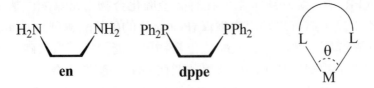

圖 4-5 著名的雙牙氨基 (en) 及雙牙磷基 (dppe) 及雙牙基咬合金屬的咬合角 (Θ)。

一個有趣的可提供 6 個電子（每個 pyrazoyl 上的氮提供 2 個電子）的**配位基**是 tris(pyrazoyl)borate。它是一個帶負電的三牙配位基，在一般的情形下和金屬鍵結合比苯環（可提供 6 個電子）和金屬鍵結更強（**圖 4-6**）。這類型的配位基也被稱為**蠍子形** (Scorpionates) **配位基**。

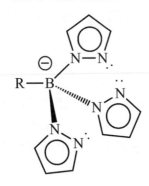

圖 4-6 三牙配位基 tris(pyrazoyl)borate 提供 6 個電子和金屬鍵結。

雙（多）牙基和金屬鍵結後使錯合物比單牙基和金屬鍵結時更為穩定，稱之為**多牙基效應** (Chelate Effect)。從**熱力學**的觀點上來看，此效應的主因為**亂度因素** (Entropy Effect, S) 而非**能量因素** (Enthalpy Effect, ΔH)。雙（多）牙基和金屬鍵結後反應的**亂度**增加，造成**平衡常數**變大。除了上述原因外，另一個因素為**統計上的效應** (Statistic Effect)。即在反應中如果單牙基和金屬產生斷鍵，在溶液中再鍵結回來的機會可能不大。反之，多牙基上即使有一個牙基和金屬產生斷鍵，尚有其他牙基鍵結在金屬上；因此，暫時斷開的牙基再次回頭來鍵結的機會相對比較大。有些雙牙磷基被修飾成具有**光學活性** (Optical Active) 的雙牙基。在**不對稱合成**中，被具有光學活性雙牙基修飾過後的**威金森**形態催化劑，可以影響**不對稱氫化反應** (Asymmetric Hydrogenation) 產物的結果，使催化後的生成物具有掌性 (Chirality)。

除了**同核**的雙（多）牙基外，也有各式各樣的**異核雙**（多）牙基常被使用於和金屬的鍵結上（**圖 4-7**）。

圖 **4-7** 異核雙（多）牙基。

當雙（多）牙基和金屬鍵結時，形成五環比六環比穩定（**圖 4-8**）。在有機分子中，因為碳為主架構的關係，形成六環其內部張力比形成五環要小，因此六環比五環穩定。而含金屬的環，因金屬的 d（或 f）軌域鍵結角度要求不同於碳，形成五環反而比形成六環要穩定。

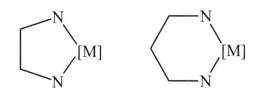

圖 **4-8** 五環和六環金屬環化物 (Metallacycles)。

 4.5 合環多牙配位基 (Cyclized multiple-dentate ligand)

環狀多牙基又稱**大環多牙基** (Macrocyclic Ligand)。以環狀多牙基和金屬離子形成的錯合物非常穩定，稱為**大環效應** (Macrocyclic Effect)，為**多牙基效應** (Chelate Effect) 的一種（**圖 4-9**）。

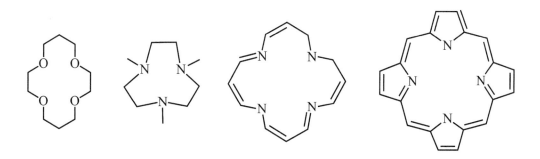

圖 **4-9** 幾種環狀多牙基。

4.6 雙向配位基 (Ambi-dentate ligand)

雙向配位基 (Ambi-dentate ligand) 是指配位基的兩個端點原子位置都有可能個別參與和不同金屬離子的鍵結。最有名的是**普魯士藍** (Prussian blue) 和**膝氏藍** (Turnbull's blue) 的例子。它們的分子式 $Fe_4[Fe(CN)_6]_3$ 都相同。然而，它們的顏色不同。在普魯士藍中 CN^- 以 C 端接 Fe(II)；在膝氏藍中 CN^- 以 N 端接 Fe(II)。雙向配位基另外一個有名的例子是 SCN^-。在 $[Pt(SCN)_2(NH_3)_2]$ 和 $[Pt(SCN)_2(PR_3)_2]$ 的例子，SCN^- 可能以 S 或 N 端接 Pt(II)，根據**皮爾森** (Pearson) 提出的**硬軟酸鹼理論** (Hard and Soft Acids and Bases, HSAB)，不同的鍵結方面形成穩定度不同的異構物（**圖 4-10**）。

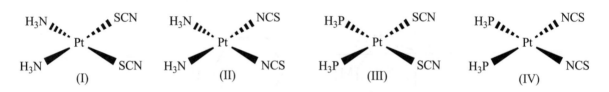

圖 4-10 雙向配位基 SCN^- 與金屬 Pt(II) 離子的鍵結形成穩定度不同的異構物。

 4.7 自然界大型配位化合物葉綠素與血紅素

自然界最有名的環狀螯合基是動物和植物的**血紅素**及**葉綠素**內的**卟啉** (porphyrin)，為一環狀四牙基（**圖 4-11**）。前者以四牙夾住二價**鐵**；後者夾住二價**鎂**。這樣的鍵結形成穩定度很高的化合物稱為**大環效應** (Macrocyclic Effect)，可視為**多牙基效應** (Chelate Effect) 的加強版。想像一下，如果血紅素及葉綠素的鍵結不是如此穩定的話，那會是怎樣的狀況？

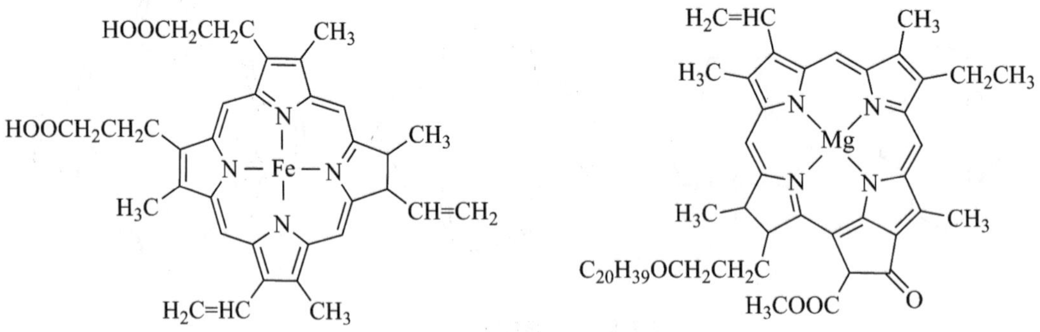

圖 4-11 血紅素及葉綠素的簡化主結構。

4.8 生物配位化合物和生物無機化學
(Bio-coordination compounds & Bio-Inorganic Chemistry)

　　生命現象是自然界利用化學原理到極致令人讚嘆的例子。化學家發現執行生物重要功能的一些化合物的核心是配位化學，如**血紅蛋白**和**葉綠素**的核心就是典型的配位化合物。近年來興起的**仿生化學** (Biomimetic Chemistry) 即在模擬生物體內的分子結構及其內的化學變化，再將這些生命現象的化學變化改造成適合人類社會現實環境可利用的化學反應形式。

 ## 4.9 分子孔洞材料 (Metal-Organic Framework, MOFs)

　　近來很熱門的無機配位化學的應用是利用**雙頭**或**多頭配位基** (Ambi-or Multi-dentate ligand) 來進行分子**自組裝** (Self-assembly processes)。這是將適當選擇過的**雙頭**或**多頭配位基**和特定金屬進行配位，聚合成有用的**分子孔洞材料** (Metal-Organic Framework, MOFs)（**圖 4-12**）。

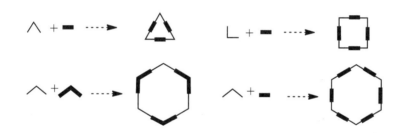

圖 4-12　由雙向配位基和金屬藉由自組裝反應方式形成多角狀。

　　下面舉實際例子說明分子**自組裝** (Self-assembly processes) 的結果（**圖 4-13**）。這裡將**雙向配位基** 4,4'-bipyridine 和特定金屬離子（Co^{2+}, Ni^{2+}, Cd^{2+}, 或 Pd^{2+}）進行自組裝聚合成立方柱形的**分子孔洞材料**。從 3D 結構可看出這些孔洞可讓某些分子進入，且有機會在孔洞內進行化學反應。孔洞材料也可以充當吸附某些特定體積大小分子的功能。

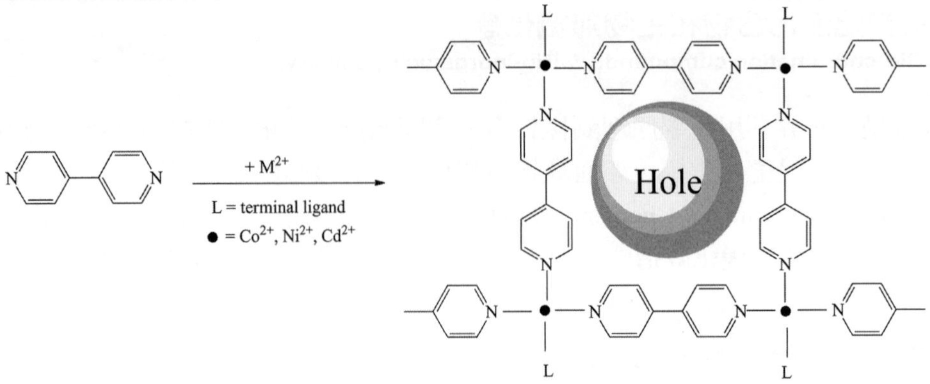

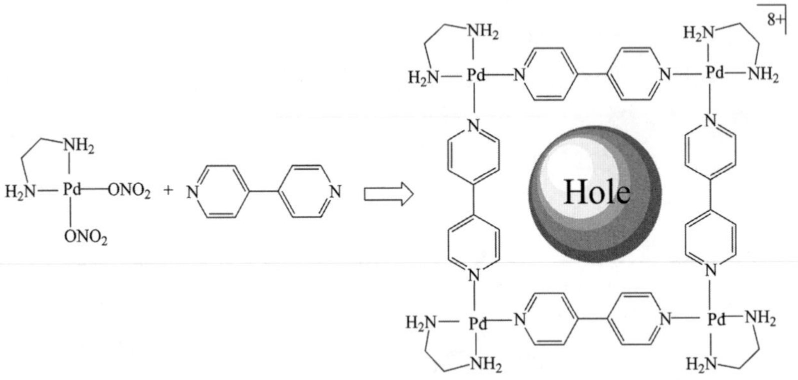

圖 4-13 雙向配位基 4,4'-bipyridine 和 (a) Co²⁺, Ni²⁺, Cd²⁺；(b) Pd²⁺ 進行自組裝聚合成立方柱形的分子孔洞材料。

🔋 充電站

S4.1 牙基 (Chelates)

單牙基或**多牙基** (mono- or multi-dentate ligand) 的牙 (dentate) 原是指螃蟹的螯。因此，有時候多牙基又稱為**螯合基**。最簡單的**雙牙基**是 ethanlenediamine (en)，可以和許多金屬離子配位。多牙基配位形成的錯合物非常穩定，稱為**多牙基效應** (Chelate Effect)。多牙基效應主要是亂度因素造成的。

自然界中有些植物會利用**螯合基**來抓取土壤中它們生長所需要的金屬離子。在實驗室，化學家利用**螯合基**配位金屬離子，製造有用的催化劑。在工業界，工程師利用**螯合基**抓取排放廢水中的重金屬離子，並使之沉澱，以進行廢水的淨化處理。

另一個很著名的螯合基是**乙二胺四乙酸** (Ethylenediaminetetraacetic acid, EDTA)。EDTA 可當六牙基來使用，圍繞中央的金屬陽離子形成**正八面體**結構。EDTA 可抓取體內多餘的有害重金屬（如鉛離子）形成穩定錯合物，然後藉著排尿將多餘的鉛從體內排出。當人體內受到重金屬毒害時，醫生也是注射類似 EDTA 的試劑，來抓取體內多餘的有害重金屬。EDTA 也可和銅離子形成穩定錯合物，工程師利用這個特性來清除一些青銅雕塑上日積月累的硫酸銅化合物 $CuSO_4 \cdot 3Cu(OH)_2(s)$。一個有名的例子是 1980 年代**紐約勝利女神**銅像上銅綠的清除工作，主要就是使用 EDTA 來除掉銅綠，使之煥然一新。

$$CuSO_4 \cdot 3Cu(OH)_2(s) + 4\ EDTA^{4-} \longrightarrow 4\ Cu(EDTA)^{2-}(ag) + SO_4^{2-}(aq) + 6\ OH^-(aq)$$

S4.2 雙向配位基 (Ambi-dentate Ligand) 和雙牙基 (Bi-dentate Ligand)

最簡單有名的**雙向配位基** (Ambi-dentate ligand) 是 CN^-，它的兩個端點原子位置（C 和 N）都有可能參與和個別金屬離子的鍵結。鍵結方位不同，產生的結果也不同，如在**普魯士藍** (Prussian blue) 和**滕氏藍** (Turnbull's blue) 的例子。

有些**雙向配位基** (Ambi-dentate ligand) 的設計是在它的兩個端點原子之間再加上一些基團，拉長配位基的長度。如下圖示，此雙向配位基的兩個端點原子位置都可參與和個別金屬離子的鍵結（**圖 S4-1**）。

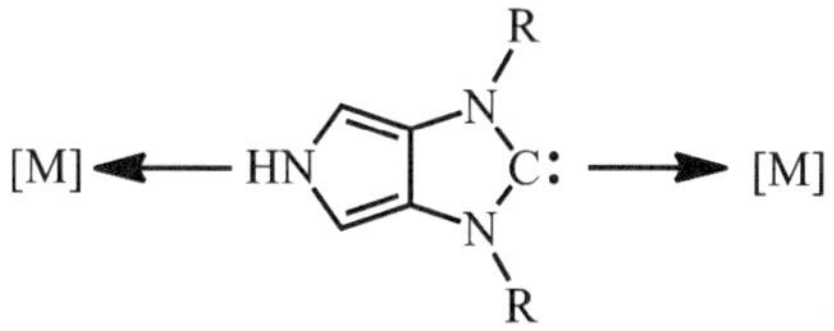

圖 S4-1　拉長的雙向配位基。

最有名的**雙牙基** (Bi-dentate Ligand) 是**乙二氨** (ethylenediamine, en)。它的兩個端點原子位置 (N) 都和同一個金屬離子鍵結（**圖 S4-2**）。

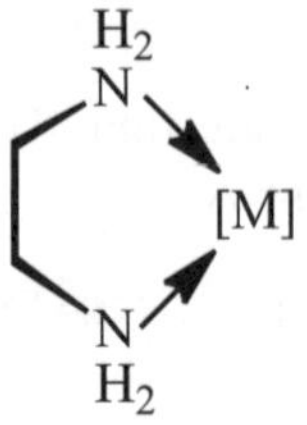

圖 S4-2 乙二氨 (ethylenediamine, en) 當雙牙基。

近來有些配位基的設計混合以上這兩種配位基的概念，它同時是雙向配位基和雙牙基。如下圖，此配位基的兩頭個別都是雙牙基且為不同種類牙基的雙向配位基（**圖 S4-3**）。

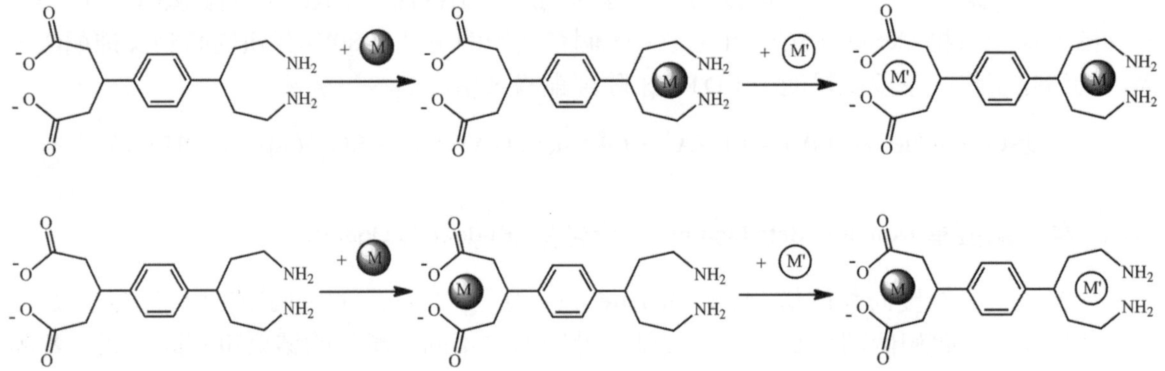

圖 S4-3 同時是雙向配位基和雙牙基的新形態配位基設計。

S4.3 生命系統中的重要配位化合物

在許多動物和植物的維持生命的系統中，配位化合物扮演著重要角色。它們在做為存儲和運輸氧氣或二氧化碳及電子傳輸上非常重要。**血紅蛋白**可能是被研究最多的蛋白質，它在人體的新陳代謝過程中作為氧氣或二氧化碳的載體（**圖 S4-4**）。

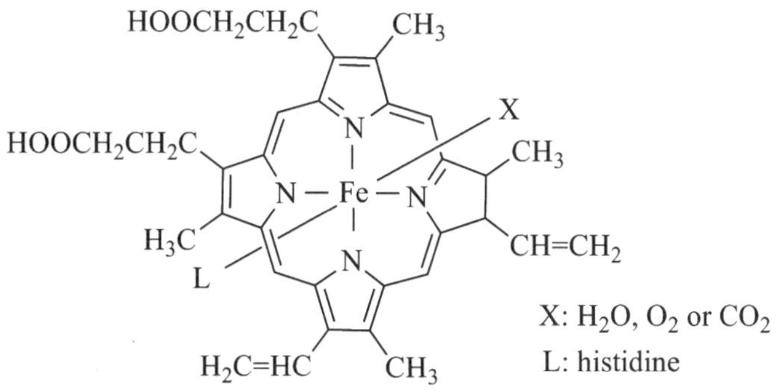

$$\text{(血紅蛋白結構圖)}$$

X: H_2O, O_2 or CO_2
L: histidine

圖 S4-4　簡化的血紅蛋白做為氧氣或二氧化碳的載體。

　　血紅蛋白中卟啉分子以四個吡咯環上的氮原子與 Fe(II) 中心配位，形成血紅蛋白結構的重要組成部分。另外，有第五配位由 imidazole 側鏈上的氮原子從卟啉分子平面的下方與 Fe(II) 配位結合，第六個配位基是一個水分子，如此完成類似正八面體結構。這種血紅蛋白分子稱為 deoxyhemoglobin，導致靜脈顯示藍藍的色調。水分子配位基隨時可被氧分子取代，形成動脈血液的紅色。當水分子配位基被一氧化碳分子取代導致中毒時，血液也會呈現不同顏色，這些顏色改變顯然是配位場強度不同造成的結果。**葉綠素**分子是植物**光合作用**的必要條件，核心結構很像血紅蛋白分子，但在中心金屬離子是 Mg(II) 而不是 Fe(II)，環的構造也有些微差異。

S4.4　冠醚 (Crown Ether)

　　冠醚是環狀醚類。從某個角度來看，冠醚的外形因為類似王冠而得名。冠醚可視為環狀多牙基的一種。多牙基比單牙基和金屬鍵結時**平衡常數**大很多。因此，冠醚可以和金屬形成穩定的錯合物（**圖 S4-5**）。

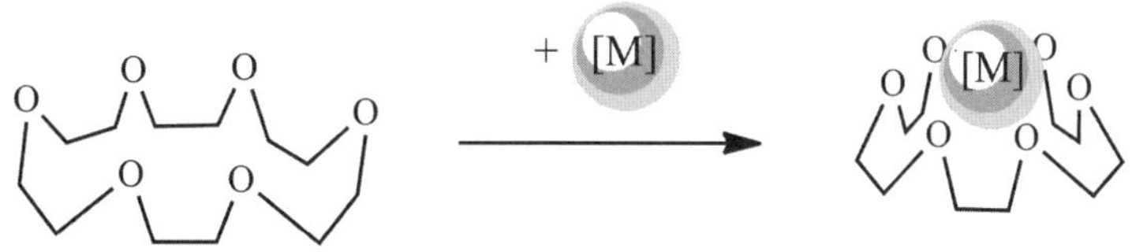

$$\text{(冠醚配位金屬反應圖)} \quad + \quad [M] \quad \longrightarrow \quad$$

圖 S4-5　冠醚配位金屬形成穩定錯合物。

　　有些冠醚的衍生物被設計成可以是含多條有機鏈的組合，當和金屬鍵結時平衡常數更大。因此，有些多鏈冠醚被利用來做為清除工業廢水中的重金屬之用（**圖 S4-6**）。

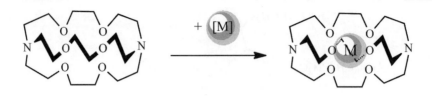

圖 S4-6 多條有機鏈冠醚配位金屬形成穩定錯合物。

當冠醚的有機鏈足夠長時，也有可能和多於一個以上的金屬形成穩定的錯合物（圖 S4-7）。

圖 S4-7 有機鏈足夠長的冠醚可能多個金屬形成穩定的錯合物。

有些離子化合物的陰離子基團很大，而陽離子為 Na^+ 或 K^+，大小相差懸殊，容易遇水分解。有時候化學家會利用冠醚先和 Na^+ 或 K^+ 先形成「大」的陽離子，再和「大」的陰離子基團形成穩定離子化合物，在養晶過程比較不容易被水解掉。

✐ 練習題

1.
說明配位基的主要功能。

Illustrate the major functions of ligand.

答：**配位基**有許多功能。配位基可影響化合物的**電子·效應**及**立體障礙效應** (Electronic & Steric Effect)、溶解度、中心金屬的氧化還原電位及**對邊效應** (Trans effect) 等等。適當地選擇配位基有時候可改變整個化合物的特性，並可能在催化反應中造成產物的**選擇性** (Selectivity) 及影響產物的構型 (Conformation)。有些結構少許差異的配位基竟能造成反應速率百萬倍的差別。參考本章 Indenyl Effect 相關題目。

2.
根據皮爾森 (Pearson) 的硬軟酸鹼理論 (Hard and Soft Acids and Bases, HSAB)，說明配位化合物的配位基通常為含 O–, N– 等原子的配位基；而非含 S–, P– 等原子的配位基的原因。

Answer the question why most of the coordination compounds are coordinated by O– or N– rather than S– or P–based ligands according to Pearson's "Hard Soft Acids and Bases (HSAB) theory".

答：根據**皮爾森** (G. Pearson) 的**硬軟酸鹼理論** (HSAB)，含 O–, N– 等原子的配位基為「硬鹼」；而含 S–, P– 等原子的配位基為「軟鹼」。配位化合物的金屬為「硬酸」，「硬酸 – 硬鹼」的鍵結比較強，所以配位化合物常見含 O–, N– 等原子的配位基。配位化學可視為「硬酸 – 硬鹼」的化學。

3.
說明配位基分為「強」或「弱」的主要原因。

Explain the reason that causes the ligands being called "strong" or "weak" ligands.

答：有效解釋**配位基**分為「強」或「弱」的主要原因除了使用 σ-**鍵結**的模型之外，一定要加上使用 π-**逆鍵結**模型。下圖為只使用 σ-鍵結的基本模式。並沒有辦法說明配位基的「強」或「弱」原因。

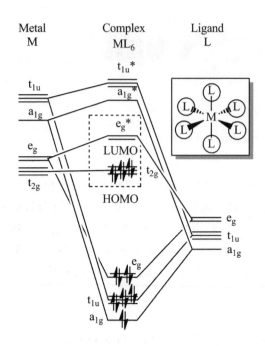

下圖為加入 π-逆鍵結模型。六個配位基的 π 形態軌域可以組合形成 12 個 LGO，包括 t_{1u}, t_{1g}, t_{2g}, t_{2u}。在上圖基本模式中，金屬的 t_{2g} 為 non-bonding 軌域。在加入 π-逆鍵結模式後，原本 non-bonding 軌域 (t_{2g}) 可以和 12 個 LGO 其中的一組 t_{2g} 軌域形成鍵結。如果配位基的 π 為填滿電子軌域，則 10 Dq 變小（下圖左）；如果配位基的 π 為空軌域，則 10 Dq 變大（下圖右）。因而可以區分出配位基的「強」或「弱」。

補充說明：六個配位基的 12 個 π 形態軌域組合形成 12 個 LGO（分為 t_{1u}, t_{1g}, t_{2g}, t_{2u}）的詳細說明請參閱第九章。

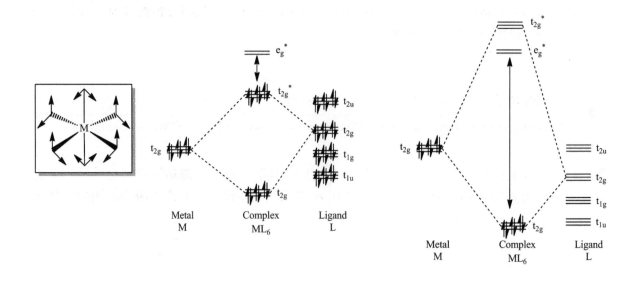

4. 請提供一些常見單牙及多牙配位基的例子。

Please provide some examples of mono- and multi-dentate ligands.

答：常見單牙配位基 (Mono-dentate ligand) 如：NH_3, H_2O, X^-, PR_3。

常見**雙牙配位基** (Bi-dentate ligand) 如：

$C_2O_4^{2-}$　　$H_2NCH_2CH_2NH_2$　　acac　　phen

常見**多牙配位基** (Poly-dentate ligand) 如：

terpy　　EDTA

5. 舉出一些常見提供二個電子的配位基的例子。

Please provide some examples of two electron donor ligands.

答：PR_3, NR_3, SR_2, THF, X^-, OAc^-, CO_3^{2-}, CN^-, SCN^-, CO, 烯基等等。

6. 說明磷基的主要功能。

Explain the major function of "phosphine ligands".

答：三烷基磷 (PR_3) 是常見且重要的**配位基**。它是帶兩個電子的配位基，因此常以此取代 CO 的角色。當磷上接不同烷基或苯基當取代基時，因為取代基推拉電子的效應而影**響磷基的電子效應**。也會因為三烷基磷在空間所佔的大小不同而影響其配位能力，也會因其形成的**立體障礙**進而影響其他配位基的穩定度。所以磷基不僅影響**立體障礙效應**也會影響**電子效應**。所以，三取代磷基是多功能的**配位基**。

7. 定義磷基錐角 (Cone Angle(Θ))。

Define "cone angle" of a trialkylphosphine.

答：根據 Tolman 最初對三烷基磷**錐角**的定義，是指當三烷基磷接到 Ni 金屬上且距離為 2.28 Å 時，將三烷基磷以 360º 旋轉所涵蓋的範圍，而構成的一個角錐稱為**錐角** (Cone Angle(Θ))。錐角在三個取代基相同時定義比較清楚，但若在三個取代基不完全相同時到底如何定義錐角呢？因為接到金屬上的磷基可以 [M]-P 鍵 360º 旋轉，所以應該仍是以最大取代基以 360º 旋轉所涵蓋的範圍估算。

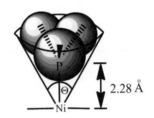

8. 解釋大錐角的磷基不僅影響「立體障礙效應」也影響「電子效應」。

Explain that large cone angle of a trialkylphosphine not only affects the "Steric Effect" but also the "Electronic Effect".

答：當磷基的**錐角**變大，到極端情形視為 sp^2 混成。此時磷基上在 p_z 軌域的電子雲上下分佈，其鹼性下降，加上配位基張開的因素，和其它配位基更形擁擠，磷基的配位能力大幅下降。在此看到，大錐角的磷基不僅影響**立體障礙效應**也影響其電子效應。

9. 為何有些含磷配位基其錐角的角度可以超過 180º？請提供一個例子。

How can a phosphine ligand having "cone angle" over 180º? Please provide an example for it.

答：有一個磷基的**錐角** (Cone Angle (Θ)) 大於 180º 的例子是 $P(C_6F_5)_3$。因為苯環上的 H 被 F 取代後整個取代基 $-C_6F_5$ 變成很大。將三苯基磷 $P(C_6F_5)_3$ 以 360º 旋轉所涵蓋的範圍超過 180°，嚴重擠壓其它配位基。所以，$P(C_6F_5)_3$ 不會是好的配位基。

三烷基或苯基取代磷基 (PR_3) 被廣泛地應用與金屬離子的鍵結，當成提供二個電子的配位基。不過磷化物容易受氧氣或水氣的影響因而失去配位能力。因此，有些化學家建議使用二級氧化磷基 (Secondary Phosphine Oxide, SPO, $R_2P(H)(=O)$) 來代替一般的三取代磷基。請說明二級氧化磷基可以當配位基的原因。

10. Tri-alkyl or -aryl phosphines are commonly used in coordination towards transition metals as two electrons donor ligands. Yet, this type of ligands are vulnerable to air and moisture. Secondary Phosphine Oxides, SPOs, $R_2P(H)(=O)$) were proposed to be alternative to them. Provide the reason for Secondary Phosphine Oxide could be acted as a ligand.

答： 二級氧化磷基在一般環境下（空氣或水氣）是穩定的化合物。可進行分子內互變異構化 (tautomerization)，使中心磷原子從原本的五價轉換成三價，進而形成磷酸 (Phosphinous Acid, PA) 的構型，此時磷原子上會裸露出一對孤對電子，再配位於金屬錯合物上，因此 SPO 在催化反應中可被當作含磷配位基的前驅物使用。

兩種配位基 H^- 和 PPh_3 在光譜化學序列中都是屬於強場。PPh_3 有接受 π-逆鍵結 (π-backbonding) 機制，而 H^- 沒有接受 π-逆鍵結機制。依此推斷，接受 π-逆鍵結機制是強場所需具備的必要條件嗎？請說明兩個配位基在光譜化學序列中展現強場的軌域因素是什麼？

11.

Both H^- and PPh_3 are ligands of similar high field strength in the Spectrochemical series. The PPh_3 can act as π-acceptor; yet, H^- does not have this function. Is π-acceptor character a necessary requirement for ligand exhibits strong-field behavior? What factors might be accounted for the strength of each ligand?

答： PPh_3 配位基有 σ-鍵結 (σ-bonding) 及接受 π-逆鍵結 (π-backbonding) 機制，產生**強場**。H^- 沒有 π-逆鍵結機制，也產生強場。所以，π-逆鍵結機制不是強場所需具備的必要條件。應該是 H^- 配位基具有非常強的 σ-機制，即使在沒有 π-逆鍵結機制的存在下，一樣能產生強場。

通常配位基需至少一對孤對電子當配位來鍵結金屬形成配位化合物。說明氮異環碳醯 (N-Heterocyclic Carbene, NHC) 可以當成提供二個電子的配位基的原因。

12. Normally, it requires at least one pair of electrons to coordinate to a transition metal to form coordination compound. Explain that N-Heterocyclic Carbene (NHC) can act as an authentic two electrons donor ligand.

答： 氮異環碳醯 (N-Heterocyclic Carbene, NHC) 上的碳原子上有一對孤對電子可以用來和過渡金屬採取配位鍵結，所形成的**碳烯金屬錯化合物**為穩定的鍵結。而在沒有金屬存在下，碳醯可以自己結合形成烯類。

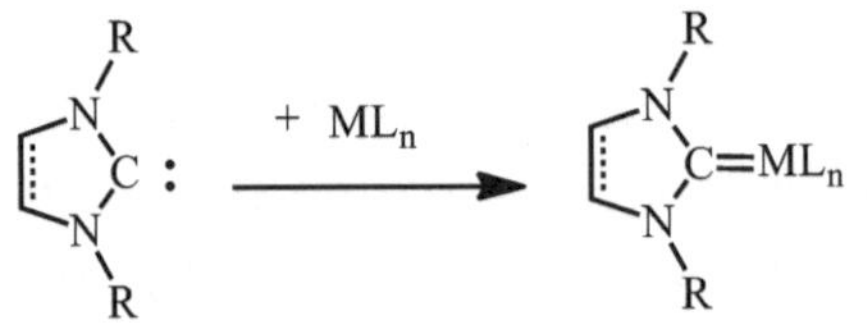

有名的 C_{60} 的結構可視為由幾個不飽和五角環和六角環組合而成。化學家發現 C_{60} 可以烯基配位方式和過渡金屬錯合物反應當成提供二個電子的配位基，說明之。

13. The structure of C_{60} can be regarded as assembled by several unsaturated five- and six-membered rings. It was found that C_{60} can be used as alkene ligand and provides two electrons to coordinate to some transition metal complexes. Explain.

答： C_{60} 的不飽和環上的雙鍵仍然具有不飽和烯基的配位能力，可以當成烯基配位到過渡金屬錯合物上，但其配位強度相較正常烯基要差些。右圖為鍵結部分放大圖。

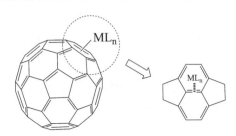

> 什麼是多牙基效應或螯合效應 (Chelate Effect)？其驅動力是甚麼？以亂度效應 (entropy effect) 和統計效應 (statistic effect) 來說明螯合效應。分別從動力學及熱力學的觀點來說明這效應對形成錯合物過程的影響。針對每一個觀點請提供一些例子。

14. What is "Chelate effect"? What is the driving force behind it? Explain the "Chelate effect" in terms of "entropy effect" and "statistic effect". What are those influences on the formation of complexes in terms of kinetics and thermodynamic. Give examples for each case.

答： 多牙配位基比單牙配位基對金屬鍵結形成更穩定化合物，稱為**螯合效應**或**多牙基效應** (Chelate Effect)。螯合效應的驅動力是反應最終系統**亂度** (ΔS) 增加。以下舉例說明。當 $Co(NH_3)_6^{2+}$ 上面的兩個單牙配位基 NH_3 被一個雙牙配位基 ethylenediamine (en) 取代時，最後總分子莫耳數增加，系統亂度 (ΔS) 增加，而系統**能量** (ΔH) 則差不多。熱力學的**平衡常數** (K) 和**自由能** (ΔG) 有關，$-nRT\ln K = \Delta G = \Delta H - T\Delta S$。當自由能 ($\Delta G$) 有利時，平衡常數 (K) 變大。**統計效應**的觀點是指當多牙配位基的其中一牙基離開對金屬的鍵結時，其它部分仍在鍵結狀態，離開鍵結的牙基很容易再鍵結回來。而單牙基離開對金屬的鍵結時，即掉入溶液中，鍵結回來機率相對比較小。所以多牙配位基和金屬的鍵結比較穩固。

$$Co(NH_3)_6^{2+} + en \longrightarrow Co(en)(NH_3)_4^{2+} + 2\ NH_3$$

螯合效應是**熱力學**的效應，指螯合反應的**平衡常數** (K) 變大。其實，螯合效應的**動力學**並不利。當多牙配位基要對金屬形成鍵結時，必須接近金屬。多牙配位基體積比較大，且旁邊有許多溶劑分子圍繞，接近金屬的速率相對比較單牙基慢，**速率常數** (k) 比較小。只是，接上去後平衡常數 (K) 很大很穩定。

> 舉出一些常見和金屬鍵結時提供多於二個電子的配位基的例子。

15. Please list some examples of ligands which donate more than two electrons in coordination towards metal.

答： DPPE（提供 4 個電子），EDTA（提供 12 個電子），Cp^-（當帶負電，視為提供 6 個電子）等等。

DPPE　　　　　　**EDTA**　　　　　　Cp^-

> 有名的鐵辛 (Ferrocene, $(\eta^5\text{-}C_5H_5)_2Fe)$) 的結構可視爲由二個帶負一價 Cp^- 的環配位到中心二價鐵離子而成的三明治化合物 (Sandwich Compound)，Cp^- 當帶負電，視爲提供 6 個電子的配位基。由此概念來合理化另一個金屬錯合物 $[(\eta^5\text{-}1,2\text{-}C_2B_9H_{11})_2Fe]^{2-}$ 的結構。兩者之間在結構及電荷上有何異同之處？

16. The structure of Ferrocene $((\eta^5\text{-}C_5H_5)_2Fe)$ can be regarded as Fe(II) being coordinated by two negative charged Cp^- rings, each donates six electrons, and formed a special type of sandwich compound. Using this concept to rationalize the bonding of $[(\eta^5\text{-}1,2\text{-}C_2B_9H_{11})_2Fe]^{2-}$. Point out the similarity and dissimilarity between these two compounds in terms of bonding mode and charge states of molecules.

答：配位基 $(\eta^5\text{-}1,2\text{-}C_2B_9H_{11})^{2-}$ 的結構類似一頂高帽，其開口爲五角環，此五角環開口類似 Cp^- 環的形狀。因此，$(\eta^5\text{-}1,2\text{-}C_2B_9H_{11})^{2-}$ 被視爲具有類似 Cp^- 環的鍵結能力，視爲提供 6 個電子的**配位基**，可以和 Fe(II) 形成類似 Ferrocene 結構的三明治化合物，差別在於 $(\eta^5\text{-}1,2\text{-}C_2B_9H_{11})^{2-}$ 爲負二價配位基，而 Cp^- 環爲負一價配位基。所以，$(\eta^5\text{-}C_5H_5)_2Fe$ 爲中性；而 $[(\eta^5\text{-}1,2\text{-}C_2B_9H_{11})_2Fe]^{2-}$ 爲負二價陰離子，其外圍可以適當個數的 Na^+ 或 K^+ 陽離子來平衡。

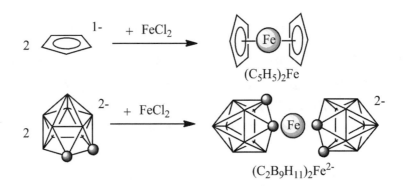

$(C_5H_5)_2Fe$

$(C_2B_9H_{11})_2Fe^{2-}$

> 舉出一些異核雙（多）牙基被使用於和金屬鍵結上的例子。

17. Please list some examples of metal complexes coordinated by hetero-bi(multi-)dentate ligands.

答：這裡提供一個異核雙（多）牙基被使用於和金屬 (Pd) 鍵結上的例子。此一個異核雙（多）牙基爲含 O,N,N– 的牙基，可當雙或三牙基使用，如剛開始和金屬 (Pd) 鍵結時視爲三牙基，而最後產物上 O,N,N– 牙基則只視爲雙牙基，其中一個牙基沒有使用到。

乙二胺 (en) 與 Co^{2+}, Ni^{2+}, and Cu^{2+} 的連續反應的平衡常數如下所示。(a) 解釋爲什麼每一個金屬離子其 $K_3 < K_2 < K_1$。(b) 解釋爲什麼平衡常數 K_1 和 K_2 在不同的金屬的順序是 $Co^{2+} < Ni^{2+} < Cu^{2+}$。(c) 如何解釋在 Cu^{2+} 的情形其 K_3 值極低的觀察現象？

[en: $H_2NCH_2CH_2NH_2$]

$[M(H_2O)_6]^{2+} + en \Leftrightarrow [M(en)(H_2O)_4]^{2+} + 2\ H_2O$ $\qquad K_1$

$[M(en)(H_2O)_4]^{2+} + en \Leftrightarrow [M(en)_2(H_2O)_2]^{2+} + 2\ H_2O$ $\qquad K_2$

$[M(en)_2(H_2O)_2]^{2+} + en \Leftrightarrow [M(en)_3]^{2+} + 2\ H_2O$ $\qquad K_3$

18.

Ion	log K₁	log K₂	log K₃
Co^{2+}	5.89	4.83	3.10
Ni^{2+}	7.52	6.28	4.26
Cu^{2+}	10.55	9.05	−1.0

The equilibrium constants for the successive reactions of ethylenediamine (en) with Co^{2+}, Ni^{2+}, and Cu^{2+} are as shown. {en: $H_2NCH_2CH_2NH_2$} (a) Explain the reason why equilibrium constants $K_3 < K_2 < K_1$ for each metal ion. (b) Explain the reason why the equilibrium constants K_1 and K_2 for different metals are in the order of $Co^{2+} < Ni^{2+} < Cu^{2+}$. (c) How to account for the very low value of K_3 for Cu^{2+}?

答：(a) 基本上 NH_3 是比 H_2O 強的配位基，更何況 en 是 chelate ligand。所以，**平衡常數**一定大於 1。爲什麼 $K_3 < K_2 < K_1$？一方面，因爲每接一個 en 上去金屬，立體障礙越大，再接上 en 越不容易。另一方面，NH_3 比 H_2O 提供更多電子密度抵消金屬電荷，使金屬和配位基的鍵結越不強。(b) 平衡常數的順序對金屬是 $Co^{2+} < Ni^{2+} < Cu^{2+}$。因爲有效荷電荷越往右越大，和配位基的鍵結越來越強。(c) 如何解釋在 Cu^{2+} 的情形 K_3 值極低？Cu^{2+} 上爲 d^9 電子，本該進行**楊-泰勒變形** (Jahn-Teller distortion) 有利於能量降低，但當第三個 en 螯合基加入形成 $[Cu(en)_3]^{2+}$ 時，傾向形成變形的正八面體構型，使原本該進行楊-泰勒變形受到壓抑，不利於形成，因此 K_3 值比預期小很多。

在 $Cu(H_2O)_6^{2+}$ 的配位基 H_2O 可以被 NH_3 一個一個取代。解釋在第六次取代時出現異常小的平衡常數 K_6。

19. The waters as coordinated ligands in $Cu(H_2O)_6^{2+}$ can be replaced by ammonia molecules one by one. Provide a reason to account for the unusual small exchange equilibrium constant K_6.

答：$Cu(H_2O)_6^{2+} + nNH_3 \rightarrow Cu(H_2O)_{6-n}(NH_3)_n^{2+} + nH_2O$ K_n

因為是 NH_3 比 H_2O 強的配位基。剛開始，每次取代形成穩定錯合物，直到第五次取代時生成 $Cu(H_2O)(NH_3)_5^{2+}$。因 $Cu^{2+}(d^9)$ 有 d 電子在軸線上，有楊-泰勒變形 (Jahn-Teller distortion) 發生，希望藉著降低分子對稱，得到額外穩定能量。當第六次取代傾向生成正八面體構型的強場 $Cu(NH_3)_6^{2+}$ 時，楊-泰勒變形不易發生，無法得到額外穩定能量。此時 K_6 的**平衡常數**異常小。參考上題。

乙二胺四乙酸 (EDTA) 是一種多牙配位基。說明以 EDTA 當多牙配位基使用來和金屬鍵結的情形。(a) 繪出 EDTA 的結構。(b) 繪出 EDTA 與過渡金屬離子的螯合模式。(c) 螯合模式中有兩種 M-O 化學鍵。哪種化學鍵比較長？

20.

EDTA is a multiple-dentate ligand. (a) Draw out its structure. (b) Draw out its chelating pattern with transition metal ion. (c) There are two kinds of M-O bonds. Which one is longer?

答：(a) EDTA 的結構如下。(b) EDTA 與過渡金屬離子 Co^{3+} 的螯合模式如下。(c) 螯合模式中有兩種 M-O 化學鍵：一種是 O-Co-N；另外一種是 O-Co-O。Co-N 鍵比 Co-O 鍵強，相對面的鍵則弱。

EDTA

21.

Tris(pyrazoyl)borate 是一個有趣的三牙配位基，可提供 6 個電子和金屬鍵結。說明 tris(pyrazoyl)borate 當配位基的情形。

Tris(pyrazoyl)borate might play as a six-electrons donor ligand towards the coordination of transition metals. Explain it.

答：Tris(pyrazoyl)borate 是一個帶負電的三牙**配位基**，每個 pyrazoyl 上有可提供 2 個電子的 氮原子，共可提供 6 個電子和金屬鍵結，因為是帶負電的三牙配位基，在一般的情形 下比同樣提供 6 個電子的苯環（可提供 6 個 π 電子）在和金屬鍵結時更強。

22.

有一個化合物 $Os(Cl_2)(NSe)(L)$ $(L: HB(pz)_3^-)$，其 Os-N 的鍵長如下所示。請說明三 個 Os-N 鍵長不同的原因。

The structure of $Os(Cl_2)(NSe)(L)$ $(L: HB(pz)_3^-)$ is shown. In this structure, there are three different Os-N bond lengths. Explain. (*J. Am. Chem. Soc.*, **1988**, *120*, 6607.)

答：明顯地，鍵長不同的原因是因為其相對應 *trans* 位置的配位基產生了**對邊效應 (***Trans effect***)** 的結果。配位基 NSe⁻ 能產生的對邊效應比 Cl⁻ 大，使 NSe⁻ 配位基對邊的 Os-N 鍵變較長 (210.1 pm)。同時，imidazole 配位基也產生對邊效應，使 NSe⁻ 配位基比原先 未配位前的三鍵頻率變較弱。其他兩個 Os-N 鍵相差很小，因為其相對應 *trans* 位置的 配位基都是相同的 Cl⁻。

23.
Tris(2-(pyridin-2-yl)ethyl)amine 是一個特別的四牙配位基，可提供 8 個電子和金屬鍵結。說明 tris(2-(pyridin-2-yl)ethyl)amine 當四牙配位基的情形。

Tris(2-(pyridin-2-yl)ethyl)amine might play as a tetra-dentate ligand and provide eight-electrons towards the coordination of transition metal. Explain it.

答：Tris(2-(pyridin-2-yl)ethyl)amine 是一個中性的四牙配位基，每個 pyridyl 上的氮原子可提供 2 個電子，包括獨立的氮原子可提供 2 個電子，共可提供 8 個電子和金屬鍵結。在下面這個例子中 tris(2-(pyridin-2-yl)ethyl)amine 當四牙配位基，佔據五配位雙三角錐形中的四個配位位置。

24.
有些雙向多牙基可被使用於和同核或異核金屬鍵結。試舉出一些例子。

Please list one example of metal complex coordinated by hetero-bi(multi-)dentate ligand.

答：這裡提供一個雙向多牙基的例子。此一個雙向多牙基一邊含氨基；另一邊含醋酸基，個別被使用於和不同的金屬鍵結。

25.
說明合環多牙配位基比開環多牙配位基和金屬鍵結更穩定。

Explain the bonding of a closed ring poly-dentate ligand with metal is more stable than that of an open ring poly-dentate ligand towards metal.

答：當要打斷合環多牙配位基和金屬的鍵時，環的結構扭曲會很大，能量需求高。而要打斷開環多牙配位基和金屬的鍵時，可以從開環處著手，對環的結構扭曲影響不大，能量需求較低。因此，合環比開環多牙配位基和金屬鍵結較為穩定。

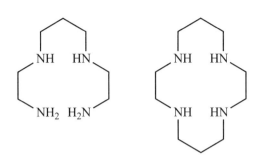

26. 什麼是大環效應 (Macrocyclic Effect)？

Explain the "Macrocyclic Effect".

答：多牙基比單牙基和金屬鍵結時**平衡常數**大很多，稱為**多牙基效應** (Chelate Effec)。**環狀配位基**比**非環狀配位基**和金屬可以形成更穩定的錯合物，稱為**大環效應** (Macrocyclic Effect)。

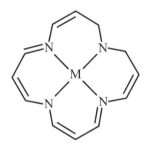

27. 說明多鏈狀合環多牙配位基和金屬鍵結的情形。

Explain the bonding of a closed multiple string poly-dentate ligand with metal.

答：當類似冠醚的多鏈狀**合環多牙配位基**和金屬鍵結的時候，可想像兩邊的氮原子往內擠壓，讓鏈撐開，其中的空間足以讓金屬進入，當兩邊的氮原子再往外拉，可使鏈拉緊，形成穩定鍵結，金屬即被包覆在冠醚的裡面。

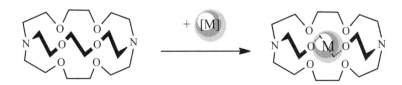

28. 請舉出一個多牙配位基可以和多個金屬鍵結的例子。

Provide an example for a polydentate ligand which could coordinate towards more than one metals.

答: 以下為多鏈狀多牙**配位基**可以和多個金屬鍵結的例子。三個銀離子被捕捉在此多鏈狀多牙配位基所形成的空間裡。

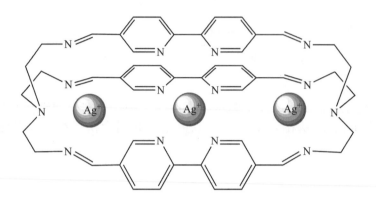

29. 舉出一些自然界中合環多牙配位基的例子。

List some examples of closed ring poly-dentate ligands in nature.

答: 卟啉是自然界**合環多牙配位基**的例子，可以和鎂及鐵鍵形成**葉綠素**與**血紅素**的核心架構。

30. 葉綠素與血紅素的主架構都是多牙基配位在金屬上。其功能為何？

The main frameworks of Chlorophyll and Hemoglobin are metals chelated by a macrocyclic ring. Explain the function of these two compounds.

答: **葉綠素**與**血紅素**的主架構都是**多牙基** (Porphine) 配位在金屬上。多牙基的鍵結使錯合物非常穩定。葉綠素行光合作用，血紅素執行吸附氧氣及二氧化碳的作用，都是生命現象中不可或缺的功能。所以，這些分子必須特別穩定。

31. 配位化合物在生物中的重要性不能低估。舉出一些有名例子。

The importance of coordination complexes in biology cannot be overlooked. Illustrate it.

答：**葉綠素**是很重要的生物分子，參與光合作用的主要色素，它存在植物細胞內的葉綠體中。葉綠素反射綠光並吸收紅光和藍光，使植物呈現綠色。葉綠素中心是 Porphine 螯合 Mg^{2+} 離子。**血紅素**中心是 Porphine 螯合 Fe^{2+} 離子，是很重要的生物分子，血紅素在肺部與氧結合後經過血液的流動把氧搬運到身體各部份組織。血紅素中心是由四個稱爲 heme 的單位組成。在 heme 的上下各接一 protein 及 O_2 或 H_2O。O_2 形成比 H_2O 爲強的場，使 $Fe^{2+}(d^6)$ 逆磁性，吸收短波長，紅色。H_2O 爲比較弱的場，使 $Fe^{2+}(d^6)$ 順磁性，吸收長波長，帶藍色。

---

32. 說明生物中的重要的化合物往往以合環多牙配位基來配位。

Some of the import biological active molecules are coordination complexes which are consisted of metals coordinated by macrocyclic rings. Explain.

答：**合環狀多牙基**又稱**大環多牙基** (Macrocyclic Ligand)。以合環狀多牙基和金屬離子形成的錯合物非常穩定，稱爲**大環效應** (Macrocyclic Effect)。化學家發現執行生物重要功能的一些化合物的核心是以**合環多牙配位基**來配位所形成非常穩定的化合物。這是非常重要的特性，因爲生物體內的酸鹼值常常變化，這些分子必須能足夠穩定，來承受這些改變。

---

33. 人體爲何會有一氧化碳中毒現象？

Why is carbon monoxide poisonous to human body?

答：**一氧化碳**會和血液中**血紅素**中心的 Fe^{2+} 離子形成強烈鍵結（比氧氣大 500 倍），造成血液嚴重缺氧，形成中毒現象。一氧化碳初期中毒現象不明顯，所以容易造成中毒而不自知。

---

34. 爲何氰化物對人體有很大的危害？

Why is cyanide harmful to human body?

答：**氰化物**如同一氧化碳一樣會和血液中**血紅素**中心的 Fe^{2+} 離子形成強烈鍵結，造成血液缺氧，形成中毒現象。另外，氰化物也會攻擊神經系統，對人體有很大的危害。

---

35. 請說明爲何人工血液的製造及研究困難重重。

Explain the reason why the making and study of artificial blood is difficult.

答： **血紅蛋白**中心是由四個稱為 heme 即**血紅素**的單位組成。在 heme 的中心是大型配位化合物，旁邊聯結為大分子量的蛋白質。人工血液的研究困難重重的原因主要在於外圍聯結的大分子量的蛋白質很難合成，而不是血紅素中心的配位結構的部份。這些外圍聯結的大分子量的蛋白質對血紅素中心對氧氣鍵結有很大的影響，和 heme 互相密切配合才能執行應有的功能。

---

36. 生物酵素也是大形配位化合物，為何以人工複製生物酵素的研究困難重重？

Enzymes can be regarded as one category of big coordination complexes. Explain the reason why the study of artificial enzymes is difficult.

答： 一般生物酵素的中心是大形配位化合物，旁邊聯結大分子量的蛋白質。人工複製生物酵素困難重重的原因，主要在於外圍聯結的大分子量的蛋白質很難合成並形成正確構型且接到正確位置，生物酵素中心的配位結構，反而是相對容易合成的部份。

---

37. 請界定 "Trans Effect" 和 "Trans Influence" 的差別。

Please differentiate between "Trans Effect" and "Trans Influence".

答： 首先，區分 "Trans Effect" 是**動力學**效應；而 "Trans Influence" 是**熱力學**效應。當一個配位基和中心金屬有強的鍵結時，會導致其 Trans 位置配位基和中心金屬鍵結變弱，使反應物變不穩定，其結果可視為活化能減少，引起反應速率變快，是為 "Trans Influence"，是熱力學效應。而在 Trans 位置配位基使活化複體穩定（例如藉著 π-逆鍵結方式移走過量堆積的電荷密度），導致反應活化能下降，反應速率變快，是為 "Trans Effect"，是動力學效應。

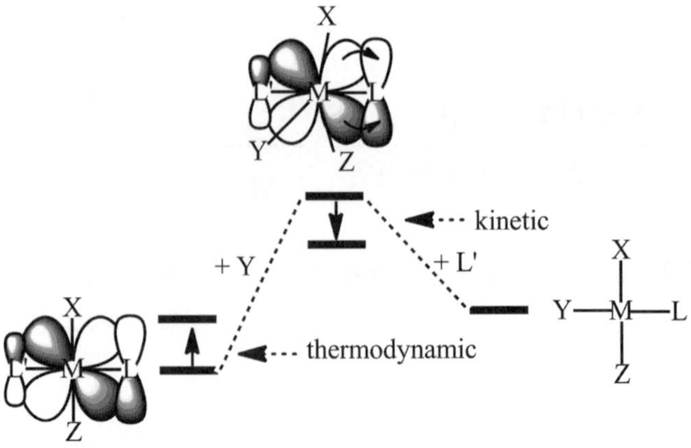

38.

一個平面大環配位基有四個配位原子，與 Ni(II) 金屬鍵結，而過氯酸鹽 (ClO_4^-) 以上下弱配位方式銜接，形成一個紅色低電子自旋且逆磁性的配位化合物。當過氯酸根 (ClO_4^-) 被硫氰酸根離子 (SCN^-) 取代，形成一個紫羅蘭色和高電子自旋且有兩個未配對的電子。請解釋在結構方面的變化。

A Ni(II) complex is chelated by a planar macrocyclic ligand with four donor atoms. There are two weakly coordinating perchlorate ions above and below the plane. This rearrangement is resulted in a red diamagnetic low-spin d^8 complex of Ni(II). The color of this complex changes to violet while two perchlorate ions were replaced by two thiocyanate ions, SCN^-. The new Ni(II) complex exhibits high-spin with two unpaired electrons. Explain the changes in terms of color and magnetism.

答：原先紅色配位化合物是反磁性。可把它視爲從**正八面體** (O_h) 結構在 z 軸受到**楊-泰勒變形** (Jahn-Teller distortion) 影響的情形，視爲比較接近**平面四邊形** (SP)。Ni(II) 的 8 個 d 電子填入軌域，全部成對，因此低電子自旋且逆磁性。當**過氯酸根** (ClO_4^-) 被**硫氰酸根離子** (SCN^-) 取代，SCN^- 是比 ClO_4^- 強的配位基，此時，配位化合物的環境視爲比較接近正八面體 (O_h) 結構。Ni(II) 的 8 個 d 電子填入軌域，有 2 個未成對的電子，爲高自旋。同時，配位化合物顏色隨著場強度不同而產生變化。

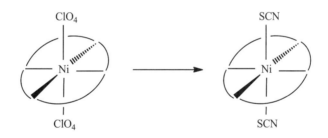

39.

錯合物 [Co(en)₃]Cl₃ 在 210 ℃ 下加熱 2-3 小時，產生新的化合物及展現不同顏色。請說明。

Complex [Co(en)₃]Cl₃ changes its color after heating under 210 ℃ for 2-3 hours. Explain.

答：錯合物 [Co(en)₃]Cl₃ 的結構應該是以 3 個 en 當雙牙基配位，外圍有 3 個 Cl⁻ 當離子。在 210 ℃ 得高溫下加熱 2-3 小時期間，可能錯合物其中一個雙牙配位基 (en) 斷開，其位置由外圍兩個 Cl⁻ 離子取代，產生新的化合物 *cis*-[Co(en)₂Cl₂]Cl，因配位環境不同，新的化合物展現不同顏色。

配位基的選擇直接影響反應速率最戲劇化的例子可能是使用 Cp 環和 η^5-indenyl 環（茚基）不同所造成的差別。這兩個只有配位基些微差別的金屬化合物 (η^5-indenyl)Mn(CO)$_3$ 及 (η^5-C$_5$H$_5$)Mn(CO)$_3$ 在和三烷基磷 PR$_3$ 進行配位基的取代反應時，兩者之間的速率差竟為令人訝異的百萬倍 (k_1/k_2~10^6)。根據此巨大反應速率差別的實驗數據，提出兩者可能進行的取代反應機制，並且說明兩者速率會產生如此大的差別的原因？[提示：茚基效應 (Indenyl effect)。]

40.

(a)   + PR$_3$ + CO k_1

(b)   + PR$_3$ + CO k_2

Ligands with slightly different in conformations might affect the reaction rates greatly. One of the most amusing example is the ligand substitution reactions of two similar compounds (η^5-indenyl)Mn(CO)$_3$ and (η^5-C$_5$H$_5$)Mn(CO)$_3$ with PR$_3$. The reaction rate differences are amazingly large (k_1/k_2~10^6). Please propose plausible reaction mechanisms for both reactions based on the experimental data. Also point out the reason behind it. [Hint: Indenyl effect]

答： 這兩個金屬化合物 (η^5-indenyl)Mn(CO)$_3$ 及 (η^5-C$_5$H$_5$)Mn(CO)$_3$ 都符合 18 **電子規則**。正常狀況下，Indenyl 環（茚基）可提供 5 電子數和金屬鍵結，也可以提供 3 電子數和金屬鍵結，造成錯合物的整體價電子數在飽和及不飽和（16 和 18 電子）之間變化。Indenyl 環（茚基）**配位基**很特別的是在取代反應只要結構做稍微變化即從 η^5-轉變成 η^3-，就能從提供 5 電子數變成提供 3 電子數，使金屬中心不飽和，允許取代基進入，就能走**結合反應機制 (Associative Mechanism)**。這樣的結構改變（從 η^5-轉變成 η^3-）損耗的能量可以從由茚基環重新獲得苯環共振能得到彌補，而不需提供太大能量。而簡單的 Cp 環並無此法執行此機制，必須走**解離反應機制 (Dissociative Mechanism)**，其反應第一步就需要斷鍵，因需要耗能量，所以速率變慢。因而，兩個金屬化合物

(η^5-indenyl)Mn(CO)$_3$ 及 (η^5-C$_5$H$_5$)Mn(CO)$_3$ 的配位基取代反應速率差竟可達百萬倍之多。這效果被稱為**茚基效應** (Indenyl effect)。這例子也說明配位基選擇的重要性。

41. 舉例說明分子自組裝 (Self-assembly processes) 的原理。自組裝步驟可將配位基和金屬藉由自組裝而聚合成有用的分子孔洞材料 (Metal-Organic Framework, MOFs)。

Provide an example and explain "Self-assembly processes" which forms "Metal-Organic Framework (MOFs)" from ambi- or multi-dentate ligands and metals.

答： 分子自組裝 (Self-assembly processes) 通常是透過**雙頭或多頭配位基** (Ambi- or Multi-dentate ligand) 來進行將配位基和金屬自組裝，聚合成有用的分子**孔洞材料** (Metal-Organic Framework, MOFs)。下面為**雙向配位基** 4,4'-bipyridine 可以和不同金屬離子自組裝聚合成立方柱形的**分子孔洞材料**的例子。其所形成的 3D 結構可允許儲存在小分子，或讓小分子進入孔洞內進行化學反應。

第 5 章

配位化合物的立體化學

「兩個恰恰好，一個不嫌少。」—台灣衛生署 60 年代節育宣傳口號

「做事要人多，吃飯要人少。」—台灣諺語

本章重點摘要

5.1 分子立體化學的重要性

分子的立體結構由分子內的各組成原子在三度空間排列而形成。分子的結構會影響分子的物理性質及化學性質。例如已知水分子是彎曲形的，假如水分子是直線形，恐怕現有生物都無法存在。一個很有名的案例因分子的構型不同而造成嚴重後遺症影響的是**沙利竇邁** (Thalidomide) 事件。這事件起因於 1950 年代**德國**藥廠開始在歐洲及亞洲上市販售沙利竇邁。此藥物具有安眠與鎮靜作用，可減輕患者的緊張情緒。在一些國家（包括台灣）把此藥物視為具有安胎藥功能來讓懷孕婦女使用，因為可減輕懷孕初期婦女不適症狀，減少流產機率。藥物販售幾年後發現曾經服用過沙利竇邁的婦女產下手或是腳畸形胎兒的機率偏高。經過幾年調查後，證實這款藥物的確會造成婦女產下畸形胎兒的嚴重後遺症，最終遭到禁用。沙利竇邁化學名稱是 α-鄰苯二甲醯亞胺基戊二醯亞胺 (α-(N-phthalimido) glutarimide)，下圖左右兩沙利竇邁分子互為**掌性**（或稱為**手性**）異構化分子，一個為 R 形；另一個為 S 形（**圖 5-1**）。研究結果發現後者是造成嚴重副作用的元凶。化學家及製藥工業對這種鏡像異構物的重視也是從那時候開始。

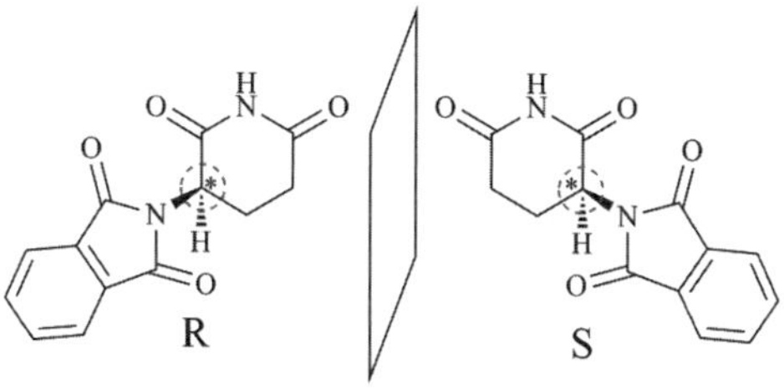

圖 5-1 圖左右為沙利竇邁分子的鏡像異構物。

5.2 立體化學的非剛性 (Stereochemically Nonrigidity)

　　配位化合物的重心在「金屬」離子上，金屬離子除了具有 s 及 p 軌域外也可能具有 d 或 f 軌域。一般金屬–配位基的鍵結 (M-L) 不如有機物的碳–碳鍵 (C-C) 那麼強。前者估算約 20~40 kcal/mol，後者約 100 kcal/mol。配位化合物結構的變異性比有機物較大。通常含金屬–配位基鍵結的分子具有所謂的**立體化學的非剛性** (Stereochemically Nonrigidity) 者，在室溫或高溫下會有構型轉換的性質。化學家通常以**核磁共振光譜法** (Nuclear Magnetic Resonance, NMR) 來追蹤這類型化合物在溫度變化下構型轉換的現象，甚至可以得到轉換活化能 (ΔE^*) 的資訊。

 5.3 常見配位化合物的形狀

5.3.1 六配位化合物的形狀

　　理論上，中心金屬與**配位基**形成越多鍵結可放出越多熱量，是有利的趨勢，但太多鍵結會造成配位基間的斥力，且中心金屬上可使用的軌域個數也有限。因此，通常六配位的**正八面體**是最好的妥協構型。六配位的配位化合物除了常見的**正八面體** (Octahedron) 形狀外，少數為**三角稜鏡形** (Trigonal prism)（**圖 5-2**）。後者的產生通常是和鍵結配位基的特性有關。

圖 5-2　配位化合物常見的正八面體構型及少見的三角稜鏡形。

　　由雙牙基**乙二胺** (Ethylenediamine, en) 所形成的六配位**正八面體**的配位化合物 ($Co(en)_3^{3+}$) 有兩種**鏡像異構物**，分別為 Δ（或 L）及 $\wedge$（或 D）（**圖 5-3 上**）。可以從**大衛之星**的角度去看比較清楚（**圖 5-3 下**）。兩鏡像異構物除了**光學活性**不同外，其餘的物理性質（熔點、沸點等等）都相同。然而，此兩種鏡像**異構物**其化學反應性在一些情況下並不相同。因此，此兩種鏡像異構物在化學上應該視為兩個不同的分子。

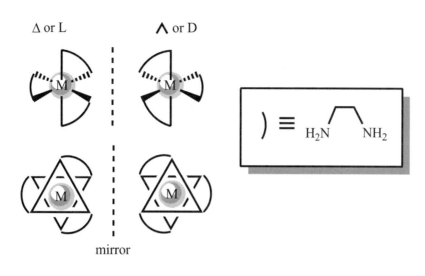

圖 5-3　由雙牙基乙二胺所形成的六配位正八面體化合物的兩種鏡像異構物。

如果仔細看**乙二胺** (Ethylenediamine, en) 鍵結到中心金屬的情形，因為碳鏈方向不同而會產生兩種不同構型，分別命名為 δ 及 λ（**圖 5-4**）。三組乙二胺可能形成的異構物為 δδδ 及 λλλ，或是其他組合。不過，這幾種構型之間的能量差異不大，在一般溫度下應該很容易互相轉換。

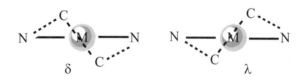

圖 5-4　配位乙二胺的碳鏈因彎曲方向不同而構成不同異構物。

5.3.2　五配位化合物的形狀

常見的五配位的配位化合物形狀為**雙三角錐** (Trigonal BiPyramidal, TBP) 構型，另一常見的結構為**金字塔形** (Tetragonal Pyramidal, TPy)。不論從**電子效應**或**立障效應**來看，一般而言，前者比後者穩定，因此較為常見。

有些雙三角錐構型分子在室溫下其**配位基**的位置會藉著 **Berry 旋轉機制** (Berry's Pseudorotation) 方式來進行交換，交換的結果使五個配位基無法區分。此類形分子稱為具有**流變現象**特性的分子 (Fluxional Molecule)。六配位及四配位化合物，尤其是前者為正八面體構型時，不太容易進行結構轉變。而**雙三角錐構型**就比較容易進行（**圖 5-5**）。

圖 5-5 雙三角錐構型分子進行 Berry 旋轉機制。

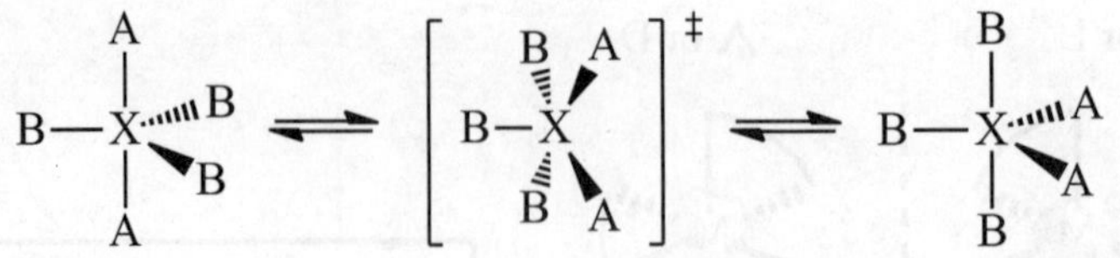

五配位錯合物另一可能的構型爲**金字塔形** (Tetragonal Pyramidal, TPy)（**圖 5-6**）。除了少數的金屬及**配位基**形態，金字塔形結構從立體因素來看並不利，因此，五配位錯合物通常採取**雙三角錐構型**，而非**金字塔**構型。

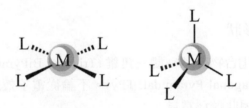

圖 5-6 五配位錯合物金字塔結構。

5.3.3 四配位化合物的形狀

含四**配位基**之配位化合物有兩種常見幾何形狀：**平面四邊形** (Square-Planar) 及**正四面體** (Tetrahedral) 結構（**圖 5-7**）。除了少數的金屬及配位基形態（重金屬具有 d^8 組態及配位基具有 π-逆鍵結能力者），含四配位基之配位化合物通常採取正四面體而非平面四邊形幾何構型（**圖 5-7**）。

圖 5-7 含四配位基之配位化合物常見的平面四邊形及正四面體結構。

在一般情況下，**平面四邊形** (Square-Planar) 及**正四面體** (Tetrahedral) 結構之間的轉換比**雙三角錐構型**困難（**圖 5-8**）。

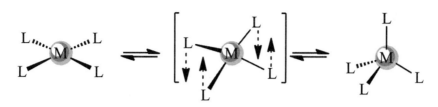

圖 5-8　平面四邊形及正四面體不容易進行結構轉換。

5.4　不常見配位化合物的形狀

5.4.1　配位數爲一的配位化合物形狀

　　這是很少見的配位方式。被氣態化的 NaCl 可視爲只有一配位的化合物。當然，在固態 NaCl 中每個 Na 離子的周圍有六個 Cl 離子。所以有時候計算配位數要看當時所處的環境。下圖爲另外少見的一配位化合物的例子，通常由多牙基配位而成（**圖 5-9**）。當過渡金屬只被一個配位基結合時通常錯合物爲活性物種，爲反應中的中間產物。

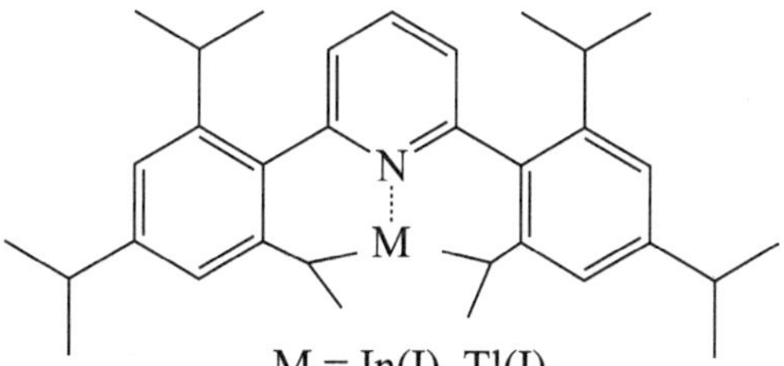

$$M = In(I),\ Tl(I)$$

圖 5-9　少見的一配位化合物的例子。

5.4.2　二配位化合物的形狀

　　當配位化合物的中心金屬爲鈍氣組態時，比較有機會形成二配位化合物，如 $Ag(NH_3)_2^+$。下面爲一個少見的二配位化合物的例子（**圖 5-10**）。二配位化合物絕大多數爲線形。近來有些理論計算指出某些過渡金屬可以二配位且爲彎曲形結構存在。

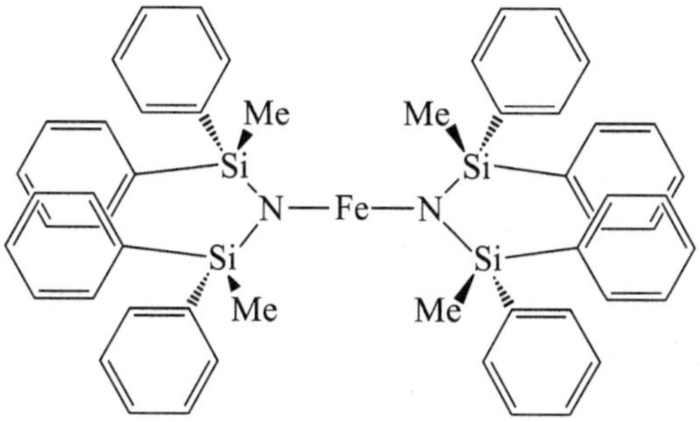

圖 5-10　少見的二配位化合物的例子。

5.4.3 三配位化合物的形狀

當配位化合物的中心金屬為鈍氣組態或主族金屬時，比較有機會形成三配位化合物，如 $Al(PPh_3)_3$。三配位化合物絕大多數為平面三角形，這種構型比前兩者常見。下圖為含過渡金屬的三配位平面三角形化合物 $[Pt(PPh_3)_3]^{2+}$ 的例子（**圖 5-11**）。

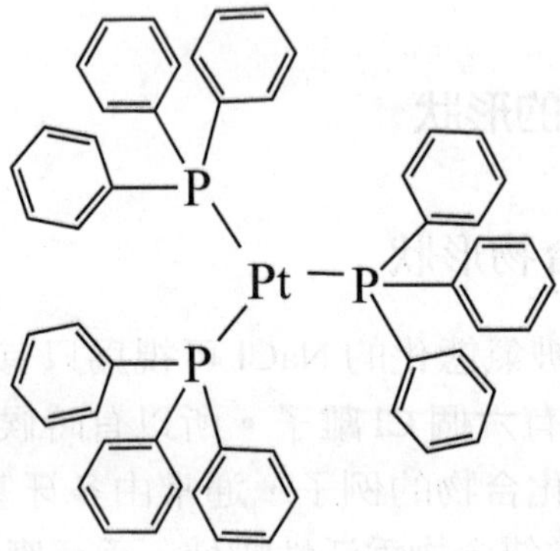

圖 5-11 三配位平面三角形化合物的例子 $[Pt(PPh_3)_3]^{2+}$。

5.4.4 大於六配位化合物的形狀

因配位化合物的中心金屬上可使用的軌域數目有限，且太多鍵結會造成配位基間的產生嚴重斥力等等因素，配位數大於六配位化合物並不常見。七配位化合物的形狀 (Coordination Number 7) 通常有三種：**雙五角錐構型 (Pentagonal Bipyramid)**、**覆蓋正八面體構型 (Capped Octahedron)**、**覆蓋三角錣鏡構型 (Capped Trigonal Prism)** 等等（**圖 5-12**）。

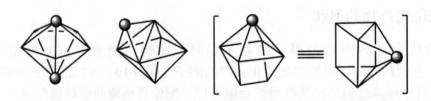

圖 5-12 七配位化合物的雙五角錐、覆蓋正八面體及覆蓋三角錣鏡構型。

八配位化合物的形狀 (Coordination Number 8) 可能有幾種：**立方體構型 (Cubic)**、**雙六角錐構型 (Hexagonal Bipyramid)**、**雙覆蓋正八面體構型 (Bi-capped Octahedron)**、**雙覆蓋三角錣鏡構型 (Bi-capped Trigonal Prism)**、**四面反錣鏡構型 (Square Antiprism)**、**正十二面體構型 (Dodecahedron)** 等等（**圖 5-13**）。

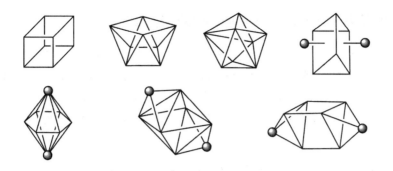

圖 5-13　八配位化合物常見的幾種構型。

　　九配位化合物爲罕見的形狀，配位化合物的中心金屬必須爲大體積且有足夠多可參與鍵結的軌域才能容納九個配位基。九配位化合物的例子有 $Th(H_2O)_9^{4+}$，可視爲**三覆蓋三角錂鏡構型** (Tri-capped Trigonal Prism)（**圖 5-14**）。

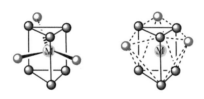

圖 5-14　罕見的九配位化合物構型三覆蓋三角錂鏡構型兩種表示法。

　　理論上可以將配位基視爲球體，球體之間以接觸方式類似固態的堆積，並以簡化方式來計算配位基和中心金屬原子半徑比來決定配位形式，如下表示（**表 5-1**）。

表 5-1　原子半徑比和化合物構型

CN	Minimum radius ratio	Coordination polyhedron
4	0.225	Tetrahedron
6	0.414 0.528	Octahedron Trigonal prism
7	0.592	Capped octahedron
8	0.645 0.668 0.732	Square antiprism Dodecahedron Cube
9	0.732	Tricapped trigonal prism
12	0.902 1.000	Icosahedron Cuboctahedron

5.5 雙向配位基 (Ambi-dentate ligand) 的配位方式

雙向配位基是指配位基的兩端都有和金屬鍵結的可能性。歷史上最有名的雙向配位基例子大概是 CN^-。**普魯士藍** (Prussian blue) 和**滕氏藍** (Turnbull's blue) 的分子式 $Fe_4[Fe(CN)_6]_3$ 都相同。然而，它們的顏色不同。後來發現是配位基 CN^- 以 C 端接 Fe(II) 為普魯士藍；以 N 端接 Fe(II) 為滕氏藍。普魯士藍和滕氏藍的結構解密是科學史上有趣的一頁。

普魯士藍 (Prussian blue)：$Fe^{3+} + [Fe^{II}(CN)_6]^{4-} \rightarrow Fe_4[Fe(CN)_6]_3$

滕氏藍 (Turnbull's blue)：$Fe^{2+} + [Fe^{III}(CN)_6]^{3-} \rightarrow Fe_4[Fe(CN)_6]_3$

此兩者間顏色差異的原因是由於**雙向配位基**鍵結的方位不同所造成的**配位場穩定能** (Ligand Field Stabilization Energy, LFSE) 有所差別的結果。根據配位場穩定能的概念推算，普魯士藍比較穩定。

其它常見的**雙向配位基**如下圖示，有 CN^-、SCN^-、NO_2^-、SO_3^{2-} 等等（**圖 5-15**）。雙向配位基以何原子和金屬鍵結時以 "κ" 符號來表示。如 κC-CN^- 為以 C 原子和金屬鍵結；κN-CN^- 為以 N 原子和金屬鍵結。

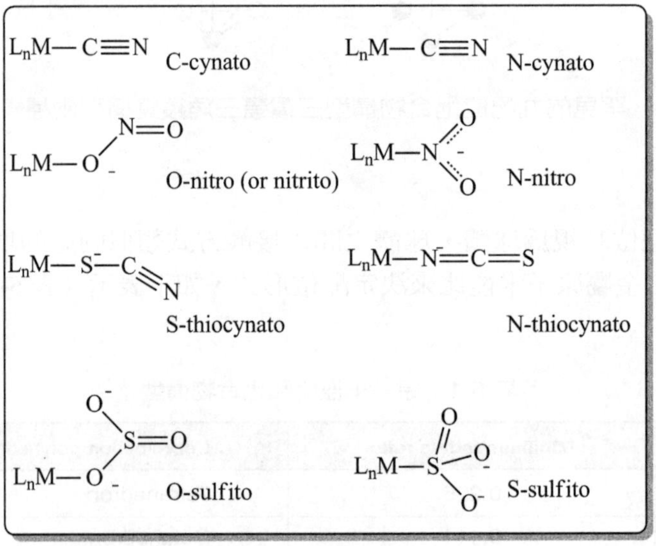

圖 5-15 常見的雙向配位基和金屬鍵結模式。

5.6 分子的 R 及 S 構型

理論上，一個有機分子如果某一中心碳原子以 sp^3 混成，且其上的四個取代基都不一樣時，則此分子具有**鏡像異構物** (Enantiomers)（**圖 5-16**）。此有機分子稱為具有**掌性**

（或稱為**手性**，Chirality），此中心碳原子稱為具有**掌性**中心（或稱為**手性**中心，Chiral center）。此兩個鏡像異構物不能完全重疊，猶如人類左右手以理想化來看是互為鏡像，卻無法完全重疊的道理是一樣的。這時候，個別的異構物具有**光學活性** (Optical Activity)。當一**偏極光** (Polarized Light) 通過一單獨具有光學活性的有機分子時其光線會偏轉一個特定角度。另一鏡相異構物則會使偏極光偏轉相同角度但相反方向。因此，鏡相異構物是具有**旋光性** (Rotation of Polarization) 的一種異構物形態。鏡相異構物的其他物理性質如熔點、沸點、密度等等完全相同。因此，兩鏡相異構物無法以純粹再結晶的方式或一般的管柱色層分析法分離之，必須以其他方式純化某單一產物，譬如使用具有**掌性**中心填充劑的管柱色層分析法。

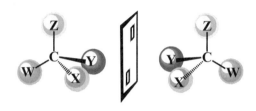

圖 5-16　四取代基都不一樣的碳中心具有掌性會產生兩個鏡相異構物。

　　有機**鏡像異構物**的構型區分可以 Cahn-Ingold-Prelog 的序列規則（或簡稱為 CIP Sequence Rules）的定義為之。首先，將取代基以優先順序排列（基本上以原子序排列），排列在最後面的取代基置於正四面體最下方，其它取代基優先順序往**反時鐘方向**轉的定為 S；**順時鐘方向**轉的定為 R（**圖 5-17**）。因為 R 及 S 容易混淆，近來有些化學家以 C(Clockwise) 代表順時鐘方向轉動；A(Anti-clockwise) 代表逆時鐘方向轉動。一般有機物可以很方便根據 Cahn-Ingold-Prelog 的定義來決定四取代碳化合物分子的 R 及 S 構型。

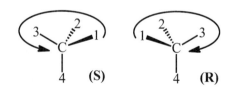

圖 5-17　由 Cahn-Ingold-Prelog 規則來決定四取代碳化合物的 R 及 S 構型。

　　如為三取代**磷基**，其孤對電子優先順序則被定為最低。其餘按照 CIP 的序列規則定義，取代基優先順序往**反時鐘**方向轉的定為 S；**順時鐘**方向轉的定為 R（**圖 5-18**）。

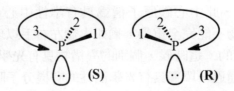

圖 5-18 根據 Cahn-Ingold-Prelog 定義來決定三取代磷化合物的 R 及 S 構型。

　　無機化合物因金屬上配位基數目可能大於 4，判斷分子為 S 或 R 構型時稍為複雜些。以五配位**雙三角錐** (Trigonal BiPyramidal, TBP) 構型錯合物為例。首先，選取軸線上優先順序最高者在上面，再根據其他取代基優先順序，往反時鐘方向轉的定為 S；順時鐘方向轉的定為 R（**圖 5-19**）。

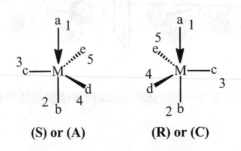

圖 5-19 定義五配位雙三角錐化合物的 R 及 S 構型。

　　在五配位**金字塔** (Square Pyramidal, SPy) 構型錯合物的判斷上，採取類似的方式。首先，選取軸線上取代基在上面，再根據其他取代基優先順序，往反時鐘方向轉的定為 S；順時鐘方向轉的定為 R（**圖 5-20**）。

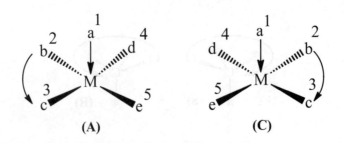

圖 5-20 定義五配位金字塔化合物的 R 及 S 構型。

　　至於六配位**正八面體**構型錯合物的例子。首先，選取上優先順序最高者在軸線上，再根據平面上取代基優先順序，往反時鐘方向轉的定為 S；順時鐘方向轉的定為 R（**圖 5-21**）。

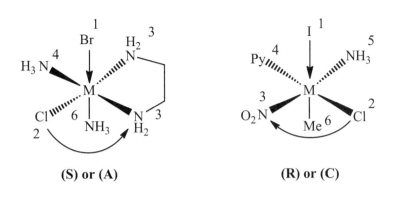

(S) or (A)　　　　　　　　　**(R) or (C)**

圖 **5-21**　定義正八面體化合物的 R 及 S 構型。

　　下面為含 Pt 金屬配位化合物 Pt(NH₃)(Br)(NO₂)(Py)(Cl)(I)，可視為接近**正八面體構型** (Octahedron)，其上六個取代基都不一樣，可能會有很多異構物。含氮配位基的優先順序 NO₂ > py > NH₃。根據 "CIP Sequence Rules" 定出左邊為 S 構型；右邊為 R 構型（**圖 5-22**）。

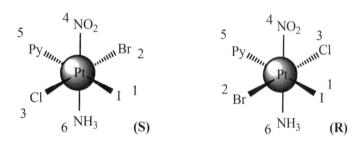

圖 **5-22**　定義六個取代基都不一樣的正八面體化合物的 R 及 S 構型。

　　下面為含 Fe 金屬化合物 CpFe(I)(PR₃)(CO)，可視為配位化合物或有機金屬化合物。顯然有兩個**鏡相異構物**。其中 Cp 環的優先順序最高。根據 "CIP Sequence Rules"，左邊為 S 構型；右邊為 R 構型（**圖 5-23**）。

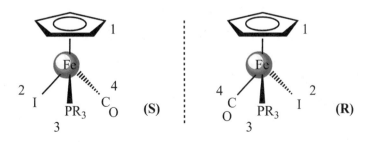

圖 **5-23**　定義含 Fe 金屬化合物 CpFe(I)(PR₃)(CO) 的 R 及 S 構型。

當 Ferrocene 的 Cp 環上兩個取代基不一樣時，也會有**鏡相異構物**產生，稱為**平面掌性**（或稱為**平面手性**，Plane Chirality）。根據 "CIP Sequence Rules"，若 a 的優先順序高於 b，左邊為 S 構型；右邊為 R 構型（**圖 5-24**）。

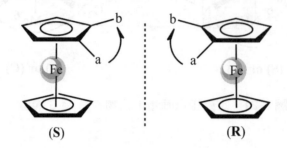

圖 5-24　定義 Ferrocene 的 Cp 環上兩個取代基不一樣時的 R 及 S 構型。

　　下面是在**不對稱合成反應** (Asymmetric Synthesis) 中有名的配位基 BINAP。具有光學異構物。根據 "CIP Sequence Rules"，左邊為 S 構型；右邊為 R 構型。以圖中 z 軸為軸線往**反時鐘**方向轉的定為 S；**順時鐘**方向轉的定為 R（**圖 5-25**）。

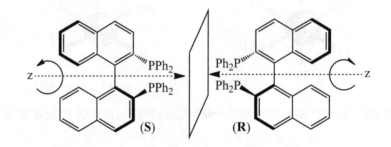

圖 5-25　定義光學異構物 BINAP 的 S 及 R 構型。

 5.7　分子的絕對形狀

　　分子的絕對形狀（即原子在分子中的立體空間排列方式）的資訊對化學家瞭解分子特性非常重要。理論上，化學家可以由現代 **X-光晶體繞射法** (X-Ray Diffraction Method) 得分子中原子在三度空間的相關位置資訊。可以說此類型方法（包括 **X-光晶體繞射法**及**中子繞射法**）是最直接能提供分子三度空間結構的儀器方法。但是 X-光單晶繞射法是利用長時間收集繞射數據，收集過程中已失去相位資訊。因此，以普通的 X-光單晶繞射法對兩個鏡像異構物收集繞射數據時，會得到相同的繞射圖樣。因而，市藉由這種方法無法得到鏡像異構物的**絕對構型** (absolute configuration) 的資訊。然而，可以經由比較麻煩的**反常色散** (anomalous dispersion) 的 X-射線方式（稱為 **Bijvoet 分析法** (Bijvoet analysis)）來得到鏡像異構物的絕對構型。

大型分子特別是生物大分子的絕對構型對生物活性的理解上很重要。但是並不是所有大型分子都可以養成適當的晶體供 **X-光單晶繞射法**來使用，其實大型生物分子因為經常具有黏稠性的關係，很難養出好的晶體，所以 CD, ORD 等技術就可以派上用場。

 ## 5.8　雙核配位化合物

　　配位化學早期的發展都集中在含單核金屬**配位化合物**的合成及結構鑑定上。至於含多核金屬配位化合物的研究就比較缺乏。多核金屬配位化合物顯然地會展現出和單核金屬配位化合物不同的化學活性。

　　根據**皮爾森 (Pearson)** 的定義，**配位化合物**的中心金屬為高氧化態的「硬」酸。明顯地，將兩個高氧化態的金屬以化學鍵直接連結會累積太多正電荷。因此，雙核配位化合物有直接金屬－金屬鍵結者不多。比較有可能的方式是透過**架橋配位基 (Bridging Ligand)** 的連結方式來形成雙核或多核金屬化合物。

5.8.1　A frame 雙核金屬配位化合物

　　發展雙核配位化合物最有名的人物非**科頓 (F. A. Cotton)** 莫屬。他開發許多雙核金屬配位化合物，有些雙核金屬化合物具有類似 A 字外觀，稱為 **A frame 雙核金屬配位化合物**。下圖中 X 為**架橋配位基**（**圖 5-26**）。

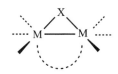

圖 5-26　A frame 雙核金屬配位化合物示意圖。

　　諾貝爾化學獎得主**霍夫曼 (R. Hoffmann)** 曾為 **A frame 雙核金屬配位化合物**下過定義，可參考霍夫曼的論文：D. M. Hoffman, R. Hoffmann, *Inorg. Chem.* **1981**, *20*, 3543-3555。以下為其中的一個例子。分子中由兩個 Cl、兩個 Rh 及一個 C 形成的外觀類似「A」字型的骨架（**圖 5-27**）。另有兩個雙牙基（dpm 或 dam）配位在兩個 Rh 金屬上。

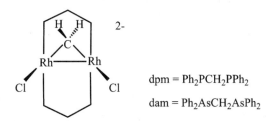

$$dpm = Ph_2PCH_2PPh_2$$
$$dam = Ph_2AsCH_2AsPh_2$$

圖 5-27　A frame 雙核金屬配位化合物的例子。其中雙牙基為 $Ph_2PCH_2PPh_2$ 或 $Ph_2AsCH_2As\ Ph_2$。

同核或異核雙金屬化合物的研究曾經很熱門。當時認為雙金屬化合物在將氫分子斷鍵的過程中比單金屬化合物更為容易（**圖 5-28**）。而氫分子斷鍵步驟在很多催化反應中是很關鍵的一步。

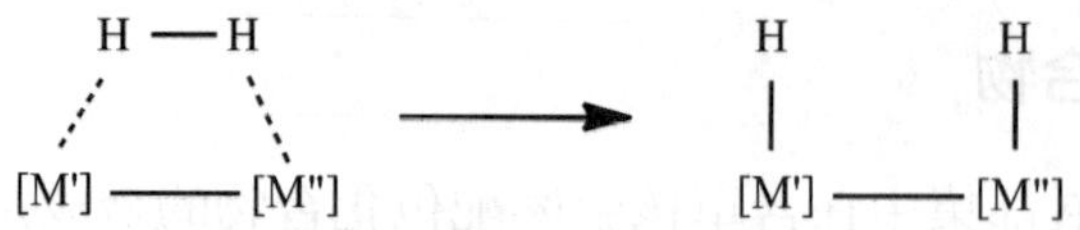

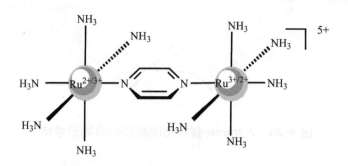

H —— H　　　　　　H　　　　H
⋮　　　⋮　　→　　　|　　　　|
[M'] —— [M'']　　　　　[M'] —— [M'']

圖 5-28　使用同核或異核雙金屬化合物讓氫分子斷鍵更為容易進行。

5.8.2 雙核混價配位化合物 (Mixed-valence compounds)

　　雙向配位基的兩端可以各鍵結不同價數的相同金屬，如鍵結 Ru^{2+} 及 Ru^{3+}，形成雙核混價配位化合物。以下為一個由雙向配位基**對二氮苯** (pyrazine) 所結合的**雙核混價配位化合物**的例子（**圖 5-29**）。當**雙向配位基**的共軛性很好時，電子可以從一個金屬快速流通到另一個金屬，在此種狀態下的金屬氧化態可視為 2.5 價。混價配位化合物的 UV-Vis 光譜比較複雜，當雙向配位基的共軛性很好電子流通快速使金屬的價數相同時，光譜就變得比較單純。

NH₃　　　　NH₃　　　　　　　　NH₃　　　NH₃

H₃N —— Ru²⁺/³⁺ ⋯ N　　　N —— Ru³⁺/²⁺ —— NH₃　⟧⁵⁺

H₃N　　　　NH₃　　　　　　　　NH₃　　　NH₃

圖 5-29　同核雙核混價配位化合物。

 5.9　多核配位化合物

5.9.1 線性金屬串化合物 (linear metal string complexes)

　　台灣大學彭旭明教授利用**多牙配位基**（例如串聯的 α-pyridylamine）來配位多個金屬形成**多核配位化合物**（**圖 5-30**）。這些金屬之間通常有金屬－金屬鍵，但有少數可視為沒有直接金屬－金屬鍵，而單純由多牙配位基來連結。因為此種特殊多牙配位基鏈的關係，會有四條配位基鏈形成螺旋狀，因為旋轉方向不同，會有**鏡像異構物**產生。此類型多核配位化合物被稱為**線性金屬串化合物** (linear metal string complexes)。他們實驗室也研究這些多核配位化合物的其他物理性質如導電度等等。然而當鏈的長度增加時，合成的困難度就增加，產率也急劇降低。

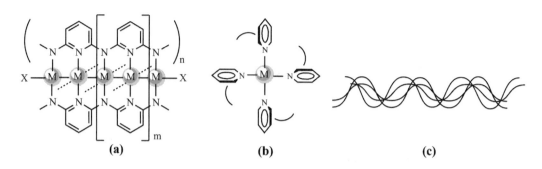

圖 5-30　(a) 以串聯的 α-pyridylamine 當長鏈配位基來配位多個金屬形成多核配位化合物；(b) 從側端看為四片螺旋狀；(c) 四條配位基鏈形成互相纏繞的螺旋狀。

5.9.2 叢金屬化合物 (Metal Cluster Compounds) 具有直接的金屬 – 金屬鍵

　　根據定義，**叢金屬化合物** (Metal Cluster Compounds) 是由至少三個以上金屬（含）所組成，且具有直接的金屬 – 金屬鍵的分子（**圖 5-31**）。叢金屬化合物的研究和早期化學家想利用含多金屬化合物來催化小分子（如 CO 或 H_2）的斷鍵有關。

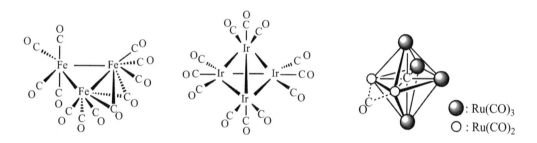

圖 5-31　一些叢金屬化合物 (Metal Cluster Compounds) 的例子。

5.9.3 不具有直接金屬 – 金屬鍵的多金屬化合物

　　有些不具有直接金屬 – 金屬鍵的多金屬化合物，其金屬間以架橋基團來連結金屬。常見的架橋基團有鹵素、氧離子、氫離子、苯基、甲烷基等等。下圖為以氧原子為架橋基團連結的多金屬化合物 $[M_3O(carboxylate)_6L_3]$，其中 M 可以是 V, Cr, Mn, Fe 等等（**圖 5-32**）。

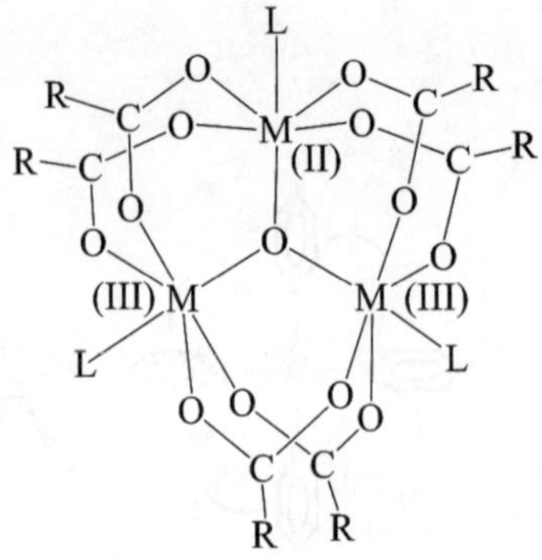

圖 5-32　以氧原子為架橋基團連結的多金屬化合物。

　　文獻報導無機化合物 $BeCl_2$ 在固態時以多聚物形態存在，且以 Cl 為架橋。其中的 $BeCl_2$ 單體間並非同平面，而是類似**螺旋式** (spiro) 排列（**圖 5-33**）。同樣地，$Be(CH_3)_2$ 在固態時以多聚物形態存在，且以 CH_3 為架橋。

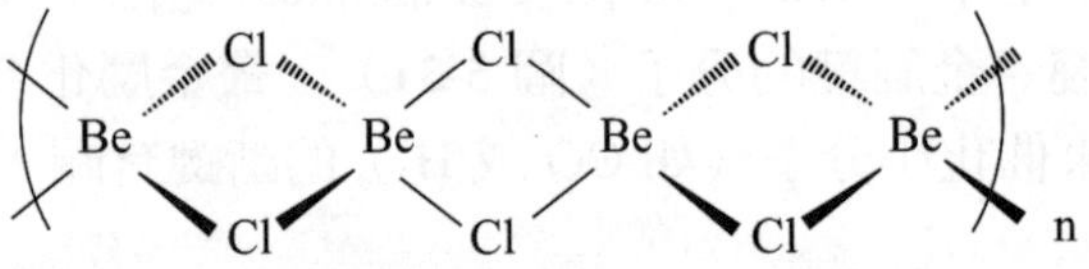

圖 5-33　以 Cl 為架橋連結的多金屬化合物。

　　二烷基鎂如 Me_2Mg 也可能形成多聚物。此處 Me 以架橋方式形成**三中心／四電子鍵** (Three Centers/Four Electrons)。乍看之下，在以 CH_3 為架橋其上的碳原子似乎違反八隅體 (Octet Rule) 規則，好像碳原子中心形成五個鍵（**圖 5-34**）。其實，這樣的鍵結模式在**分子軌域理論** (MOT) 是可以解釋的。在這裡，A 原子和 B 原子之間繪一條線並不一定隱含在**路易士結構理論** (Lewis Structure) 中的一**個鍵／兩電子** (One Bond/Two Electrons) 的概念，它只表達兩原子之間有某種作用力。正如在三中心／四電子鍵的情形，實際上，三原子 (Mg-C-Mg) 之間的鍵結是由所謂的類似彎曲形的**香蕉鍵** (Banana Bond) 所形成，而非直線。

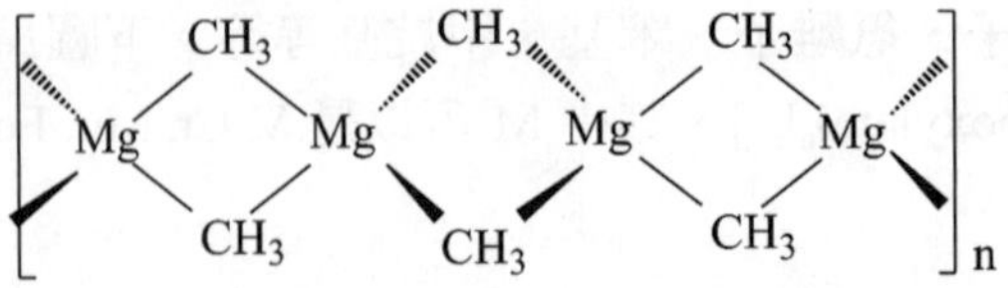

圖 5-34　以 CH_3 為架橋連結的多金屬化合物。

在某些情況下，鋁化合物也可能形成二聚物與三聚物間的平衡（**圖 5-35**）。由於一般 NMR 技術很難區分二聚物與三聚物的差別，化學家利用密度差的方法可以加以區分。在此種狀態下的鋁和鋁之間爲高價數 (+3)，因此鋁和鋁之間沒有直接形成鍵結。注意此處的架橋爲炔基。

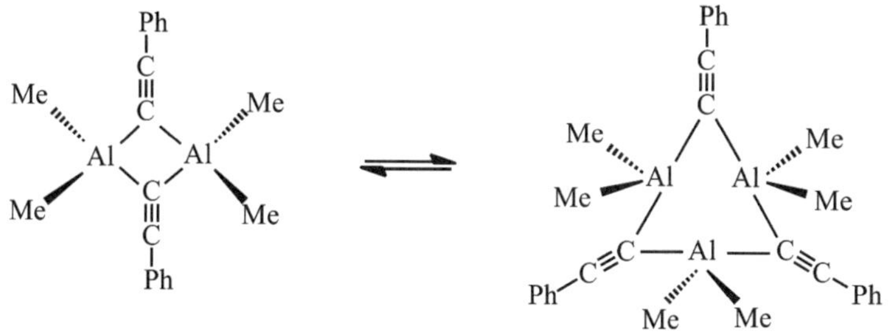

圖 5-35　以炔基爲架橋連結的多金屬化合物。

　　鋅和**環戊二烯基**五角環 (Cp) 的鍵結模式可採取 η^5-或 η^1-方式進行。以下爲含 CpZn 基團和 Cp 環採取 η^5-方式鍵結的例子。此處的架橋爲環戊二烯基環 (Cp)，這是少見的鍵結模式（**圖 5-36**）。

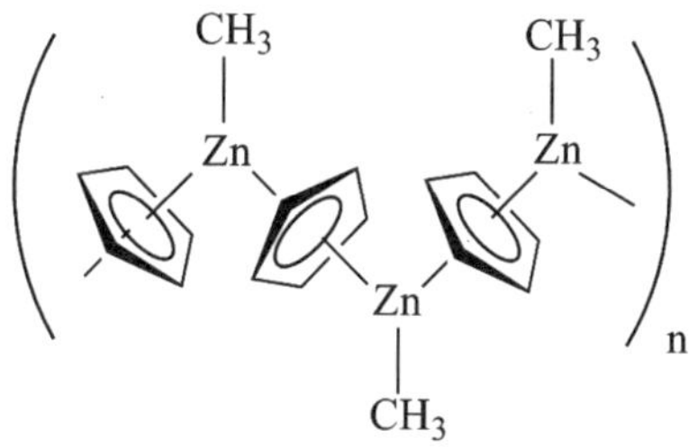

圖 5-36　以 Cp 環爲架橋連結的多金屬化合物。

　　除了上述鋅和**環戊二烯基**五角環 (Cp) 採取 η^5-的鍵結模式外，鎵和銦可以和苯環利用 η^6-方式來鍵結。左圖爲鎵在固態時被發現以 (η^6-arene)$_2$Ga 基團方式來參與鍵結；右圖爲銦被發現以 (η^6-arene)$_2$In 基團方式來和架橋 Br 鍵結，化合物在固態時爲連續鏈狀分子（**圖 5-37**）。

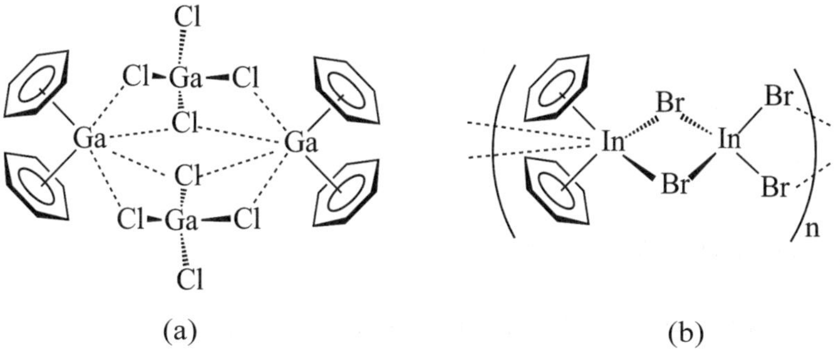

(a)　　　　　　　　　　　　　　(b)

圖 5-37　(a) 鎵以 (η^6-arene)$_2$Ga 基團方式鍵結；(b) 銦以 (η^6-arene)$_2$In 基團方式來和架橋 Br 鍵結。

充電站

S5.1 利用普魯士藍來辨別繪畫的年份

　　有一個故事提到美國麻薩諸塞州一家藝術博物館於 1995 年收到一個匿名者捐贈一幅題為「貴族女性的肖像 (Portrait of a Noblewoman)」繪畫。這幅畫有豐富的文藝復興時期一般畫像中所展現的特徵。貴族女子背後的背景清晰可見有**法國**皇家紋章，這幅畫原先被博物館的藝術家歸類為**法國**宮廷畫家 Francois Clouet (1522-1572) 的作品。

　　這幅畫在捐贈之前，有一小地方據說被貓刮壞了。博物館邀請了一位藝術家來修復被損壞的地方。這位藝術家懷疑畫像中所用於呈現女子的帽子和壁紙的藍色的漆料有問題。隨後，科學家對藍色漆料採取微量樣本的分析結果顯示藍色漆料色素的主要成分是**普魯士藍**（鐵黃血鹽，$Fe_4[Fe(CN)_6]_3$），這是由**德國**染料製造者於十八世紀初研發的一種配位化合物。普魯士藍可以由 $FeCl_3$ 混合 $K_4Fe(CN)_6$ 而得到。普魯士藍因其鮮艷顏色的透明度值高很快成為十八世紀早期畫家繪畫作品中的最常用藍色漆料之一。館方將這幅畫的其他顏色漆料也一併送驗，科學家也發現其中有十九世紀以後才開始出現的化合物也被用來當色料。很明顯地，這幅畫是贗品。在這個事件中，科學家提供藝術品認定真偽的另一個重要而且是無可辯駁的證據。

　　普魯士藍 $(Fe_4[Fe(CN)_6]_3)$ 是配位化合物。有趣的是，它有兩種不同價數的鐵離子（Fe^{2+} 和 Fe^{3+}）分別被**氰基** (CN^-) 的 C 及 N 所配位。若 CN^- 配位方向剛好相反的稱為**藤氏藍** (Turnbull blue)（**圖 S5-1**）。

— Fe²⁺ — C ≡ N — Fe³⁺ —　　　　— Fe²⁺ — N ≡ C — Fe³⁺ —

Prussian blue　　　　　　　　　Turnbull blue

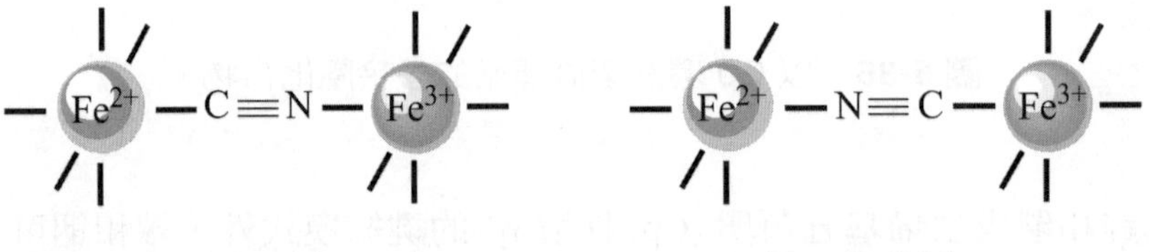

圖 S5-1 普魯士藍和藤氏藍的差別在雙向配位基 (ambidentate ligand, CN^-) 接金屬的配位方向不同所造成。

　　普魯士藍鮮艷藍色源自所謂的**混價** (intervalence) 電荷轉移，即一般稱為 Charge Transfer 的機制，其吸收峰在接近紫外光及藍光區。電子從 Fe^{2+} 轉移到 Fe^{3+}，不受一般**選擇律** (Selection rules) 的限制，顏色為藍色且吸收強度很強。

S5.2 A frame 雙核金屬配位化合物與科頓 (F. A. Cotton)

　　科頓 (F. A. Cotton) 在**哈佛大學** (Harvard University) 跟隨曾經研究二戊鐵 (Ferrocene) 金

屬化合物結構的**威金森** (Geoffrey Wilkinson) 攻讀博士，于 1955 年獲得學位。隨後在**麻省理工學院** (MIT) 教書，在 31 歲成爲有史以來最年輕的 MIT 正教授。科頓于 1964 年發表第一個具有金屬－金屬間**四重鍵** (Quadruple Bond) 的化合物 $Re_2Cl_8^{2-}$ 而轟動一時。這四重鍵分別爲 1 個 σ、2 個 π 及 1 個 δ 鍵。之後，科頓開發許多雙核金屬配位化合物，有些具有類似 A 字外觀，稱爲 **A frame 雙核金屬配位化合物**（參考**圖 5-24**）。他於 1972 年轉往**德州農工大學** (Texas A & M) 教書。

科頓寫過一本堪稱爲經典的教科書即**群論在化學上的應用** (Chemical Applications of Group Theory)。他也和指導教授**威金森**同著另一本經典的教科書**高等無機化學** (Advanced Inorganic Chemistry)。他研究生涯發表的論文總數更是無人能出其右的 2700 多篇。然而，科頓以脾氣欠佳出名，終生無緣**諾貝爾獎**。科頓於 2006 年 10 月意外跌倒，2007 年 2 月即過世。當地警局經過調查後認爲死因可疑，卻沒有說明原因，成爲懸案。究其一生，**科頓**無疑是**無機化學**界的傳奇人物。

✎ 練習題

1. 請解釋下面名詞 (a) Macrocyclic effect; (b) Trans effect; (c) Ambidentate Ligands; (d) Linkage isomer.

Briefly describe the following terms given. (a) Macrocyclic effect; (b) Trans effect; (c) Ambidentate Ligands; (d) Linkage isomer.

答：(a) Macrocyclic effect：環狀多牙配位基，和金屬鍵結時**平衡常數**比單牙基大很多的效應。(b) Trans effect：在 Trans 位置**配位基**使反應活化能下降，反應速率變快，為 Trans effect，是**動力學**效應。具有強 Trans effect 的配位基通常擁有強 π-**逆鍵結**的能力。(c) Ambidentate Ligands：兩頭都可以鍵結金屬的配位基，如 CN^- 是 Ambidentate ligand，可以 C 或以 N 位置去鍵結金屬。(e) Linkage isomer：如 Ambidentate ligand 以不同位置鍵結金屬形成的異構物稱為 Linkage isomer 如**普魯士藍**和**藤氏藍**。

2. 舉出一般常見配位化合物的立體結構型態。

List the geometries for those are frequently observed in coordination compounds.

答：常見配位化合物的立體結構型態如下。其中以**正八面體**及**正四面體**最為常見。

正四面體　　平面四邊形　　金字塔形　　雙三角錐體　　正八面體

3. 配位化合物的配位數 (Coordination Number, C.N.) 低於 4 或高於 6 都不常見。請說明原因。

The coordination compounds having coordination number smaller than 4 or greater than 6 are rare. Explain

答：常見**配位化合物**的**配位數** (Coordination Number, C.N.) 介於 4 和 6 之間。當配位數小於 4 時，中心金屬離子仍有多餘的軌域可參與鍵結，空間上仍可允許外來配位基加入。反之，當配位數大於 6 時，加入外來配位基空間上可能太擁擠，且中心金屬離子可能已經沒有適當的軌域可參與鍵結。因此，常見的配位數介於 4 和 6 之間。

4.　說明在一般情形下 ML_6 錯合物其配位基 (L) 和金屬 (M) 鍵結以形成正八面體時最為穩定。

Explain a six-coordinated coordination compound (ML_6) with octahedral geometry is the most stable one.

答： 理論上形成化學鍵結會放出能量，所以應該是形成越多鍵越好。可是，太多鍵結會造成**配位基**之間的排擠，且金屬可用於鍵結的適當軌域數目有限。此兩因素的妥協造成六配位**正八面體**是比較理想的鍵結方式。另外，在正八面體的狀態下中心金屬也可以提供適當的軌域（1 個 ns，3 個 np，2 個 (n-1)d 軌域）來和六個配位基鍵結。

5.　在 ML_6 化合物中過渡金屬以 d^2sp^3 混成，化合物將形成正八面體。如果以 d^3p^3 混成，形狀會變成怎麼樣？

For a ML_6 compound, the d^2sp^3 hybridization of the center transition metal will be resulted in an octahedral geometry. How about compound using d^3p^3 hybridization?

答： 錯合物 ML_6 以 d^2sp^3 混成形成**正八面體** (O_h)；錯合物 ML_6 以 d^3p^3 混成形成**三角棱柱形** (D_{3h})。後者比較少見，有時候是因為特別的多牙**配位基**鍵結造成的結果。

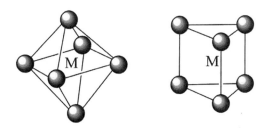

6.　常見四配位化合物有那幾種構型？

What are the frequently observed geometry for four-coordinated metal complex?

答： 含四配位基之配位化合物有兩種常見幾何形狀：**平面四邊形** (Square-Planar) 及**正四面體** (Tetrahedral) 構型。一般而言，正四面體構型比較多。

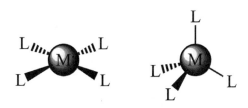

7.
舉出配位基 (L) 和金屬 (M) 鍵結形成正四面體 (ML₄) 的例子。

Provide some examples of four-coordinated coordination compounds (ML₄) with tetrahedral geometry.

答：$CoCl(PPh_3)_3$ 及 $Ni(CO)_4$ 是四配位**正四面體**化合物的例子。另外，$NiCl_4^{2-}$, $PtCl_4^{2-}$ 都是四配位的例子。雖然是同族金屬，而前兩者是正四面體；後兩者是**平面四邊形**。

8.
(a) 解釋爲什麼含過渡金屬的平面四邊形 (square-planar) 錯合物的個數是有限的。
(b) 而含 d^8 金屬離子且配位基具有很強的 π 受能力者可形成平面四邊形錯合物。

(a) Explain the reason why the number of the transition metals containing square-planar complexes are limited. (b) The square-planar complexes might be existed for heavy transition metal with d^8 configurations and coordinated by very strong field ligands which can serve as π acceptors.

答：(a) 四配位錯合物基本上有兩種構型：**正四面體** (T_d) 及**平面四邊形** (SP)。正四面體 (T_d) 構型的四配位基斥力較平面四邊形 (SP) 錯合物爲小。除非**電子效應**的影響，否則四配位錯合物會採取正四面體 (T_d) 構型。

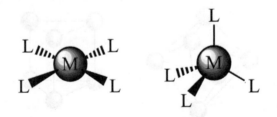

(b) 當正八面體 (O_h) 構型進行 z-軸線上的**楊-泰勒變形** (Jahn-Teller distortion) 到極端情形即會形成平面四邊形 (SP) 錯合物構型。而具有很強的 $\pi-$ 接受能力的配位基有助於形成平面四邊形錯合物。當形成平面四邊形錯合物時其 5 個 d 軌域分裂有利於金屬採取 d^8 電子組態。所以第二及三週期過渡金屬爲 d^8 電子組態及配位基具有很強的 $\pi-$ 接受能力時，錯合物容易形成平面四邊形。第一週期過渡金屬即使具有 d^8 電子組態仍比較可能是**正四面體**。參考第 7 題。

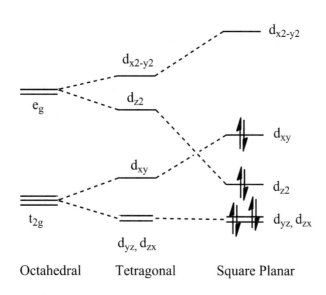

9. 說明分子立體化學的非剛性 (Stereochemically Nonrigidity)。

Explain the "Stereochemically Nonrigidity" of molecule.

答： 分子在室溫或稍微加溫的情況下有可能會產生結構的變異性，則稱此分子具有所謂的**立體化學的非剛性** (Stereochemically Nonrigidity)。

10. 配位基 (L) 和金屬 (M) 鍵結形成雙三角錐形 (ML_5) 時，容易產生幾何結構變動。請說明之。

Explain a five-coordinated coordination compound (ML_5) with trigonal bipyramidal geometry is stereochemically nonrigidity.

答： 在**雙三角錐** (Trigonal BiPyramidal, TBP) 的構型其上配位基有兩種不同環境，即軸線 (axial) 及三角面 (equatorial)，可能會藉著 **Berry 旋轉機制** (Berry's Pseudorotation) 方式來進行位置交換。正八面體 (O_h) 與正四面體 (T_d) 的構型其上配位基環境相同，不容易進行 **Berry 旋轉機制**。

> 請列出以下錯合物可能存在的同分異構體：(a) Co(NH₃)₄(NO₂)(SO₄) (b)
> **11.** [Co(en)₂(NH₃)Cl]²⁺ (c) [Ni(en)₃]²⁺ (en: H₂N-CH₂-CH₂-NH₂)
>
> List all the possible isomers for the complexes given.

答：錯合物可能存在的**同分異構體**如下：

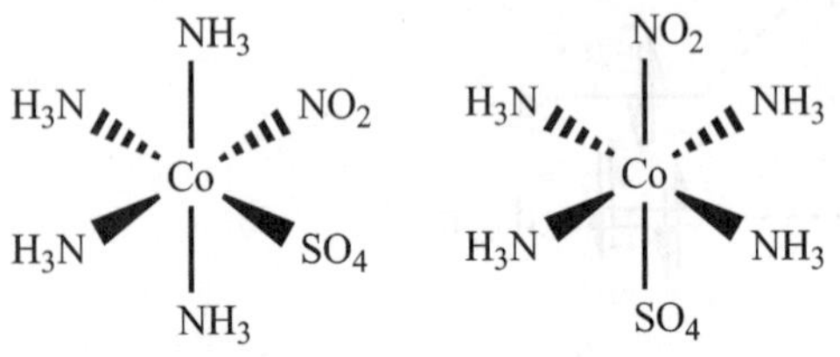

(a)

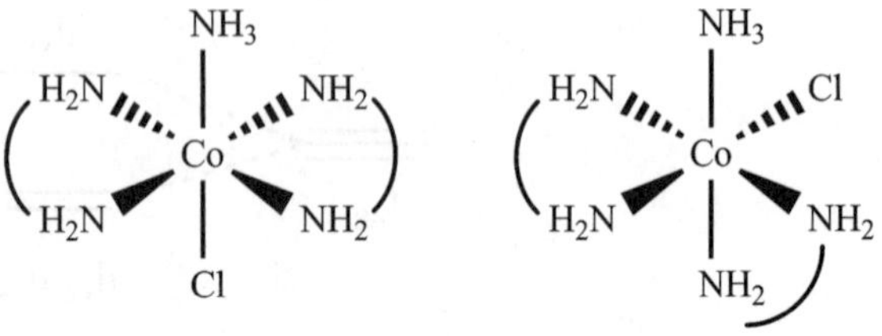

(b)

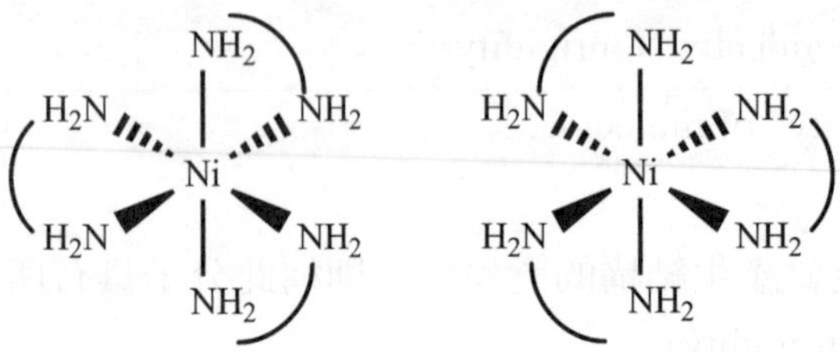

(c)

> 請解釋以下的兩種化合物 PCl₅ 和 CuCl₅³⁻ 的結構差異。在 PCl₅ 中，z 軸的鍵比位
> 於赤道的要長。而在 CuCl₅³⁻ 相反的情況發生。[提示：PCl₅ 是非金屬化合物；
> CuCl₅³⁻ 是金屬錯合物。] 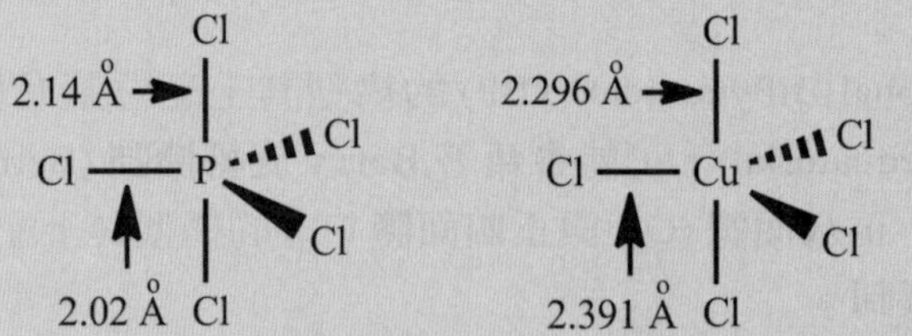
>
> **12.**
>
> Explain the differences in terms of structures for the following two compounds, PCl₅
> and CuCl₅³⁻. In PCl₅, the bond lengths in axis are longer than in equatorial position. It is
> opposite for the case of CuCl₅³⁻. [Hint：One is a non-metal compound; the other one is
> metal complex.]

答：PCl₅ 為非金屬化合物，鍵長以**混成理論**或 **VSEPR 理論**解釋即可。根據混成理論，
　　軸線爲 dp 混成，而三角面爲 sp² 混成，軸線鍵較長，三角面鍵較短。根據 VSEPR 理

論，軸線上配位基有三個和赤道上的配位基 90º 夾角，而在三角面上的配位基只有面對二個 90º 夾角，軸線上配位基受到較大斥力，軸線鍵較長；在三角面上的配位基受到較小斥力，軸線鍵較短。$CuCl_5^{3-}$ 為金屬化合物，鍵長需以**配位場論** (Ligand Field Theory, LFT) 理論說明考慮**配位場穩定能** (Ligand-Field Stabilization Energies, LFSE) 因素。Cu(II) (d^9) 在 TBP 環境，五個 d 軌域在 TBP 環境分成三組且能量分裂由低到高 $(d_{xz}, d_{yz})^4 (d_{xy}, d_{x2-y2})^4 (d_{z2})^1$，$d_{z2}$ 軌域只填入一個電子，產生斥力最小，軸線鍵較短。

13.

以下的金屬錯合物幾何構型通常會含哪種 d^n 電子？ (a) 線性 (Linear, $D_{\infty h}$)；(b) 三角棱柱形 (Trigonal prismatic, D_{3h})；(c) 平面四邊形 (Square planar, D_{4h})；(d) 正二十面體 (Icosahedral, I_h)。

What is (are) the number(s) of d electron(s) for transition metal usually encountered with the following stereochemistry? (a) Linear; (b) Trigonal prismatic; (c) Square planar; (d) Dodecahedral.

答：根據配位場穩定能 (Ligand Field Stabilization Energy, LFSE) 來回答。

(a) **線性** (Linear, $D_{\infty h}$)：$(d_{z2})(d_{yz}, d_{xz})(d_{x2-y2}, d_{xy})$

$$
\begin{array}{ll}
\underline{\qquad} & 5.14 \\
d_{z2} & \\
\\
\underline{\quad}\ \underline{\quad} & 0.57 \\
d_{xz}\quad d_{yz} & \\
\underline{\quad}\ \underline{\quad} & -3.14 \\
d_{x2-y2}\quad d_{xy} &
\end{array}
$$

根據**配位場穩定能** (Ligand Field Stabilization Energy, LFSE) 從 d^1 到 d^8 都可以有 LFSE。d^4 時 LFSE 最大。實際上，如果要盡量趨近 18 電子規則，中心金屬以 d^{10} 為佳。

(b) **三角棱柱形** (Trigonal prismatic, D_{3h})：$(d_{z2})(d_{yz}, d_{xz})(d_{x2-y2}, d_{xy})$

$$
\begin{array}{ll}
\underline{\quad}\ \underline{\quad} & 5.36 \\
d_{xz}\quad d_{yz} & \\
\\
\underline{\qquad} & 0.96 \\
d_{z2} & \\
\underline{\quad}\ \underline{\quad} & -5.84 \\
d_{x2-y2}\quad d_{xy} &
\end{array}
$$

根據**配位場穩定能** (Ligand Field Stabilization Energy, LFSE) 從 d^1 到 d^6 都可以有 LFSE。d^4

時 LFSE 最大。實際上，如果要盡量趨近 18 電子規則，中心金屬以 d^6 為佳。

(c) **平面四邊形** (Square planar, D_{4h})：$(d_{z2})(d_{x2-y2})(d_{xy})(d_{yz}, d_{xz})$

_____ 12.28
d_{x2-y2}

_____ 2.28
d_{xy}
_____ -4.28
d_{z2}
_____ _____ -5.14
d_{xz} d_{yz}

根據配位場穩定能 (Ligand Field Stabilization Energy, LFSE) 從 d^1 到 d^8 都可以有 LFSE。
d^6 時 LFSE 最大。實際上，**平面四邊形**通常為 d^8。平面四邊形為 16 電子。

(d) **正二十面體** (Icosahedral, I_h)：五個 d 軌域都簡併狀態。從 d^1 到 d^9 都沒有 LFSE。因
為正二十面體的配位數大，提供電子數多，如果要盡量趨近 18 電子規則，中心金
屬 d 電子數要少。

14.
請說明為什麼在大多數五配位金屬錯合物容易形成雙三角錐 (Trigonal BiPyramidal, TBP)。

Explain why the Trigonal BiPyramidal (TBP) geometry is dominated in most of C.N. = 5 complexes.

答：五配位金屬錯合物可能形成**雙三角錐** (Trigonal BiPyramidal, TBP) 或**金字塔形** (Square Pyramidal, SPy)。前者的配位基之間的排擠比較小。若非電子效應或特殊多牙配位基的影響，五配位金屬錯合物容易形成雙三角錐構型。實際上，五配位金屬錯合物常見的是雙三角錐構型。

15.
正八面體金屬錯合物 (ML_6) 的點群符號是 O_h。如果將正八面體以軸線位置拉起或以三角面拉起配位基引發變形，變形後的點群符號是什麼？

The point group symbol for ML_6 with octahedral geometry is O_h. What is the point group symbol after tetragonal distortion or trigonal distortion out from O_h?

答：將正八面體以軸線位置拉起，變形後的**點群符號** $O_h \rightarrow D_{4h}$；將正八面體以以三角面拉起，變形後的點群符號是 $O_h \rightarrow D_{3d}$。

 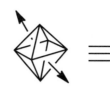

指出三角棱柱形錯合物 $M(a⌒a)_3$ 所有可能的同分異構物。配位基 $a⌒a$ 為平面雙牙基。其中可能有任何一種同分異構物具有光學活性嗎？請指出這些同分異構物的點群。

16. Sketch possible isomers for a trigonal prismatic complex $M(a⌒a)_3$, where $a⌒a$ is a planar bi-dentate ligand. Could any of these be optically active? Assign the point group for each isomer.

答：三角棱柱形錯合物 $M(a⌒a)_3$ 有兩種可能的**同分異構物**如下圖。任何一種同分異構物都有對稱面，因而不具有光學活性。此兩同分異構物的點群分別為 D_{3d} 及 C_{2v}。

根據 Werner 六配位正八面體的模型，配位化合物 $[Co(NH_3)_3Cl_3]$ 會有幾種可能（幾何）異構物？

17.

How many geometric isomers are possible for $[Co(NH_3)_3Cl_3]$ according to Werner's octahedral six-coordinated metal complex model?

答：根據 Werner **正八面體**六配位模型，配位化合物 $[Co(NH_3)_3Cl_3]$ 會有兩種可能（幾何）**異構物**。

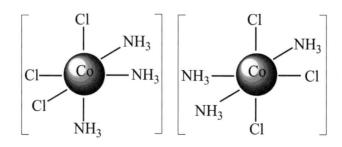

18.

含 Ir 金屬的配位化合物 Na_2IrCl_6 在 CO 壓力及二甘醇（二乙二醇醚，diethylene glycol）存在下與 triphenylphosphane 反應，產生 trans-$[IrCl(CO)(PPh_3)_2]$，此爲有名的 Vaska's 化合物。接著，在過量 CO 壓力存在下產生了新的五配位的配位化合物。最後，在乙醇存在下和 $NaBH_4$ 反應，產生 $[IrH(CO)_2(PPh_3)_2]$。請繪出這三個配位化合物分子結構。

The Ir-containing compound Na_2IrCl_6 reacted with triphenylphosphane in diethylene glycol and under an atmosphere of CO to give trans-$[IrCl(CO)(PPh_3)_2]$. It is a well-known Vaska's compound. Subsequently, it was converted to a five-coordinate species under excess CO. Further treatment of it with $NaBH_4$ in ethanol yielded $[IrH(CO)_2(PPh_3)_2]$. Draw out the structures for these three complexes.

答：Na_2IrCl_6 在 CO 壓力及與 PPh_3 反應，Ir(VI) 被還原成 Ir(I)，產生 Vaska's 化合物 **(A)** trans-$[IrCl(CO)(PPh_3)_2]$。在過量 CO 壓力下，產生 **(B)**。在還原劑 $NaBH_4$ 存在下反應，產生 **(C')** 或 **(C")**。這一系列步驟包含**還原反應**及**取代反應**。CO 及 PPh_3 扮演取代基的角色。扮演還原劑功能的爲 $NaBH_4$，可能也包括 CO 及 PPh_3。

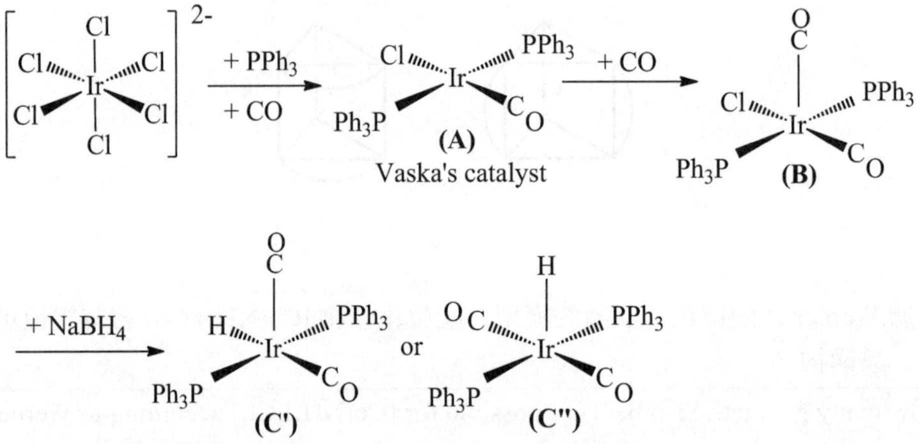

19.

繪製下列化合物可能（如果有）的異構物：(a) $Co(en)_3^{3+}$; (b) $CoCl_2(en)_2^+$; (c) $Pt(NH_3)_2Cl_2$; (d) $Fe(CO)_5$。

Draw all possible isomers (if any) for the compounds presented.

答：除了 $Fe(CO)_5$ 外，下列化合物的異構物如下。

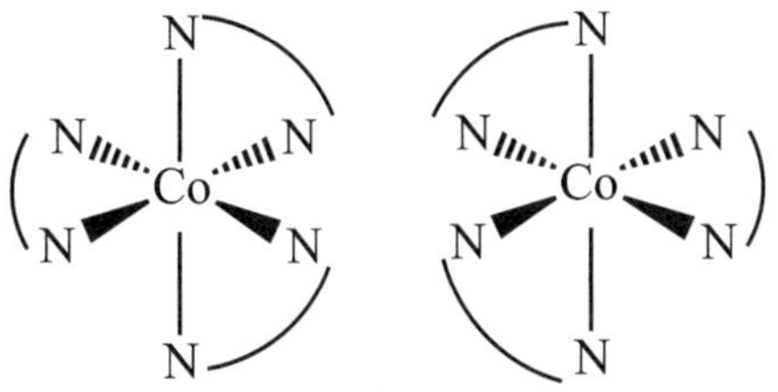

(a)

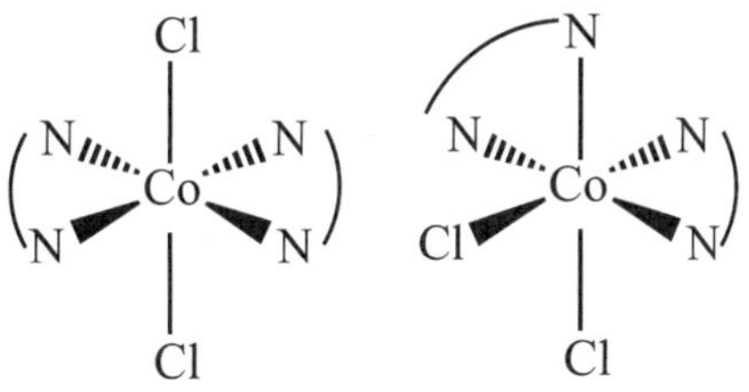

(b)

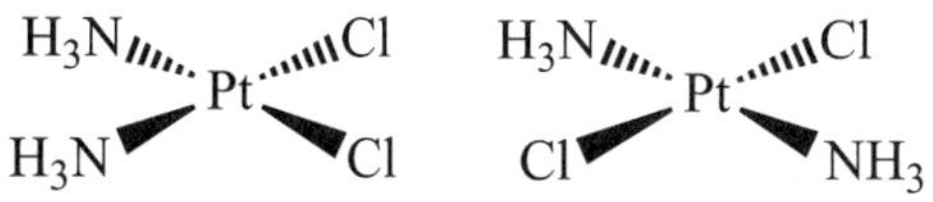

(c)

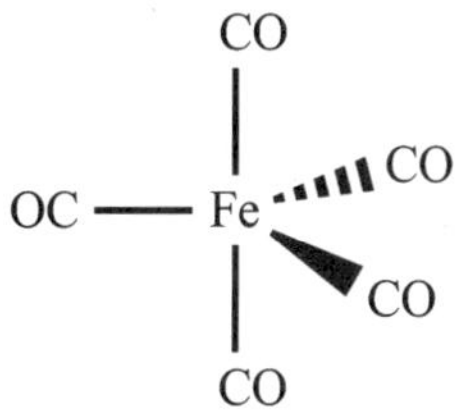

(d)

20.
繪製 $Cr(CO)_4(PH_3)_2$ 所有可能的異構物。那一個異構物最穩定？可以通過它們的紅外吸收的個數簡單地來判斷這些異構物嗎？

Draw out all possible isomers for $Cr(CO)_4(PH_3)_2$. Which isomer is the most stable one? Reason? Can one identify these two isomers by simply judging their IR signal numbers?

答：根據 π-**軌域競爭**理論，在互為 *trans* 位置的**配位基**競爭中心金屬的 π 軌域。通常一邊鍵結強，則另一邊鍵結弱。當 Cr 的對邊配位基以 CO 和 PH_3 時最好，對位兩邊配位基同時為 PH_3 並不好。因此，構型 (A) 比較穩定。*Trans* form 構型 (B) 結構比 *Cis* form 結構異構物對稱，越對稱越容易形成**簡併狀態**，IR 吸收峰的個數越少。可由 IR 吸收峰個數的多寡來區分異構物的構型。要預測兩者的 IR 吸收峰個數可由**群論**來推導。

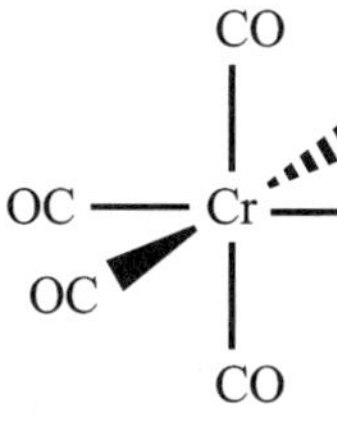

(A) 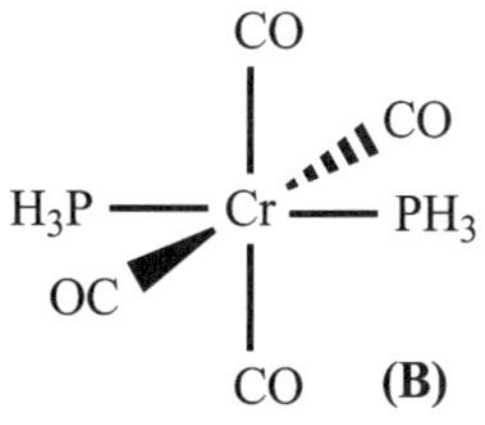 **(B)**

21.
請說明以下觀察現象：$W(CO)_6$ 與三當量 PH_3 的反應導致形成 *fac*-$W(CO)_3(PH_3)_3$，而不是 *mer*-$W(CO)_3(PH_3)_3$。

Explain the following observations: The reaction of $W(CO)_6$ with three molar equivalents of PH_3 leads to the formation of *fac*-$W(CO)_3(PH_3)_3$ rather than *mer*-$W(CO)_3(PH_3)_3$.

答： PH₃ 取代 CO，最好形成線形 OC-M-PH₃ 的鍵結比較穩定。其中 PH₃ 提供電子密度，而 CO 可以將電子密度以 π-backbonding 方式移走。當三個 CO 都以此方式被三個 PH₃ 取代，自然形成 *fac*-W(CO)₃(PH₃)₃。

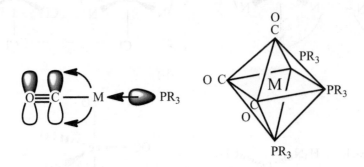

補充說明： 當 PH₃ 換成 R 基很大的 PR₃ 時，因爲立體障礙的因素可能形成 *mer*-W(CO)₃(PR₃)₃。

22.
(a) 繪出 [Pt(SCN)₂(NH₃)₂] 的所有可能異構物。哪一個最穩定？ (b) 以同樣方式處理 [Pt(SCN)₂(PR₃)₂]。

(a) Draw out all possible isomers for [Pt(SCN)₂(NH₃)₂]. Which one is the most stable? (b) Do the same to [Pt(SCN)₂(PR₃)₂].

答： (a) 對位的兩個配位基（L₁ 和 L₂）互相競爭中心金屬 (M) 可鍵結的軌域，特別是 d 軌域。當一邊鍵結強時 (L₁)，使用到比例比較多中心金屬可鍵結的軌域；而另一邊鍵結使用到比例比較少中心金屬可鍵結的軌域；因而鍵變弱 (L₂)。最好的情形是金屬對位兩邊鍵結的配位基一強一弱。

根據**硬軟酸鹼理論** (Hard and Soft Acids and Bases, HSAB) 的分類，含硫視爲「軟鹼」；含氮取代基一般被視爲「硬鹼」。和 Pt 金屬鍵結一強一弱最好。因此，(I) 比 (II) 穩定。

$$H_3N\cdots Pt \cdots SCN \quad H_3N\cdots Pt \cdots NCS$$

H₃N⁗Pt⁗SCN （I）　　　H₃N⁗Pt⁗NCS （II）

(b) 根據 HSAB 的分類含硫或含磷視為「軟鹼」；含氮取代基一般被視為「硬鹼」。
和 Pt 金屬鍵結一強一弱最好。因此，(IV) 比 (III) 穩定。

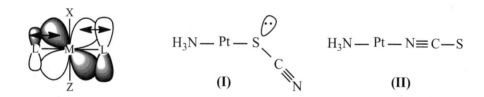

(III)   (IV)

23.

SCN$^-$ 是一個雙向配位基 (Ambidentate Ligand)。根據 π-軌域競爭 (Competition of π-orbitals) 的理論，請繪製出並解釋順式結構 *cis*-[Pt(L)$_2$(NH$_3$)$_2$] 和 *cis*-[Pt(L)$_2$(PR$_3$)$_2$]。L：SCN$^-$。

SCN$^-$ is an ambidentate ligand. Draw out the stable structural isomers of *cis*-[Pt(L)$_2$(NH$_3$)$_2$] and *cis*-[Pt(L)$_2$(PR$_3$)$_2$] and explain this phenomenon based on the theory of "Competition of π-orbitals". L：SCN$^-$.

答：根據 π 軌域競爭理論，在互為 *trans* 位置的配位基競爭中心金屬的 π 軌域。通常一邊鍵結強，則另一邊鍵結弱。當 Pt 的一邊配位基為 NH$_3$ 時，SCN$^-$ 以 S 頭接金屬比以 N 頭接金屬要好。因此，(I) 比 (II) 穩定。

(I)   (II)

當 Pt 的一邊配位基為 PR$_3$ 時，SCN$^-$ 以 N 頭接金屬比以 S 頭接金屬要好。因此，(IV) 比 (III) 穩定。

(III)   (IV)

24.

液態 ^{31}P NMR 核磁共振光譜顯示平面四邊形 (square planar) 化合物 [Pt(SCN)$_2$(Ph$_2$PCH$_2$PPh$_2$)] 為兩種同分異構物的混合。^{31}P NMR 在 298 K 時顯示一個寬的信號，在 228 K 時顯示兩個 singlets 和兩個 doublets (J = 82 Hz)，而且觀察到這些信

號的相關積分和溶劑有關。(a) 畫出此化合物的可能異構物的結構。(b) 合理化所顯示的核磁共振光譜資料。

The solution ^{31}P NMR spectrum pattern of a sample exhibits a mixture of isomers of the square planar complex [Pt(SCN)$_2$(Ph$_2$PCH$_2$PPh$_2$)]. It shows one broad signal at 298 K. At 228 K, two singlets and two doublets (J = 82 Hz) are observed and the relative integrals of these signals are solvent-dependent. (a) Draw out the structures of all possible isomers of [Pt(SCN)$_2$(Ph$_2$PCH$_2$PPh$_2$)]. (b) Rationalize the ^{31}P NMR spectroscopic data.

答：SCN$^-$ 是**雙向配位基 (Ambi-dentate ligand)** 可以利用不同配位原子（S 或 N）配位到金屬上形成異構物，如下圖。這些異構物的極性不同，它們在溶劑中的溶解度和溶劑極性有關，它們之間在溶劑中的溶解度百分比就會不同。在低溫 (228 K) 時，分子在不同構型間的轉換變慢，異構物就能被辨別出來，顯示出兩組吸收峰。在相對高溫 (298 K) 下，分子在不同構型間的轉換變快，具有**流變現象 (Fluxional)**，只會顯示一個寬的信號。

配位化合物 [Co(NH$_3$)$_3$ONO]$^{2+}$ 在外面有 NO$_2^-$ 離子存在下加熱時會轉換為另一個異構體物，產物主要是 NO$_2^-$ 配位基的方位改變。如何證明這是一個分子內或分子間的重排反應？

25.

The nitrito isomer of [Co(NH$_3$)$_3$ONO]$^{2+}$ was observed to convert to its isomer upon heating in the presence of NO$_2^-$. How to differentiate whether the conversion is through intra-molecular or inter-molecular rearrangement process?

答：可以同位素實驗方法來區分。如果以加熱 [Co(NH$_3$)$_3$ONO]$^{2+}$ 為開始，而外面有同位素 N^{18}O$_2^-$ 離子，若 [Co(NH$_3$)$_3$ONO]$^{2+}$ 分子內的 NO$_2^-$ 配位沒有被換成在外面的 N^{18}O$_2^-$ 離子時，顯示這是一個分子內的重排。如果以加熱 [Co(NH$_3$)$_3$^{18}ON^{18}O]$^{2+}$ 為開始，而外面有 NO$_2^-$ 離子，若 [Co(NH$_3$)$_3$^{18}ON^{18}O]$^{2+}$ 內的 N^{18}O$_2^-$ 配位沒有換成 NO$_2^-$ 離子，顯示這是一個分子內的重排，如果有交換則為分子間的反應。

26.

> 承上題，如果 [Co(NH₃)₃ONO]²⁺ 在加熱時進行分子內重排而轉換爲另一個異構物。請繪出此分子內的重排過程中所有的分子結構。
>
> The nitrito isomer of [Co(NH₃)₃ONO]²⁺ was observed to convert to its isomer upon heating and through intra-molecular rearrangement process. Draw out the conversion process with corresponding molecular structures.

答：如果是分子內的重排，其可能機制如下。

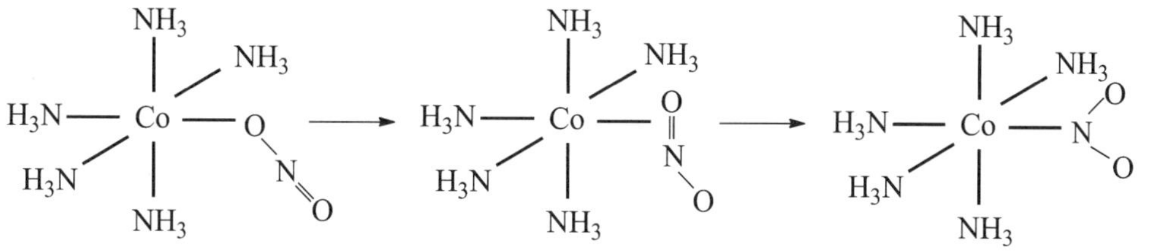

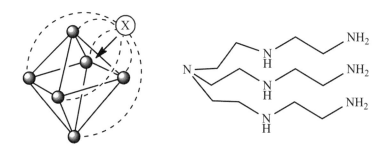

27.

> 請說明爲什麼配位基 tren 的衍生物 (N(CH₂CH₂NHCH₂CH₂NH₂)₃) 的第七個配位不能視爲眞正的鍵結。
>
> Explain why the seventh coordination of the ligand derived from tren (N(CH₂CH₂N-HCH₂CH₂NH₂)₃) is not normally counted as a real bonding.

答：形成化學鍵結需要有適當的軌域來重疊。中心金屬在 facial 位置提不出適當的軌域來和配位基 tren 的衍生物的第七個配位重疊，因此，第七個配位不能視爲眞正的鍵結。另外原因是**立體障礙因素** (Steric Effect)，形成第七個配位太擁擠，並不適合鍵結。

28.

> 定義 "Linkage isomer"，舉出一個例子。
>
> Define "Linkage isomer" and provide an example for it.

答：有些**雙向配位基** (Ambidentate Ligands) 可以不同原子配位到金屬上形成異構物，稱爲 Linkage isomer。有名的例子如 KFe[Cr(CN)₆] 和 KCr[Fe(CN)₆]，CN⁻ 可以 C 鍵結到 Cr

或 Fe。反之，CN⁻ 也可以 N 鍵結到 Cr 或 Fe 形成 Linkage isomer。

(a) 以下兩個化合物具有相同的分子式，相同的結構。然而，這兩種化合物卻有著不同的顏色。請解釋上述實驗觀察現象。(b) 基於你所學到的理論來判斷哪些化合物是穩定的？[提示：CFSE 的概念]

$Fe^{2+} + K^+ + [Cr(CN)_6]^{3-} \rightarrow KFe[Cr(CN)_6]$ Brick red

29.

$KFe[Cr(CN)_6] \xrightarrow{100\ ^oC} KCr[Fe(CN)_6]$ Dark green

---

(a) Explain the observations in the following experiments. Two compounds are with the same formulas and the same structures; yet, these two compounds are with different color.
(b) Which compound is more stable? Judged it based on the theory you have learned.
[Hint：The concept of CFSE]

答：(a) 這是 "Linkage Isomer" 的例子。有些**雙向配位基** (Ambi-dentate ligand) 可以不同配位原子配位到金屬上形成異構物，如 $KFe[Cr(CN)_6]$ 和 $KCr[Fe(CN)_6]$。當配位基可以不同配位原子配位到金屬上時，形成不同強度配位場，因而顏色不同。(b) CN^- 為雙向配位基，以 C 原子配位比以 N 原子配位，配位場較強。Cr^{3+} (d³)：–12 Dq；Fe^{2+} (d⁶)：–24 Dq。以 C 原子配位 Fe^{2+} 比配位 Cr^{3+} 好。從**配位場穩定能** (Ligand Field Stabilization Energy, LFSE) 的觀點來看，$KCr[Fe(CN)_6]$ 比 $KFe[Cr(CN)_6]$ 穩定。

---

30. 定義光學活性 (Optical Active Molecule) 的分子。

Define "Optical Active Molecule".

答：當一偏極光通過分子時其光線會偏轉某一個特定角度，此分子就是一個具有**光學活性**的分子。此分子的另一**鏡像異構物**會使偏極光偏轉同樣角度，但為相反方向。如果將兩個鏡像異構物以 1:1 混合，偏極光通過時不會產生偏轉。

31.

如果一個有機分子某中心碳原子的四個取代基都不一樣時（充分非必要條件）此分子具有兩個鏡像異構物。此兩個鏡相異構物不能完全重疊。這時候個別的異構物具有光學活性 (Optical Active)。說明之。

While an organic compound with four substituents on a specific carbon center are different it exhibits a specific character that turns the polarized light to a certain angle. This type of compound is called "Optical Active Molecule". Explain.

答：如果一中心碳原子的四個取代基都不一樣時此分子具有兩個**鏡像異構物**。當一偏極光通過此個別的異構物有機分子時其偏極光會偏轉一個特定角度。這時候個別的異構物具有**光學活性** (Optical Active)。

補充說明：生物體內分子幾乎都是由具有**光學活性**的分子組成。

32.

兩個互爲鏡像異構物的化合物的熔點、沸點、對溶劑的溶解度都相同，可否視爲化學性質相同的化合物？

The melting point, boiling point and solubility in solvent are the same for two enantiomers. Can they be considered as chemically identical compounds?

答：**鏡像異構物** (Enantiomers) 的熔點、沸點、對溶劑的溶解度都相同，但是在對應於同樣具有**光學活性**的鏡像異構物的化學反應性就會顯現出不同。因此，兩個互爲鏡像異構物的化合物不能視爲化學性質相同的化合物。

33.

在催化反應中，少數特殊含金屬催化劑具有提供反應不對稱介面的功能，使反應具有位向選擇性 (Selectivity) 的結果。說明之。

In catalytic reaction, some specifically treated metal-containing catalysts might exhibit asymmetric property in catalysis. It will be resulted in producing the product(s) with specific selectivity. Explain.

答：少數特殊含金屬催化劑被具有不對稱中心的**配位基**配位，因而具有提供反應不對稱介面的功能，使催化反應具有**位向選擇性** (Selectivity)。近來有名的**不對稱合成反應** (Asymmetric Synthesis) 其中所使用的催化劑通常在其金屬上配位具有**光學活性**的磷配位基 (Chiral Phosphine Ligand)，且通常爲雙牙磷基，這些具有光學活性的磷基在此扮演重要的角色，對產物的光學活性純度具有相當決定性的影響。最後得到具有光學活性的產物的立體方位選擇性和催化劑的**立體障礙因素** (Steric Effect) 有關。

34. 配位基 BINAP 的 Chiralilty 源自何處？

Where is the "Chiralilty" of the ligand BINAP originated?

答：**配位基 BINAP 的 Chiralilty 並非源自磷基，而是源自 BINAP 的骨架。兩個苯環上的氫一上一下，或一下一上，造成鏡像異構物**，個別的異構物形成 Chiralilty。當一偏極光通過個別的鏡像異構物時其光線會偏轉某一個特定角度，另一鏡像異構物會使偏極光偏轉同樣角度，但為相反方向。可見碳原子以 sp^3 混成且四取代其為不同基團造成鏡像異構物並非必要條件。

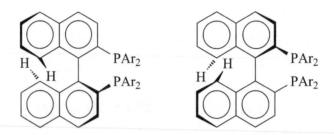

35. 兩個鏡相異構物不能完全重疊稱為光學異構物 (Optical Isomers)，試說明錯合物 $[Pt(en)_3]^{4+}$ 具類似正八面體構型會有鏡像異構物。

While two mirror-image molecules cannot be superimposed, they are optical isomers. Explain that two isomers of $Pt(en)_3^{4+}$ in pseudo-octahedral geometry are optical isomers.

答：錯合物 $[Pt(en)_3]^{4+}$ 的兩個鏡像化合物不能完全重疊，為**鏡像異構物**，或稱為**光學異構物** (Optical Isomers)。從群論的觀點，$[Pt(en)_3]^{4+}$ 的點群是 D_3，是由全旋轉對稱操作所組合，此種點群即有光學活性。

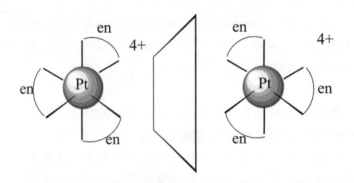

36. 繪製下列每個化合物及其鏡像結構。有哪些顯示光學活性 (Optical Active) 屬性？

(a) $cis\text{-}[Co(en)(ox)(H_2O)_2]^+$; (b) $cis\text{-}[Co(en)_2(H_2O)_2]^{3+}$; (c) $[Co(en)(ox)_2]^-$; (d) $[Co(en)_3]^{3+}$; (e) mer-MA_3B_3; (f) $[Cr(ox)_3]^{4-}$.

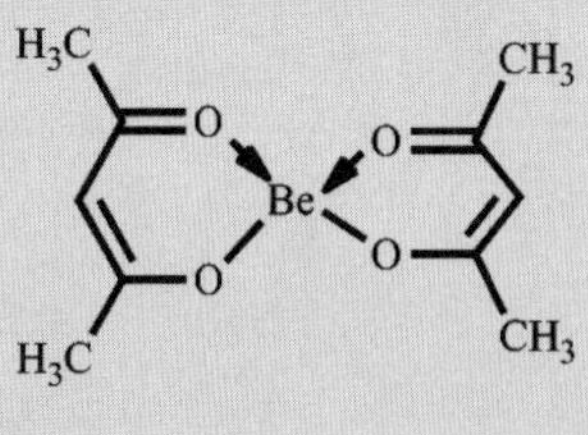

(g)

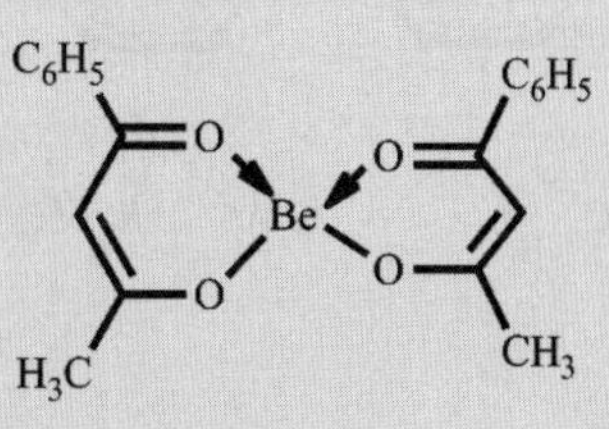

(h)

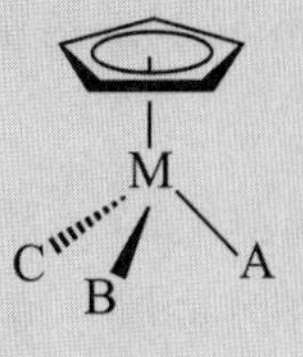

(i)

{en：NH$_2$CH$_2$CH$_2$NH$_2$, ox： 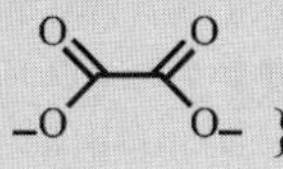 }

Draw its mirror image for each of the compound given. Which of them exhibits optical active property?

答：

(a) 有光學異構物

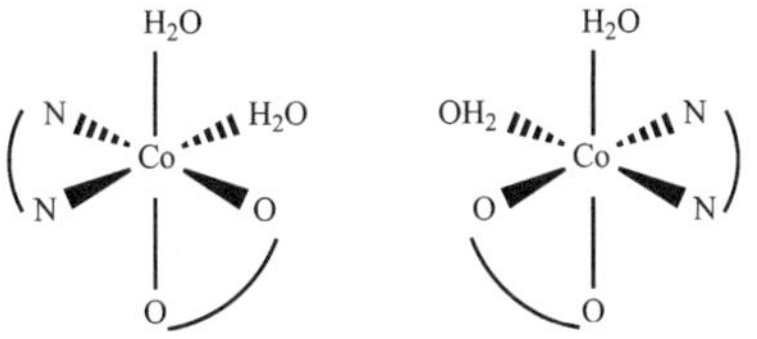

(b) 沒有光學異構物

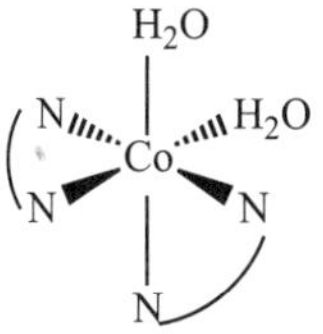

(c) 有光學異構物

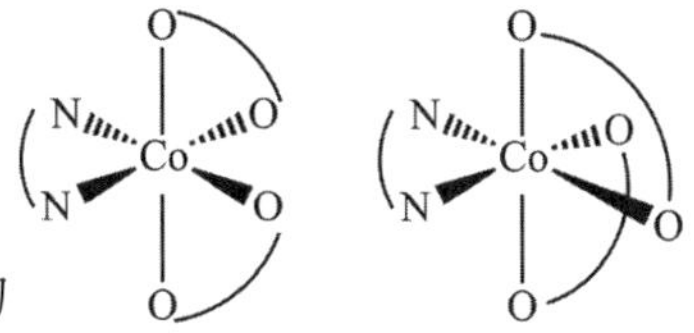

(d) 有光學異構物

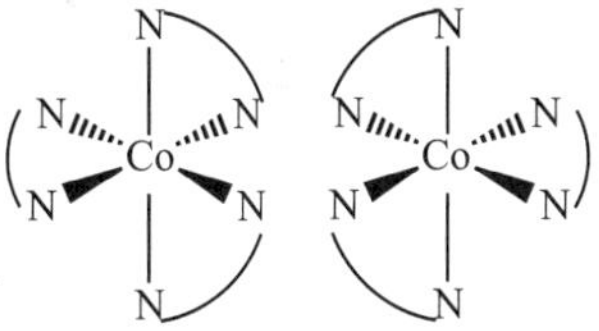

(e) 沒有光學異構物

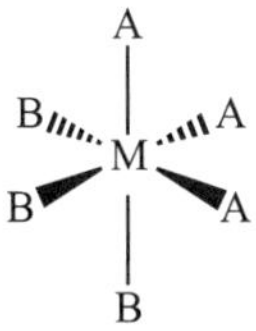

(f) 有光學異構物

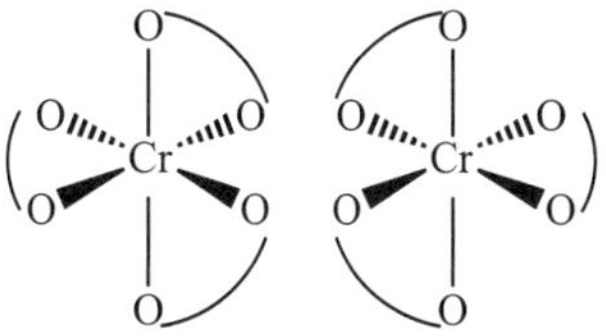

(g) 沒有光學異構物

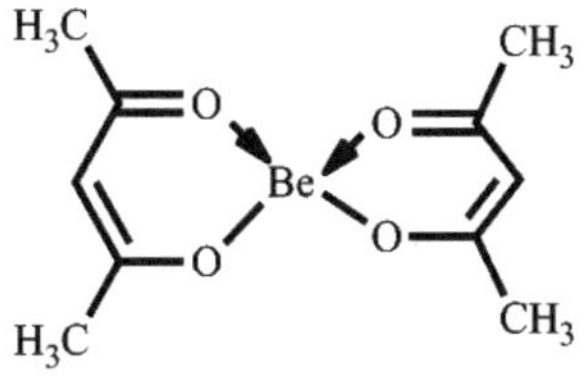

(h) 有光學異構物

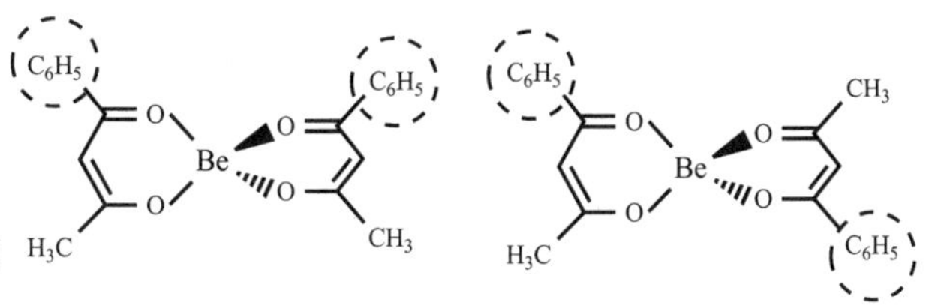

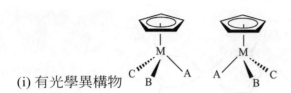

(i) 有光學異構物

37. 說明雙核配位化合物有直接金屬－金屬鍵結者不多的原因。

Explain the reason why the bimetallic complexes with direct metal-metal bond are rare.

答：**配位化合物的**中心金屬通常為高氧化態。當發生直接金屬－金屬鍵結時，將會累積太多正電荷，造成分子不穩定。因此，在雙核配位化合物中具有直接金屬－金屬鍵結者並不多見。

38. 有名的同核雙金屬化合物 $Re_2Cl_8^{2-}$ 有直接金屬－金屬四重鍵 (Quadruple Bond)。Re 為高價數，為何 $Re_2Cl_8^{2-}$ 能存在直接金屬－金屬鍵？高價數的兩個 Re 離子不會互相排斥嗎？

A famous bimetallic compound $Re_2Cl_8^{2-}$ contains direct metal-metal bond. Two Re atoms are in their high valence state (+3). How to rationalize that $Re_2Cl_8^{2-}$ can have direct metal-metal bond since the closeness of two Re atoms, which are in high valence state, shall repulse each other?

答：**科頓** (F. A. Cotton) 在 1964 年發現**同核雙金屬化合物** $Re_2Cl_8^{2-}$ 具有金屬－金屬間**四重鍵** (Quadruple Bond)。這四重鍵分別為 1 個 σ，2 個 π，及 1 個 δ。Re 為第三列過渡金屬，體積較大，既使具有高價數，仍然可分散。況且形成四重鍵鍵能足以拉住具有高價數的雙金屬。

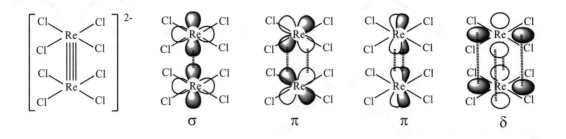

39. 舉出有名的 A frame 雙核金屬配位化合物例子。

Name some examples of bimetallic complexes with famous A-frame structure.

答：以下爲 **A frame 雙核金屬配位化合物**的例子。此類型分子中有一骨架由兩個 Cl、兩個 Rh 及一個 C 形成的外觀類似「A」字，稱爲 **A frame 雙核金屬配位化合物**。

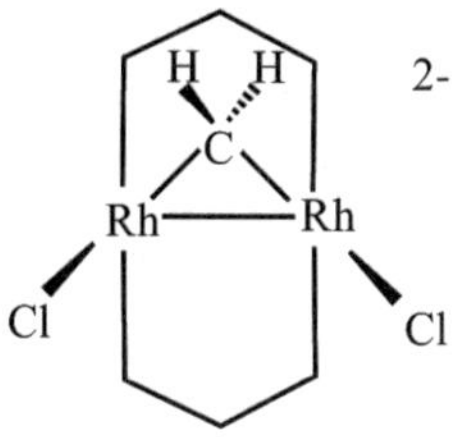

$$dpm = Ph_2PCH_2PPh_2$$

$$dam = Ph_2AsCH_2AsPh_2$$

40.

早期化學家合成含有直接金屬－金屬鍵的雙核金屬化合物的目的之一是要催化小分子量的雙原子分子（如 H_2 或 CO）的斷鍵。說明之。

One of the purposes for the chemists to synthesize the bimetallic complexes containing metal-metal bond in the early days was to utilize them in breaking the chemical bonds of small molecules such as H_2 or CO. Explain.

答：對同核（或異核）雙金屬化合物的合成及化性探討曾經是很熱門的研究題目。因爲早期化學家認爲雙金屬化合物在將氫分子斷鍵的過程中可能比單金屬化合物來得更爲容易。而氫分子斷鍵步驟在很多催化反應中是很關鍵的一步。以下爲以**雙核金屬化合物**裂解 H_2 的示意圖。

41.

哪些是雙核金屬配位化合物常見的**架橋配位基** (Bridging Ligand)？

What are the frequently used bridging ligands in bimetallic complexes?

答：通常**架橋配位基**具有一個形狀接近球狀可參與鍵結的**前沿軌域** (Frontier orbital)，容易和雙金屬相對應的軌域鍵結，形成類似**香蕉鍵** (Banana bond) 的結果。常見架橋配位基有 X^-, H^-, CH_3, Ph 等等。最常見的是 X^-。以下爲一些以架橋配位基形成的多核金屬配位化合物例子。

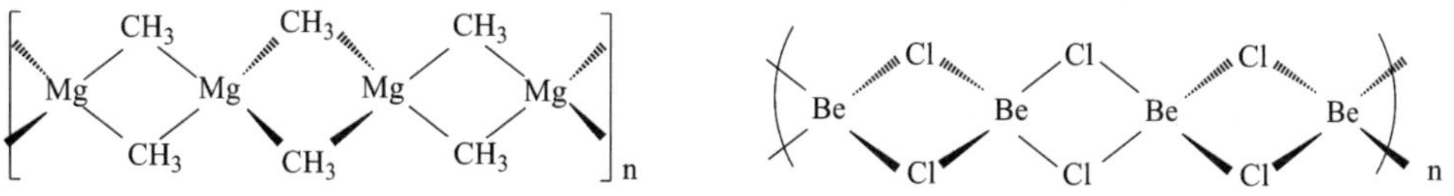

42.

有一含鉬的雙核金屬化合物 $[Mo_2(PMe_3)_2Cl_7]^-$ 有兩個異構物。請繪出異構物並描述其為幾何或光學異構物。

A Mo-containing homo-bimetallic compound having the chemical formula $[Mo_2(PMe_3)_2Cl_7]^-$ has two isomeric forms. Plot out these two isomers and also point out which categories of isomers are they belong to, geometric, optical, or structural. Describe the geometry around the molybdenum center. (F. A. Cotton, R. L. Luck, *Inorg. Chem.* **1989**, *28*, 182.)

答：可能的主要**異構物**如下：有三個 Cl^- 架橋**配位基**的 **(A)** 及有一個 Cl^- 架橋配位基的 **(B)**。異構物 **(A)** 可視為 **A frame** 雙核金屬配位化合物例子。

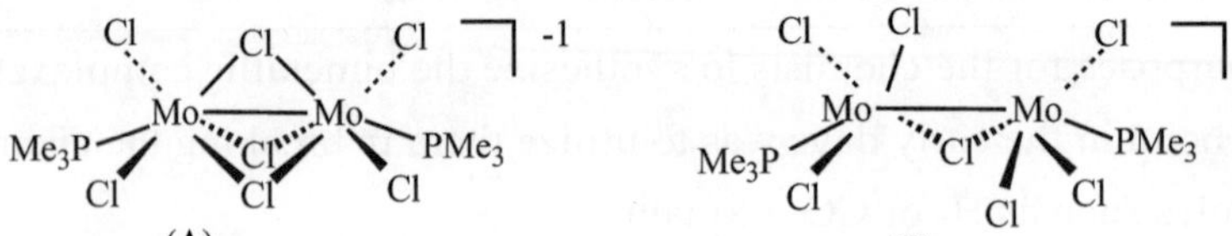

(A) 又可區分為異構物 (A_1)、(A_2) 及 (A_3)，A_1 沒有**鏡像異構物**，為**幾何異構物**。

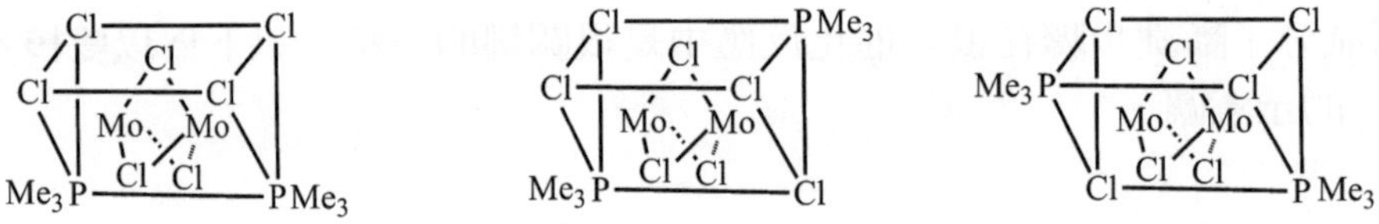

43.

化合物 $M_2(MeNCH_2CH_2NMe)_3$ (M: Mo, W) 有金屬–金屬三鍵。繪出化合物結構並說明鍵結。

There are triple bonds between two metals for these compounds $M_2(MeNCH_2CH_2NMe)_3$ (M: Mo, W). Sketch out the structures for these compounds and explain the bonding.

答：化合物 $M_2(MeNCH_2CH_2NMe)_3$ (M: Mo, W) 可能的結構如下，類似三角菱鏡被雙牙配位基連結。雙牙配位基 $MeNCH_2CH_2NMe$ (en) 的鏈不長，無法做遠距離配位，只能在相鄰位置配位。

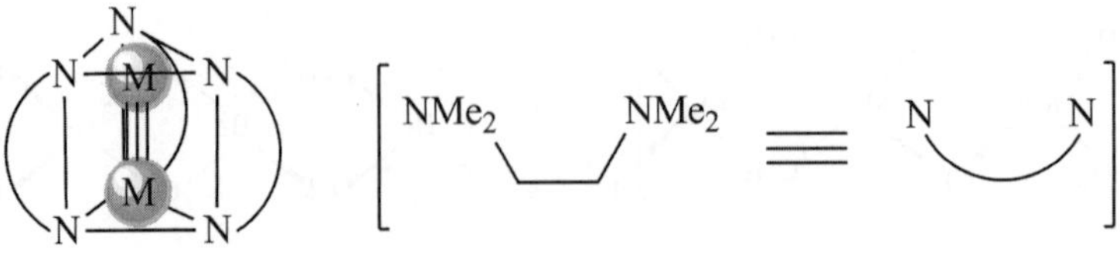

M: Mo, W

也有可能如下的結構，即類似**大衛之星**的構型。

 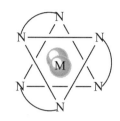

M: Mo, W

44.

配位化合物在生物中的重要性不能低估。舉出一些有名例子。

The importance of coordination complexes in biological system cannot be overlooked.
Illustrate it.

答：**葉綠素**是很重要的生物大分子，它存在植物細胞內的葉綠體中，參與重要的**光合作用**。葉綠素反射綠光並吸收紅光和藍光，使植物呈現綠色。葉綠素的中心是環狀配位基 Porphine 螯合 Mg^{2+} 離子。**血紅素**中心是環狀配位基 Porphine 螯合 Fe^{2+} 離子，是很重要的生物分子，血紅素在肺部與氧結合後，把氧藉由血流的流動搬運到身體各部份組織的微血管末梢，然後釋放出來。血紅素中心是由四個稱為 heme 的單位組成。在 heme 的上下各接一 protein 及 O_2 或 H_2O。O_2 形成強場，使 $Fe^{2+}(d^6)$ 成逆磁性，吸收短波長呈現紅色。H_2O 形成弱場，使 $Fe^{2+}(d^6)$ 成順磁性，吸收長波長呈現藍色。這兩種配位化合物在生命現象中不可或缺。

45.

舉出多核金屬配位化合物的例子。

Please provide an example of multi-nuclear coordination compound.

答：這裡舉一個有名的無機配位化合物的例子。台灣大學**彭旭明**教授利用實驗室研究鏈狀多牙配位基來配位多個金屬（或多種不同金屬）形成多核配位化合物。這些金屬之間有些具有金屬－金屬鍵，而有些則沒有，單純利用多牙配位基來連結。在他們研究的系統中，因為鏈狀多牙配位基和金屬必須形成穩定配位的關係，四條配位基鏈形成螺旋狀。這當中的金屬可為同核或異核，價數可以不同。

 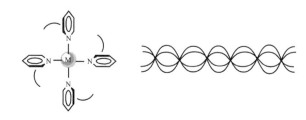

46. 多核（至少三個以上金屬（含）所組成）金屬配位化合物具有直接的金屬－金屬鍵稱爲叢金屬化合物 (Metal Cluster Compounds)。早期化學家合成含叢金屬化合物的目的爲何。說明之。

A multi-nuclear metal compounds (number of metals ≥ 3) is called "Metal Cluster Compounds". What is the purpose for chemists to synthesize these types of compounds?

答：早期催化反應幾乎都由單金屬化合物來執行。有些化學家認爲多核金屬能提供更多反應界面，也許能有更好的催化效果。因此，化學家合成一些**叢金屬化合物** (Metal Cluster Compounds) 來試著執行催化反應。但後來發現大多數叢金屬化合物執行催化反應產物的選擇性不佳。合成叢金屬化合物另一個目的是研究在多核金屬化合物內金屬－金屬鍵特性。

47. 在催化反應中單核金屬化合物通常比多核金屬化合物具有更好的位向選擇性 (Selectivity)。說明之。

In catalytic reaction, a mono-nuclear metal compound always exhibits better result than a multi-nuclear metal compound in terms of selectivity. Explain.

答：在**單核金屬化合物**當催化劑的催化反應過程中，配位基可藉由解離，空出位置讓反應物和中心金屬直接作用。反應物比較有大的迴旋空間調整方位以達到**位向選擇性**的目的。而**多核金屬化合物**比較擁擠，不容易空出適當位置讓反應物以正確方位和特定金屬直接作用，因而位向選擇性差。

48. 簡短描述下述群論的名詞：(a) Order; (b) Class; (c) Improper axis; (d) Character; (e) Irreducible Representation。

Briefly describe the above provided terms as derived from Group Theory.

答：下面以 D_{3h} 對稱的**徵表** (Character Table) 爲例來說明。

D_{3h} 徵表 (Character Table)

D_{3h}	E	$2C_3$	$3C_2$	σ_h	$2S_3$	$3\sigma_v$		
A_1'	1	1	1	1	1	1		x^2+y^2, z^2
A_2'	1	1	−1	1	1	−1	R_z	
E'	2	−1	0	2	−1	0	(x,y)	$(x^2−y^2, xy)$
A_1''	1	1	1	−1	−1	−1		
A_2''	1	1	−1	−1	−1	1	z	
E"	2	−1	0	−2	1	0	(R_x, R_y)	(yz, xz)

(a) Order：對稱操作的總個數。在這裡 Order 為 12（1 個 E，2 個 C_3，3 個 C_2，1 個 σ_h，2 個 S_3，3 個 σ_v）。

(b) Class：如 C_3 包括旋轉 120º 及 240º 兩種對稱操作，為同一 Class。

(c) Improper axis：在這裡 S_3 為 Improper axis。

(d) Character：在這裡以 C_3 的 E' 為例，其 Character 為 –1。

(e) Irreducible Representation：不可再化約的對稱性表示，如 A_1'。

---

49. 說明群論中對稱操作 (Symmetry Operator) 的意義。

Explain the term "Symmetry Operator" derived from Group Theory.

答： 以分子中心點為基準的移動操作，操作前後分子外觀無法區分，稱為**對稱操作元素**。例如以 ML_6 分子正八面體結構為例，以 z 軸旋轉 90º，操作前後分子外觀無法區分。此時，旋轉 90º 為此正八面體的對稱操作元素。同理，旋轉 180º、270º、360º，操作前後分子外觀無法區分，為對稱操作元素。

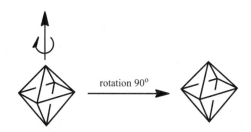

以三角面旋轉 120º，操作前後分子外觀無法區分，在這裡以三角面旋轉 120º 的操作為此正八面體的對稱操作元素。同理，以三角面旋轉 240º 或 360º，操作前後分子外觀無法區分，為對稱操作元素。正八面體共可找到 48 個對稱操作元素。

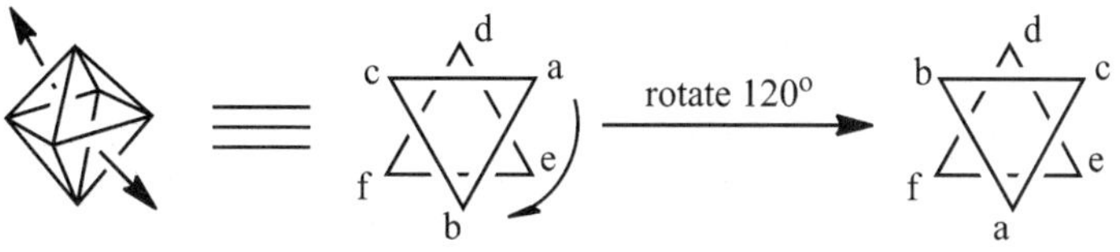

---

50. 假設 $M(a_2bcd)$ 為雙三角錐 (Trigonal BiPyramidal, TBP) 構型（M 是金屬，其它是配位基）。繪出 $M(a_2bcd)$ 的所有可能異構物。並指出異構物的點群。

Sketch out all possible isomers for $M(a_2bcd)$ assuming that the complex forms a Trigonal

BiPyramidal geometry (TBP). Also indicate the corresponding point group symbol for each isomer.

答：**雙三角錐** (Trigonal BiPyramidal, TBP) 構型 M(a₂bcd) 分子的所有可能**異構物**：

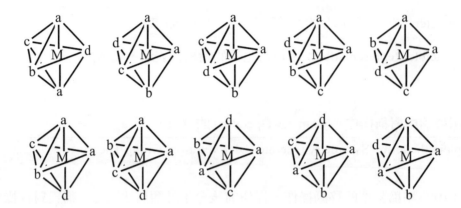

只有以下**異構物**有對稱，其**點群符號**是 C_s。其餘為都沒有對稱，其點群符號是 C_1。

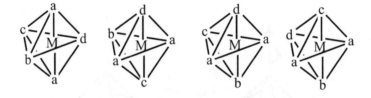

51. 假設 M(a₂bcd) 為金字塔形（M 是金屬，其它是配位基）。繪出 M(a₂bcd) 的所有可能異構物。並指出異構物的點群。

Draw out all possible isomers for M(a₂bcd) assuming that the complex forms a square pyramidal geometry. Also indicate the corresponding point group symbol for each isomer.

答：金字塔形 Ma₂bcd 分子的所有可能異構物：

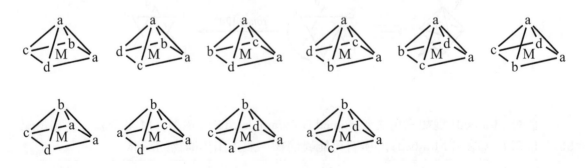

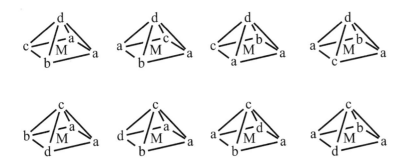

所有上述**異構物**都沒有對稱，其**點群符號**是 C_1。

52.

(a) 指出乙硼烷的點群。(b) 以 4 個 B-H 鍵為基礎，指出理論上 diborane 應顯示多少紅外光譜和拉曼光譜吸收。

(a) Figure out the point group symbol for diborane. (b) Point out how many IR and Raman terminal B-H active band(s) based on four B-H bonds.

答：(a) 乙**硼烷**的**點群**為 D_{2h}。

$$\text{H}\cdots\text{B}\cdots\text{H} \quad \text{H}\cdots\text{B}\cdots\text{H}$$

(b) 以乙**硼烷**的 4 個 B-H 鍵為基礎向量，取得 total representation，再化約成 irreducible representation。

D_{2h} 徵表

D_{2h}	E	$C_2(z)$	$C_2(y)$	$C_2(x)$	i	$\sigma_h(xy)$	$\sigma_h(xz)$	$\sigma_h(yz)$		
A_g	1	1	1	1	1	1	1	1		x^2, y^2, z^2
B_{1g}	1	1	−1	−1	1	1	−1	−1	R_z	xy
B_{2g}	1	−1	1	−1	1	−1	1	−1	R_y	xz
B_{3g}	1	−1	−1	1	1	−1	−1	1	R_x	yz
A_u	1	1	1	1	−1	−1	−1	−1		
B_{1u}	1	1	−1	−1	−1	−1	1	1	z	
B_{2u}	1	−1	1	−1	−1	1	−1	1	y	
B_{3u}	1	−1	−1	1	−1	1	1	−1	x	

$\Gamma_{tot} = 4, 0, 0, 0, 4, 4, 0, 0$

$\Gamma_{tot} = A_g(\text{Raman active}) + B_{1g}(\text{Raman active}) + B_{2u}(\text{IR active}) + B_{3u}(\text{IR active})$

理論上有兩個**紅外光譜**和兩個**拉曼光譜**吸收。

53.

以 BeH_2 爲例說明由適當對稱做線性組合 (Symmetry Adapted Linear Combination, SALC) 的方法。

Using BeH_2 as an example to explain "Symmetry Adapted Linear Combination (SALC)" method.

答： 以對稱觀點來看，如果分子中某些原子的軌域是**等值** (equivalent)，這些軌域可以進行線性組合。例如，在 BeH_2 的情形，兩個氫原子的位置是等值。可以先將兩個氫原子做線性組合，再來和中心 Be 原子的適當軌域做結合。

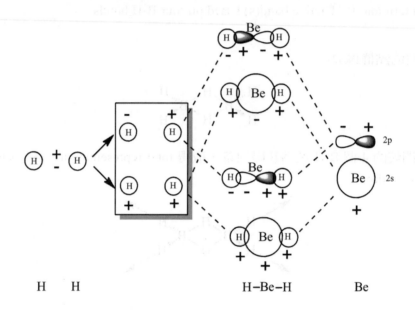

補充說明： 兩個氫原子爲**等值**的概念可以上述**對稱操作**的概念視之，以垂直分子方向將 BeH_2 旋轉 180°，操作前後分子外觀無法區分，此兩個氫原子爲等值。

54.

繪製**冠醚**（18-冠-6）的 3D 圖。

Plot a 3D diagram for a crown ether, 18-crown-6.

答： 左圖爲**冠醚**（18-冠-6）的結構圖，右圖爲冠醚捕捉金屬離子的結構圖。冠醚可視爲環

狀**多牙基**的一種，可以和金屬形成穩定的錯合物。

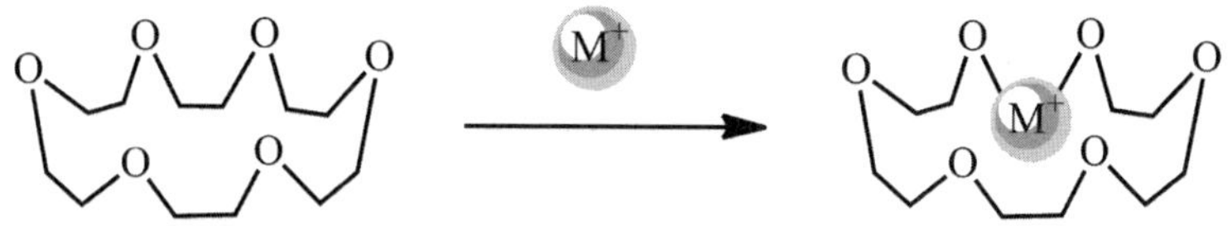

繪製由乙二胺 (en) 所衍生的多牙（環狀）配位基。

55. Draw out chelating ligands as well as macrocyclic ligands derived from ethylenediamine (en).

答：以下是由乙二胺 (en) 所衍生的多牙及環狀配位基。

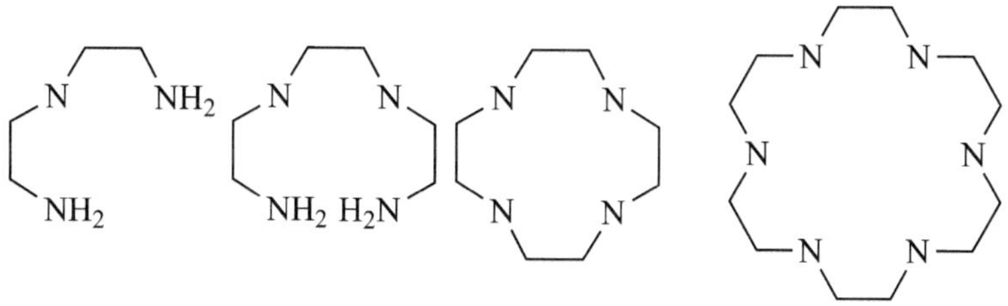

第 **6** 章

配位化合物的光譜和磁性

「神説：要有光，就有了光。」(And God said, "Let there be light," and there was light.) —聖經創世紀

本章重點摘要

6.1 配位化合物的顏色

　　化學家通常以分子軌域能階間的電子跳動來解釋配位化合物的顏色現象。電子從**基態** (ground state) 被激發到**激發態** (excited state) 時吸收特定能量（**圖 6-1**）。若吸收能量出現在可見光區，則分子展現互補光顏色（**圖 6-2**）。可見光區範圍從 700 nm (14,000 cm^{-1}, red) 到 420 nm (24,000 cm^{-1}, violet)。含**過渡金屬元素** (transition metal elements) 的化合物通常會展現多采多姿的顏色，因其吸收特定能量區通常出現在可見光區（和 d 軌域有關）。而有機化合物吸收特定能量大多出現在紫外光區（化學鍵結強），分子大多為白色，只有少數例外。

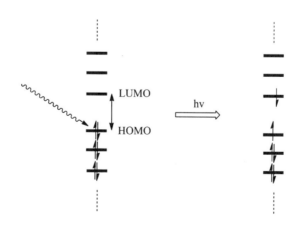

圖 6-1　電子從基態到激發態間跳動吸收特定能量。

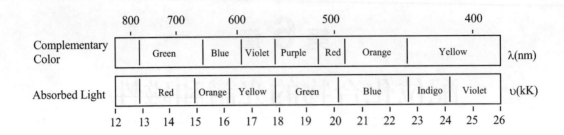

圖 6-2 可見光區吸收光及互補光顏色。

6.2 配位化合物光譜的產生

　　配位化合物的光譜的產生是電子從分子的**基態**到**激發態**間的跳躍。如果從量子力學的觀點視之，分子的每個狀態都對應到一個**波函數** (Ψ)。假設基態的波函數是 Ψ_i；激發態的是 Ψ_f。電子從基態 (Ψ_i) 跳躍到激發態 (Ψ_f) 的**機率** (probability, μ_{fi}) 可以下述公式來表示：$\int\Psi_i\hat{o}\Psi_f \, d\tau$。其中 $\hat{o}$ 函數是所要觀察光譜的相關函數，如在可見光譜 $\hat{o}$ 函數為**奇函數** (odd function)；在拉曼光譜為**偶函數** (even function)。在一些具有中心對稱性的分子中，上述公式就很有用。因為在可見光的吸收其中 $\hat{o}$ 函數為奇函數。若基態和激發態的函數同時為偶函數或都是奇函數，則三項相乘 $\Psi_i\hat{o}\Psi_f$ 為奇函數，其對空間總積分為零。即其電子從基態 (Ψ_i) 跳躍到激發態的機率 (probability, μ_{fi}) 為零。

6.3 選擇律 (Selection rules)

　　配位化合物的電子從**基態** (Ψ_i) 跳躍到**激發態** (Ψ_f) 的**機率** (probability, μ_{fi}) 如果不為零，稱為**躍遷允許** (Transition Allowed)；如果為零，稱為**躍遷禁止** (Transition Forbidden)。在幾種常見的情形下，電子躍遷是被禁止的。

6.3.1 自旋選擇律 (Spin Selection Rule)

　　自旋選擇律指在不同**自旋多重性** (Spin multiplicity) 的狀態間躍遷是被禁止的。電子從**基態**跳躍到**激發態**；如果自旋多重性改變，則為**躍遷禁止**（**圖 6-3**）。理由是自旋多重性改變時，躍遷的電子必須做自旋方向的改變，違反**弗蘭克-康登原理** (Franck-Condon Principle)。因此，$\Delta S \neq 0$ 的躍遷是被禁止的。例如：$^1A_{1g} \rightarrow {}^1T_{1g}$（允許），$^1A_{1g} \rightarrow {}^3T_{2g}$（不允許）。

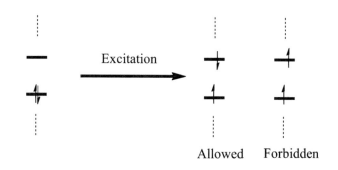

圖 **6-3** 電子從基態到激發態間跳動 $\Delta S \neq 0$ 的躍遷被禁止。

6.3.2 拉波特選擇律 (Laporte Selection Rule)

具有反轉中心的分子，電子從**基態**跳躍到**激發態**的狀態間之躍遷是被禁止的。因 d 軌域有**反轉中心**（具有 gerade(g)），在 d 軌域間之躍遷理論上是被禁止，因基態和激發態的函數同時為**偶函數** (even function)。但 d 和 p 軌域 (ungerade (u)) 之間躍遷是被允許的，因基態和激發態的函數沒有同時為偶函數或奇函數。即 u → g 間之躍遷是被允許的；但是 g → g 或 u → u 是不被允許的。此被稱為**拉波特選擇律** (Laporte selection rule)（**圖 6-4**）。

$$\mu_{fi} = \int \Psi_f^* \mu \Psi_i d\tau$$

$$g \times u \times g = u$$
$$u \times u \times u = u$$

圖 **6-4** 拉波特選擇律。

6.3.3 被允許的躍遷

被允許的躍遷是必須：$\Delta l = \pm 1$；s → p；p → d。而理論上雖然不被允許的躍遷，但可藉由其他途徑使躍遷變為勉強可行。以下為幾種常見的途徑。

6.3.4 d 和 p 軌域的混合 (Mixing d and p orbitals)

d 軌道為中心對稱 (g)，而 p 軌道為中心反對稱 (u)。若將 d 和 p 軌域混合，可避開**拉波特選擇律** (Laporte Rule) 的限制。

6.3.5 振動耦合 (Vibronic Coupling)

一個中心對稱的分子振動時可能會破壞中心對稱，將**振動** (vibration) 和**電子** (electronic) 躍遷耦合起來，可避開**拉波特選擇律** (Laporte Rule) 的限制（**圖 6-5**）。**振動耦合** (Vibronic Coupling) 其實是**振動** (Vibrational) 和**電子·** (Electronic) 躍遷兩個字的合體縮寫。

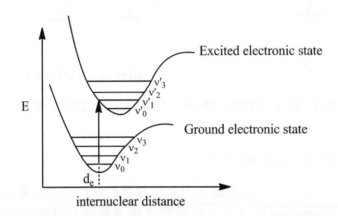

圖 **6-5**　電子從基態到激發態間以垂直躍遷的可能性最大。

6.3.6 軌旋耦合 (Spin-Orbit Coupling)

將**電子自旋** (electronic spin) 和**軌域** (orbital) 耦合起來，可避開**拉波特選擇律** (Laporte Rule) 的限制。

6.3.7 分子運動

在理想狀況下一個被視爲有中心對稱的分子，在眞實情況下當分子運動時，通常其完美的中心對稱性會被破壞，不再完全遵守中心對稱相關限制的規則。

 ## 6.4 電子組態 (Electron Configuration) 和電子態 (Electronic State)

電子組態是電子在軌域的空間中佔有位置的狀態。**電子態**是電子在軌域的空間中佔有位置後產生的能量狀態。電子組態有實質空間；電子態是能量狀態。一個電子組態可產生幾個電子態。譬如，一個電子在 3d 軌域中，它的電子組態是 d^1，表示有一個電子在 5 個 3d 軌域的實質空間中佔有位置。而由此電子在電子組態中所產生的「能量狀態」可有 10 個「微狀態 (microstates)」，即爲**電子態**。因爲 5 個 3d 軌域乘上各個電子可有 spin up 及 spin down 兩種可能排列方式，共有 10 個可能性，一個電子在 10 個可能性中選 1，由公式 C(10,1) = 10。如果有任意兩個 d 電子在 5 個 3d 軌域的空間中佔有位置，其電子組態是 d^2，則其「微狀態」個數爲 C(10,2) = 45，共有 45 個可能性。這些「微狀態」在不同的外界環境下，可能再分裂爲幾組不同的電子態 (Electronic State)。這些電子態以**相符** (Term) 來代號。

6.5　細看光譜

6.5.1　不同 d 電子數時的電子態情形

只有一個 d 電子 (d^1) 的**電子組態**的光譜因為沒有兩個電子（含以上）之間的相互作用，情形最為單純。以**正八面體構型 (O_h)** 為例，先行討論。電子組態是 d^1 時，其相對應電子態是 ^2D，在正八面體有 t_{2g}, e_g 兩組實質空間的軌域群。在正八面體構型下，^2D 分裂成兩個**相符 (Term)**，分別是 $^2T_{2g}$（代表 $t_{2g}^1 e_g^0$ 組態）及 ^2E_g（代表 $t_{2g}^0 e_g^1$ 組態）（**圖 6-6**）。$^2T_{2g}$ 及 ^2E_g 代表電子態是能量狀態。注意電子組態和電子態的差異。只有一個 s 或 p 電子在正八面體環境下沒有分裂。

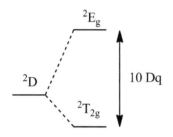

圖 6-6　電子組態為 d^1 之金屬化合物 (ML_6) 在正八面體 (O_h) 構型下能階分裂情形。

在具有多於一個以上 d 電子時，因為有電子間的作用，情形變得比較複雜。下表為不同 d 電子數時的**電子組態 (Electron Configuration)** 和**電子態 (Electronic State)** 情形。其中，d^n 和 d^{10-n} 是互補的，**能量態 (Energy Term)** 分裂情形一樣，但能量高低可能相反（**表 6-1**）。下表為各種能量態在正八面體構型下分裂情形（**表 6-2**）。

表 6-1　從正八面體強場導出的 d^n 的電子組態和能量相符 (Energy Terms)

	Electron Configuration	Energy Terms
Free Ion	O_h Symmetry	
d^1, d^9	$(e_g)^1$, $(t_{2g})^6(e_g)^3$ $(t_{2g})^1$, $(t_{2g})^5(e_g)^4$	^2E_g $^2T_{2g}$
d^2, d^8	$(e_g)^2$, $(t_{2g})^6(e_g)^2$ $(t_{2g})^1(e_g)^1$, $(t_{2g})^5(e_g)^3$ $(t_{2g})^2$, $(t_{2g})^4(e_g)^4$	$^3A_{2g}$, $^1A_{1g}$, ^1E_g $^3T_{1g}$, $^3T_{2g}$, $^1T_{1g}$, $^1T_{2g}$ $^3T_{1g}$, $^1A_{1g}$, ^1E_g, $^1T_{2g}$
d^3, d^7	$(e_g)^3$, $(t_{2g})^6(e_g)^1$ $(t_{2g})^1(e_g)^2$, $(t_{2g})^5(e_g)^2$ $(t_{2g})^2(e_g)^1$, $(t_{2g})^4(e_g)^3$ $(t_{2g})^3$, $(t_{2g})^3(e_g)^4$	^2E_g $^4T_{1g}$, $2\ ^2T_{1g}$, $2\ ^2T_{2g}$ $^4T_{1g}$, $^4T_{2g}$, $^2A_{2g}$, $2\ ^2T_{1g}$, $2\ ^2T_{2g}$, $2\ ^2E_g$, $^2A_{1g}$ $^4A_{2g}$, ^2E_g, $^2T_{1g}$, $^2T_{2g}$
d^4, d^6	$(e_g)^4$, $(t_{2g})^6$ $(t_{2g})^1(e_g)^3$, $(t_{2g})^5(e_g)^1$ $(t_{2g})^2(e_g)^2$, $(t_{2g})^4(e_g)^2$ $(t_{2g})^3(e_g)^1$, $(t_{2g})^3(e_g)^3$ $(t_{2g})^4$, $(t_{2g})^2(e_g)^4$	$^1A_{1g}$ $^3T_{1g}$, $^3T_{2g}$, $^1T_{1g}$, $^1T_{2g}$ $^5T_{2g}$, ^3E_g, $3\ ^3T_{1g}$, $2\ ^3T_{2g}$, $^3A_{2g}$, $2\ ^1A_{1g}$, $^1A_{2g}$, $3\ ^1E_g$, $^1T_{1g}$, $3\ ^1T_{2g}$ ^5E_g, $^3A_{1g}$, $^3A_{2g}$, $2\ ^3E_g$, $2\ ^3T_{1g}$, $2\ ^2T_{2g}$, $^1A_{1g}$, $^1A_{2g}$, ^1E_g, $2\ ^1T_{1g}$, $2\ ^1T_{2g}$ $^3T_{1g}$, $^1A_{1g}$, ^1E_g, $^1T_{2g}$
d^5	$(t_{2g})^3(e_g)^2$ $(t_{2g})^4(e_g)^1$, $(t_{2g})^2(e_g)^3$ $(t_{2g})^5$, $(t_{2g})^1(e_g)^4$	$^6A_{1g}$, $^4T_{1g}$, $^4A_{2g}$, $2\ ^4E_g$, $^4T_{1g}$, $^4T_{2g}$, $2\ ^2A_{1g}$, $^2A_{2g}$, $3\ ^2E_g$, $4\ ^2T_{1g}$, $4\ ^2T_{2g}$ $^4T_{1g}$, $^4T_{2g}$, $^2A_{1g}$, $^2A_{2g}$, $2\ ^2E_g$, $^2T_{1g}$, $2\ ^2T_{2g}$ $2\ ^2T_{2g}$

表 6-2　不同 d^n 能量相符 (Energy Terms) 在正八面體構型下分裂情形

Term		Components in an octahedral field
S	→	A_{1g}
P	→	T_{1g}
D	→	$E_g + T_{2g}$
F	→	$A_{2g} + T_{1g} + T_{2g}$
G	→	$A_{1g} + E_g + T_{1g} + T_{2g}$
H	→	$E_g + T_{1g} + T_{1g} + T_{2g}$
I	→	$A_{1g} + A_{2g} + E_g + T_{1g} + T_{2g} + T_{2g}$

6.5.2 不可互相跨越規則 (Noncrossing Rule)

不可互相跨越規則 (Noncrossing Rule) 或稱為非交叉律是指具有相同對稱的**能量態** (energy term) 可互相接近但不能互相跨越（**圖 6-7**）。

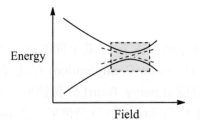

圖 6-7　相同對稱的能量態不能互相跨越。

此規則可由 Secular equation 來說明。假設 Ψ_1 和 Ψ_2 為具有相同對稱的兩個**能量態** (energy term) 的波函數，其 Ψ_1 和 Ψ_2 個別自我積分 ($\int\Psi_1\Psi_1 d\tau$) 和 ($\int\Psi_2\Psi_2 d\tau$) 分別代號為 H_{11} 與 H_{22}，其相對應的能量為 E_1 與 E_2。而其重疊積分 ($\int \Psi_1\Psi_2 d\tau$) 代號為 H_{12}（**圖 6-8**）。當兩能量態互相接近到幾乎相碰觸時，理論上，能量要相同即 $E_1 = E_2$。但從 Secular equation 來看，$E\pm = \frac{1}{2}\{H_{11} + H_{22} \pm [4H_{12}^2 + (H_{11} - H_{22})^2]^{1/2}\}$，其中 $H_{12} \neq 0$，$H_{11} - H_{12} \neq 0$。即 $[4H_{12}^2 + (H_{11} - H_{22})^2]$ 這個項不為零。因此，這個 Secular equation 的兩個解不可能相同，即 $E_1 \neq E_2$。意思即具有相同對稱的兩個能量態，互相接近到幾乎相碰觸時，還是不會互相跨越。而且，原來低能量的狀態，其能量會往低方向走；原來高能量的狀態，其能量往高方向走。

$$\begin{vmatrix} H_{11} - E & H_{12} \\ H_{12} & H_{22} - E \end{vmatrix} = 0$$

圖 6-8　兩個波函數的 Secular equation。

6.5.3 Orgel 圖 (Orgel diagrams)

　　Orgel 圖是以**能量態**（縱座標）隨著**場強度**（橫座標）分裂變化繪製而成的圖形。Orgel 圖只考慮**弱場**（圖 **6-9~10**）。以下為 d^2 及 d^3 電子組態分別在**正八面體**及**正四面體**的環境下能階分裂情形。

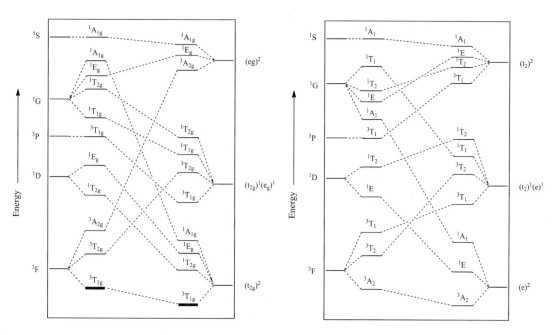

圖 6-9　左圖為電子組態為 d^2 之金屬化合物 (ML_6) 在正八面體 (O_h) 結構下能階分裂情形；右圖為電子組態為 d^2 之金屬化合物 (ML_4) 在正四面體 (T_d) 結構下能階分裂情形。

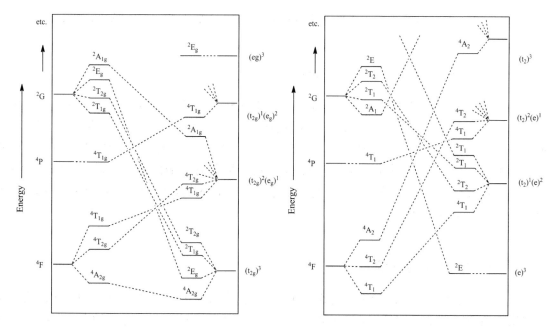

圖 6-10　左圖為電子組態為 d^3 之金屬化合物 (ML_6) 在正八面體 (O_h) 結構下能階分裂情形；右圖為電子組態為 d^3 之金屬化合物 (ML_4) 在正四面體 (T_d) 結構下能階分裂情形。

6.5.4 田邊-菅野圖 (Tanabe-Sugano diagrams)

　　田邊-菅野圖是將 **Orgel 圖**的最低**能量態** (energy term) 做成橫坐標，其他能量態的能量隨之相對修正，田邊-菅野圖且有考慮**強場**及**弱場**的情形。以電子組態為 d^5 之金屬化合物 (ML_6) 在**正八面體** (O_h) 結構下能階分裂情形為例，參考下圖（**圖 6-11**）。

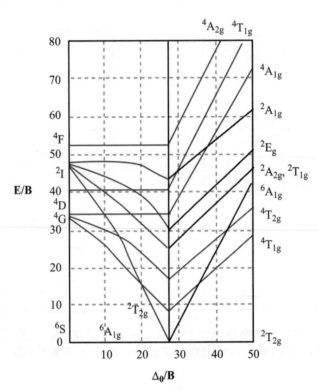

圖 6-11　d^5 之金屬化合物 (ML_6) 在正八面體 (O_h) 結構下的簡化田邊-菅野圖。

6.5.5 電荷遷移光譜 (Charge-transfer spectra)

　　有些化合物（如 $KMnO_4$）中間金屬沒有 d 電子但化合物顏色卻很深。顯然此顏色的產生不是 d 電子躍遷的結果，而是歸因於電荷躍遷。由氧上的孤對電子躍遷到中間金屬的空軌域上，能量在紫外 / 可見光附近，造成紫色。又因為不受**選擇律**的限制，吸收強度很大，所以顏色很深。這種電荷躍遷稱為**配位基對金屬的電荷躍遷** (Ligand to Metal Charge Transfer, LMCT)。另外有一種反過來的電荷躍遷為**金屬對配位基的電荷躍遷** (Metal to Ligand Charge Transfer, MLCT)。

 6.6　配位化合物的磁性

　　學理上，由解分子的**薛丁格方程式** $(-(h^2/8\pi^2 m)(d^2\psi(x)/dx^2) + V(x)\psi(x) = E\psi(x))$ 的結果可獲得此被研究分子的所有物理量，包括化合物磁性。當配位化合物具有未成對的電子時，理論上此化合物具有磁性。科學家在處理由第一列過渡性金屬元素所組成的配位化合物的磁性時，爲了簡化起見將**電子自旋** (spin) 和**軌域** (orbital) 可能產生的**耦合** (coupling) 現象先擱置，這樣的考慮爲**只有電子自旋** (Spin only)；這樣的趨近法比較簡單易懂，然而可能偏離實際情況。若將電子自旋和軌域耦合一起考慮稱爲**軌旋耦合** (Spin-Orbit Coupling)，可能比較符合實驗事實，但處理上比較複雜。下式的**磁矩** (Magnetic moment) 公式爲同時考量電子自旋和軌域耦合一起的情形，$\mu = [4S(S + 1) + L(L + 1)]^{1/2}$。若只處理第一列過渡性金屬元素的配位化合物磁性時，公式後半段可忽略。$\mu = [n(n + 2)]^{1/2}$，其中 $S = n/2$。下表爲未成對電子數目和理論及實驗磁矩的關係（**表 6-3**）。

表 6-3　只考量電子自旋磁矩的理論及實驗值和未成對電子數目的關係

未成對電子數目	只考量電子自旋磁矩	實驗量測範圍
0	0	~ 0
1	1.73	~ 1.7
2	2.83	2.75 − 2.85
3	3.88	3.80 − 3.90
4	4.90	4.75 − 5.00
5	5.92	5.65 − 6.10

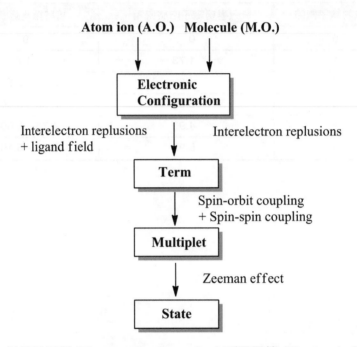

充電站

S6.1 電子組態 (Electron Configuration) 和電子態 (Electronic State) 的符號

一個電子在 3d 軌域中，它的**電子組態**是 d^1，注意此處為小寫 d，1 標在右上角。而由此電子在電子組態中所產生的**電子態**以**相符** (Term) 來代號，為大寫 D，**自旋多重性** (Spin multiplicity) 標在左上角 ^2D。電子態 ^2D 在**正八面體**構型下分裂成兩個**相符**，分別是 $^2T_{2g}$ 及 ^2E_g，右下角 g 代表分子具有**反轉中心**，d 軌域具有**反轉中心**，左上角的電子自旋多重性不會改變。

Atom ion (A.O.)   Molecule (M.O.)

Electronic Configuration

Interelectron replusions + ligand field   Interelectron replusions

Term

Spin-orbit coupling + Spin-spin coupling

Multiplet

Zeeman effect

State

圖 S6-1 從電子組態 (Electron Configuration) 到電子態 (Electronic State) 圖。

S6.2 超導磁鐵的磁性

磁性材料的研發及製造是近幾十年來學術界及工業界很重要的課題。約莫在 1980-90 年代，各個科技先進的開發國家莫不投入大量資金參與**超導磁鐵**材料的研發競爭行列。雖然，期間有些有趣的研究成果發表；然而，這種材料的易碎性及耐溫性限制了它的應用範圍。有些磁性材料也可視為**配位化合物**的一種類型。

S6.3 轉換單位

下表為常見的電磁波頻率轉換（**表 S6-1**）。

表 **S6-1** 常見的電磁波頻率轉換

	Near UV	Visible			Near IR
$\upsilon(cm^{-1})$	50,000	26,300	~	12,820	3,333
$\lambda(\text{Å})$	2,000	3,800	~	7,800	30,000
$\lambda(nm)$	200	380	~	780	3000
$\upsilon(s^{-1})$	1.5×10^{15}	7.9×10^{14}	~	3.8×10^{14}	1×10^{14}
J mol^{-1}	6×10^{5}	3.1×10^{5}	~	1.5×10^{5}	4×10^{4}
ev	6.23	3.23	~	1.55	0.41

S6.4　d^2~d^8 田邊-菅野圖 (Tanabe-Sugano diagrams)

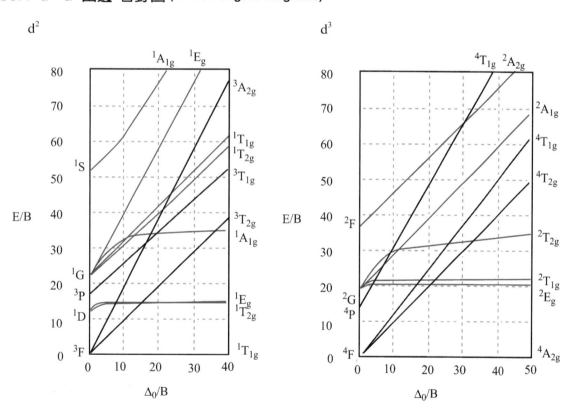

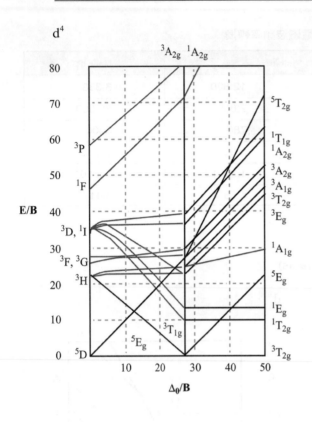

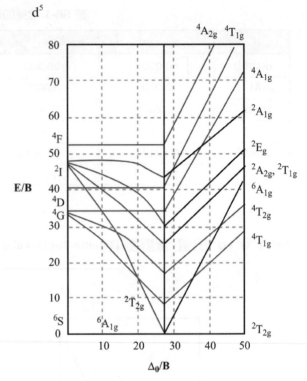

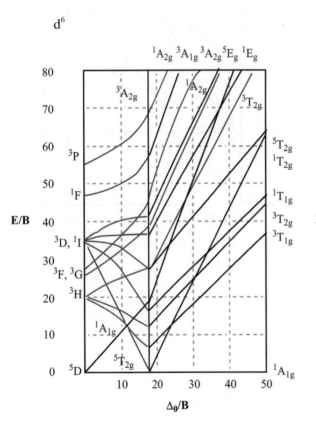

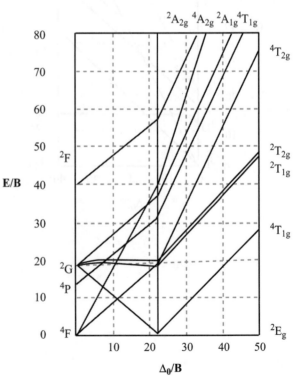

d^8

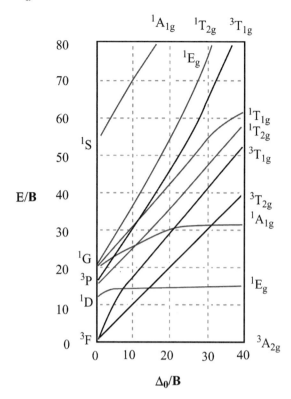

練習題

	化學家通常以軌域能階間的電子跳動來解釋化合物的顏色現象。如何解釋含有過渡金屬的化合物（配位化合物及有機金屬化合物）通常具有鮮明顏色的現象，而一般的有機化合物則不具有顏色？
1.	Normally, the color of transition metal compound is caused from the complimentary color of the absorption of electron excitation from ground state to excited state. How to explain that transition metal complexes are always colorful but not organic compounds?

答： 過渡金屬的化合物 HOMO-LUMO 軌域能階間的電子跳動通常發生在 d 軌域之間，其吸收通常發生可見光區，展現互補光顏色，因此具有顏色現象。一般的有機化合物的化學鍵結強，其電子在軌域能階間的跳動通常發生紫外光區，因此不具有顏色。有機物含有共軛雙鍵的系統有可能讓 HOMO-LUMO 軌域能階的能量差出現在接近可見光區，吸收紫色光區，展現互補的黃色。

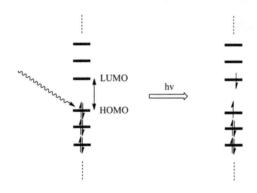

補充說明： 少數過渡金屬的化合物軌域能階的電子跳動發生在紫外光區，所以是白色。有些過渡金屬的化合物電子躍遷受到**選擇律 (Selection Rule)** 的限制，因而顏色很淡。

	含主族金屬元素化合物 (Main Group Compounds) 和含過渡金屬元素化合物 (Transition Metal Compounds)，它們的物理性質及化學性質有很大的差異。如何解釋？
2.	How to explain the big differences between transition metal complexes and main group metal compounds in terms of physical and chemical properties?

答： 過渡金屬元素和主族金屬元素的主要差異：1. 具有未填滿的 d 軌域電子 ($d^1 \sim d^9$)；2. 移去 d 軌域電子的能量較低；3. 具有多種氧化態。因此，造成過渡金屬元素的物性及化

性和主族金屬元素有很大的差異。

> 含過渡金屬配位化合物，雖然中心金屬相同，但是配位基的種類及數目不同，顏色
> 也會不同。說明之。
>
> **3.** ───
>
> Different colors are observed for complexes with the same transition metal, but with
> different ligands. Explain.

答：**配位基**的種類及數目不同或排列方式不同都會影響配位場強度，配位場強度不同，會
　　造成不同顏色。

> 純粹的結晶場理論 (CFT) 模型預測帶負電離子（如 OH^-）應該是比中性分子爲更強
> 的配位基。然而，在光譜化學序列 (Spectrochemical Series) 中 OH^- 是比 H_2O 爲弱的
> 配位基。考慮 σ- 及 π-鍵結這兩種鍵結模式來爲此觀察現象提供答案。
>
> **4.** Negative ion might be expected to create stronger ligand field than neutral molecule on
> the basis of the pure Crystal Field Theory (CFT) model. Nevertheless, OH^- is a weaker
> ligand than H_2O in the Spectrochemical Series. Provide an answer for this observation by
> taking both σ- and π-bonding models into consideration.

答：**配位基**依吸收頻率排列出強弱順序，即**光譜化學系列**。$I^- < Br^- < Cl^- < F^-$, $OH^- < H_2O <$
　　$NCS^- < NH_3 < en < CO$, CN^-。純粹的**結晶場理論** (CFT) 模型無法解釋此現象。當把配
　　位基和金屬間的鍵結包括 σ-鍵結及 π-鍵結都考慮進去時，若配位基的 π-軌域有填滿
　　電子的如左圖，沒有填電子的如右圖。配位基 OH^- 和 H_2O 同屬前者圖形，因 OH^- 具
　　有負電荷 t_{2g} 軌域能量比 H_2O 的 t_{2g} 軌域能量更高，造成 10 Dq 更小。因此，OH^- 爲比
　　H_2O 差的配位基。如此可解釋此光譜化學系列。CO 及 CN^- 很強，屬右圖形式。

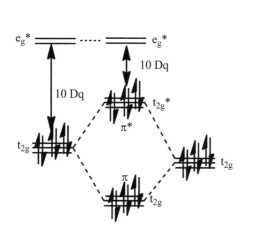

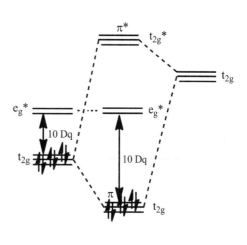

5. 解釋在光譜化學序列 (Spectrochemical Series) 中爲什麼中性配位基 CO 展示比帶負電鹵素離子 X⁻ 爲強的配位場。

Explain the reason behind the fact that a neutral ligand CO exhibits a strong ligand field in the Spectrochemical Series than halide ion X^-.

答： 參考上題。鹵素配位基 X^- 其 π-軌域有填滿電子，屬左圖形。而 CO 其 π-軌域沒有填滿電子，屬右圖形。後者的 10 Dq 較大。因此，X^- 爲比 CO 差的**配位基**。

6. 以 d^1 正八面體 (Octahedral) 金屬化合物 (ML_6) 爲例。根據配位場論，其中心金屬的五個 d 軌域受到配位基的作用力不同，e_g 軌域能量上升；而 t_{2g} 軌域能量下降。兩組軌域之間的能量差設定爲 10 Dq (Δ_0)。說明 spin-orbital 的耦合對 10 Dq (Δ_0) 的可能影響。

A transition metal complex ML_6 (d^1) is in its octahedral geometry. Five d orbitals are split into e_g and t_{2g} sets. The energy difference between them is assigned as 10 Dq (Δ_0). Explain the influence of the spin-orbital coupling on the 10 Dq (Δ_0).

答： 正八面體 (Octahedral) 金屬化合物 (ML_6) 其中心金屬的兩組軌域之間的能量差設定爲 10 Dq (Δ_0)，在 d^1 的時候，軌域分裂 (orbital splitting) 和能量項 (term) 分裂情形一樣（代號則有大小寫之分），如下左圖。當 spin-orbital 耦合發生時，基態 T_{2g} 能量項受影響較大，分裂成 A 及 E，激發態 E_g 受影響很小，視爲不變，如下右圖。此時，從基態 E 到激發態 E_g 能量增加，所以，10 Dq (Δ_0) 變大。當然，在不同 d 電子數的情形，結果可能不一樣。譬如，當 A 有填電子時，從 A 躍遷到激發態 E_g 的能量減少，其 10 Dq (Δ_0) 變小。

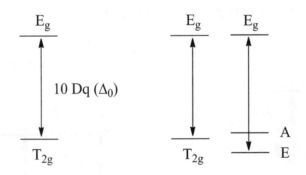

7. 請爲拉波特選擇律 (Laporte selection rule) 提供適當的理論背景。

Provide the theoretic background for the "Laporte selection rule".

答：**拉波特選擇律** (Laporte selection rule) 指出電子從具有反轉中心分子的基態跳躍到激發態的狀態間之躍遷是被禁止的。因過渡金屬 d 軌域有反轉中心（具有 gerade(g)），在 d 軌域間之躍遷理論上是不被允許的，因基態和激發態的函數同時為**偶函數** (even function)。但 d 和 p 軌域 (ungerade (u)) 之間躍遷是被允許的，因基態和激發態的函數並不同時為偶函數或奇函數。即 u → g 間之躍遷是被允許的；但是 g → g 或 u → u 是不被允許的。此被稱為**拉波特選擇律** (Laporte selection rule)。也可以 $\int \Psi_i \hat{o} \Psi_f d\tau$ 公式來說明。其中 ô 函數是所要觀察可見光譜函數為**奇函數** (odd function)。g → g 或 u → u 躍遷，造成 $\int \Psi_i \hat{o} \Psi_f d\tau$ 為奇函數，空間總積分為零。即其電子從基態 (Ψ_i) 跳躍到激發態的機率 (probability, μ_{fi}) 為零。

$$\mu_{fi} = \int \Psi_f^* \; \hat{o} \; \Psi_i \; d\tau$$
$$g \; x \; u \; x \; g = u$$
$$u \; x \; u \; x \; u = u$$

含過渡金屬的化合物 (ML_n) 越對稱顏色越淡。說明之。

8. The coordination compound containing transition metal having high symmetry always exhibits light color. Explain.

答：過渡金屬的化合物電子躍遷受到**選擇律** (Selection Rule) 的限制。其中之一是**拉波特選擇律** (Laporte selection rule)。拉波特選擇律指出具有中心對稱的配位化合物分子，其金屬的 d 電子在基態及激發態間之躍遷是被禁止的 (forbidden)，所以分子越對稱顏色可能越淡。

為什麼具有正四面體形含過渡金屬化合物 $ML_4(T_d)$ 及具有雙三角錐形 ML_5(TBP) 的顏色比具有正八面體 $ML_6(O_h)$ 強烈？

9. Why the metal complex ML_4 with tetrahedral (T_d) and ML_5 with trigonalbipryamidal (TBP) environment are more intense in color than that of ML_6 with octahedral (O_h) geometry?

答：含過渡金屬配位化合物 ML_6 (O_h) 具有中心對稱，金屬的 d 電子遷移吸收光譜是禁止的（**拉波特選擇律**，Laporte Selection Rule）。含過渡金屬配位化合物 $ML_4(T_d)$ 及具有**雙三角錐形** ML_5(TBP) 不具有中心對稱，不具有中心對稱，不受拉波特選擇律限制，金屬的 d 電子遷移吸收光譜是允許的。所以通常含過渡金屬化合物 ML$_4$(T$_d$) 及 ML$_5$(TBP) 的顏色比 ML$_6$(O$_h$) 強烈。

10.

具有類似正八面體結構的化合物 *trans*-ML$_4$AB，當 A 及 B 和 L 在光譜化學序列 (Spectrochemical Series) 中的強度相近時及相差甚遠時，兩者顏色的強度如何？

The structure of a six-coordinated metal complex, *trans*-ML$_4$AB, is a pseudo-octahedral geometry. In one case, A, B and L ligands are located in close positions in Spectro-chemical Series; in another case, A and B exhibit quite different positions in ligand field strength than L. Which metal complex does exhibit much intense color?

答： 當 A 及 B 和 L 在**光譜化學序列** (Spectrochemical Series) 中的強度相近時，接近完全 ML$_6$ (O$_h$)，具有中心對稱，金屬的 d 電子遷移吸收光譜是禁止的（**拉波特選擇律，** Laporte Selection Rule）。當 A 及 B 和 L 在光譜化學序列中的強度相差甚遠時，且 A ≠ B，此分子不具有中心對稱，不受拉波特選擇律限制，金屬的 d 電子遷移吸收光譜是允許的。所以後者的顏色比前者強烈。

11.

[CoCl$_4$]$^{2-}$ 和 [Co(H$_2$O)$_6$]$^{2+}$ 的電子光譜中的吸收係數值 (ε$_{max}$) 相差大約 100 倍。請說明這個觀察現象，那一個錯合物展示比較大的 ε$_{max}$ 值？

The values of ε$_{max}$. for the most intense absorptions in the electronic spectra of [CoCl$_4$]$^{2-}$ and [Co(H$_2$O)$_6$]$^{2+}$ differ by 100 times. Comment on this observation and state which complex will display the larger value of ε$_{max}$.

答： **拉波特選擇律** (Laporte Rule) 指出具有反轉中心的分子，電子從**基態**跳躍到**激發態**的狀態間之躍遷是被禁止的。[Co(H$_2$O)$_6$]$^{2+}$ 是**正八面體** (O$_h$) 分子具有反轉中心，在 d 軌域間之躍遷理論上是被禁止。[CoCl$_4$]$^{2-}$ 是**正四面體** (T$_d$) 分子不具有反轉中心，在 d 軌域間之躍遷理論上不被禁止。因此，[CoCl$_4$]$^{2-}$ 和 [Co(H$_2$O)$_6$]$^{2+}$ 的電子光譜中的**吸收係數值** (ε$_{max}$) 可相差到 100 倍之多。

12.

配位金屬化合物 ML$_4$ 採取平面四邊形 (Square-Planar) 的幾何形狀，化合物的顏色強度和採取正四面體 (T$_d$) 的幾何形狀相比較如何？

What do you expect for the color intensity of a metal complex ML$_4$ with square planar geometry?

答： 配位金屬化合物 ML$_4$ 採取**平面四邊形** (Square-Planar, SP) 具有中心對稱，金屬的 d 電子遷移吸收光譜是禁止的（**拉波特選擇律，Laporte Selection Rule**）。所以只能具有淺顏色。化合物採取**正四面體 (T_d)** 的幾何形狀顏色比較深，因不受拉波特選擇律的限制。

13.

說明 *trans*-[Co(en)$_2$F$_2$]$^+$ 的顏色的不如 *cis*-[Co(en)$_2$F$_2$]$^+$ 和 *trans*-[Co(en)$_2$Cl$_2$]$^+$ 那麼強烈的原因。

Account for the observation that the color of *trans*-[Co(en)$_2$F$_2$]$^+$ is less intense than those of *cis*-[Co(en)$_2$F$_2$]$^+$ and *trans*-[Co(en)$_2$Cl$_2$]$^+$.

答：過渡金屬的化合物電子躍遷受到**選擇律 (Selection Rule)** 的限制。其中之一是（**拉波特選擇律，Laporte Selection Rule**）。Laporte Rule 指出具有中心對稱的配位化合物分子，金屬的 d 電子遷移吸收光譜是禁止的 (forbidden)。*trans*-[Co(en)$_2$F$_2$]$^+$ 是具有中心對稱的配位化合物分子，而 *cis*-[Co(en)$_2$F$_2$]$^+$ 不是，後者顏色比較強烈。至於，*trans*-[Co(en)$_2$F$_2$]$^+$ 和 *trans*-[Co(en)$_2$Cl$_2$]$^+$ 的比較，理論上後者也應該受拉波特選擇律的限制，顏色要比較淡才對。但是，Cl$^-$ 比 F$^-$ 上含孤對電子的軌域更容易和 Co^{3+} 金屬上適當的空軌域可以有軌域重疊 (orbitals overlap)，Cl$^-$ 比 F$^-$ 的狀況更容易有**配位基對金屬的電荷躍遷** (Ligand to Metal Charge Transfer, LMCT) 的現象發生，因此可能會有強吸收，產生比較深的顏色。

14.

配位基 tren 的衍生物以六個配位方式鍵結到 Fe(II) 上。當取代基 (R') 不同時，錯合物磁性不同，有低自旋 (low-spin) 及高自旋 (high-spin) 情形，有些則是處於低及高自旋平衡狀態之間。請說明。

R:　R' = H or CH$_3$

The Fe(II) complexes coordinated by various tren derivatives are presumably in pseudo-octahedral form. Some of the complexes are low-spin and high spin species and others are existed in equilibrium between these two different states. Explain.

答：配位基 tren 的衍生物以 N 基六個配位方式鍵結到 Fe(II) 上的簡圖如下。tren 的衍生物配位基的中心 N 基不能視為真正形成鍵結。當取代基 (R') 不同時，造成磁場強度不同，其結果是 Fe 錯合物磁性不同，10 Dq (Δ_0) 不大時，產生高自旋，10 Dq (Δ_0) 比較大時，結果是低自旋的狀況。當 10 Dq (Δ_0) 介於中間值時，有些 Fe 錯合物則處於低及高自旋之間平衡狀態。

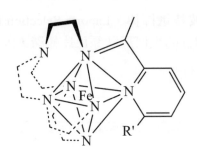

R': H or CH₃

15. 在水溶液中的 Mn^{2+} 顏色很淺。請說明原因。

The color of Mn^{2+} in aqueous is pale. Explain.

答： $Mn^{2+}(d^5)$ 金屬在水溶液中被水分子包圍成**正八面體**，具有中心對稱，d 電子躍遷受到**選擇律 (Selection Rule)** 中受到**拉波特選擇律**的限制，顏色比較淡。另外，水分子產生弱場 $Mn^{2+}(d^5)$ 為高自旋 (high spin)，d 電子遷移時，一定產生違反 $\Delta S = 0$ 的規則。在雙重原因限制下 d 電子遷移吸收光譜是被禁止的 (forbidden)，所以在水溶液中的 Mn^{2+} 顏色很淺。

16. 說明弗蘭克-康登原理 (Franck-Condon Principle)。

Briefly describe the "Franck-Condon principle".

答： **弗蘭克-康登原理 (Franck-Condon Principle)** 指出，分子的電子從**基態**跳躍到**激發態**在兩個能階間的波函數有效重疊程度最大時，這兩個能階間的躍遷發生的機率最大。另一種說法是電子躍遷時速度快，原子核的相關位置尚未能即時隨之調整，電子躍遷則是直接往分子結構未調整的激發態跳。弗蘭克-康登原理隱含電子躍遷時自旋不能改變，$\Delta S \neq 0$ 的躍遷是被禁止的。

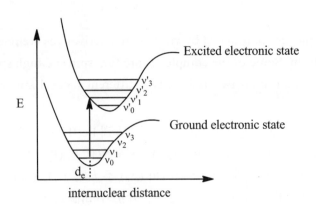

17.

錯合物 [Cr(NH$_3$)6]$^{3+}$ 的基態爲 $^4A_{2g}$，相對應於電子組態 t$_{2g}^3$e$_g^0$，有三個未成對電子。被允許的電子躍遷是從 $^4A_{2g}$ 到 $^4T_{2g}$，後者相對應於 t$_{2g}^2$e$_g^1$。躍遷電子會進入 e$_g$ 軌域，此軌域具有反鍵結特性，且會使 Cr-N 鍵拉長。請說明此光譜吸收現象。

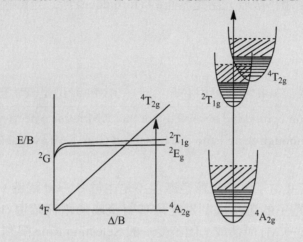

The ground state of [Cr(NH$_3$)$_6$]$^{3+}$ is $^4A_{2g}$, which is corresponding to the electron configuration of t$_{2g}^3$e$_g^0$. The spin-allowed transition from the ground state to its excited state is $^4A_{2g}$ → $^4T_{2g}$. The latter is corresponding to the electron configuration of t$_{2g}^2$e$_g^1$. This transition will force one of the t$_{2g}^3$ electron to jump to e$_g^1$ which is a slightly antibonding in nature and then leads to the increase of the Cr-N bond. Explain the absorption phenomenon.

答：根據**弗蘭克-康登原理** (Franck-Condon Principle)，分子的**基態**電子躍遷到**激發態**時，電子躍遷速度很快，原子核的相關位置尙未能即時隨之調整，因此直接往上躍遷的機率最大。可是，如右圖所示在這種直接往上躍遷的情形下 ($^4A_{2g}$ → $^2T_{1g}$) 顯然違反自旋於躍遷中不能改變的法則 ($\Delta S \neq 0$)，因此這個躍遷是被禁止的。而 $^4A_{2g}$ → $^4T_{2g}$ 躍遷沒有違反自旋不能改變的法則 ($\Delta S \neq 0$)，這個躍遷是被允許的，但是 $^4T_{2g}$ 的低能階位置不在直接往上躍遷的範圍內。這個時候必須要加入 vibration 的因素，即加入 spin-orbital coupling 的因素，讓躍遷可能性變大。

18.

使用於窗戶和瓶子的普通玻璃通常爲綠色，這是由於少量 Fe^{2+} 存在於玻璃的關係。玻璃脫色通常通過添加 MnO$_2$ 而形成 Fe^{3+} 和 Mn^{2+}。說明爲何玻璃會脫色。你預期 Fe^{3+} 和 Mn^{2+} 吸收峰會很寬、很弱或形成多個弱吸收峰？

The color of rough glass used for bottles and windows are mostly green. The color is caused by the existence of trace amount of Fe^{2+} in the pre-treated glass. The de-colored process might be carried out by adding small amount of MnO$_2$ to the rough glass. During the de-colored process Fe^{2+} is oxidized to Fe^{3+} and Mn^{4+} is reduced to Mn^{2+}. Explain the reason behind it. Would you expect a broad, a very weak absorption peak or many weak peaks for Fe^{3+} and Mn^{2+}?

答：綠色玻璃含少量 Fe^{2+}。添加氧化劑 MnO_2 後將 Fe^{2+} 氧化成 Fe^{3+}，同時氧化劑 MnO_2 本身還原成 Mn^{2+}。在玻璃的主成分 SiO_2 所形成的結晶場是以 oxides 組成形成弱場。在弱場時，$Fe^{3+}(d^5)$ 或 $Mn^{2+}(d^5)$ 金屬的 d 電子遷移過程，一定產生違反 $\Delta S = 0$ 的規則。此種狀況下 d 電子遷移吸收光譜是禁止的 (forbidden) 所以是顏色很淺。Fe^{3+} 和 Mn^{2+} 吸收峰應該很弱。

19.

解釋爲什麼即使沒 d-d 遷移可用 (Mn^{7+}, d^0)，$KMnO_4$ 仍是深紫色。說明原因。

Explain the reason behind the observed fact that $KMnO_4$ is a deep purple colored compound even though there is no d-d transition (Mn^{7+}, d^0) available.

答：$Mn^{7+}(d^0)$ 金屬沒有 d 電子，所以顏色產生不是由於 d → d 躍遷。這個很深顏色的吸收光譜產生是由於電子的遷移機制是**配位基對金屬的電荷躍遷** (Ligand to Metal Charge Transfer, LMCT, L → M) 所造成，因不受一般 Selection Rule 限制，所以顏色很深。

20.

請解釋配位基對金屬的電荷遷移 (Ligand to Metal Charge Transfer, LMCT) 的機制。以下化合物吸收峰的能量逐漸增加如下：$[CoI_4]^-$ < $[CoBr_4]^-$ < $[CoCl_4]^-$。請說明原因。

The ligand-to-metal charge transfer bands increase in energy in the series: $[CoI_4]^-$ < $[CoBr_4]^-$ < $[CoCl_4]^-$. Explain these observations.

答：由鹵素上的孤對電子躍遷到中間金屬上的空軌域，造成**配位基對金屬的電荷遷移** (Ligand to Metal Charge Transfer, LMCT)。當 Cl^- 的孤對電子軌域和中心 Co 金屬的適當空軌域有好的重疊時（軌域大小接近），LMCT 比較容易進行，能量比較大。Br^- 和 I^- 上孤對電子軌域和中心 Co 金屬的適當空軌域重疊比 Cl^- 的差（軌域大小有差異），LMCT 比較不容易進行，能量比較小。

21.

由實驗觀察到錯合物 $M(SC_6H_5)L$ (M: Fe or Ni; L: $HB(3,5\text{-i-Pr}_2pz)_3^-$) 發生強的配位基對金屬電荷躍遷 (Ligand to Metal Charge Transfer, LMCT) 現象。這兩個錯合物被觀察到的躍遷頻率範圍分別爲 28,000 到 32,000 和 20,100 到 30,000 cm^{-1} 之間。請解釋這觀察現象。

Two strong Ligand to Metal Charge Transfer (LMCT) bands were observed for each of $M(SC_6H_5)L$ (M: Fe or Ni; L: $HB(3,5\text{-i-Pr}_2pz)_3^-$). The absorptions are in the regions 28,000 to 32,000 and 20,100 to 30,000 cm^{-1} respectively for these two complexes. Account for these observations. (*Inorg. Chem.* **2005**, *44*, 4947.)

答： 錯合物的可能結構如下左圖。**配位基 HB(3,5-i-Pr₂pz)₃⁻** 為提供六個電子的三牙基。Fe 和 Ni 在同一週期，越往右邊其**有效核電荷 (Effective Nuclear Charge, Z*) 越大**，造成金屬 Ni 上相對應的軌域都比 Fe 低。在**配位基對金屬的電荷躍遷**中，Ni 金屬上能接受由配位基過來的電子的 d 軌域（反鍵結軌域）和配位基提供電子的軌域較為接近，因而發生躍遷吸收能量較低，頻率較低。如下右圖所示。因此，在較低頻率 20,100 到 30,000 cm⁻¹ 範圍之間的吸收是屬於 Ni(SC₆H₅)L。反之，發生在 28,000 到 32,000 cm⁻¹ 範圍之間的吸收應該是屬於 Fe(SC₆H₅)L。

22.

實驗觀察 MnO₄⁻ 有兩個強的吸收峰分別出現在 32,200 和 18,500 cm⁻¹。一般認為這是配位基對金屬電荷躍遷 (Ligand to Metal Charge Transfer, LMCT)。請解釋這觀察現象並估算 Δ_t。

There are two absorption bands, 32,200 and 18,500 cm⁻¹, being observed for MnO₄⁻. It is believed that they are caused by Ligand to Metal Charge Transfer (LMCT). Account for this observation and calculate Δ_t.

答： MnO₄⁻ 是正四面體構型，且為 d^0，所以 d 軌域（e 及 t₂）沒有電子。氧離子所在的軌域（a₁ 及 t₂）填滿電子。由 a₁ 電子分別到遷移 e 及 t₂ 軌域，其相對能量為 32,200 和 18,500 cm⁻¹。Δ_t 能量為此兩值相減，為 13,700 cm⁻¹。

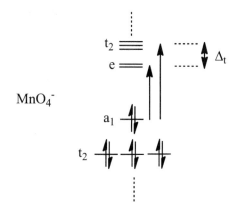

23.
實驗觀察 CrO_4^{2-} 爲深黃色，而 MnO_4^- 有爲深藍色。說明它們的異同。

The color of CrO_4^{2-} is intense yellow, yet, it is intense blue (or purple) for MnO_4^-. Explain.

答：參考上題。CrO_4^{2-} 和 MnO_4^- 都是正四面體構型，不受 Laport 規則限制，光譜吸收顏色很深。它們且都爲 d^0，沒有 d 軌域（e 及 t_2）電子。氧離子所在的軌域（a_1 及 t_2）填滿電子，由 a_1(HOMO) 電子可分別遷移到 e 及 t_2 軌域上，造成吸收峰。Mn 爲正 7 價；而 Cr 爲正 6 價。在比較高價數的 MnO_4^- 的情形，其 d 軌域能量較低，和 a_1 軌域較接近，吸收頻率較低，展現互補色藍色。反之，在 CrO_4^- 的情形 d 軌域能量較高，和 a_1 軌域較遠，吸收頻率較大，展現互補色黃色。

24.
金屬化合物 $Cr(CO)_6$ 其中心 Cr 具 d^6 電子組態，此化合物是白色的。說明原因。

Explain the fact that although $Cr(CO)_6$ has the d^6 electrons in Cr; yet, it is colorless.

答：ML_6 (O_h) 具有中心對稱，理當受**拉波特選擇律**的限制，顏色比較淡。且此化合物的配位基和金屬間的鍵結很強，HOMO-LUMO 間電子躍遷吸收光譜出現在紫外光區。因爲在可見光區沒有吸收，所以化合物 $Cr(CO)_6$ 是白色的。同理，同一族的 $Mo(CO)_6$ 和 $W(CO)_6$ 也是白色的。

25.
請解釋能量狀態 (Energy Terms) 和電子組態 (Electronic Configurations) 之間的差異。

Explain the differences between "Energy Terms" and "Electronic Configurations".

答：一個**電子組態** (Electron Configuration) 可以產生幾個**電子態** (Electronic State)。譬如，一個電子在 3d 軌域中，表示有一個電子在 5 個 3d 軌域的某軌域空間中佔有位置，它的電子組態表示法是 d^1。而由此 d^1 電子 5 個 3d 軌域中所產生的**能量狀態**可有 10 個**微狀態** (microstates)，因爲 5 個 3d 軌域上電子可有 spin up 及 spin down 兩種可能排列方式，所以共有 10 個可能性，稱爲 10 個微狀態，其相對應電子態是 ^2D。依此類推，如果是 d^2 電子組態，其微狀態個數爲 C(10,2) = 45。這些微狀態在不同的外界環境下，可能再分裂爲幾組更小的能量相同的電子態。這些電子態以 Term 來代號。如在正八面體構型下，^2D 分裂成兩個**相符** (Term)，分別是 $^2T_{2g}$ 及 ^2E_g。$^2T_{2g}$ 及 ^2E_g 代表電子態是能量狀態。

> 26. (a) 具有 d^2 組態的過渡金屬有多少微狀態 (microsataes)？(b) 在球形的環境下，將這些微狀態分解成能量態 (Energy Terms)，或稱能量相符。(c) 哪一個能量態 (Energy Terms) 是「基態」？(d) 在正八面體的環境下，d^2 的「基態」如何進一步分裂？
>
> (a) How many "microstates" for a transition metal with a d^2 configuration? (b) Reduce these microstates to "terms" in free-ion state. (c) Which one is the "ground term"? (d) How is this "ground term" split in the octahedral environment for d^2?

答：(a) d^2 組態的過渡金屬有 $C(10,2) = 10!/2!/8! = 45$ 個**微狀態** (microsataes)。

^2D:

$m_s \backslash m_l$	4	3	2	1	0	−1	−2	−3	−4
1		1	1	2	2	2	1	1	
0	1	2	3	4	5	4	3	2	1
−1		1	1	2	2	2	1	1	

(b) 將這 45 個**微狀態**分解成 $^3F, ^3P, ^1G, ^1D, ^1S$ **能量態** (Energy Terms)。

^3F:

$m_s \backslash m_l$	4	3	2	1	0	−1	−2	−3	−4
1		1	1	1	1	1	1	1	
0		1	1	1	1	1	1	1	
−1		1	1	1	1	1	1	1	

^3P:

$m_s \backslash m_l$	4	3	2	1	0	−1	−2	−3	−4
1				1	1	1			
0				1	1	1			
−1				1	1	1			

^1G:

$m_s \backslash m_l$	4	3	2	1	0	−1	−2	−3	−4
1									
0	1	1	1	1	1	1	1	1	1
−1									

^{1}D:

m_s\m_l	4	3	2	1	0	−1	−2	−3	−4
1									
0			1	1	1	1	1		
−1									

^{1}S:

m_s\m_l	4	3	2	1	0	−1	−2	−3	−4
1									
0					1				
−1									

(c) ^{3}F 是「基態」。Spin multiplicity 越大，letter symbol (S, P, D, F, G, H, I⋯) 越大的 term，能量越低。

(d) 在**正八面體**的環境下，「基態」^{3}F 進一步分裂成 ^{3}F → ^{3}A$_{2g}$ + ^{3}T$_{1g}$ + ^{3}T$_{2g}$

表　不同能量相符 (Energy Terms) 在正八面體構型下分裂情形

Term		Components in an octahedral field
S	→	A_{1g}
P	→	T_{1g}
D	→	E_g + T_{2g}
F	→	A_{2g} + T_{1g} + T_{2g}
G	→	A_{1g} + E_g + T_{1g} + T_{2g}
H	→	E_g + T_{1g} + T_{1g} + T_{2g}
I	→	A_{1g} + A_{2g} + E_g + T_{1g} + T_{2g} + T_{2g}

> 請確認以下金屬離子（Cu^{2+}, V^{3+}, Cr^{3+}, Mn^{2+}, Fe^{2+} 和 Ni^{2+}）在正八面體和正四面體構型下的能量態 (Energy Terms) 的基態，包括其自旋多重性。

27. Identify the ground-state terms and the spin multiplicity of the ions (Cu^{2+}, V^{3+}, Cr^{3+}, Mn^{2+}, Fe^{2+}, and Ni^{2+}) under the following environments: (a) octahedral geometry; and (b) tetrahedral geometry.

答：以 Cu^{2+} (d^9) 為例，共有 C(10,9)=10 個**微狀態** (microstates)。根據**電洞理論** (Hole theory)，d^9 是 d^1 的互補，terms 相反，光譜類似。

^{2}D:

m_s\\m_l	2	1	0	−1	−2
1/2	1	1	1	1	1
−1/2	1	1	1	1	1

電子組態 d^1 在球形環境的情況下只有一個**能量態** (Energy Terms)：^{2}D。能量態 ^{2}D 在正**八面體**和**正四面體**構型的環境下能階分裂成 $^2T_{2g}$ 及 ^2E_g 兩項。其他的情形可以類推。

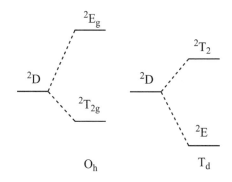

鈹原子 (Be) 基態的電子組態是 $2s^2 2p^0$。激發態的電子組態是 $2s^1 2p^1$。(a) 此激發態產生多少微狀態 (microstates)？(b) 在自由離子的環境下，化約這些微狀態成相關能量態 (energy term)。(c) 請指出化約後的基態。(d) 另一種可能的激發態的電子組態是 $2s^0 2p^2$。從這種激發態產生多少微狀態？(e) 請指出化約後的基態。

28. The ground-state electron configuration for Be is $2s^2 2p^0$. It is $2s^1 2p^1$ for excited state.
(a) How many microstates can be generated from this configuration? (b) Reduced these microstates to its component terms in its free-ion state. (c) Identify the ground-state term. (d) Another excited state configuration might be $2s^0 2p^2$. How many microstates are generated from this configuration? (e) Identify the ground-state term.

答：(a) C(2,1)*C(6,1) = 2*6 =12 個**微狀態** (microstates)。

(b)

		M_s		
		−1	0	+1
	+1	1	2	1
M_l	0	1	2	1
	−1	1	2	1

化約這些微狀態成 ^{3}P + ^{1}P **能量態** (energy term)。

(c) 基態是 ^3P。

(d) C(6,2) = 6*5/2 =15 個**微狀態** (microstates)。

		M_s		
		−1	0	+1
	+2	0	1	0
	+1	1	2	1
M_l	0	1	3	1
	−1	1	2	1
	−2	0	1	0

化約這些微狀態成 $^3P + {}^1D + {}^1S$ **能量態** (energy term)。

(e) 基態是 ^3P。

---

29. 說明電洞理論 (Hole Theory)。

Explain the "Hole Theory".

答：**電子組態**為 d^1 之金屬化合物 (ML_6) 在**正八面體** (O_h) 結構下能階分裂情形和電子組態為 d^9 之情形剛好相反。可以把為 d^9 之情形視為 5 個 d 軌域全填滿，留下一個帶正電荷的洞，稱為**電洞理論** (Hole Theory)。因此，其他 d^{10-n} 組態皆可視為 d^n 組態的互補。

---

30. 過渡金屬錯合物 $Cu(H_2O)_6^{2+}$ 的吸收峰模式非常類似 $Ti(H_2O)_6^{3+}$。解釋之。

The absorption pattern of $Cu(H_2O)_6^{2+}$ is quite similar to $Ti(H_2O)_6^{3+}$. Explain.

答：$Ti(H_2O)_6^{3+}$ 之中心金屬 Ti^{3+} 電子組態為 d^1；$Cu(H_2O)_6^{2+}$ 的中心金屬 Cu^{2+} 電子組態為 d^9。根據**電洞理論** (Hole Theory)，d^{10-n} 組態可視為 d^n 組態的互補。化合物 (ML_6) 在**正八面體** (O_h) 結構下 d^1 能階分裂情形和電子組態為 d^9 之情形剛好相反。但吸收峰模式非常類似。

---

31. 請說明以下觀察現象：$[Ti(H_2O)_6]^{2+}$ (d^1) 和 $[Cu(H_2O)_6]^{2+}$ (d^9) 的電子光譜在可見光區包含兩個吸收峰。

Explain the following observations: The electronic spectrum of $[Ti(H_2O)_6]^{2+}$ (d^1) or $[Cu(H_2O)_6]^{2+}$ (d^9) in the visible region is consisted of two peaks.

答：$[Ti(H_2O)_6]^{2+}(d^1)$ 的結晶場受到**楊-泰勒變形** (Jahn-Teller distortion) 的影響產生分裂。從**基態**到**激發態**有兩組吸收峰。根據**電洞理論** (Hole Theory)，$[Cu(H_2O)_6]^{2+}$ (d^9) 是的 d^1 的互補，其光譜和 $[Ti(H_2O)_6]^{2+}$ 類似。

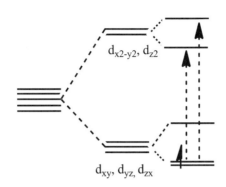

$[Cr(NCS)_6]^{3-}$ 的光譜如下。有一個很弱的吸收峰接近 16,000 cm^{-1}，另有一支吸收峰在 17,700 cm^{-1}(ε_{max} = 160 Lmol^{-1}cm^{-1}) 附近，還有一支吸收峰在 23,800 cm^{-1}(ε_{max} = 130 Lmol^{-1}cm^{-1}) 左右，又有一根很強的吸收峰在 32,400 cm^{-1} 附近。(a) Cr^{3+} 金屬離子有多少微狀態 (microstates)？(b) 請從附圖中找到相對應的遷移吸收頻率。(c) 為什麼有些遷移吸收沒被觀察到？(d) 這個化合物為什麼顯示微弱的顏色？

32. The spectrum of $[Cr(NCS)_6]^{3-}$ is shown as the following. It exhibits a very weak band near 16,000 cm^{-1}, a band at 17,700 cm^{-1}(ε_{max} = 160 Lmol^{-1}cm^{-1}), a band at 23,800 cm^{-1} (ε_{max} = 130 Lmol^{-1}cm^{-1}) and a very strong band at 32,400 cm^{-1}. (a) How many microstates will be generated for a free Cr^{3+} metal ion? (b) Assign the frequency for each transition from the diagram provided. (c) Why have some transitions not been observed? (d) Why does the compound show faint color?

答：(a) Cr^{3+} 電子組態為 d^3。**微狀態** (microstates) = C(10,3) = 120 個。(b) $[Cr(NCS)_6]^{3-}$ 為 d^3 及 O$_h$ 強場。下圖的右邊為 d^3 及 O$_h$ 強場。光譜中有一個很弱的吸收峰近 16,000 cm^{-1}：可能是 Spin-forbidden transfer。另一個可能性是 "two-electron jumps"，即從 $(t_{2g})^3$ 到 $(t_{2g})^1(e_g)^2$ 的兩電子躍遷，但機率很小。不過，從圖上看，應該能量很高，不像是吸收峰近 16,000 cm^{-1} 的電子躍遷。有一個吸收峰在 17,700 cm^{-1} 且 ε_{max} = 160 Lmol^{-1}cm^{-1}，可能是 $^4A_2(g) \rightarrow {}^4T_1(g)$。另有一個吸收峰在 23,800 cm^{-1} 且 ε_{max} = 130 Lmol^{-1}cm^{-1}，可能是 $^4A_2(g) \rightarrow {}^4T_2(g)$。光譜中一個很強的吸收峰在 32,400 cm^{-1}，應該是 Charge transfer 所造成的。

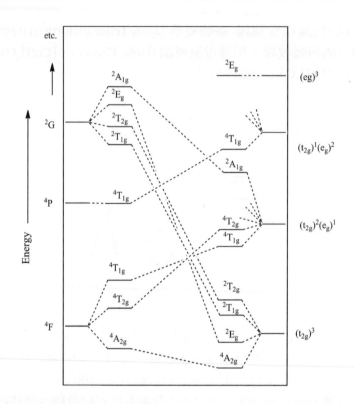

(c) 某些遷移吸收爲什麼沒被觀察到，可能是 Spin-forbidden transfer，另外也許是遷移
吸收能量太高，在紫外光區。

(d) $[Cr(NCS)_6]^{3-}$ 爲具有中心對稱的 O_h 配位化合物分子，金屬的 d 電子遷移吸收光譜
是禁止的（**拉波特選擇律**，Laporte selection rule）。所以這個化合物顯示微弱的顏
色。

> 假設配位錯合物 $[Co(NH_3)_6]^{3+}$ 具有完美的 O_h 結構。其基態 (ψ_e) 爲 $^1A_{1g}$。另外，激
> 發態之一是 $^1T_{1g}$。解釋爲什麼 $^1A_{1g} \rightarrow {}^1T_{1g}$ 電子躍遷被禁止的原因。然而，當電子躍
> 遷結合振動時則可被允許。請解釋。

33. Assuming that $[Co(NH_3)_6]^{3+}$ is existed in its perfect O_h structure. The term symbol for the
ground state, ψ_e, is $^1A_{1g}$; and it is $^1T_{1g}$ for one of the excited states. Explain the reason why
the electron transition is forbidden for $^1A_{1g} \rightarrow {}^1T_{1g}$. Also explain the transition is allowed
when it is coupled with vibrational motion.

答： 過渡金屬的化合物電子躍遷受到**選擇律** (Selection Rule) 的限制。選擇律其中之一是**拉
波特選擇律** (Laporte Rule)。拉波特選擇律指出具有中心對稱的配位化合物分子，其
金屬的 d 電子在軌域間遷移的吸收光譜是禁止的 (forbidden)。所以 $^1A_{1g} \rightarrow {}^1T_{1g}$ 遷移被
拉波特選擇律限制，其吸收光譜是被禁止的。當只考慮電子在基態及激發態之間的遷

移，因為分子具中心對稱的關係，其積分 $\int \psi_{t2g} H \psi_{eg} d\tau$ 為零，理論上狀態之間的遷移不允許。但分子不是固定不動的，在振動時可能扭曲造成分子對稱改變。將 vibration 和 electronic 的因素同時考慮，其積分 $\int \psi_{t2g} H \psi_{eg} d\tau$ 可能不為零，基態及激發態之間的遷移變成允許，但是總體上的遷移吸收還是偏弱。

---

34. 在具有正四面體 (T_d) 幾何構型的過渡金屬錯合物 ML_4 中，預測 $t_2 \rightarrow e$ 的過渡是否被禁止或允許。

Predict whether the transition from $t_2 \rightarrow e$ is forbidden or allowed merely based on the fact that the transition metal complex ML_4 is having a T_d geometry.

答：ψ_{t2} 和 ψ_e 不是偶函數 (even function) 也不是奇函數 (odd function)。因此積分 $\int \psi_{t2} H \psi_e d\tau$ 不受選擇律 (Selection Rule) 中的拉波特選擇律 (Laporte Rule) 限制。即 $t_2 \rightarrow e$ 遷移是被允許的。

---

35. 一個正八面體 (O_h) 結構被在 z 軸受到楊-泰勒變形 (Jahn-Teller distortion) 影響，形成 tetragonal 的結構。對光譜吸收強度是否有很大的影響？

A ML_6 with octahedral geometry is subjected to Jahn-Teller distortion and form tetragonal shape. Does this distortion affect the absorption intense?

答：正八面體 (O_h) 被在 z 軸受到**楊-泰勒變形** (Jahn-Teller distortion)，形成 tetragonal 的結構。仍具有中心對稱，金屬的 d 電子遷移吸收光譜是禁止的（**拉波特選擇律**，Laporte Selection Rule）。所以和**正八面體** (O_h) 一樣只能具有淺顏色。

---

36. 實驗發現 $RuCl_6^{3-}$ 和 $Ru(H_2O)_6^{2-}$ 的 Δ_0 很接近。然而，H_2O 在光譜化學序列 (Spectrochemical Series) 中比 Cl^- 位置較高。如何解釋此現象？

It was observed that the Δ_0 values for $RuCl_6^{3-}$ and $Ru(H_2O)_6^{2-}$ are about the same. Yet, H_2O is in higher priority than Cl^- in Spectrochemical Series. How to explain this phenomenum?

答：理論上，H_2O 在**光譜化學序列** (Spectrochemical Series) 中比 Cl^- 位置較高，應該產生比較大的 Δ_0 值。然而，Ru 在 $RuCl_6^{3-}$ 和 $Ru(H_2O)_6^{2-}$ 中分別為 Ru(III) 和 Ru(II)。這兩個因素可能剛好抵消，所以實驗發現 $RuCl_6^{3-}$ 和 $Ru(H_2O)_6^{2-}$ 的 Δ_0 很接近。

37. Orgel 圖與田邊-菅野圖 (Tanabe-Sugano diagrams) 的區別在哪裡？

What are the differences between the Orgel diagram and Tanabe-Sugano diagram?

答：**Orgel 圖**與**田邊-菅野圖** (Tanabe-Sugano diagrams) 的兩個主要區別在後者將 Orgel 圖的最低能量的 term 做成橫坐標，其他高能量的 term 相對應最低能量的 term 來繪圖，且田邊-菅野圖有同時考慮強場及弱場。Orgel 圖只考慮弱場。

38. 實驗觀察 $[V(H_2O)_6]^{2+}$ 可見光吸收峰出現在 12,300，18,500 和 27,900 cm^{-1} 附近。找出每個吸收頻率的相對應狀態躍遷。為什麼原先預期出現從基態躍遷到 ^2E_g，$^2T_{2g}$ 和 $^2A_{1g}$ 狀態的吸收峰沒有被觀察到？

The absorption bands of UV-Vis spectrum of $[V(H_2O)_6]^{2+}$ were observed at around 12,300, 18,500, and 27,900 cm^{-1}. Assign the corresponding transitions to the observed bands. Explain the reason why the expected transitions to ^2E_g, $^2T_{2g}$ and $^2A_{1g}$ were not observed.

答：下圖為電子組態為 d^3 ($[V(H_2O)_6]^{2+}$) 之金屬化合物 (ML_6) 在**正八面體** (O_h) 結構下的能階分裂情形。$^4A_{2g} \rightarrow ^4T_{2g}$，$^4A_{2g} \rightarrow ^4T_{1g}(^4F)$，$^4A_{2g} \rightarrow ^4T_{1g}(^4P)$ 躍遷相對應於 12,300，18,500 和 27,900 cm^{-1} 吸收峰。從基態 ($^4A_{2g}$) 躍遷到 ^2E_g，$^2T_{2g}$ 和 $^2A_{1g}$ 狀態的吸收峰沒有被觀察到是因為 spin 改變躍遷受**選擇律** (Selection Rule) 的限制。

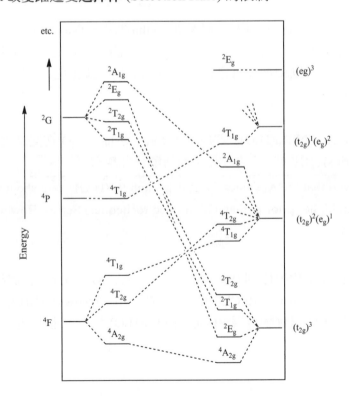

39.

金屬羰基化合物 $V(H_2O)_6^{3+}$ 的兩個 d-d 吸收峰在 17,000 和 26,000 cm^{-1} 附近。(a) 金屬離子 V^{3+} 有多少微狀態 (microstates)？(b) 從附錄圖中指定每個吸收頻率的相對應狀態躍遷。(c) 爲什麼某些躍遷沒有被觀察到？(d) 爲什麼這化合物展現淡淡的顏色？

Two d-d bands, at 17,000 and 26,000 cm^{-1}, can be seen in the absorption spectrum of $V(H_2O)_6^{3+}$. (a) How many microstates for a free V^{3+} metal ion? (b) Assign the bands. (c) Why could some transitions not been observed? (d) Why does the compound show faint color?

答：(a) 以 $V^{3+}(d^2)$ 爲例，其**微狀態**個數爲 $C(10,2) = 45$。電子組態爲 d^2 之金屬化合物 (ML_6) 在正八面體 (O_h) 結構下能階分裂情形參考**圖 6-9**。(b) $^3T_{1g} \rightarrow {}^3T_{2g}$，$^3T_{1g} \rightarrow {}^3A_{2g}(^3F)$ 躍遷相對應於 17,000 和 26,000 cm^{-1} 吸收峰。(c) 從基態 $(^3T_{1g})$ 躍遷到激發態（^1E_g 和 $^1T_{2g}$）的吸收峰沒有被觀察到是因爲 spin 改變，躍遷受 $\Delta S \neq 0$ **選擇律** (Selection Rule) 限制。(d) 此分子有中心對稱，受到選擇律的**拉波特選擇律** (Laporte Rule) 限制，顏色淡。

40.

$[Cr(NH_3)_6]^{3+}$ 被觀察到出現兩個吸收峰在 21,500 cm^{-1} 和 28,500 cm^{-1} 和另一個非常弱的吸收峰在 15,300 cm^{-1} 附近。找出吸收峰對應的躍遷，並指出消失的自旋允許的吸收峰。從 Orgel 圖指出觀測到的吸收峰和預期的自旋允許吸收峰位置之間的差異。

There are two absorption bands observed at 21,500 cm^{-1} and 28,500 cm^{-1} plus a very weak peak at 15,300 cm^{-1} being observed for $[Cr(NH_3)_6]^{3+}$. Assign the bands and account for any missing spin-allowed bands. Account for any discrepancy between the observed position of any of the spin-allowed bands and that expected from the Orgel diagram.

答：$[Cr(NH_3)_6]^{3+}$ 爲 d^3 及 O_h 強場，下圖爲電子組態爲 d^3 之金屬化合物 (ML_6) 在正八面體 (O_h) 結構下能階分裂情形。$^4A_{2g} \rightarrow {}^4T_{1g}$，$^4A_{2g} \rightarrow {}^4T_{2g}(^4F)$，$^4A_{2g} \rightarrow {}^4T_{1g}(^4P)$ 躍遷相對應於 15,300，21,500 cm^{-1} 和 28,500 cm^{-1} 吸收峰。從基態 $(^4A_{2g})$ 躍遷到其他狀態的吸收峰沒有被觀察到是因爲 spin 改變，躍遷受**選擇律** (Selection Rule) 限制。一個很弱的吸收峰近 15,300 cm^{-1}： 可能是 Spin-forbidden transfer。另一個可能性是 "two-electron jumps"。即從 $(t_{2g})^3$ 到 $(t_{2g})^1(e_g)^2$ 的兩電子躍遷，機率很小。不過，從圖上看，應該能量很高，不像是吸收峰近 15,300 cm^{-1} 的電子躍遷。參考本章相關練習題。

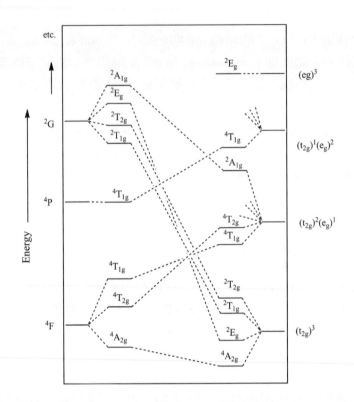

過渡金屬錯合物 ML_6^{n+} 的電子躍遷頻率分別是 8500、15,400 和 26,000 cm^{-1} 附近。
(a) 此金屬離子 $M^{n+}(d^2)$ 有多少微狀態 (microstates)？(b) 從本文附錄圖中指定每個吸收頻率的相對應狀態躍遷。(c) 為什麼某些躍遷沒有被觀察到？(d) 為什麼這化合物展現淡淡的顏色？

41. The observed electronic transition frequencies (in cm^{-1}) for ML_6^{n+} are 8,500, 15,400, and 26,000 cm^{-1}, respectively. (a) How many microstates for a free $M^{n+}(d^2)$ metal ion? (b) Assign the frequency for each transition by picking up adequate diagram from the text. (c) Why would some transitions not been observed? (d) Why does the compound show faint color?

答： (a) $M^{n+}(d^2)$ 的**微狀態** (microstates) 個數 $C(10,8) = 45$。(b) 下圖為電子組態為 d^2 之金屬化合物 (ML_6) 在正八面體 (O_h) 結構下能階分裂情形。$^3T_{1g} \rightarrow {}^3T_{2g}$，$^3T_{1g} \rightarrow {}^3A_{2g}(^3F)$，$^3T_{1g} \rightarrow {}^3T_{1g}(^3P)$ 躍遷相對應於 8500，15,400 和 26,000 cm^{-1} 吸收峰。(c) 從基態 $(^3T_{1g})$ 躍遷到 ^1E_g 和 $^1T_{2g}$ 狀態的吸收峰沒有被觀察到是因為 spin 改變，躍遷受選擇律 (Selection Rule) 限制。(d) 此構型有中心對稱，受到選擇律的**拉波特選擇律** (Laporte Rule) 限制，顏色淡。

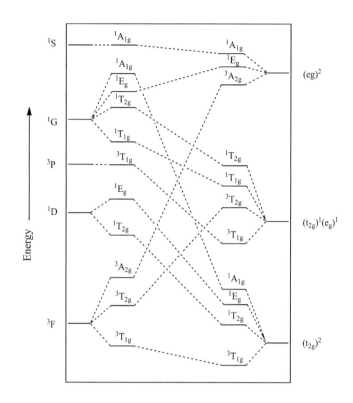

在 $[V(H_2O)_6]^{3+}$ 的電子光譜觀察到兩個吸引峰分別在 17,200 和 25,600 cm^{-1} 附近。但沒有觀察到 $^3T_{1g}(F) \rightarrow {}^3A_{2g}$ 吸收。請請說明這個觀察現象，並指定此兩個觀察到的吸引峰的相對應電子能階躍遷。

Two bands are observed at 17,200 and 25,600 cm^{-1} in the electronic spectrum of a solution containing $[V(H_2O)_6]^{3+}$. However, no absorption for the $^3T_{1g}(F) \rightarrow {}^3A_{2g}$ transition is observed. Suggest a reason for this, and assign the two observed absorption.

答：$[V(H_2O)_6]^{3+}$ 金屬電子組態為為 d^2。下圖為電子組態為 d^2 之金屬化合物 (ML_6) 在正八面體 (O_h) 結構下能階分裂情形。$^3T_{1g} \rightarrow {}^3T_{2g}$，$^3T_{1g} \rightarrow {}^3T_{1g}(^3P)$ 遷移相對應於 17,200 和 25,600 cm^{-1} 吸收峰。理論上，從基態 $(^3T_{1g})$ 躍遷到 $^3A_{2g}$ 狀態的吸收峰應該被觀察到，但沒有被觀察到，不是因為 Spin-forbidden transfer 的因素。一個可能性是 "two-electron jumps"。即從 $(t_{2g})^2(e_g)^0$ 到 $(t_{2g})^0(e_g)^2$ 的同時兩電子躍遷，但同時兩電子躍遷其機率很小，不容易被觀察到。另一個可能性是兩者能量差太大，不在量測範圍。

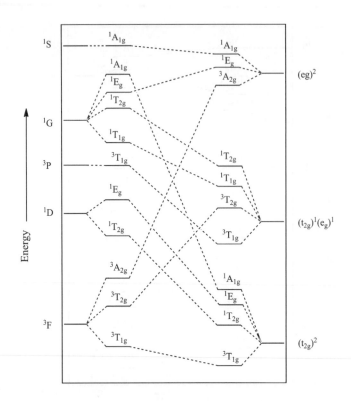

請解釋以下過渡金屬錯合物吸收峰強度比較的結果。(a) 含 Co^{III} 錯合物的順式和反式結構異構物的光譜特徵如下，兩者都有兩個在可見光區的吸收峰。錯合物 (A) 有兩個對稱吸收峰，吸收係數 $\varepsilon \cong 60$-80。錯合物 (B) 在低能量帶有一寬且有側峰的吸收峰，其吸收強度低。請根據光譜特徵來區分異構物。(b) 一個正八面體含 Co^{III} 的錯合物，含有胺 (NH_3) 和 Cl^- 配位基，展示包括兩個中等強度吸收峰（吸收係數 $\varepsilon \cong 60$-80），還有一個非常弱吸收峰（吸收係數 $\varepsilon = 2$），另有一個吸收峰在高能量區（吸收係數 $\varepsilon = 20,000$）。這些個別吸收峰對應的躍遷的性質是什麼？

43. Interpret the following comparisons of intensities of absorption bands for transition metal complexes. (a) Two isomers of a Co^{III} complex, which are believed to be *cis* and *trans* isomers, give the following spectral features: Both give two absorption bands in the visible region. Complex A has two symmetrical bands with $\varepsilon \cong 60$-80. The lower-energy band for complex B is broad with a shoulder and has lower intensity. Assign the isomers. Explain. (b) An octahedral complex of Co^{III}, with an amine (NH_3) and Cl^- coordinated, exhibits two mild absorption bands with $\varepsilon \cong 60$-80, one very weak peak with $\varepsilon = 2$, and a high-energy band with $\varepsilon = 20,000$. What is the presumed nature of these transitions? Explain.

答：(a) 越對稱的結構，越容易形成**簡併狀態**，吸收峰的個數越少。*Trans* form 結構**異構物**比 *Cis* form 結構異構物對稱，可見光區的吸收峰個數較少且弱。錯合物 A 有兩個對稱吸收峰，錯合物 B 在有一吸收峰，其吸收強度低。錯合物 B 可能爲較對稱的 *Trans form* 異構物。(b) 以 $Co^{3+}(d^6)$ 爲例，一個吸收峰在高能量區，吸收係數非常大 (ε = 20,000)，應該是 Charge transfer band。一個非常弱吸收峰，吸收係數很低 (ε = 2)，應該是受**選擇律** (Selection Rule) 中的**拉波特選擇律** (Laporte Rule) 或電子自旋限制的電子跳動。另有兩個吸收峰其吸收係數 ($\varepsilon \cong$ 60-80) 屬於正常強度範圍，應該是沒有改變電子自旋限制 $\Delta S \neq 0$ 的電子跳動。

---

44. 簡要請說明非交叉律 (non-crossing rule)。

Briefly describe the term: Non-crossing rule.

答：**不可互相跨越規則** (Noncrossing Rule) 或非交叉律是指具有相同對稱的**能量態** (energy term) 隨著場強度改變時，可互相接近但不能互相跨越。

---

45. 請利用以下所提供之 Secular Equation 來說明非交叉律 (non-crossing rule)。假設 Ψ_1 和 Ψ_2 爲具有相同對稱的兩個能量態 (energy term) 的波函數，其 Ψ_1 和 Ψ_2 個別自我積分 ($\int \Psi_1\Psi_1 d\tau$) 和 ($\int \Psi_2\Psi_2 d\tau$) 分別代號爲 H_{11} 與 H_{22}，相對應的能量爲 E_1 與 E_2。其重疊積分 ($\int \Psi_1\Psi_2 d\tau$) 代號爲 H_{12}。

$$\text{Secular Equation:} \quad \begin{vmatrix} H_{11} - E & H_{12} \\ H_{12} & H_{22} - E \end{vmatrix} = 0$$

$$H_{ij} = \int \Psi_i^* \hat{o} \Psi_j d\tau \qquad \hat{o} : \text{operator}$$

$$E\pm = {}^{1/2}\{H_{11} + H_{22} \pm [4H_{12}^2 + (H_{11} - H_{22})^2]^{1/2}\}$$

Using the secular equation provided to explain the non-crossing rule. Assuming that Ψ_1 and Ψ_2 are two wavefunctions corresponding to two energy terms. The self-integration of $\int \Psi_1\Psi_1 d\tau$ and $\int \Psi_2\Psi_2 d\tau$ are H_{11} and H_{22}, respectively. The corresponding energies are E_1 and E_2. The cross-integration of $\int \Psi_1\Psi_2 d\tau$ is H_{12}.

答：**不可互相跨越規則** (Noncrossing rule) 是指具有相同對稱的**能量態** (Energy Term) 隨著場強度改變時，可互相接近但不能互相跨越。此規則可由 Secular Equation 來說明。假設 Ψ_1 和 Ψ_2 爲具有相同對稱的兩個能量態，但對應能量不同的波函數，其 Ψ_1 和 Ψ_2 個別自我積分 ($\int \Psi_1\Psi_1 d\tau$) 和 ($\int \Psi_2\Psi_2 d\tau$) 分別爲 H_{11} 與 H_{22}，相對應的能量爲 E_1 與 E_2，$E_1 \neq E_2$。其重疊積分 ($\int \Psi_1\Psi_2 d\tau$) 爲 H_{12}。當兩能量態互相接近到幾乎相碰觸時，理論上，能量要相同即 $E_1 = E_2$。但從 Secular Equation 來看，$E\pm = {}^{1/2}\{H_{11} + H_{22} \pm [4H_{12}^2 + (H_{11} - H_{22})^2]^{1/2}\}$，其中 $H_{12} \neq 0$，$H_{11} - H_{12} \neq 0$，就是 $[4H_{12}^2 + (H_{11} - H_{22})^2]$ 這個項不爲零。因

此，這個 Secular Equation 的兩個解（E_+ 和 E_-）不可能相同，即 $E_1 \neq E_2$。意思即具有相同對稱的兩個能量態，互相接近到幾乎相碰觸時，還是不會碰觸，還是不會互相跨越。而且，原來低能量的狀態，其能量更低；原來高能量的狀態，其能量更高。

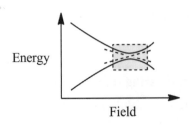

46.
說明在一系列改變場強度的光譜某個吸收峰頻率可能受到非交叉律 (Non-crossing rule) 的影響而產生預測上的偏差。

A particular absorption band frequency might be deviated from the prediction due to the effect of "Non-crossing rule".

答：在一系列改變場強度的光譜某個吸收峰頻率的預測，當碰到兩個具有相同對稱的**能量態 (Energy Term)** 隨著場強度改變時，受到**非交叉律 (Non-crossing rule)** 的影響，趨勢產生改變，產生預測上的偏差。

47.
回答下列有關選擇律在配位化合物上應用的問題。(a) 請解釋理論上任何躍遷中的 $\Delta S \neq 0$ 是禁止的。例如：$^1A_{1g} \rightarrow {}^3T_{1g}$ 躍遷是被禁止的。(b) 拉波特選擇律 (Laporte Selection Rule)：具有反轉中心的分子，電子從基態躍遷到激發態的狀態間之躍遷是被禁止的。例如：在正八面體 (O_h) 環境中任何 d → d 躍遷是被禁止的。(c) 根據拉波特選擇律，所有的 d → d 躍遷被禁止。然而，我們仍然看到過渡金屬配合物的顏色，為什麼呢？(d) 說明實驗觀察從 t_{2g} 到 e_g 躍遷吸收峰是寬的。而 t_{2g} 到 t_{2g} 躍遷吸收峰是尖銳的。

Answer the following questions about the selection rules in coordination compounds. Explain the following rules in the theory of which you have aware. (a) Any transition in which $\Delta S \neq 0$ is forbidden. For example: $^1A_{1g} \rightarrow {}^3T_{1g}$ is forbidden. (b) Laporte selection rule: In complexes with a center of symmetry the only allowed transitions are those with a change of parity. For example: any d → d transition in O_h environment is forbidden. (c) According to Laporte selection rule, all d → d transitions are forbidden. However, we still see the color of the transition metal complexes. Why? (d) Transition from t_{2g} to e_g, the observed peaks are broad. Transition within t_{2g}, the observed peaks are sharp.

答：(a) 電子從**基態**躍遷到**激發態**；如果**自旋多重性**改變，則爲**躍遷禁止** (Transition Forbidden)。理由是自旋多重性改變時電子必須做自旋方向的改變，違反**弗蘭克-康登原理** (Franck-Condon Principle)。$\Delta S \neq 0$ 的躍遷是被禁止的。e.g.：$^1A_{1g} \rightarrow {}^1T_{1g}$（允許），$^1A_{1g} \rightarrow {}^3T_{2g}$（不允許）。(b) 正八面體的 d → d 遷移，其 ψ_1 和 ψ_2 都是 even function。積分 $\int \psi_1 H \psi_2 d\tau$ 代表 $\psi_1 \rightarrow \psi_2$ 遷移機率，其中 H 是 odd function，總積分是對總體 odd function 積分，其值爲 0，出現機率爲 0。因此 $\psi_1 \rightarrow \psi_2$ 躍遷是 forbidden。(c) 當純考量電子的因素，電子在基態及激發態之間的遷移其積分 $\int \psi_{t_{2g}} H \psi_{e_g} d\tau$ 值爲零時，狀態之間的遷移理論上不允許。但分子不是固定不動的，在振動時可能扭曲造成分子對稱改變。將 vibration 和 electronic 的因素同時考慮，其積分 $\int \psi_{t_{2g}} H \psi_{e_g} d\tau$ 值可能不爲零，狀態之間的遷移變成允許，但是還是偏弱的遷移。(d) 以正八面體配位化合物 (ML_6, O_h) 爲例，當電子從 t_{2g} 躍遷到 e_g，將引發金屬和配位基之間的斥力，鍵長變動，電子躍遷時間拖長造成吸收峰變寬。而 t_{2g} 到 t_{2g} 躍遷不會引發金屬和配位基之間的斥力，鍵長不太變動，電子躍遷時間很快，吸收峰是尖銳的。可參考**弗蘭克-康登原理**。理論上，根據**拉波特選擇律**，$t_{2g} \rightarrow t_{2g}$ 或 $t_{2g} \rightarrow e_g$ 都是 forbidden。這個題目如果以**正四面體** (T_d) 爲例，則比較沒有爭議，因爲在 $t_2 \rightarrow t_2$ 或 $t_2 \rightarrow e$ 之間的遷移不會違反拉波特選擇律。

48.

解釋爲什麼在具有正八面體 (O_h) 幾何構型的過渡金屬錯合物 ML_6 中 $t_{2g} \rightarrow e_g$ 的遷移是被嚴格禁止的原因。[提示：狀態之間的遷移只有當積分 $\int \psi_{t_{2g}} H \psi_{e_g} d\tau$ 不爲零時才允許。假設運算子 H 是一種奇函數。]

Explain the reason why the transition is forbidden for $t_{2g} \rightarrow e_g$ for a transition metal complex ML_6 with O_h geometry. [Hint: The transition is allowed only if the integral $\int \psi_{t_{2g}} H \psi_{e_g} d\tau$ is nonzero. Assuming that the operator H is an odd function.]

答：$\psi_{t_{2g}}$ 和 ψ_{e_g} 都是 even function，而 H 是 odd function。積分 $\int \psi_{t_{2g}} H \psi_{e_g} d\tau$ 代表 $t_{2g} \rightarrow e_g$ 遷移機率，是對總體 odd function 積分，其積分值爲 0。即遷移機率爲 0。因此 $t_{2g} \rightarrow e_g$ 躍遷是 forbidden。

49.

在正八面體 (O_h) 幾何構型的過渡金屬錯合物 ML_6 中，雖然兩狀態（$\psi_{t_{2g}}$ 和 ψ_{e_g}）之間的躍遷當積分 $\int \psi_{t_{2g}} H \psi_{e_g} d\tau$ 爲零時是不允許。但有些情況下仍可發現分子有淡淡的顏色。解釋之。

For a transition metal complex ML_6 with O_h geometry, although the transition is forbidden from the integral $\int \psi_{t_{2g}} H \psi_{e_g} d\tau$, yet pale color of the transition is observed. Explain.

答：正八面體 (O_h) 配位化合物分子在常溫下振動，很難保存完美正八面體對稱，且 $t_{2g} \rightarrow e_g$ 電子遷移機率可能和振動結合，還是有不爲 0 的遷移機率，只是顏色很淡。

50. 說明電子－振動組合躍遷 (Vibronic transition)。

Explain "Vibronic transition".

答：有些純考慮電子在**基態**及**激發態**之間的遷移，可能因為分子對稱的關係，其積分 $\int \psi_i H \psi_f d\tau$ 為零時，狀態之間的遷移 ($\psi_i \rightarrow \psi_j$)，理論上不允許。但分子並不是固定不動的，在振動時可能會部分扭曲造成分子對稱性改變。將 vibration 和 electronic 的因素同時考慮時，其積分 $\int \psi_i H \psi_f d\tau$ 可能不為零，狀態之間的遷移變成允許，但總體而言還是弱的遷移。

51. 普魯士藍 (Prussian Blue) 和滕氏藍 (Turnbull's Blue) 的分子式都相同 $Fe_4[Fe(CN)_6]_3$。然而，它們的顏色不同。請解釋這顏色間的差異的原因。根據配位場穩定能 (Ligand Field Stabilization Energy, LFSE) 的概念，哪一個異構物比較穩定？
普魯士藍 (Prussian Blue)：$Fe^{3+} + [Fe^{II}(CN)_6]^{4-} \rightarrow Fe_4[Fe(CN)_6]_3$
滕氏藍 (Turnbull's Blue)：$Fe^{2+} + [Fe^{III}(CN)_6]^{3-} \rightarrow Fe_4[Fe(CN)_6]_3$

The chemical formula for the so called "Prussian Blue" and "Turnbull's Blue" are the same, $Fe_4[Fe(CN)_6]_3$. However, their colors are different. Explain the color differences. Which isomer is more stable according to the Ligand Field Stabilization Energy (LFSE)?

Prussian Blue: $Fe^{3+} + [Fe^{II}(CN)_6]^{4-} \rightarrow Fe_4[Fe(CN)_6]_3$

Turnbull's Blue: $Fe^{2+} + [Fe^{III}(CN)_6]^{3-} \rightarrow Fe_4[Fe(CN)_6]_3$

答：CN^- 是 Ambidentate Ligand。以 C(κ-C, CN^-) 方式去鍵結或以 N(κ-N, CN^-) 方式去鍵結，會產生不同結晶場強度，造成不同顏色。以 C 去鍵結比以 N 去鍵結其結晶場強度較強，顯然以 C 去鍵結 $Fe^{+2}(d^6)$ 比 $Fe^{+3}(d^5)$ 產生較多的**配位場穩定能** (Ligand Field Stabilization Energy, LFSE)。因此，**普魯士藍比較穩定**。普魯士藍是以 (κ-C, CN^-) 方式去鍵結 Fe^{+2}；滕氏藍是以 (κ-N, CN^-) 方式去鍵結 Fe^{+2}。

普魯士藍 (Prussian blue)：

$K^+ + Fe^{3+} + [Fe^{2+}(CN)_6]^{4-} \rightarrow [KFe(CN)_6Fe]_x$

滕氏藍 (Turnbull's blue)：

$K^+ + Fe^{2+} + [Fe^{3+}(CN)_6]^{3-} \rightarrow [KFe(CN)_6Fe]_x$

下圖顯示 [Pd(Et₄dien)SeCN][BPh₄] 在 25℃溶液狀態下，從時間爲零開始在不同的時段量測的紫外 – 可見光吸收光譜 (UV-Vis)。(a) 在光譜中觀察到有兩個等色點 (Isosbestic Point)。請提供等色點成因的理論根據。(b) 這個觀察現象的重大意義是什麼？(c) 繪出此化合物所有可能的結構異構物。哪一個結構異構物比較穩定？(d) 這分子重排過程是分子內或分子間的？

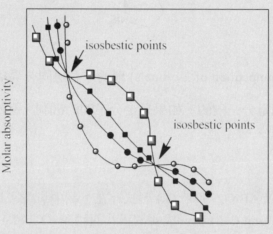

Et₄dien: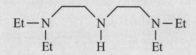

The figure provided shows the changes along with time in the UV-Vis absorption spectrum of a solution of [Pd(Et₄dien)SeCN][BPh₄]. It was taken at 25℃ in various durations of time. (a) There are two "Isosbestic Points" being observed in the spectrum. Provide a theoretic explanation for the formation of "Isosbestic Points" in this plot. (b) What is the significant meaning for this observation? (c) Draw out all possible structures of isomers of this compound. Which isomer is more stable? (d) Is this an intra- or inter-molecular rearrangement process? Explain.

52.

答：(a) 反應物轉換成產物的過程中的光譜圖有可能交叉在一起的點，稱爲**等色點** (Isosbestic Point)，在這點上，所有物體（包括反應物和產物）的吸收係數相同。根據 Beer's rule (A = εlc)，光譜吸收峰強度和該吸收**頻率**相對應的吸收**係數**及**濃度**有關。假設此爲簡單轉換反應（沒有中間產物產生或有其它反應途徑），反應物開始濃度爲 C_0，其他任何時間爲 x，產物濃度爲 C_0-x，因爲沒有中間產物產生或有其它反應途徑，所以任何時間內反應物和產物之總和濃度不變。在某特定點上反應物及產物都相同，$A_{tot} = A_{reactant} + A_{product} = εl(x + C_{0-x}) = εlC_0 = A$。任何時間光譜總吸收和原先反應物在該點的吸收相同。因此，在簡單轉換反應機制應該會在反應過程找到等色點。反之，如果有中間產物生成，必須同時找到反應物、中間產物及產物的都相同，機會非常小，不太可能有等色點出現。(b) 這是一個簡單的轉換反應。沒有中間產物產生或有其它反應途徑。

(c)

根據 π-軌域競爭 (competition of π-orbitals) 理論，右邊同分異構體比較穩定。

(d) 這分子重排過程是分子內的。如果是走分子間的機制，必然產生中間產物，觀察到等色點的機率很少。

有些固態化合物以 $AB_2O_4(A^{II}B^{III}_2O_4)$ 形式存在，其中氧離子以最密堆積方式形成架構，每個晶胞 (Unit Cell) 會形成 4 個正八面體洞 (O_h hole) 及 8 個正四面體洞 (T_d hole)。若一個 A^{II} 和一個 B^{III} 佔據 1/2 的 O_h 正八面體洞 (O_h hole)，另一個 B^{III} 佔據 1/8 的正四面體洞 (T_d hole)，稱為反尖晶石結構 (inverse spinel structure)。以光譜方法量測 $[Ni(H_2O)_6]^{2+}$ 和高自旋 $[Mn(H_2O)_6]^{3+}$ 的 Δ_{oct} 值，分別在 8,500 和 21000 cm^{-1} 附近。假設這些數值相對大小也在反尖晶石結構中不變，哪些因素可能會讓 $NiMn_2O_4$ 穩定度的預測變得不可靠？

53. The 10 Dq value (Δ_{oct}) for $[Ni(H_2O)_6]^{2+}$ and high-spin $[Mn(H_2O)_6]^{3+}$ have been evaluated spectroscopically as 8,500 and 21,000 cm^{-1} respectively. There is a category of compounds with the chemical formula of $AB_2O_4(A^{II}B^{III}_2O_4)$. The oxides form a close-packing structure. In each unit cell there will have four O_h holes and eight Td holes (might be fractional). It is called "Inverse Spinel Structure" if one A^{II} and one B^{III} occupy half of the O_h holes; the other B^{III} occupies 1/8 of the T_d holes. Assuming that these values also hold for the "Inverse Spinel Structure". What factors might cause the prediction of the stability of $NiMn_2O_4$ unreliable?

答： $[Ni(H_2O)_6]^{2+}$ 的金屬 Ni 為 +2 價；$[Mn(H_2O)_6]^{3+}$ 的金屬 Mn 為 +3 價。高價數金屬形成比較強的結晶場，$[Ni(H_2O)_6]^{2+}$ 和 $[Mn(H_2O)_6]^{3+}$ 的 Δ_{oct} 值分別為 8,500 和 21,000 cm^{-1}，後者值較大是可以理解的。某類型固態分子 $AB_2O_4(A^{II}B^{III}_2O_4)$，其中氧離子以最密堆積方式形成架構，每個晶胞 (Unit Cell) 會形成 4 個正八面體洞 (O_h hole) 及 8 個正四面體洞 (T_d hole)，金屬離子 A 或 B 填入部分的洞中形成某種構型。其中**反尖晶石結構** (inverse spinel structure) 是一個 A^{II} 和一個 B^{III} 佔據 1/2 的正八面體洞 (O_h hole)，另一個 B^{III} 佔據 1/8 的正四面體洞 (T_d hole)。在 $NiMn_2O_4$ 中，一個 Ni^{II} 和一個 Mn^{III} 佔必須填入正八

面體的洞，其 LFSE 的數值預測可由前面相關的 Δ_{oct} 值得到粗略的估算。可是另一個 Mn^{III} 佔必須填入正四面體洞，在正四面體環境下，其 LFSE 的數值預測並沒有辦法由前面相關實驗數值得知，會造成結構預測上不可靠。參考第二章 55 題。

紅色固體錯合物 $[NiCl_2(PPh_2CH_2Ph)_2]$ 是反磁性的。在 387 K 下加熱 2 小時，得到藍綠色的錯合物，此錯合物在 295 K 下量測其磁性，發現具有 3.18 μ_B 磁矩。請提出對這些觀測現象的合理解釋。並繪製此錯合物可能的結構異構物。

54.　A diamagnetic nickel complex $[NiCl_2(PPh_2CH_2Ph)_2]$ is red. It converted to blue-green on heating at 387 K for 2 hours. The new complex exhibits magnetic moment of 3.18 μ_B at 295 K. Explain these observations and skatch structures for these complexes, also comment on possible isomerism.

答：原先紅色水晶 $[NiCl_2(PPh_2CH_2Ph)_2]$ 是反磁性，可能是 *trans*-構型異構物。把它視爲從正八面體 (O_h) 結構被在 z 軸受到**楊-泰勒變形** (Jahn-Teller distortion) 影響，形成 tetragonal 的結構。Ni(II) 的 8 個 d 電子填入軌域，全部成對，爲反磁性。加熱後可能轉變成 *cis*-構型異構物，產生磁矩。在完全忽略軌域和自旋間**耦合** (coupling) 的情況下，磁矩計算公式：$\mu = \sqrt{n(n+2)}$。若磁矩爲 3.18 BM，應該在 2~3 個未成對的 d 電子的範圍，視爲 2 個未成對的電子。若將此 *cis*-構型異構物視爲粗略接近正八面體 (O_h) 結構，則有可能出現 2 個未成對的電子的情形。

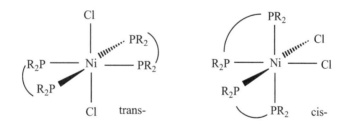

在固態時 FeF_2 和 $K_3[CoF_6]$ 都是六配位且具高自旋金屬離子的配位化合物。前者光譜顯示吸收峰出現在 6,990 和 10,660 cm^{-1} 附近，而後者出現在 10,200 和 14,500 cm^{-1} 附近。哪個配位化合物的 Δ_0 較大？這些配位化合物有多少自旋允許的電子躍遷？如何解釋每個光譜中有兩個吸收峰存在的現象？

55.　In solid state, both FeF_2 and $K_3[CoF_6]$ are having metal ions surrounded by six ligands and both in high spin states. The electronic spectrum of the former shows absorptions at 6,990 and 10,660 cm^{-1}, while the latter has absorptions at 10,200 and 14,500 cm^{-1}. Which complex is having larger Δ_0? Why? How many spin multiplicity allowed electronic transitions could be expected for these complexes? How to account for the presence of two bands in each spectrum?

答：FeF_2 的金屬 Fe 為 +2 價；$K_3[CoF_6]$ 的金屬 Co 為 +3 價。高價數金屬形成比較強的結晶場，後者值較大是可以理解的。兩者均為 d^6 電子組態。在高自旋 (high-spin) 的情形下，基本上只有從基態 ($^5T_{2g}$) 躍遷到 ^5E_g 激發態是 allowed，其吸收峰可能是較高頻率的位置，而另一根比較低頻率的吸收峰不知源自何方，也許分子受到**楊-泰勒變形** (Jahn-Teller distortion) 影響分子已經不是完全的**正八面體** (O_h) 結構了。另一個比較可能的情形是，兩者都是**強場** (strong field) 且**低自旋** (low-spin)，從基態 ($^1A_{1g}$) 躍遷到激發態（$^1T_{1g}$ 及 $^1T_{2g}$），有兩個吸收峰。

補充說明：FeF_2 看起來只有二配位，但是在固態的堆積上（如邊心立方堆積，edge-center cubic），可能出現 Fe 被六個配位基包圍的情形。在固態的堆積壓力下，Fe 周圍可能出現強場。

---

56. 電子組態為 d^8 的正四面體 (T_d) 化合物，其上的 d 軌域會對化合物的總磁矩有貢獻嗎？請提供你的答案及說明。

Would you expect that there is orbital contribution to the magnetic moment of a tetrahedral d^8 complex? Provide a proper explanation for your answer.

答：通常第一列過渡金屬所形成的錯合物，其磁矩只由 d 軌域的電子自旋產生，基本上假設軌域和自旋間沒有（或很小）**耦合** (coupling) 發生，所以軌域對磁矩幾乎沒有貢獻。但是在第二及三列過渡金屬所形成的錯合物，軌域和自旋間可能有耦合發生，所以軌域對磁矩可能會有貢獻。一般來講，在能使 5 個 d 軌域的簡併狀態被破壞的環境下（如**正四面體**），軌域對磁矩的貢獻會被 quenched。

---

57. $TiCl_3$ 加入尿素水溶液，接著加入 KI 水溶液，得到深藍色固體，固體內含鈦、尿素和碘等成份。這固體在可見光譜顯示一個吸收鋒在 18,000 cm^{-1}，其磁矩為 1.76 BM。當 1.000 g 的這種化合物在氧氣存在下且在高溫下分解，所有配位基都揮發掉，最後導致 0.116 克的 TiO_2 形成。請推導出此固體配位化合物的分子式和結構。由此實驗請推論尿素或水分子何者位於光譜化學序列 (Spectrochemical Series) 較高的位置？如何確定尿素鍵結到鈦上是經由氧或氮原子？

A deep blue crystals of a complex containing titanium, urea, and iodine were obtained from the addition of $TiCl_3$ to an aqueous solution of urea followed by addition of KI. The UV-Vis spectrum of the complex showed one absorption at 18,000 cm^{-1} and with magnetic moment 1.76 BM. Decomposition of the complex was observed when 1.000 g of it was heated at high temperature in an oxygen atmosphere, all ligands were removed and 0.116 g of TiO_2 formed. Based on the data, point out the formula and structure of the complex. Which one is lying higher in spectrochemical series, urea or water? How to determine whether urea bounds to titanium through oxygen or nitrogen?

答：假設在軌域和自旋間沒有**耦合** (coupling) 的情況下，磁矩計算公式：$\mu = \sqrt{n(n+2)}$。磁矩為 1.76 BM，應該只有一個 d 電子，此時 Ti 為正三價。$TiCl_3$ 加入尿素水溶液，最後此錯合物含鈦、尿素和碘，但是沒有含水，尿素取代水，因此可斷定尿素比水在**光譜化學序列** (Spectrochemical Series) 中有較高的排序。此化合物有幾種可能的鍵結方式，以 (c) 比較可能。

如何確定尿素鍵結到鈦上面是通過氧或氮？尿素如果以氧鍵結到鈦上面如 (c)，藉由量測其 C=O 的 IR 頻率，會觀察到頻率明顯地下降。

> 當乙二胺 (ethylenediamine, en) 添加到溶在濃鹽酸的氯化亞鈷 ($CoCl_2 \cdot 6H_2O$) 溶液時，得到高產率 (80%) 的藍色固體。分析此化合物顯示它包含重量百分比為 14.16% N、12.13% C、5.09% H 和 53.70% Cl。此化合物的磁矩測量值為 4.6 BM。藍色固體溶於水時呈現粉紅色，其電導率在 25℃ 是 852 $ohm^{-1}cm^2\ mol^{-1}$。錯合物在二甲基亞碸 (dmso) 溶液中在可見光譜呈現 3217、5610 和 15,150 cm^{-1} 吸收（莫耳吸收係數 = 590 $mol^{-1}L\ cm^{-1}$），但在水溶液中，其吸收發生在 8,000 ~ 16,000 和 19,400 cm^{-1}（莫耳吸收係數 = 5 $mol^{-1}L\ cm^{-1}$）。使用氫氧化鈉滴定過程，每個莫耳的錯合物中和四莫耳的鹼。請寫出錯合物的分子式和結構。並請說明造成所有的觀察現象的原因。

58. A blue crystalline solid is obtained in 80% yield when ethylenediamine is added to a solution of cobalt(II) chloride hexahydrate in concentrated hydrochloric acid,. The elemental analysis of this solid shows that it contains 14.16% N, 12.13% C, 5.09% H, and 53.70% Cl. The magnetic moment is 4.6 BM and the conductivity is 852 $ohm^{-1}cm^2\ mol^{-1}$ at 25℃ . It changes to pink while dissolves in water. The UV-Vis spectrum of a dmso solution exhibits bands centered at 3217, 5610, and 15,150 cm^{-1} (molar absorptivity = 590 $mol^{-1}L\ cm^{-1}$), but for a water solution, the absorptions occur at 8,000 ~16,000 and 19,400 cm^{-1} (molar absorptivity = 5 $mol^{-1}L\ cm^{-1}$). In a titration, each mole of the complex neutralizes four moles of sodium hydroxide. Please try to formulate the complex and sketch structure for it. Also, provide a proper account for all reactions and observations.

答：分析此錯合物的成份 N : C : H : Cl : Co = 14.16/14.01 : 12.13/12.01 : 5.09/1.01 : 53.70/35.45 :

14.92/58.93 = 4：4：20：6：1。此錯合物的分子式應該是 [Co(en)₂Cl₂]Cl₄。實驗發現使用氫氧化鈉滴定過程中，每個莫耳的錯合物中和 4 莫耳的鹼，原因是因爲錯合物外圍的 4 個離子性的 Cl⁻ 和 Na⁺ 反應，產生 NaCl 沉澱。其很大的**電導率**（在 25℃ 是 852 ohm⁻¹cm² mol⁻¹）也指向 [Co(en)₂Cl₂]Cl₄ 可爲高解離的錯合物。中心金屬 Co 爲 +6 價，是 d³ 電子組態。在軌域和自旋間沒有**耦合** (coupling) 的情況下，磁矩計算公式：μ = √(n(n+2))。若磁矩爲 4.6 BM，應該在 3~4 個未成對的 d 電子的範圍，視爲 3 個未成對的電子。Co(+6) 的 3 個 d 電子填入軌域，3 個未成對，順磁性。可能是 *trans-* 或 *cis-* 異構物。若是 *trans-* 異構物，把它視爲從正八面體 (Oₕ) 結構被在 z 軸受到**楊-泰勒變形** (Jahn-Teller distortion) 影響的結果。藍色結晶固體溶於水呈現粉紅色，因其中的 Cl⁻ 被 H₂O 取代，莫耳吸光係數小，應該是 *trans-* 異構物。錯合物在**二甲基亞碸** (dmso) 溶液中，其中的 Cl⁻ 被 dmso 取代，莫耳吸光係數大，應該是 *cis-* 異構物。電子組態爲 d³ 之金屬化合物 (ML₆) 在正八面體 (Oₕ) 結構下能階分裂情形。⁴A₂g → ⁴T₂g，⁴A₂g → ⁴T₁g(⁴F)，⁴A₂g → ⁴T₁g(⁴P)。共有 3 個躍遷，相對應於 3 個吸收峰，符合實驗結果。

[trans- 結構圖] 4 Cl⁻

[cis- 結構圖] 4 Cl⁻

[trans- 結構圖] 6 Cl⁻

[cis- 結構圖] 6 Cl⁻

59. 草酸 (Oxalic acid) 的化學式爲 H₂C₂O₄。當草酸添加到氯化亞鈷 (CoCl₂) 溶液時，得到深色的固體沉澱。元素分析此化合物至少包含重量百分比爲 41.85% O 和 15.71% C，而 Cl 和 Co 的重量百分比無法以此元素分析法得之。此化合物的磁矩測量值在 4.6~5.0 BM 之間，其電導率測量不像是離子化合物 MgCl₂。此化合物溶於水中顏色有很大的改變。此化合物在二甲基亞碸 (dmso) 溶液中在可見光譜圖呈現三個吸收峰，其莫耳吸收係數大 (> 500 mol⁻¹L cm⁻¹)，但在水溶液中雖呈現三個吸收峰，但莫耳吸收係數很小 (≈ 0 mol⁻¹L cm⁻¹)。請寫出此化合物的分子式和原先結構並後來轉變的結構。並請說明所有這些觀察現象的原因。

The chemical formula of oxalic acid is H₂C₂O₄. A deep colored solid was formed while oxalic acid was added to a solution of cobalt(II) chloride. Elemental analysis of this compound indicates that it contains 41.85% O and 15.71% C. As known, Cl and Co cannot be determined by elemental analysis in normal situation. The magnetic moment is around 4.6~5.0 BM. The conductivity of this compound is quite different from MgCl$_2$. The color of this compound changes while dissolves in dmso solvent. The UV-Vis spectrum of a dmso solution of this complex exhibits three bands (molar absorptivity > 500 mol^{-1}L cm^{-1}). While dissolves in water solution, there are three absorption bands (molar absorptivity ≈ 0 mol^{-1}L cm^{-1}) being observed. Please try to formulate and sketch structures for all complexes. Also, provide a proper account for all reactions and observations.

答：元素 C、O、Cl、Co 的原子量分別是 12.01、16、35.45、58.93 g/mol。

分析此錯合物的成份 C：O = 15.71/12.01：41.85/16.0 = 1：2。此錯合物的分子式應該是 [Co(ox)$_2$Cl$_2$]。[Co(ox)$_2$Cl$_2$] 應該是低解離的錯合物，配位基 Cl$^-$ 已不是離子性，其**電導率**和 MgCl$_2$ 不同。中心金屬 Co 為 +6 價，是 d^3 電子組態。在軌域和自旋間沒有**耦合** (coupling) 的情況下，磁矩計算公式：μ = √(n(n+2)。若磁矩為 4.6~5.0 BM，應該在 3~4 個未成對的 d 電子的範圍，視為 3 個未成對的電子。Co(+6) 的 3 個 d 電子填入軌域，有 3 個未成對，為順磁性。錯合物可能是 *trans*-或 *cis*-異構物。若是 *trans*-異構物，把它視為從**正八面體** (O$_h$) 結構被在 z 軸受到**楊-泰勒變形** (Jahn-Teller distortion) 影響的情形。此錯合物溶於水中顏色改變，因其中的 Cl$^-$ 被 H$_2$O 取代，莫耳吸光係數小，應該是 *trans*-異構物。錯合物在二**甲基亞碸** (dmso) 溶液中，其中的 Cl$^-$ 被 dmso 取代，莫耳吸光係數大，應該是 *cis*-異構物。電子組態為 d^3 之金屬化合物 (ML$_6$) 在正八面體 (O$_h$) 結構下能階分裂情形。$^4A_{2g} \rightarrow {}^4T_{2g}$，$^4A_{2g} \rightarrow {}^4T_{1g}(^4F)$，$^4A_{2g} \rightarrow {}^4T_{1g}(^4P)$。有 3 個躍遷相對應 3 個吸收峰，符合實驗結果。

60. 在固態時 Co(py)$_2$Cl$_2$ 是紫羅蘭色，且具 5.5 BM 磁矩。但這種化合物在 CH$_2$Cl$_2$ 溶液中卻是藍色，且有 4.42 BM 磁矩。與此相反的是，Co(py)$_2$Br$_2$ 在固態和在 CH$_2$Cl$_2$ 溶液中都是藍色的，都有 4.6 BM 磁矩。請解釋這些觀測現象，並預測 Co(2-Mepy)$_2$Cl$_2$ 和 Co(py)$_2$I$_2$ 的顏色和磁矩。

Cobalt complex Co(py)$_2$Cl$_2$ is violet in color and has a magnetic moment of 5.5 BM in its solid state. Yet, this compound is blue and has a magnetic moment of 4.42 BM in a CH$_2$Cl$_2$ solution. In contrast, Cobalt complex Co(py)$_2$Br$_2$ is blue in both the solid state and in a CH$_2$Cl$_2$ solution and has a magnetic moment of 4.6 BM in both forms. Please provide a proper account for all reactions and observations. Based on the conclusion drawn from the above, predict the colors and magnetic moments of Co(2-Mepy)$_2$Cl$_2$ and Co(py)$_2$I$_2$.

答： 在軌域和自旋間沒有**耦合** (coupling) 的情況下，磁矩計算公式：μ = √(n(n+2))。若磁矩為 5.5 BM，應該在 4~5 個未成對的 d 電子的範圍，視為 5 個未成對的電子。Co(+2) 的 7 個 d 電子填入軌域，有 5 個未成對，為順磁性。把它視為從**正四面體** (T$_d$) 結構被扭曲的情形。在 CH$_2$Cl$_2$ 溶液是藍色的且有 4.42 BM 磁矩，視為有 3 個未成對的電子，其中 CH$_2$Cl$_2$ 有參與鍵結，把它視為從**正八面體** (O$_h$) 結構被扭曲的情形。Br 比 Cl 較大，在 Co(py)$_2$Br$_2$ 中 CH$_2$Cl$_2$ 無法擠入參與鍵結，把它視為從**正四面體** (T$_d$) 結構被扭曲的情形，在固體狀態和 CH$_2$Cl$_2$ 溶液中結構沒變，顏色沒變，磁矩也沒變。I 比 Cl 較大，在 Co(py)$_2$I$_2$ 中 CH$_2$Cl$_2$ 無法擠入參與鍵結，把它視為從**正四面體** (T$_d$) 結構被扭曲的情形，在固體狀態和 CH$_2$Cl$_2$ 溶液中結構沒變，顏色沒變，磁矩也沒變。Co(2-Mepy)$_2$Cl$_2$ 和 Co(py)$_2$Cl$_2$ 的情形類似。

61.

雙釕金屬被不同的雙向配位基 (Ambidentate ligands) 配位。雙釕金屬可能各為 Ru(II) 和 Ru(III) 不同價數，或經由有共軛性佳的雙向配位基的作用，使電子在系統內流動很快速，雙釕金屬的電荷變成平均值的 2.5 價。請說明以下這些數據 (λ_{max} (nm)，ε (M^{-1} cm^{-1})) 的意義。

雙釕金屬化合物	λ_{max} (nm)	ε (M^{-1} cm^{-1})
$[(NH_3)_5Ru$—N⬡N—$Ru(NH_3)_5]^{5+}$	1570	5000
$[(NH_3)_5Ru$—N⬡⬡N—$Ru(NH_3)_5]^{5+}$	1030	920
$[(NH_3)_5Ru$—N⬡=⬡N—$Ru(NH_3)_5]^{5+}$	960	760
$[(NH_3)_5Ru$—N⬡⬡N—$Ru(NH_3)_5]^{5+}$ (CH$_3$, H$_3$C)	890	165
$[(NH_3)_5Ru$—N⬡-C$_{H_2}$-⬡N—$Ru(NH_3)_5]^{5+}$	810	30

The valences of ruthenium atoms of bimetallic compounds are originally Ru(II) and Ru(III), respectively. The valences of two ruthenium atoms might be changed to 2.5 while it was coordinated by an ambidentate ligand with good conjugation. Different ambidentate ligands as well as the corresponding λ_{max} (nm) and ε (M^{-1} cm^{-1}) are shown. Explain the implication of these data.

答：從數據看，當雙向配位基的共軛性越好，其值 (λ_{max} (nm)，ε (M^{-1} cm^{-1})) 越高。λ_{max} (nm) 值越大，越往紅外移，吸收頻率越低。ε (M^{-1} cm^{-1}) 值越大，表示吸收強度越強。

---

62. 舉一例說明超導磁鐵的原理及化學組成，並說明超導磁鐵應用上的限制。

Provide an example for the composition of super conducting material and the principle caused its function. Also, explain the limitation of super conducting material in real life application.

答：一個有名的**超導磁鐵**的例子是在 1980 年代後期由**朱經武**博士及**吳茂昆**博士所開發的**釔鋇銅氧** (Y-Ba-Cu-O) 系列化合物，化學式為 $YBa_2Cu_3O_7$。超導體材料是指電流在超導材料內部流通時，電阻幾乎為零的導體材料。但目前超導磁鐵大部份只能在低溫的環境下才會使超導材料發生超導現象，限制了它的應用性。磁性材料的製造是工業界很重要的課題之一，曾在 1980-90 年代受到很大重視。然而這種材料的易碎性及無法大量複製生產等等因素也嚴重地限制了它的應用範圍。在化學研究中的重要儀器如**核磁共振光譜儀** (Nuclear Magnetic Resonance, NMR) 及醫學用途的**核磁共振攝影**（亦稱磁振造影，Magnetic Resonance Imaging, MRI）的高磁場就是使用超導磁鐵。

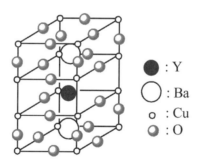

- ● : Y
- ○ : Ba
- ∘ : Cu
- ◉ : O

---

63. 實驗觀察 SF_4 在 -20°C 左右的 ^{19}F NMR 光譜如下，請問 ^{19}F NMR 光譜和以 VSEPR 理論預測 SF_4 的結構是否相符合？當溫度升高時，^{19}F NMR 光譜只剩一根 singlet。請說明這現象。如果將 SF_4 換成為 MF_4（M：過渡金屬），請預測 MF_4 的 ^{19}F NMR 光譜。

The ^{19}F NMR spectrum for SF_4 is shown. Is this spectrum pattern consistent with the structure predicted from VSEPR theory? While the temperature is raised up, the peaks are merged to a singlet peak. Please provide a proper explanation. Also, predict the ^{19}F NMR spectrum for MF_4 (M: transition metal).

答：以 VSEPR 理論預測 SF_4 的 seesaw 結構如下圖。從群論對稱觀點，這結構有兩組相同環境 (equivalent) 的 F，即 F_1 與 F_2 一組；F_3 與 F_4 一組。F 的 nuclear spin 是 1/2。每個 F 均受到其它 2 個不同環境 F 的 coupling，因此為兩組 triplet。當溫度升高時，分子進行 fluxional 機制，4 個 F 環境交換，變成不可區分，且為相同環境 (equivalent)，不會互相 coupling，只剩一根 singlet。

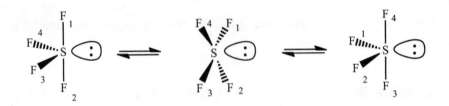

如果將主族元素所形成的化合物 SF_4 換成過渡金屬化合物 MF_4，則應該不是這種 seesaw 結構，而可能是正四面體或平面四邊形。不論其中任何構型，4 個 F 的環境皆相同，在 ^{19}F NMR 中只剩一根 singlet。MF_4 在高溫度時，也可能進行 fluxional 機制，在正四面體和平面四邊形間快速轉換。不過，在 ^{19}F NMR 中還是只有一根 singlet。

第 **7** 章

配位化合物反應機理

「如果有時候碰到兩個（化學）規則（似乎）背道而馳，而我們無法肯定地選擇（何者為真）時，我們不應該太氣餒。」(If on occasion the two rules run counter to one another and we are unable to choose with certainty, we should not be too discouraged.) ─休伊 (James Huheey)

本章重點摘要

一般**配位化合物**所進行的反應主要集中在**取代反應** (Ligand Substitution Reaction) 及**電子轉移** (Electron Transfer) 兩大部份。其中取代反應的例子說明以常見的配位化合物構型**正八面體** (Octahedral, O_h) 及**平面四邊形** (Square planar, D_{4h}) 為主。**電子轉移**的例子說明以常見的發生在兩**單核配位化合物**之間或**雙核配位化合物**之內為主。在金屬發生電子轉移即分子發生**氧化還原** (Redox Reaction) 反應。

 7.1 取代反應 (Ligand Substitution Reaction)

7.1.1 D, A, I_d, I_a mechanism

含金屬的化合物包括**配位化合物** (Coordination Compounds) 或**有機金屬化合物** (Organometallic Compounds) 其**配位基** (Ligands) 於鍵結時，大多數為具有提供兩電子能力者。常見的反應為**配位基的取代反應**。如常見的**金屬羰基化合物** $M(CO)_n$ 上的**羰基** (CO) 配位基被三**烷基磷** (PR_3) 取代的反應。當一個錯合物遵守十八電子律時，在取代反應過程中，很難再加進任何配位基，因而通常會先掉一個配位基，形成一個具十六個價電子數的不飽和中間產物，通常這步驟為**速率決定步驟** (Rate-determining Step, r.d.s.)，之後再加進欲取代的配位基。這種反應機理稱為**解離反應機制** (Dissociative Mechanism, **D** Mechanism)。解離反應的**速率表示式**（Rate Law 或 Rate Expression）只和反應物 ($[ML_n]$) 濃度有關，和取代基無關。解離反應發生時其過渡狀態的**亂度** (ΔS^*) 及**體積** (ΔV^*) 變化大於零。反之，若錯合物價電子數少於十八個時，例如為十六個價電子數的不飽和分子，再加上若空間足夠允許外來配位基加入時，則這時候就有機會直接加進外來取代基。這種反應機理稱為**結合反應機**

制 (Associative Mechanism, **A** Mechanism)。結合反應機制的速率表示式和反應物 ([ML_n]) 濃度及取代基 ([Y]) 兩項有關。結合反應其過渡狀態的**亂度** (ΔS^*) 及**體積** (ΔV^*) 變化小於零。

● **解離反應機制 (D**issociative Mechanism, **D** Mechanism) 圖示：

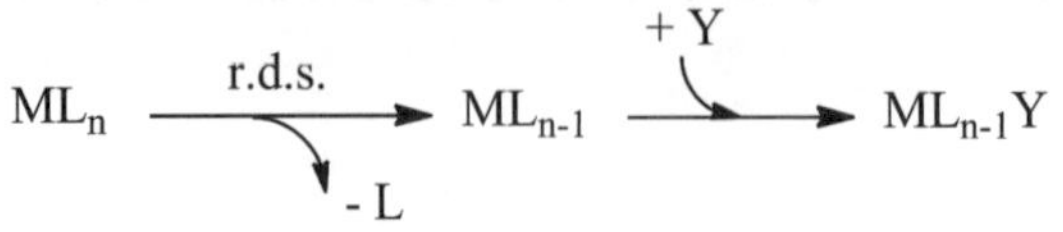

$$ML_n \xrightarrow[{-L}]{\text{r.d.s.}} ML_{n-1} \xrightarrow{+Y} ML_{n-1}Y$$

速率表示式 : Rate = k[ML_n]

● **結合反應機制 (A**ssociative Mechanism, **A** Mechanism) 圖示：

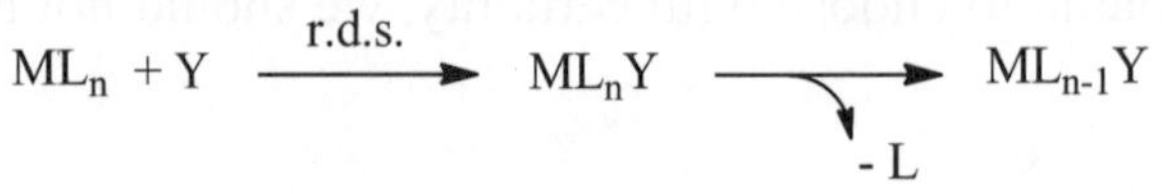

$$ML_n + Y \xrightarrow{\text{r.d.s.}} ML_nY \xrightarrow[{-L}]{} ML_{n-1}Y$$

速率表示式 : Rate = k[ML_n][Y]

　　在真實的例子中，取代反應走完全的**解離反應**或完全的**結合反應**機制都很少見。大多數的取代反應形態都介於兩者之間，稱爲**交換反應機制** (Interchange Mechanism, **I** Mechanism)。**交換反應**中比較傾向**結合反應**形態的稱爲 I_a；比較傾向**解離反應**的稱爲 I_d。

　　若被取代之**配位基**爲水分子且走**解離反應**機制，則其過渡狀態的體積變化 (ΔV^*) 接近 +18 ml^3/mol，爲水分子的莫耳體積。反之，若走**結合反應**機制且取代基爲水分子，則過渡狀態的體積變化 (ΔV^*) 接近 –18 ml^3/mol。**交換反應**的過渡狀態的體積變化 (ΔV^*) 則介於兩者之間。可藉由測量過渡狀態的體積變化 (ΔV^*) 來判定其取代反應所走的機制形態。當然也可藉由量測過渡狀態的亂度變化 (ΔS^*) 而做判定。一般而言，量測 ΔV^* 的變化比 ΔS^* 的變化對反應機制的推斷更爲可靠。

　　有一個比較奇特的例子發生在 [$(NH_3)_5CoCl$]$^{2+}$ 的水解反應上，此水解反應在 OH^- 存在下，[$(NH_3)_5CoCl$]$^{2+}$ 速率會大增（最多達百萬倍）。其速率表示式如下：
速率 = –d[$(NH_3)_5CoCl^{2+}$]/dt = k_B [$(NH_3)_5CoCl^{2+}$][OH^-]。從速率表示式乍看之下以爲是走**結合反應機制 (A** Mechanism)。但正八面體 (Octahedral, O_h) 金屬錯合物進行取代反應時不太可能走結合反應機制，因爲通常太擁擠。後來化學家理解到其實這**取代反應**是走 $S_{N1}CB$ **機制** ($S_{N1}CB$ mechanism)（圖 7-1）。在金屬錯合物 [$(NH_3)_5CoCl$]$^{2+}$ 進行取代反應在 OH^- 存在時，OH^- 先攻打 Cl^- 旁邊的 NH_3，拔掉一個 H^+ 而形成 NH_2^-，此時 NH_2^- **配位基**可以提供一個電子對。金屬錯合物的負電荷增加一，使 Cl^- 更容易從金屬脫離。Cl^- 從金屬脫離後位置形成空軌域，此時在 *cis* 位置配位基如果可以提供多餘電子對配位到此空軌域上，可暫時穩定反應中間體，降低活化能，使取代反應速率變快。這個 *cis* 位置可以提供多餘電子對的配位基正是 NH_2^-。後來水分子接到空軌域上，再脫去 H^+，形成 Co-OH 鍵。整個過程容易被誤解爲是走 OH^- 直接取代 Cl^- 的結合反應機制。這也提醒化學家不能只從表面上看速率表示式就推斷反應機制。在沒有 OH^- 存在下，或是 Cl^- 旁邊的 NH_3 改成 NF_3 時，$S_{N1}CB$ 機制不會進行，水解反應速率變很慢。

圖 7-1　在 OH^- 存在下 $[(NH_3)_5CoCl]^{2+}$ 的水解反應是走 $S_{N1}CB$ 機制。

7.1.2 對邊效應及鄰邊效應 (Trans Effect & Cis Effect)

　　在配位化合物中一個強配位基 (L) 的相對位置的配位基 (L') 容易被取代，稱爲**對邊效應** (Trans Effect)。主要原因是因爲此兩配位基競爭中間金屬的 p 或 d 軌域（**圖 7-2**）。這種**π-軌域競爭** (Competition of π-orbitals) 效應通常發生在**平面四邊形** (Square Planar) 的結構分子。當一配位基和金屬的軌域鍵結比較強時，另一 *trans* 位置的配位基和金屬的軌域鍵結會相對較弱。在非共平面或是 90º 夾角的情形下，對邊效應比較小。而強配位基對在其相鄰位置 (*cis*) 的配位基的影響很小，因爲沒有互相競爭中間金屬的 p 或 d 軌域，這種類型的**鄰邊效應** (*Cis* Effect) 可以忽略。

圖 7-2　配位化合物中間金屬的 p 或 d 軌域被兩對邊配位基競爭。

　　一些常見配位基的**對邊效應**大小如下表示。可看出有 π-**逆鍵結**能力的配位基其對邊效應比較大。比較奇特的是 H^- 沒有 π-逆鍵結能力卻也有很強的對邊效應，可能是 H^- 的 σ-鍵結能力很強的結果。

　　$CN^- \sim CO \sim NO^+ \sim H^- > CH_3^- \sim SC(NH_2)_2 \sim SR_2 \sim PR_3 > HSO_3^- > NO_2^- \sim I^- \sim SCN^- > Br^- > Cl^- > py > RNH_2 \sim NH_3 > OH^- > H_2O$

　　對邊效應的配位基強弱排序和下面所列**光譜化學序列** (Spectrochemical Series) 有相類似趨勢，也有些相異之處。

$$CO > CN^- > C_6H_5^- > CH_3^- > NO_2^- > \text{bpy, phen} > \text{en} > \text{py, } NH_3 > SCN^- > H_2O$$

$$> ox^{2-}, O^{2-} > \text{urea, } OH^- > N_3^-, F^- > Cl^- > SCN^- > S^{2-} > Br^- > I^-$$

對邊效應若要嚴格加以區分，可分為**熱力學** (Thermodynamics) 和**動力學** (Kinetics) 的對邊效應。**熱力學對邊效應**是指分子的**基態** (Ground State) 相對不穩定性造成**活化能** (Activation Energy) 減低，取代速率變快。**動力學對邊效應**是指反應在形成中間產物的時候**活化複體** (Activated Complex) 或**中間產物** (Intermediate) 被相對穩定下來，造成活化能下降，取代速率變快（圖 **7-3**）。以平面四邊形分子的配位基取代反應為例。造成**活化能** (Activation Energy, ΔE*) 下降的原因，通常是強**配位基** (L) 的 π-**逆鍵結**能力疏散了**活化複體**或**中間產物**形成過程中所累積的過多電子密度，使過渡狀態較為穩定之故。

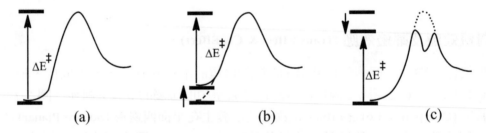

(a)   (b)   (c)

圖 7-3 (a) 為參考圖形，ΔE‡為活化能。(b) 代表熱力學對邊效應 (*Trans* Effect)，是指分子基態的相對不穩定性造成活化能減低，取代速率變快。(c) 代表動力學對邊效應 (*Trans* Effect)，是指在反應中形成的中間產物被穩定下來，造成活化能下降，取代速率變快。

一般常說的分子**穩定** (Stable, Stability) 或**不穩定** (Unstable, Instability) 是**熱力學名詞** (Thermodynamic terms)；而**易解離** (Labile, Lability) 或**不易解離** (Inert, Inertness) 是**動力學名詞** (Kinetic terms)。前者主要考量反應物和產物間的關係；而後者考量反應物和中間產物（激發態）間的關係。

化學家利用**對邊效應** (Trans effect) 和**鍵能強弱**兩因素，互相為用，合成具有所設定目標構型的化合物（圖 **7-4**）。從 $PtCl_4^{2-}$ 開始和 NH_3 反應，合成 *cis*-$[PtCl_2(NH_3)_2]$，其中一步應用對邊效應。從 $Pt(NH_3)_4^{2+}$ 開始和 Cl^- 反應，合成 *trans*-$[PtCl_2(NH_3)_2]$，其中一步也是應用對邊效應因素。

圖 7-4 利用對邊效應 (Trans effect) 和鍵能強弱兩因素結合來合成兩個同分異構物：*cis*- 和 *trans*-$[PtCl_2(NH_3)_2]$。

7.2 電子轉移 (Electron Transfer)

　　電子**轉移**現象可以發生在兩含過渡金屬的**單核配位化合物**之間或**雙核配位化合物**之內。下圖表示一個含不同價數的雙核配位化合物的內部進行**電子轉移**，即發生**氧化還原** (Redox Reaction) 反應（**圖 7-5**）。

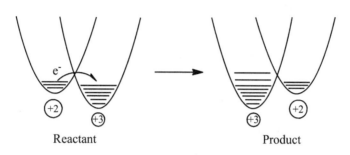

Reactant　　　　　　　　Product

圖 7-5　雙核配位化合物的內部發生電子轉移現象。

7.2.1 氧化還原機制 (Redox Mechanism)

　　發生在兩**配位化合物**之間的**電子轉移**現象，通常又可分為**外圍機制** (Outer-sphere mechanism) 和**內圍機制** (Inner-sphere mechanism) 兩種（**圖 7-6**）。電子轉移經由內圍機制有兩個必要條件：其一，**錯合物** A 需要有**架橋配位基** (bridging ligand)；其二：**錯合物** B 需要有**易解離配位基** (labile ligand)。

Inner-Sphere Electron Transfer:

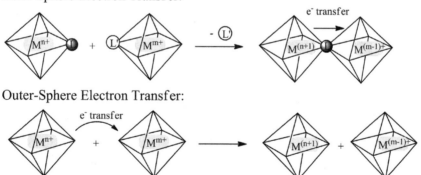

Outer-Sphere Electron Transfer:

圖 7-6　配位化合物發生電子轉移可分為內圍機制 (Inner-sphere mechanism) 和外圍機制 (Outer-sphere mechanism)。

外圍機制 (Outer-sphere mechanism)：

$[Fe(CN)_6]^{4-} + [Mo(CN)_8]^{3-} \longrightarrow [Fe(CN)_6]^{3-} + [Mo(CN)_8]^{4-}$

內圍機制 (Inner-sphere mechanism)：

$$[Co(NH_3)_5Cl]^{2+} + [Cr(H_2O)_6]^{2+} \rightarrow [(NH_3)_5Co\text{-}Cl\text{-}Cr(H_2O)_5]^{4+} + H_2O$$

$$[(NH_3)_5Co\text{-}Cl\text{-}Cr(H_2O)_5]^{4+} \rightarrow [Co(NH_3)_5]^{2+} + [Cr(H_2O)_5Cl]^{2+}$$

配位基兩頭都可以鍵結金屬如 SCN⁻ 或 CN⁻ 稱為**雙向配位基** (Ambi-dentate ligand)。例如 SCN⁻ 可以 S 或以 N 去鍵結金屬；CN⁻ 可以 C 或以 N 去鍵結金屬。由雙向配位基所鍵結形成雙金屬異構物稱為**連接異構物** (Linkage isomer)。如下所示，CN⁻ 扮演雙頭配位基的角色，CN⁻ 可以 C 或以 N 去鍵結 Co 金屬。在 $[(NH_3)_5Co(CN)]^{2+}$ 中 CN⁻ 以 C 去鍵結 Co^{3+} 金屬；在 $[CN\text{-}Co(CN)_5]^{3-}$ 中 CN⁻ 以 C 或以 N 去鍵結 Co^{2+} 金屬。此反應同時有配位基及電荷的轉移。

$$[(NH_3)_5Co(CN)]^{2+} + [Co(CN)_5]^{3-} \rightarrow [...Co\text{-}C \equiv N\text{-}Co...] \rightarrow [(NH_3)_5Co]^{2+} + [CN\text{-}Co(CN)_5]^{3-}$$

SCN⁻ 是**雙向配位基** (Ambi-dentate ligand)，在下面的例子中 Co 金屬上的 SCN⁻ **配位基**可以 S 去鍵結 Cr 金屬，由於兩被鍵結的金屬比較接近，稱為**近端攻擊** (adjacent attack)。若以 N 去鍵結 Cr 金屬，由於兩被鍵結的金屬比較遠，稱為**遠端攻擊** (remote attack)。在這例子中，遠端攻擊的立體障礙小，比較可能發生（**圖 7-7**）。

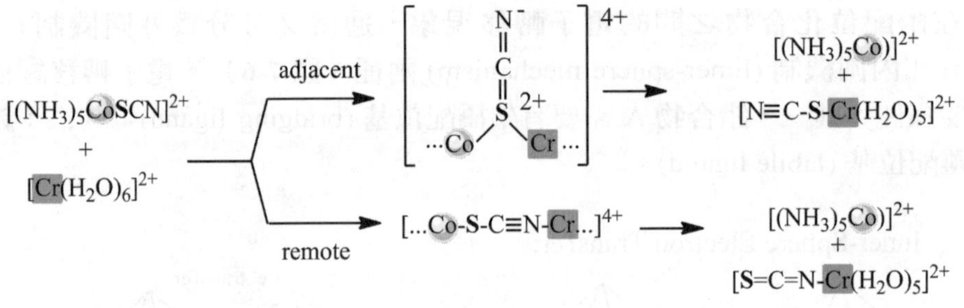

圖 7-7 雙向配位基進行近端攻擊及遠端攻擊的例子。

雙核配位化合物有些含有**混合價數** (Mixed-valence Compound)，電子可由其中之一個金屬直接（或經由配位基）轉移到另一個金屬上。下圖為雙釕金屬被**雙向配位基**配位的例子。剛開始雙釕金屬可能各為 Ru(II) 和 Ru(III) 不同價數，經由共軛性佳的雙向配位基對二**氮苯** (pyrazine) 的鍵結，使釕金屬上 d 電子在系統內流動很快速，雙釕金屬的電荷變成平均值（**圖 7-8**）。這現象可由光譜量測得到支持。

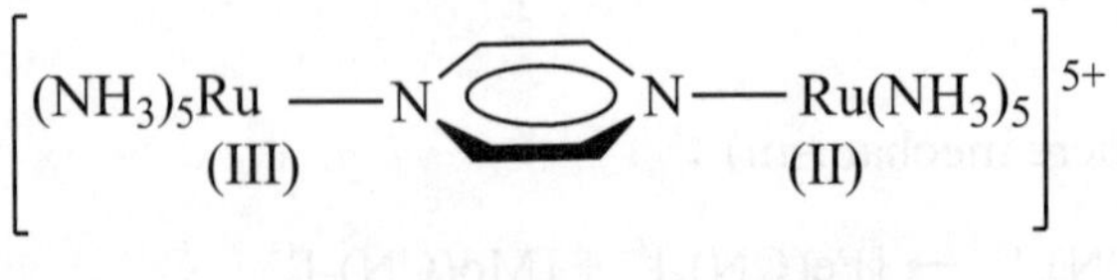

圖 7-8 雙釕金屬被雙向配位基配位的例子。

7.3 儀器方法與量子力學計算 (Instrumentations and Quantum Calculations)

　　追蹤配位化合物反應機理通常以實驗方法為之，即以儀器方法量測。**核磁共振光譜法** (Nuclear Magnetic Resonance, NMR) 通常用來追蹤速率不快的反應，而常用來追蹤快速反應的儀器方法為**停止流動法** (Stopped Flow Method)。然而，並不是所有的反應過程都是如此容易以儀器方法追蹤，有些反應速率太快或太慢，有些反應可能有毒性或爆炸性，都不宜使用儀器方法。此時，量子力學計算方法（電算方法）正可以彌補這個的空缺。前者使用的實驗方法被暱稱為**濕的化學** (Wet Chemistry)；而後者使用的電算方法被稱為**乾的化學** (Dry Chemistry)。後者在近年來針對反應機理的研究上有越來越多被使用的趨勢。

7.3.1 儀器方法 (NMR, Stop Flow, etc)

　　核磁共振光譜法 (Nuclear Magnetic Resonance, NMR) 是用途很廣的儀器，可用於追蹤分子動態行為，缺點是其量測速率慢，需要幾分鐘時間才能完成一個樣品量測，此法通常只能用來追蹤速率不快的反應。常用追蹤快速反應的儀器方法為**停止流動法** (Stopped Flow Method)。其操作原理是將反應物 A 和 B 快速射入待測腔體內，以光譜儀器的方式（通常為 UV-Vis）來量測追蹤反應的進行（**圖 7-9**）。

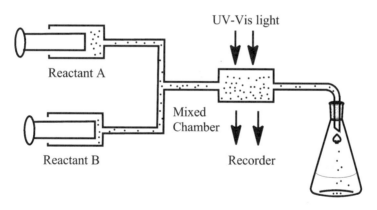

圖 7-9　簡化的停止流動法儀器操作圖示。

7.3.2 電算量子化學 (Computations by Quantum mechanics techniques)

　　配位化合物反應機制的研究，特別是催化反應的機制，可能非常複雜。在研究中光靠實驗方法來推斷機制有其困難度。因而，理論化學家常利用**量子力學**中**密度泛函數理論** (Density Functional Theory, DFT) 的方法來幫助探討大分子如配位化合物的反應機制，特別是運用於會有產物選擇性的一些催化反應上面，此法可從不同路徑的活化能高低藉以判定那條路徑比較可行。這是一般實驗方法所難達到的。以量子力學的**電算模擬**方法 (Computational Simulation) 可以模擬化學**反應機理** (Reaction Mechanism)，也被用在模擬**藥物設計** (Drug design) 上，扮演重要角色。由於電算速度年年加快及量子力學相關軟體日益完備，量子力學的電算模擬方法在化學家了解反應機理上越來越被倚重。

下面顯示常用的電算量子化學方法的流程圖（**圖 7-10**）。第一步是確認分子的結構，找出可能的分子對稱，再選定適當的**基礎函數** (Basis Sets)，初始計算，繼續計算到達**自治場** (Self-Consistent Field, SCF) 的設定目標即停止循環計算，由此可得到相對應的函數解 (Ψ_i)，最後計算相對應函數解 (Ψ_i) 的能量 (E_i)。基礎函數的選擇會影響計算的速度及品質。所以，愼選基礎函數很重要。有關電算量子化學請參考：(a) Hehre, W. J.; Radom, L.; Schleyer, P. v. R.; Pople, J. A. *Ab Initio Molecular Orbital Theory*; John Wiley & Sons: New York, 1986. (b) Parr, R. G.; Yang, W. *Density-Functional Theory of Atoms and Molecules*; Oxford Science: Oxford, 1989。

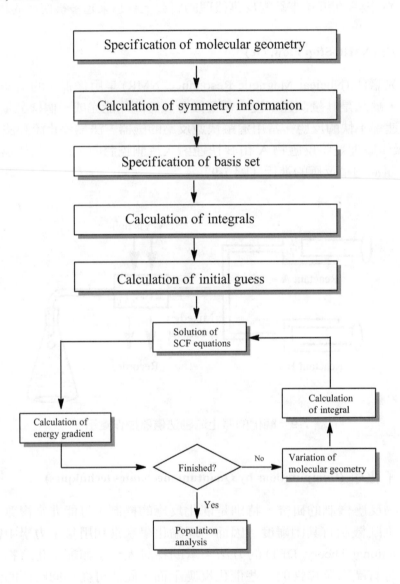

圖 7-10　簡化的電算量子化學方法流程圖。

充電站

S7.1 平面四邊形分子的取代反應

當化學家要合成 Cisplatin (*cis*-[PtCl$_2$(NH$_3$)$_2$]) 這個藥物時，有兩種選擇的趨近方式：其一，從 [PtCl$_4$]$^{2-}$ 開始，逐一以 2 個 NH$_3$ 取代 2 個 Cl$^-$；其二，從 [Pt(NH$_3$)$_4$]$^{2+}$ 開始，逐一以 2 個 Cl$^-$ 取代 2 個 NH$_3$。因為 Pt^{2+} (d^8) 錯合物通常以**平面四邊形**存在，所以 "Trans Effect" 的因素很重要，必須納入考量。而 Pt-Cl 鍵比較弱，這也是一個必須納入考量的因素。前者是**動力學**因素；後者是**熱力學**因素。碰到這兩個因素同時出現時，往往很難判定它們的比重為何？甚至有時候，當兩因素（"Trans Effect" 和 "Trans Influence"）明顯衝突時該怎麼辦？化學家說不用太沮喪。休伊 (James Huheey) 曾說：「如果有時候碰到兩個（化學）規則（似乎）背道而馳，而我們無法肯定地選擇（何者為真），我們不應該太氣餒。」 (If on occasion the two rules run counter to one another and we are unable to choose with certainty, we should not be too discouraged.) 這就是化學家到實驗室穿起實驗衣動手做實驗去驗證的時候了。合成化學永遠會有不可預期地新奇的事 (serendipity) 在實驗過程中發生。

下圖表示可利用**對邊效應** (Trans effect) 來合成兩個同分異構物 *Cis-* 和 *Trans-* [PtCl$_2$(NH$_3$)$_2$]（**圖 S7-1**）。

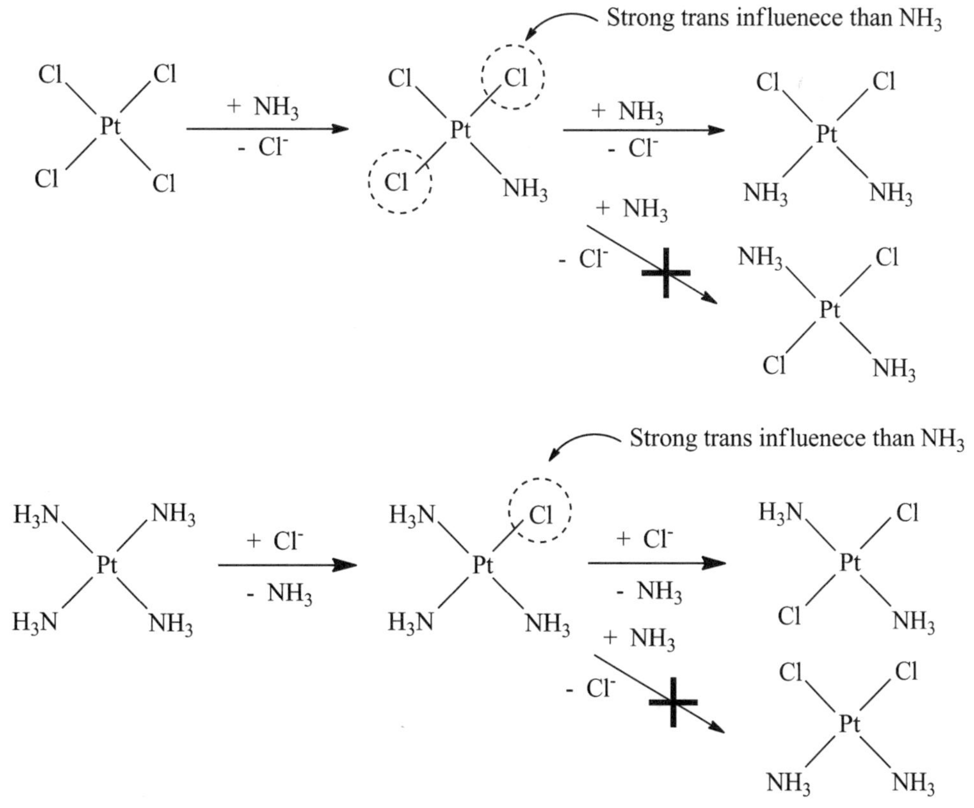

圖 S7-1 從 [PtCl$_4$]$^{2-}$ 或從 [Pt(NH$_3$)$_4$]$^{2+}$ 開始合成順式和反式-[PtCl$_2$(NH$_3$)$_2$]。

S7.2 電子轉移速率與馬庫斯方程式 (Marcus equation)

　　電子轉移 (Electron transfer, ET) 在配位化學裡通常是指發生在兩單金屬配位化合物之間的金屬上的電子發生轉移現象，或是雙金屬配位化合物內金屬之間的電子發生轉移現象。電子在分子內或分子間的金屬之間的轉移速率的範圍可以非常廣。前者通常又可分為**外圍機制** (Outer-sphere mechanism) 和**內圍機制** (Inner-sphere mechanism) 兩種。當兩單金屬配位化合物之間的電子轉移採取外圍機制通常會進行五個步驟：1. 兩單金屬配位化合物藉擴散而接近形成連接的複合物；2. 配位化合物鍵長發生改變；3. 電子轉移，可能先由配位化合物 A 轉移到溶劑，再由溶劑轉移配位化合物 B。也可能兩單金屬配位化合物之間外層軌域重疊，而發生電子轉移；4. 配位化合物鍵長再度發生改變；5. 產物擴散分開。電子在二個分子之間或一個分子之內的移動，都會改變金屬的氧化態，是一種氧化還原反應。第一個被普遍接受的外圍機制電子轉移理論是由**馬庫斯** (Rudolph A. Marcus) 所提出，它是以過渡態理論為基礎。後來馬庫斯的電子轉移理論加入**胡栩** (Noel Hush) 的工作擴展成包括內圍機制電子轉移理論。馬庫斯在 1992 年因為這理論的成就獲得諾貝爾化學獎。

S7.3 亨利・陶比 (Herny Taube) 與同位素應用

　　亨利・陶比 (Henry Taube) 於 1915 年出生在加拿大，父母為歐洲移民，務農。陶比起初對化學沒有特別喜好。直到進入加州**柏克萊大學**進修博士學位時，才開使對化學產生濃厚的興趣。他在**康乃爾大學**開始教書生涯時對氧化還原反應進行深入研究。他也是早期少數使用**同位素標記法** (Isotope labeling) 來研究氧化還原反應速率的化學家之一。在這稍早之前是二次大戰期間，當時美國軍方正在研發原子彈，對同位素相關研究是被嚴格管控的，研究困難度可見一斑。陶比後來轉往**芝加哥大學**任教，被系裡要求教授一門關於高等無機化學課程，而在當時少數可用的教科書中無法找到恰當的教學材料，這反而激起陶比對無機化學（特別是配位化學）的興趣。陶比後來轉往**史丹佛大學**任教。他對配位化合物電子轉移機理的研究讓他獲得 1983 年諾貝爾化學獎的殊榮。這是這繼**華納** (Werner) 於 1913 年贏得了諾貝爾化學獎後再次得獎的無機化學家。

練習題

1. 配位化合物的反應通常爲配位基的取代反應及金屬上的氧化還原反應。請說明之。

The frequently seen reactions of coordination compounds are "ligand substitution reaction" and "redox reaction" of metal. Explain.

答：化學反應通常發生在化合物比較容易進行反應的地方。**配位化合物**的**配位基**和中心金屬的鍵結比一般有機化合物的碳－碳鍵或碳－氫鍵要弱很多，前者約在 20~40 kcal/mol 之間；而後者約落在 100 kcal/mol 附近。因此，容易發生配位基取代反應。另外，過渡金屬的幾個 d 軌域通常接近**能量中線** (Barycenter)，一般是在能量中線上下分布，導致金屬的 d 電子容易被拔除或加入。因此，容易發生中心金屬的**氧化還原反應**。

2. 從 $CoCl_2$ 合成 $CoCl(PPh_3)_3$ 的過程發生了什麼形態的反應。

Which type of reactions took place during the synthesis of $CoCl(PPh_3)_3$ from $CoCl_2$?

答：$CoCl(PPh_3)_3$ 可由 $CoCl_2$ 加 Mg 粉及 PPh_3 在乙醇中反應而成。此處 Mg 將 Co^{2+} 還原成 Co^{1+}；而 PPh_3 取代部分 Cl^-。所以，這過程中發生了**氧化還原** (Redox Reaction) 及**取代反應** (Ligand Substitution Reaction)。

3. 錯合物 $[CoL]^{3+}$（其中配位基 (L) 爲六牙基 $O⌒N⌒S⌒S⌒N⌒O$）的結構如下，其顏色在某些狀況下（例如在不同溶劑下）可以從綠色轉成棕色，化學家推測此錯合物可能進行分子內配位基重排的機制。請說明。

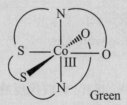

The color of a complex $[CoL]^{3+}$ might be changed from green to brown under different circumstances such as dissolved in different solvents. L is a six-dentate ligand $O⌒N⌒S⌒S⌒N⌒O$. Chemists proposed that it might undergo an intramolecular mechanism. Explain.

答：在此配位基 (L) 為六牙基 O⌒N⌒S⌒S⌒N⌒O，分子形狀為扭曲的正八面體。錯合物進行分子內重排時，可能六牙基中端點的一個牙基先解離，形成五配位的中間體機制，然後解離的牙基再鍵結回去，再形成扭曲的正八面體。而當解離的牙基再鍵結回去時，可能接在不同位置，形成結構異構物。因配位環境不同，配位場強度不同，會造成不同顏色。

4. 過渡金屬元素具有多種可能的氧化態的特性可應用在催化反應中。說明之。

Transition-metal element can accommodate various oxidation states. This character is advantageous in transition metal-containing compounds catalyzed catalytic reactions. Explain.

答：含過渡金屬的化合物當催化劑的催化反應循環中，通常包含過渡金屬多種氧化態的改變。因此，過渡金屬元素具有多種可能的氧化態的特性可應用在催化反應中。例如常用於各式各樣催化反應的過渡金屬元素鈀 (Pd) 的氧化數在溶液中反應可為 0, +2 或 +4，變化多。但主族金屬元素鉀 (K) 只能 0 或 +1，變化較少。

5. 對於含過渡金屬的錯合物的配位基取代反應，指出化學動力學和熱力學觀點不同的地方。

List the viewpoint differences between "Chemical Kinetics" and "Thermodynamics" in terms of the readiness of ligand substitution.

答：**化學動力學**和**熱力學**對於錯合物的配位基**取代反應**有觀點上不同的地方。由熱力學觀點來考量的是錯合物的配位基和金屬鍵結的強弱，是**基態** (ground state) 的考量，以**穩定** (stable) 及**不穩定** (unstable) 來表達。由**動力學**觀點來考量是錯合物的配位基取代反應速率的快慢，是**激發態** (excited state) 的考量，以**不易解離** (inert) 及**易解離** (labile) 來表達。

Thermodynamic	Kinetic
Stable	Inert
Unstable	Labile
K	k
Quantity	Rate

6.
含金屬的化合物的反應機制通常比有機化合物複雜。說明之。

The reaction mechanisms of metal containing compounds are often more complicated than organic compounds. Explain.

答：有機物的反應中心是碳原子，碳原子的混成（s 加 p 軌域）種類有限。含金屬的化合物的中心是金屬原子，若爲過渡金屬則其混成（s, p 加 d 軌域）的種類更多樣，即配位基和金屬鍵結的角度更多樣化，金屬上的配位基種類、配位數及配位方式都可以不一樣。而且不同金屬特性不一樣，氧化態也比較多樣化。如此多的變數，使含金屬的化合物的反應機制通常比有機物反應來得複雜。

7.
解釋有些穩定 (stable) 的化合物是易解離 (labile) 的性質。

$M(H_2O)_6^{n+} \leftrightarrow M(H_2O)_5^{n+} + H_2O$

Explain some "stable" compounds are "labile" in nature.

答：如題目所示的水合金屬離子的情形，金屬上的配位基（在這裡是 H_2O）解離速度很快，形成 $M(H_2O)_5^{n+}$，因而稱配位基和金屬的鍵**易解離** (labile)。但外面水分子馬上取代原先已解離的水分子的位置，再次形成 $M(H_2O)_6^{n+}$，其速度更快。

結果是雖然配位的水分子被外面水分子取代反應很快，但在溶液中 $M(H_2O)_6^{n+}$ 仍佔大多數，平衡仍傾向反應物，我們仍然稱 $M(H_2O)_6^{n+}$ 是爲**穩定** (stable) 的，但其上配位基**易解離** (labile)。

8.
提供一個金屬錯合物 ML_n（L：配位）是穩定 (stable) 但是易解離 (labile) 分子的例子。

Provide an example of a metal complex ML_n (L: ligand) which is a "stable" molecule; yet, also a "labile" molecule.

答：如上題水合金屬離子的情形。$M(H_2O)_6^{n+} \rightarrow M(H_2O)_5^{n+} + H_2O$。可能金屬上的配位基（在

這裡是 H_2O）的解離速度很快，很快形成 $M(H_2O)_5^{n+}$，因而稱配位基**易解離** (labile)。但金屬離子週遭的水分子馬上配位，取代原先已解離的水分子的位置，再次形成 $M(H_2O)_6^{n+}$，其速度比解離速度更快。在溶液中 $M(H_2O)_6^{n+}$ 仍佔大多數，平衡傾向左邊，金屬離子是**穩定** (stable) 的。當然這是特例，大部分的情形是配位基易解離 (labile) 的分子是**不穩定** (unstable) 分子。而配位基**不易解離** (inert) 的分子是穩定 (stable) 分子。

9.

如果 $Ni(CO)_4$ 進行取代反應，其上的 CO 被不同 phosphines (PR_3) 或 phosphites ($P(OR)_3$) 取代的速度都差不多。請問取代反應是進行解離反應機制 (**D**issociative Mechanism, **D** Mechanism) 或結合反應機制 (**A**ssociative Mechanism, **A** Mechanism)？

The rates of substitution reactions of CO in $Ni(CO)_4$ by either phosphines (PR_3) or phosphites ($P(OR)_3$) are about the same. Do these reactions undergo **D**issociative or **A**ssociative mechanism?

答：Phosphines (PR_3) 或 phosphites ($P(OR)_3$) 是兩種具有不同**電子效應及立體障礙效應**種類的配位基。當**取代反應**速度和外來取代基的特性無關時，此反應的形態應該是進行**解離反應機制** (**D**issociative Mechanism, **D** Mechanism)。如果取代速度差很多，表示外來取代基的特性有關，此反應的形態應該是進行**結合反應機制** (**A**ssociative Mechanism, **A** Mechanism)。

10.

一個正八面體 (O_h) 金屬錯合物 ML_6（L：配位基），當中心金屬具有高氧化數或為第二或第三列過渡金屬時，比起那些金屬中心具有低氧化數或第一列過渡金屬，其配位基更不易解離 (Inert)，更為穩定。從解離活化 (Dissociative Activation) 的角度來說明之。

The coordination compound (ML_6) with octahedral geometry (O_h) is inert in terms of ligand dissociation for metal with high oxidation state than low oxidation state, and the second or third row transition metals than those of the first row. Account for this fact on the basis of "Dissociative Activation".

答：根據配位場論 (Ligand Field Theory, LFT)，一個正八面體 (O_h) 配位化合物，當金屬中心具有高氧化數或為第二或第三列過渡金屬時，比起那些金屬中心具有低氧化數或第一列過渡金屬，其**配位場穩定能** (Ligand-Field Stabilization Energies, LFSE) 較大，來得較穩定。穩定的化合物當然不容易進行配位基解離。配位場穩定能和金屬及配位基有關，請參考第二章。

被三牙基 tetraethyldiethylenetriamine 配位的 Pt(II) 錯合物比同類型具有 diethylene-triamine 配位的 Pt(II) 錯合物受到 Cl⁻ 攻擊的速度小 10^5 倍。從結合活化 (Associative Activation) 的角度來解釋這現象。

11.

Tetraethyldiethylenetriamine　　Diethylenetriamine

The attack is 10^5 times less efficient of tetraethyldiethylenetriamine chelated Pt(II) complex by Cl⁻ than that of diethylenetriamine chelated Pt(II) complex. Explain this in terms of "Dissociative Activation".

答：配位基 tetraethyldiethylenetriamine 立體障礙比 diethylenetriamine 大很多。當 Cl⁻ 以**結合反應**方式攻擊鉑金屬化合物時，對於被前者配位的 Pt(II) 錯合物比較難進行，因為前者在兩邊的氮上共有四個乙基的取代基，立體障礙明顯大很多。

說明以下改變對 Rh(III) 配位化合物解離活化 (Dissociative Activation) 反應速率的影響：(a) 增加金屬的正電荷；(b) 替換離去基團，從 NO₃⁻ 改為 Cl⁻；(c) 改變攻擊基團，從 Cl⁻ 改為 I⁻；(d) 修改在 cis 位置的配位基，從 NH₃ 改為 H₂O；(e) 當離去基是 Cl⁻ 時，將 ethylenediamine 改為 propylenediamine。

12.

The rates of dissociatively activated reactions of Rh(III) complexes might be altered by the following condition changes. State the change of rate according to the following amendments: (a) an increase in the positive charge on the complex; (b) replacing the leaving group NO_3^- by Cl⁻; (c) changing the entering group from Cl⁻ to I⁻; (d) changing the cis ligands from NH_3 to H_2O; (e) substituting an ethylenediamine ligand by propyl-enediamine when the leaving ligand is Cl⁻.

答：(a) 增加金屬的正電荷使 M-L 鍵增強，**解離速**率變慢。(b) 當離去基從 NO₃⁻ 改為 Cl⁻ 時，M-L 鍵變弱，**解離速**率變快。(c) 當攻擊基團從 Cl⁻ 改為 I⁻ 時，立體障礙大，攻擊比較難進行，解離速率變慢。(d) 在 cis 位置的**配位基**從 NH₃ 改為 H₂O，影響不大；(e) **配位基** ethylenediamine 比 propylenediamine 和金屬形成更穩定的配位化合物結構。當離去基是 Cl⁻ 時，後者解離速率比較快。

> 說明以下兩個反應的速率常數 (k) 間的巨大差異。

13.
Account for the large differences in rate constants for the following two reactions.

$[Fe(H_2O)_6]^{2+} + Cl^- \rightarrow [Fe(H_2O)_5Cl]^+ + H_2O$ $k(M^{-1}Sec^{-1}) = 10^6$

$[Ru(H_2O)_6]^{2+} + Cl^- \rightarrow [Ru(H_2O)_5Cl]^+ + H_2O$ $k(M^{-1}Sec^{-1}) = 10^{-2}$

答：兩個反應的**速率常數** (k) 間的巨大差異是由配位場的強弱不同所引起的。配位場的強弱須由金屬及配位基同時考量。一般而言，弱配位基和第一列過渡金屬鍵結形成**弱場**，但和第二及三列過渡金屬鍵結時可能形成**強場**。在 $[Fe(H_2O)_6]^{2+}$ 的例子為弱場其 LFSE 不大，水當配位基容易被取代。反之，$[Ru(H_2O)_6]^{2+}$ 的例子為強場其 LFSE 很大，既使是水當配位基仍不容易被取代。所以後者的速率常數 (k) 小很多。

> 下面的圖形來自於在水溶液中的反應實驗結果，這實驗結果和溶液的 pH 值無關。
> $cis\text{-}Co(en)_2OH_2Cl^{2+} + Fe^{2+} \rightarrow Co^{2+} + 2\ en + Cl^- + Fe^{3+}$。請推導出反應的速率表示式，並解釋由此速率表示式所得到的合理反應機制。

14.

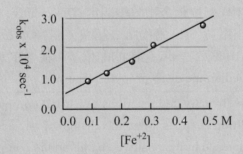

> The following data were obtained from an investigation of the following reaction in aqueous solution. The reaction is pH-independent.
>
> $cis\text{-}Co(en)_2OH_2Cl^{2+} + Fe^{2+} \rightarrow Co^{2+} + 2\ en + Cl^- + Fe^{3+}$
>
> Derive a proper rate law for the reaction and interpret it in terms of a chemically reasonable mechanism.

答：有幾個觀察現象：圖中顯示 k_{obs} 和 $[Fe^{2+}]$ 成正比，且截距不為零，此反應和 pH 值無關，不會進行 $S_{N1}CB$，反應完成後金屬氧化態發生改變，H_2O 是好的離去基，Cl^- 是好的架橋基。因圖中顯示有斜率且截距不為零，此為二項反應途徑。這些因素集合起來，推測此反應的**速率表示式**為 rate = $k_{obs}[Fe^{2+}]$ + k_2 = $k_1[Fe^{2+}][cis\text{-}Co(en)_2OH_2Cl^{2+}]$ + $k_2[cis\text{-}Co(en)_2OH_2Cl^{2+}]$。可能的反應機制是 H_2O 先行解離，接著 $[Fe^{2+}]$ 接近鈷錯合物和 Cl^- 形成架橋，再進行電子轉移，最後再行分離。

二項反應途徑：

Route I

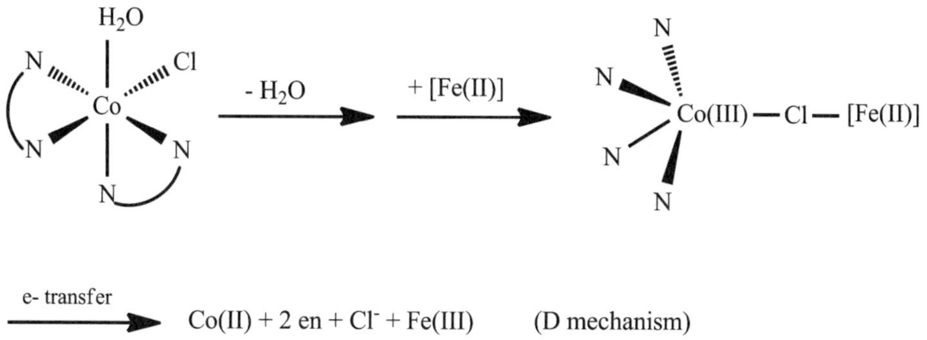

N — Co(III) — Cl — [Fe(II)]

$- H_2O$　　$+ [Fe(II)]$

e- transfer
$Co(II) + 2 en + Cl^- + Fe(III)$　　　(D mechanism)

Route II

$+ [Fe(II)]$

e- transfer
$Co(II) + 2 en + Cl^- + Fe(III)$　　　(I_a mechanism)

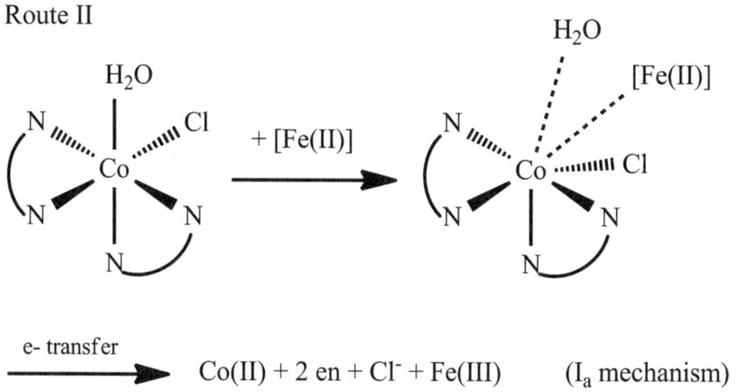

15. 請說明何謂 I_a 與 I_d 機制。

Explain I_a and I_d mechanisms.

答：真實的反應中，完全的**解離反應機制** (**D**issociative Mechanism, **D** Mechanism) 或完全的**結合反應機制** (**A**ssociative Mechanism, **A** Mechanism) 都很少見。大多數的取代反應形態都介於兩者之間，稱爲**交換反應機制** (Interchange Mechanism)。交換反應中比較傾向結合反應形態的稱爲 I_a；比較傾向解離反應的稱爲 I_d。

16. 說明在 $Co(NH_3)_5(OH_2)^{3+}$ 水交換反應時 $\Delta V^{\neq} = +1.2 \ cm^3 \ mol^{-1}$ 其意義爲何。

Explain the significance of the value, $\Delta V^{\neq} = +1.2 \ cm^3 \ mol^{-1}$, in water exchange at cobalt complex, $Co(NH_3)_5(OH_2)^{3+}$.

答：$\Delta V^{\neq} > 0$，表示反應傾向走**解離反應機制** (**D**issociative Mechanism)。但是走完全的解離反應機制理論上 $\Delta V^{\neq}$ 應該要將近 $+18 \ cm^3 \ mol^{-1}$。實驗值爲 $+1.2 \ cm^3 \ mol^{-1}$ 離理論值太遠，但仍爲正值。應該是走**交換反應機制** (**I**nterchange Mechanism, **I** Mechanism) 比較傾向解離反應的 I_d 機制。

> 配位化合物 *trans*-Co(en)$_2$(H$_2$O)$_2$$^{3+}$ 的水交換反應其 $\Delta V^{\mp} = 5.9 \pm 0.2$ cm^3 mol^{-1}，此值和壓力無關。相對之下，這化合物從順式到反式異構化反應的 $\Delta V^{\mp} = 13.7 \pm 0.7$ cm^3 mol^{-1}（在 0.05 M HClO$_4$），此值和壓力有關。此外，將 *cis*-Co(en)$_2$(OH$_2$)$_2$$^{3+}$ 和草酸 (H$_2$OX) 或草酸根 (HOX$^-$) 做離子化反應的 $\Delta V^{\mp} = 4.8 \pm 0.2$ cm^3 mol^{-1}，此值和壓力無關。請評論這些數據的差異並提出合理的說明。[提示：對於一個完全走解離反應機制 (Dissociative Mechanism, **D** Mechanism) 的水交換反應，其 ΔV^+ 是 18.0 cm^3 mol^{-1}。]

17.　Metal complex *trans*-Co(en)$_2$(OH$_2$)$_2$$^{3+}$ undergoes water exchange process in aqueous solution. The measured $\Delta V^{\mp}$ is 5.9 ± 0.2 cm^3 mol^{-1} and is independent of pressure. In contrast, the measured $\Delta V^{\mp}$ is 13.7 ± 0.7 cm^3 mol^{-1} (in 0.05 M HClO$_4$) for the isomerization process of this compound from its *trans*- to *cis*-from and this value depends on pressure. Also, the measured $\Delta V^{\mp}$ is 4.8 ± 0.2 cm^3 mol^{-1} for the anation of *cis*-Co(en)$_2$(OH$_2$)$_2$$^{3+}$ by oxalic acid (H$_2$OX) and hydrogen oxalate (HOX$^-$) and this value is independent of pressure. Examine all these data and comment on the different observations. [Hint: The theoretical value of $\Delta V^{\mp}$ for ungergoing a complete **D** mechanism water ligand releasing process is 18.0 cm^3 mol^{-1}.]

答： 已知一個完全走 **D** 機制的水交換反應，其 $\Delta V^{\mp}$ 是 18.0 cm^3 mol^{-1}。實驗觀察到配位化合物 *trans*-Co(en)$_2$(H$_2$O)$_2$$^{3+}$ 的水交換反應，其 $\Delta V^{\mp}$ 值為 5.9 ± 0.2 cm^3 mol^{-1}。因此，在這裡水交換反應應該是走 **I$_d$** mechanism。

而這化合物從**順式到反式**異構化反應的 $\Delta V^{\mp}$ 值為 13.7 ± 0.7 cm^3 mol^{-1}，比較接近解離機制的理論極限值，幾乎是走 **D** mechanism。

將 *cis*-Co(en)$_2$(OH$_2$)$_2$$^{3+}$ 和草酸 (H$_2$OX) 或草酸根 (HOX$^-$) 做離子化反應的 ΔV$^{\pm}$ 值為 4.8±0.2 cm^3 mol^{-1}，因此，應該走 **I$_d$** mechanism。

在 OH$^-$ 存在下，[(NH$_3$)$_5$CoCl]$^{2+}$ 水解速率會大增（最多百萬倍）。其速率表示式如下：速率 = −d[(NH$_3$)$_5$CoCl^{2+}]/dt = k$_B$ [(NH$_3$)$_5$CoCl^{2+}][OH$^-$] (a) 請指出這種反應機制的正式名詞。(b) 指出在 OH$^-$ 存在下，速率增加（可達百萬倍）的原因？可寫出其反應機制嗎？ (c) 當 NH$_3$ 被 NF$_3$ 取代時，還會發生這種速率增加的狀況嗎？ (d) 如果 NH$_3$ 被 ND$_3$ 取代時，速率會發生甚麼影響？ [提示：同位素效應]

18.　The rate of hydrolysis of [(NH$_3$)$_5$CoCl]$^{2+}$ is boosted enormously (up to million folds) in the presence of OH$^-$. Its rate expression is shown in the follows.

rate = −d[(NH$_3$)$_5$CoCl^{2+}]/dt = k$_B$ [(NH$_3$)$_5$CoCl^{2+}][OH$^-$]

(a) How to call this reaction mechanism in a formal term? (b) What is the reason that the rate of hydrolysis enhanced tremendous (up to million folds) in the presence of OH$^-$? Write down its reaction mechanism? (c) What will be happened to the rate of hydrolysis when NH$_3$ is replaced by NF$_3$? (d) What will be happened to the rate of hydrolysis when NH$_3$ is replaced by ND$_3$? [Hint: Isotope effect]

答：(a) 這種反應機制的正式名詞為 S$_{N1}$CB mechanism。(b) 在 O$_h$ 金屬錯合物取代反應時，有些在**離去基** (leaving group) 脫去後形成空軌域，當在 *cis* 位置的其他配位基可以提供額外電子對配位到金屬上當離去基脫去後所形成的空軌域上，可暫時穩定反應中間體，降低活化能，使取代反應速率變快。在這機制中 OH$^-$ 先攻打 NH$_3$ 拔掉 H$^+$ 形成 NH$_2$$^-$，NH$_2$$^-$ 配位基可以當提供額外電子對的角色，穩定中間體，使接續的反應容易進行。

（c）OH⁻ 攻打 NF₃ 無法拔掉 F 形成 NF₂⁻，所以無法進行 S$_{N1}$CB mechanism，反應速率變很慢。（d）OH⁻ 攻打 ND₃ 可拔掉 D⁺ 形成 ND₂⁻，ND₂⁻ 配位基可以提供電子對。但 N-D 比 N-H 鍵強，拔掉 D⁺ 比拔掉 H⁺ 速率慢，導致整個反應速率變慢。有時候稱為 Kinetic Isotope Effect (KIE)。

水解 Co(en)₂(NH₂CH₂COOR)³⁺ 順利導致產生 Co(en)₂(NH₂CH₂COO)²⁺。而水解 Co(NH₃)₅OCOCH₃²⁺ 迅速失去醋酸。請合理化這一實驗結果。[提示：S$_{N1}$CB 機制]

19. The hydrolysis of Co(en)₂(NH₂CH₂COOR)³⁺ leads smoothly to Co(en)₂(NH₂CH₂COO)²⁺, whereas the hydrolysis of Co(NH₃)₅OCOCH₃²⁺ leads rapidly to the loss of acetate. Explain. [Hint: S$_{N1}$CB mechanism]

答：在 Co(NH₃)₅OCOCH₃²⁺ 的水解反應進行 S$_{N1}$CB mechanism。OH⁻ 攻打 NH₃ 拔掉 H⁺ 形成 NH₂⁻，Co(NH₃)₅OCOCH₃²⁺ 迅速失去醋酸根，醋酸根脫去後形成空軌域，在 *cis* 位置 NH₂⁻ 配位基可以提供電子對配位到金屬上形成的空軌域上，暫時穩定反應中間體，此反應很迅速。

而在 $Co(en)_2(NH_2CH_2COOR)^{3+}$ 的水解無法進行 $S_{N1}CB$ mechanism，因為 OH^- 攻打雙牙基 en 並無法拔掉其上的 H^+。只好在 NH_2CH_2COOR 上進行水解反應。原因是，en 為穩定雙牙基，如果拔掉其上的 H^+，勢必導致 en 的結構發生大變化，所需能量太高，不會發生。

---

20. 說明為什麼含鈷 (III) 的配位化合物水解反應速率很慢。

Explain the reason why the rate of acid hydrolysis reaction of cobalt(III) containing coordination compound is slow.

答：Co^{3+} 為高氧化態，有 6 個 d 電子，所形成的**配位場穩定能** (Ligand Field Stabilization Energy, LFSE) 很大，系統穩定，不易水解。另外，配位化合物外圍的 H_2O 不是強的配位基，不易取代已存在 Co^{3+} 上的配位基，既使其上面接的配位基可能是 H_2O。

---

21. 請提出以下取代反應的機制：$Co(NH_3)_5Cl^{2+} + Br^- \rightarrow Co(NH_3)_5Br^{2+} + Cl^-$

Please propose a mechanism for the substitution reaction as shown.

答：在沒有鹼 (OH^-) 的存在下，不會走 $S_{N1}CB$ mechanism。$Co(NH_3)_5Cl^{2+}$ 為配位數飽和，況且外來的 Br^- 離子體積大，不易進行**結合反應機制** (Associative Mechanism, **A** Mechanism)。因此，取代反應會傾向走**解離反應機制** (**D**issociative Mechanism)。$Co(NH_3)_5Cl^{2+}$ 先行**解離** Cl^-，形成 $Co(NH_3)_5^{3+}$，Br^- 再入，形成產物 $Co(NH_3)_5Br^{2+}$。

---

22. 金屬錯合物 $Co(NH_3)_5X^{2+}$ 在 25℃下的酸水解反應如下所示。

$Co(NH_3)_5X^{2+} + H_2O \rightarrow Co(NH_3)_5(H_2O)^{3+} + X^-$

(a) 在以下所示的圖中，發現酸水解反應的 log K 和 log k 之間有線性關係（K：平衡常數；k：速率常數）。指出這種線性關係的正式化學術語。(b) 在什麼條件下這種線性關係最為常見？(c) 利用這種關係的結果來解釋取代反應中化學鍵的鍵結 / 斷開的關係。{ 提示：**D, I_d, I_a or A** 機制 } (d) 預期這反應的 $\Delta V^{\neq}$ 是正值或負值。

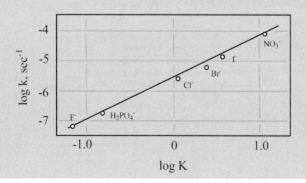

The acid hydrolysis of a metal complex, $Co(NH_3)_5X^{2+}$, is shown below.

$Co(NH_3)_5X^{2+} + H_2O \rightarrow Co(NH_3)_5(H_2O)^{3+} + X^-$

(a) As plotted in the Figure, there is a linear relationship between log K and log k. (K: equilibrium constant; k: rate constant). What is the formal term for this relationship? (b) Under what condition does this linear relationship prevail? (c) Using the results of this relationship to explain the bond making/breaking of the substitution reaction. [Hint: **D**, **I$_d$**, **I$_a$** or **A** mechanism] (d) What will you expect for the $\Delta V^{\neq}$, positive or negative? Explain.

答： (a) 反應的 log K 和 log k 之間有線性關係稱為**線性自由能關係** (Linear Free Energy Relationship)。(b) 當**電子效應** (electronic effect) 比**立體障礙效應** (steric effect) 佔絕對優勢時，線性自由能關係可以成立。(c) 電子效應比立體障礙效應佔絕對優勢時，幾乎沒有立體障礙效應，表示反應速率只有和斷 Co-X 鍵有關，和外來取代基無關，反應會走解離反應機制 (**D**) 或 **I$_d$** 機制。(d) 當反應走解離反應機制 (**D**) 或 **I$_d$** 機制時，$\Delta V^{\neq}$ 為正值。

金屬錯合物 *trans*-$[Pt(en)_2Cl_2]^{2+}$ 和 NO_2^- 的反應可被 $[Pt(en)_2]^{2+}$ 催化，且遵守以下速率表示式：速率 = k[Pt(IV)][Pt(II)][NO_2^-]。請寫出一個適當的反應機制，說明為什麼反應的產物是 *trans*-$[Pt(en)_2NO_2Cl]^{2+}$。並說明為什麼不能由這種方法得到雙 NO_2^- 基金屬錯合物 (dinitrocomplex) 為產物。

23. The reaction between *trans*-$[Pt(en)_2Cl_2]^{2+}$ and NO_2^- is catalyzed by $[Pt(en)_2]^{2+}$. The following rate law is observed: Rate = k[Pt(IV)][Pt(II)][NO_2^-]. Write down a suitable mechanism for the reaction and explain why the product of the reaction is *trans*-$[Pt(en)_2NO_2Cl]^{2+}$ and also illustrate that the dinitrocomplex cannot formed by this method.

答： 催化反應可能進行的機制如下。催化劑 $[Pt(en)_2]^{2+}$ 可視為夾在反應物 *trans*-$[Pt(en)_2Cl_2]^{2+}$ 和 NO_2^- 中間，反應後的產物是 *trans*-$[Pt(en)_2NO_2Cl]^{2+}$ 及 Cl^-，最後 $[Pt(en)_2]^{2+}$ 生成又可回去當催化劑。根據這個反應機制，不可能得到雙 NO_2^- 基金屬錯合物 (dinitrocomplex) 為產物。只能得到單邊具有 NO_2 取代基的化合物。

α-和 β-胺基丙氨酸（α-和 β-alanine）與 Co(II), Ni(II) 和 Mn(II) 反應的速率常數如下表所示。請解釋觀測速率常數結果：(a) n = 2 > n = 1；(b) α > β。

Table

Metal	n	α-Alanine	β-Alanaine
		k_n, M^{-1}s^{-1}	
Co(II)	1	6.0 X 10^5	7.5 X 10^4
	2	8.0 X 10^5	8.6 X 10^4
Ni(II)	1	2.0 X 10^4	1.0 X 10^4
	2	4.0 X 10^4	6.9 X 10^3
Mn(II)	1		5.0 X 10^4

24.

The table lists the rate constants for the reaction of α- and β-alanine with Co(II), Ni(II), and Mn(II). Provide proper reasons for the observations that (a) rate constant: n = 2 > n = 1; (b) rate constant: α > β.

答： α-alanine 與 M(II) 形成五角環的**金屬環化物**。β-alanine 與 M(II) 形成六角環的金屬環化物。含金屬的環化物和有機環化合物不同，金屬環化物以形成五角環比形成六角環穩定。所以，α > β。另外，α-alanine 與金屬反應時脫去質子，帶一負電荷，使金屬電荷減少，金屬週遭環繞的水分子和金屬作用力減小，有利於第二個配位基加入，所以，n = 2 > n = 1。β-alanine 與 Ni(II) 形成六角環的金屬環化物時，n = 2 < n = 1，原因不確定。

α-alanine   + [M] →   [M]   β-alanine   + [M] →   [M]

請給下面實驗觀察現象一個合理的解釋。在 OH$^-$ 與多牙配位基 hxsb 螯合的 Fe(hxsb)$^{2+}$ 的二級反應中，其 ΔV$^+$爲正值（在 298 K 爲 +13 cm^{3}mol^{-1}）。而原先預期 ΔV$^+$應該是負值。(J. Burgess, C. D. Hubbard, *Chem. Commun.*, **1983**, 1482-1483.)

25. [hxsb: bis-(α-{pyridyl}benzylidene)-triethylenetetramine]

Please provide a plausible explanation for a positive value of ΔV$^+$ (+13 cm^{3}mol^{-1} at 298K) for the second-order reaction of OH$^-$ ion with a hxsb chelated Fe(II) complex, Fe(hxsb)$^{2+}$, which was expected to be negative intrinsically.

答：此反應為二級反應，表示反應速率和 Fe(hxsb)$^{2+}$ 及 OH$^-$ 都有關，看起來似乎是走**結合反應機制** (Associative Mechanism, **A** Mechanism)，原先預期 $\Delta V^{\pm}$ 為負值。可是實驗觀察 $\Delta V^{\pm}$ 為正值，反應似乎又可能是走**解離反應機制** (Dissociative Mechanism, **D** Mechanism)。表面上看起來這兩者似乎有所衝突。但如果此反應進行 $S_{N1}CB$ mechanism，則這些實驗觀察現象就沒有衝突。請參考其它 $S_{N1}CB$ mechanism 相關題目。

26.

請給下面的實驗觀察現象一個合理的解釋。Co(Me$_6$tren)dmf^{2+} 和 Cu(Me$_6$tren)dmf^{2+} 內 dmf 和溶劑交換反應的值 $\Delta V^{\pm}$ 分別為負值及正值。

[dmf: Dimethylformamide, 二甲基甲醯胺。]

Please provide a plausible explanation for the following experimental observations. The $\Delta V^{\pm}$ values for solvent exchange with dmf for Co(Me$_6$tren)dmf^{2+} and Cu(Me$_6$tren)dmf^{2+} are negative and positive, respectively.

答：Co(Me$_6$tren)dmf^{2+} 和 dmf 和溶劑交換反應的值 $\Delta V^{\pm}$ 為負值，表示反應進行**結合機制**。Cu(Me$_6$tren)dmf^{2+} 和 dmf 和溶劑交換反應的值 $\Delta V^{\pm}$ 為正值，表示反應進行**解離機制**。Cu^{2+} 為 d^9 組態，會受到**楊-泰勒變形** (Jahn-Teller distortion) 的影響，在 z 軸上有斥力，會將在軸線上的 dmf 往外推，因此比較容易進行解離機制。Co^{2+} 為 d^7 組態，不太會受到**楊-泰勒變形**的影響，dmf 維持在 Co^{2+} 上，五配位不飽和，仍可能進行結合機制。

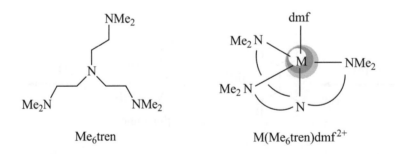

Me$_6$tren   M(Me$_6$tren)dmf^{2+}

27.

列出兩金屬基團之間進行內圍機制 (Inner-sphere mechanism) 電子轉移的必要條件。

List two requirements for an electron transfer mechanism undergoes Inner-sphere mechanism.

答：兩金屬基團之間要進行電子轉移的**內圍機制** (Inner-sphere mechanism) 必要的條件是：1. 其中之一的金屬基團有**架橋配位基** (bridging ligand)，可以形成架橋；2. 另一金屬基團有**易解離配位基** (labile ligand)，容易造成不飽和。

28. 請對下面的反應中的電子轉移來分類，何者經由內圍機制 (Inner-sphere mechanism)；何者經由外圍機制 (Outer-sphere mechanism)？

Classify the reactions as either undergoes Inner- or Outer-sphere electron transfer mechanism.

答： 電子轉移經由**內圍機制** (Inner-sphere mechanism) 的兩個要求，參考 26 題。

(a) $Ru(NH_3)_5py^{3+} + Co(EDTA)^{2-} \longrightarrow$

條件一及條件二皆不符合，應該進行**外圍機制** (Outer-sphere mechanism) 電子轉移。

(b) $(NH_3)_5Co-O-\overset{\overset{O}{\|}}{C}-\text{(pyridine)}N^{2+} + Cr(H_2O)_6^{2+} \longrightarrow$

條件一及條件二皆符合，應該進行**內圍機制** (Inner-sphere mechanism) 電子轉移。

(c) $Co(NH_3)_5Cl^{2+} + Cr(H_2O)_6^{2+} \longrightarrow$

條件一及條件二皆符合，應該進行**內圍機制** (Inner-sphere mechanism) 電子轉移。

(d) $[Co(NCS)(NH_3)_5]^{2+}$ 被 $Ti(H_2O)_6^{3+}$ 還原的速率比 $[Co(N_3)(NH_3)_5]^{2+}$ 被 $Ti(H_2O)_6^{3+}$ 還原的速率要慢 36,000 倍。

在 $[Co(N_3)(NH_3)_5]^+$ 中 N_3^- 應該當**架橋配位基** (bridging ligand)，速率快，條件一及條件二皆符合，應該進行**內圍機制** (Inner-sphere mechanism) 電子轉移。理論上，NCS^- 也可以當架橋配位基，應當可以走內圍機制電子轉移，只是效率沒有上述好。

29. 把以下反應電子轉移過程歸類為內圍機制 (Inner-sphere mechanism) 或外圍機制 (Outer-sphere mechanism)。

(a) $[Ru(NH_3)_6]^{2+} + [Ru(NH_3)_6]^{3+} \longrightarrow$

(b) 由擴散極限控制的電子轉移速率（非常快）

(c) $[Co(NH_3)_5Cl]^{2+} + [Cr(H_2O)_6]^{2+} \longrightarrow [Co(NH_3)_5]^{2+} + [ClCr(H_2O)_5]^{2+}$

(d) $(NH_3)_5Co\,N\text{(pyridine)}\overset{\overset{O}{\|}}{C}\text{-}CH_3{}^{3+} + Cr(H_2O)_6^{2+} \longrightarrow$

Classify the electron transfer processes as shown to undergo either Inner- or outer-sphere mechanism.

答： 電子轉移經由**內圍機制** (Inner-sphere mechanism) 的兩個要求，參考 27 題。

(a) $[Ru(NH_3)_6]^{2+} + [Ru(NH_3)_6]^{3+} \longrightarrow$

條件一及條件二皆不符合，進行**外圍機制** (Outer-sphere mechanism) 電子轉移。

(b) 由擴散控制的電子轉移，一接觸就反應，沒有經由架橋，應該是進行**外圍機制** (Outer-sphere mechanism) 電子轉移。

(c) $[Co(NH_3)_5Cl]^{2+} + [Cr(H_2O)_6]^{2+} \longrightarrow [Co(NH_3)_5]^{2+} + [ClCr(H_2O)_5]^{2+}$

條件一及條件二皆符合，進行**內圍機制** (Inner-sphere mechanism) 電子轉移。

(d) $(NH_3)_5Co \ N \overset{O}{\underset{}{\overset{\|}{\bigcirc}}} C\text{-}CH_3 \ ^{3+} + Cr(H_2O)_6^{2+} \longrightarrow$

條件一及條件二皆符合，進行**內圍機制** (Inner-sphere mechanism) 電子轉移。

請將下面反應分類為內圍機制 (Inner-sphere mechanism) **或外圍機制** (Outer-sphere mechanism)。

(a) $[Cr(F)(NCS)(H_2O)_4]^+$ 和 Cr^{2+} 反應主產物是 $[Cr(F)(H_2O)_5]^{2+}$。

(b) $Fe(CN)_6^{3-} + Co(EDTA)^{2-} \longrightarrow$

(c) 電子轉移速率非常快。

30. Classify the following reactions as either undergoes Inner- or Outer-sphere mechanism.

(a) The main product of the reaction between $[Cr(F)(NCS)(H_2O)_4]^+$ and Cr^{2+} is $[Cr(F)(H_2O)_5]^{2+}$.

(b) $Fe(CN)_6^{3-} + Co(EDTA)^{2-} \longrightarrow$

(c) A very fast electron transfer reaction.

答： 電子轉移經由**內圍機制** (Inner-sphere mechanism) 的兩個要求，參考 26 題。

(a) $[Cr(F)(NCS)(H_2O)_4]^+$ 和 Cr^{2+} 反應產物是 $[Cr(F)(H_2O)_5]^{2+}$。

條件一及條件二皆符合，進行**內圍機制** (Inner-sphere mechanism) 電子轉移。

(b) $Fe(CN)_6^{3-} + Co(EDTA)^{2-} \longrightarrow$

條件一及條件二皆不符合，進行**外圍機制** (Outer-sphere mechanism) 電子轉移。

(c) 由擴散控制的電子轉移，一接觸就反應，沒有經由架橋，**外圍機制** (Outer-sphere mechanism) 電子轉移。

把以下反應電子轉移過程歸類爲內圍機制 (Inner-sphere mechanism) 或外圍機制 (Outer-sphere mechanism)。

$$k\ (M^{-1}S^{-1})$$

(a) $Co(NH_3)_5Cl^{2+} + Cr(H_2O)_6^{2+} \rightarrow$　　　　5.1×10^{-2}

(b) $Co(Phen)_3^{3+} + Ru(NH_3)_6^{2+} \rightarrow$　　　　1.5×10^4

(c) $Os(bipy)_3^{3+} + Fe(H_2O)_6^{2+} \rightarrow$　　　　1.4×10^3

(d) $IrCl_6^{2-} + Cu(dmp)^{2+} \rightarrow$　　　　1.4×10^9

31. (e) $Ru(NH_3)_5py^{3+} + Co(EDTA)^{2-} \rightarrow$　　　　32

(f) $(NH_3)_5Co\ N\!\!\!\!-\!\!\!\!\overset{\overset{O}{\parallel}}{C}\!\!-\!CH_3^{\ 3+} + Cr(H_2O)_6^{2+} \longrightarrow 1.3 \times 10^2$

(g) $(NH_3)_5Co-O-\overset{\overset{O}{\parallel}}{C}\!\!-\!N^{2+} + Cr(H_2O)_6^{2+} \longrightarrow 7.8 \times 10^{-2}$

Classify the reactions shown as either Inner- or outer-sphere electron transfer process.

答：電子轉移經由**內圍機制** (Inner-sphere mechanism) 的兩個要求，參考 26 題。

(a) $Co(NH_3)_5Cl^{2+} + Cr(H_2O)_6^{2+} \rightarrow$

條件一及條件二皆符合，應該進行**內圍機制** (Inner-sphere mechanism) 電子轉移。

(b) $Co(Phen)_3^{3+} + Ru(NH_3)_6^{2+} \rightarrow$

條件一及條件二皆不符合，進行**外圍機制** (Outer-sphere mechanism) 電子轉移。

(c) $Os(bipy)_3^{3+} + Fe(H_2O)_6^{2+} \rightarrow$

條件一不符合，進行**外圍機制** (Outer-sphere mechanism) 電子轉移。

(d) $IrCl_6^{2-} + Cu(dmp)^{2+} \rightarrow$

Cu^{2+} 被多牙基螯合，條件二不符合，進行**外圍機制** (Outer-sphere mechanism) 電子轉移。

(e) $Ru(NH_3)_5py^{3+} + Co(EDTA)^{2-} \rightarrow$

條件一及條件二皆不符合，進行**外圍機制** (Outer-sphere mechanism) 電子轉移。

(f) $(NH_3)_5Co\ N\!\!\!\!-\!\!\!\!\overset{\overset{O}{\parallel}}{C}\!\!-\!CH_3^{\ 3+} + Cr(H_2O)_6^{2+} \longrightarrow 1.3 \times 10^2$

條件一及條件二皆符合，進行**內圍機制** (Inner-sphere mechanism) 電子轉移。

(g) $(NH_3)_5Co-O-\overset{O}{\overset{\|}{C}}-\langle\text{}\rangle N\ ]^{2+}$ + $Cr(H_2O)_6^{2+}$ ⟶ 7.8×10^{-2}

條件一及條件二皆符合，進行**內圍機制** (Inner-sphere mechanism) 電子轉移。

在 25℃，分子內電子轉移速率常數 (k) 如下。請給個合理的解釋。

$(NH_3)_5Co^{III}-N\langle\text{}\rangle-X-\langle\text{}\rangle N-Fe^{II}(CN)_5$

32. X= CH_2, k < 6×10^{-4} s^{-1}

X= $(CH_2)_2$, k < 2.1×10^{-3} s^{-1}

X= -CH=CH-, k < 1.4×10^{-3} s^{-1}

The intra-molecular electron transfer rate constants (k) at 25℃ for the dimetallic complexes are shown. Please provide a reasonable explanation for these observations.

答：兩金屬之間被**雙向配位基** (Ambi-dentate ligand) 結合。當雙向配位基有好的共軛系統時，分子內電子轉移**速率常數** (k) 比較大。在 X= -CH=CH- 例子中，會產生好的共軛系統，因此分子內電子轉移速率常數 (k) 比較大。

二價及三價鈷的錯合物 $[CoL_6]^{2+}/[CoL_6]^{3+}$ 之間進行外圍機制 (Outer-sphere mechanism) 的電子轉移非常慢，而相對應的 Fe^{2+}/Fe^{3+} 之間（或 Ru^{2+}/Ru^{3+}）之間進行外圍機制的電子轉移速度相對很快。請說明。

33. While the electron transfer between $[CoL_6]^{2+}/[CoL_6]^{3+}$ undergoes outer-sphere mechanism, its rate constant (10^{-9}) is extremely small. Rather, the rate constant for the electron transfer between Fe^{2+}/Fe^{3+} (or Ru^{2+}/Ru^{3+}) is relatively large although it also undergoes outer-sphere mechanism. Explain.

答：題目指出發生在二價及三價鈷的正八面體錯合物 $[CoL_6]^{2+}/[CoL_6]^{3+}$ 之間的電子轉移現象為**外圍機制** (Outer-sphere mechanism)。

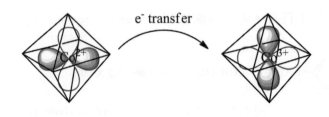

Co^{2+} 的電子組態是 d^7 (high spin)；而 Co^{3+} 的電子組態是 d^6 (low spin)。電子發生轉移時是 Co^{2+} 的 σ^* 軌域電子經由外圍機制轉移到 Co^{3+} 的 σ^* 軌域上，當電子進入 Co 的 σ^* 軌域上，不但會發生自旋改變 (spin change)，且會發生 Co-L 鍵長改變。因此，**電子轉移**速率非常慢。參考下圖。在此假設 Co^{2+} 的環境為 weak field, high spin；而 Co^{3+} 的環境為 strong field, low spin。

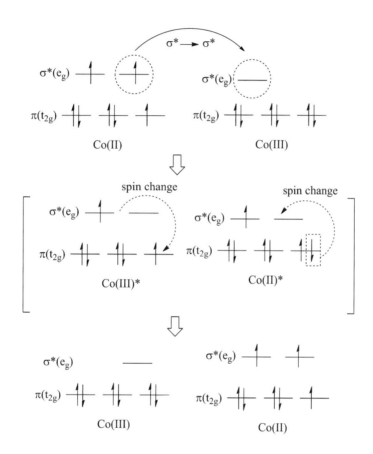

Fe^{2+}（或 Ru^{2+}）的電子組態是 d^6；Fe^{3+}（或 Ru^{3+}）的電子組態是 d^5。電子發生轉移時是 Fe^{2+}（或 Ru^{2+}）的 π 軌域電子轉移到 Fe^{3+}（或 Ru^{3+}）的 π 軌域上，不是進入 M 的 σ^* 軌域上，不會發生自旋改變 (spin change)，且 M-L 鍵長改變很小。因此，電子轉移速率相對很快。請參考下圖。

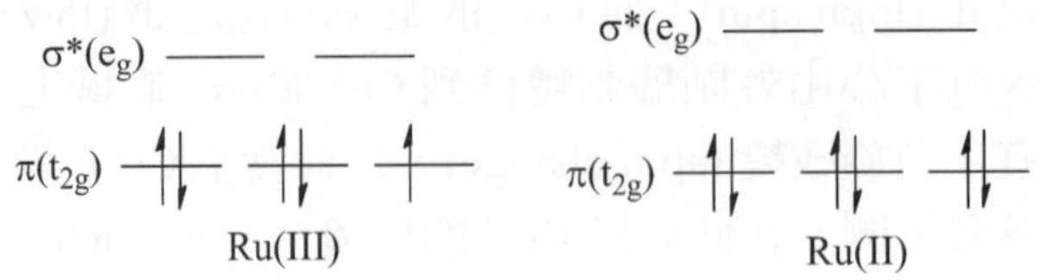

$\sigma^*(e_g)$ —— —— $\sigma^*(e_g)$ —— ——

$\pi(t_{2g})$ ⇅ ⇅ ↿ $\pi(t_{2g})$ ⇅ ⇅ ⇅

Ru(III) Ru(II)

34.

請以圖表示二個錯合物 $[Co(NH_3)_5(NCS)]^{2+}$/$[Cr(H_2O)_6]^{2+}$ 之間進行電子內圍機制 (Inner-sphere mechanism) 遷移的過程。

Draw a mechanism for the electron transfer between $[Co(NH_3)_5(NCS)]^{2+}$ and $[Cr(H_2O)_6]^{2+}$ via inner-sphere mechanism.

答： SCN^- 為雙向配位基 (Ambi-dentate ligand)，可以 S 或以 N 去鍵結金屬。一般情形下，**電子轉移經由內圍機制**有兩個必要條件：其一，**錯合物 A** 需要有**架橋配位基** (bridging ligand)；其二：**錯合物 B** 需要有**易解離配位基** (labile ligand)。電子轉移機制第一步，錯合物 $[Cr(H_2O)_6]^{2+}$ 先掉一個易解離配位基 H_2O。然後，$[Co(NH_3)_5(NCS)]^{2+}$ 上的雙向配位基 SCN^- 當架橋配位基接上空出一個空位的 $[Cr(H_2O)_5]^{2+}$，形成中間產物。第二步，電子經由 Cr(II) 轉移到 Co(III)。第三步，外來 H_2O 加入中間產物，兩產物分離。另外，雙向配位基 SCN^- 有可能反應完後轉移到 Cr 錯合物上。

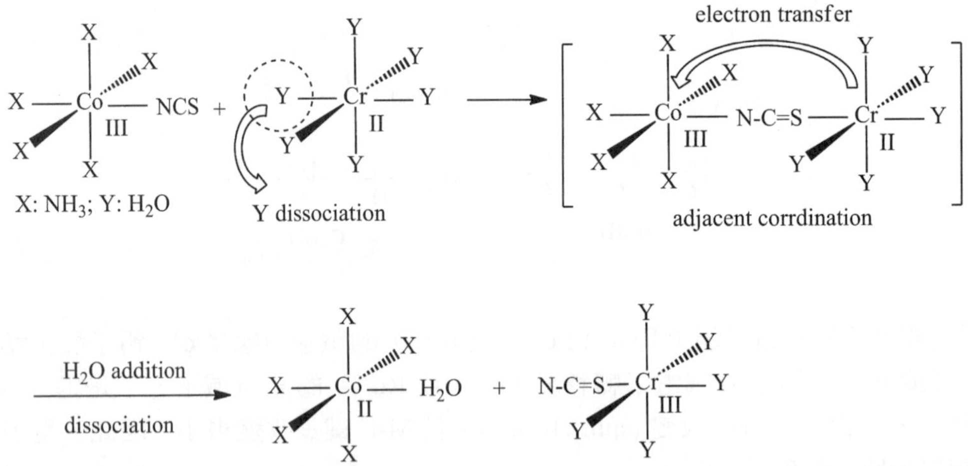

X: NH_3; Y: H_2O

Y dissociation

electron transfer

adjacent corrdination

H_2O addition

dissociation

35.

有一混價 (inter-valence) 的雙金屬化合物的光譜吸收在 1050 nm。這是在電磁光譜中的哪一部分？請說明發生這種吸收的原因。

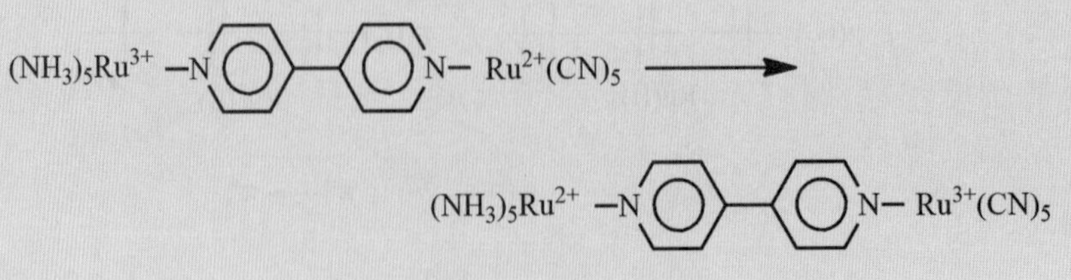

$(NH_3)_5Ru^{3+}$ —N◯—◯N— $Ru^{2+}(CN)_5$ ⟶

$(NH_3)_5Ru^{2+}$ —N◯—◯N— $Ru^{3+}(CN)_5$

The absorption spectrum of an inter-valence bimetallic compound takes place at 1050 nm. In which part of the electromagnetic spectrum is this absorption located? Explain what factor in fact causes this absorption.

答：吸收光譜 (1050 nm) 發生在電磁光譜中的紫外光區。這個電子轉移吸收光譜應該是由 metal-to-metal charge transfer 所造成的。這雙金屬化合物的兩個 Ru 金屬之間被**雙向配位基** 4,4'-bipyridine 結合。當雙向配位基有好的共軛系統時，雙金屬之間電子轉移速率很快，造成 metal-to-metal charge transfer 吸收光譜。

36. 對 $Co(NH_3)_5L^{n+}$ (k_H) 和 $Co(ND_3)_5L^{n+}$ (K_D) 與 V^{2+} 和 Cr^{2+} 的二級反應速率常數進行實驗測量結果如下。解釋之。

Ligand, L	k_H/k_D (V^{2+})	k_H/k_D (Cr^{2+})
py	1.54	1.48
H_2O	1.54	–
N_3^-	1.04	–
NCS^-	1.41	1.34
N⬡—$CONH_2$	1.16	1.07
N⬡ $CONH_2$	1.44	1.45

The second-order rate constants for the reactions of $Co(NH_3)_5L^{n+}$ (k_H) and $Co(ND_3)_5L^{n+}$ (K_D) with V^{2+} and Cr^{2+} have been measured. Explain the observations as shown.

答：Co 錯合物上**配位基**為 NH_3 或 ND_3，理論上因為**配位場** (Ligand-Field) 不同，會對 Co 錯合物的穩定度產生影響。越穩定的 Co 錯合物，越不易電子轉移，在進行**外圍機制** (Outer-sphere mechanism) 電子轉移時更為明顯，其 k_H/k_D 值會明顯偏離 1。實驗測量數據顯示，在使用 N_3^- 和 N⬡—$CONH_2$ 當配位基的例子時，其 k_H/k_D 比較接近 1，表示以此種具有**架橋** (bridging) 條件的配位基在這系統中進行**內圍機制** (Inner-sphere mechanism) 電子轉移。速率比較不受氨配位基為 NH_3 或 ND_3 的影響。其它配位基的情形，有可能進行**外圍機制** (Outer-sphere mechanism) 電子轉移或不顯著的**內圍機制** (Inner-sphere mechanism) 電子轉移。

下表顯示 $V(CO)_6$ 和不同的 PR_3 配位基取代反應的動力學和熱力學資料。請解釋 k, ΔH^* and ΔS^* 的觀測結果。這些結果意味著反應進行什麼機制？[提示：A、D 或 I 機制]

表 $V(CO)_6$ 和不同的 PR_3 配位基取代反應的動力學和熱力學資料

Entering Group	Cone Angle	k ($M^{-1}s^{-1}$)	ΔH^*(kcal mol^{-1})	ΔS^*(cal $mol^{-1}K^{-1}$)
PMe_3	118	132.0	7.6	−23.4
$P(n\text{-}Bu)_3$	132	50.2	7.6	−25.2
$P(OMe)_3$	107	0.70	10.9	−22.6
$P(Ph)_3$	145	0.25	10.0	−27.8

37.

The table lists the kinetic and thermodynamic data for the ligand substitution reactions of $V(CO)_6$ by various PR_3. Interpret the results for k, ΔH^* and ΔS^*. Predict reaction mechanism for each cases merely based on the experimental results. [Hint: A, D or I mechanism]

答：從 $V(CO)_6$ 和各種 PR_3 **配位基**進行**取代反應**的數據來分析，ΔS^* 爲負值表示反應進行**結合機制 (A mechanism)**。磷基的**錐角 (Cone Angle)** 越大，立體障礙越大，反應的 k 值越小（$P(OMe)_3$ 除外），也符合反應進行結合機制的結論。另外，$V(CO)_6$ 具 17 電子，仍可以接受配位基進行結合機制。

將 H_2 氧化加成到 $Ir(CO)(X)(PR_3)_2$ 的動力學和熱力學資料如下表所示。請解釋 k、ΔH^* 和 ΔS^* 的觀測結果。請解釋同位素效應 (Isotope Effect)。在這種情況下同位素效應是否會發生呢？

OC⋯⋯Ir⋯⋯PR₃ / X ⋯ PR₃ + H_2 → H / OC⋯⋯Ir⋯⋯H / X ⋯ PR₃ / PR₃

表 $Ir(CO)(X)(PR_3)_2$ 和 H_2 在 35℃ 及苯中進行氧化加成反應的實驗數據

38.

X	R	k ($M^{-1}s^{-1}$)	ΔH^*(kcal mol^{-1})	ΔS^*(cal $mol^{-1}K^{-1}$)
Cl	Ph	0.93	10.8	−23
Br	Ph	14.3	12.0	−14
I	Ph	>100.0		
Cl	p-OCH_3Ph	0.66	6.0	−39
Cl	p-CH_3Ph	0.53	4.3	−45
Cl	p-ClPh	0.16	9.8	−28
Cl	p-FPh	0.25	11.6	−22

> The table lists the kinetic and thermodynamic data for the oxidative addition of H_2 to $Ir(CO)(X)(PR_3)_2$. Interpret the experimental results for k, ΔH^* and ΔS^*. Also explain the concept of "isotope effect". Will you expect "isotope effect" be taken place in this case?

答：**氧化加成** (Oxidative Addition) 是指一個錯合物若發生反應，使中心金屬氧化數增加，且配位數也增加，則稱此步驟爲氧化加成。**同位素效應** (Isotope Effect) 是指將 H_2 換成同位素 D_2 或 HD，因斷 H-D 鍵或 D-D 鍵比斷 H-H 鍵難，反應速率變慢的效應。H_2 氧化加成到 $Ir(CO)(X)(PR_3)_2$ 反應 ΔS^* 爲負值，表示反應進行**結合機制** (Associative Mechanism)。結合機制中 H_2（D_2 或 HD）要斷鍵，如果在這種情況下將 H_2 取代成 D_2，斷 D-D 鍵比較難，反應速率變慢，因此有**同位素效應**。例外的是 $Ir(CO)(I)(PPh_3)_2$，此反應可能進行**解離機制** (Dissociative Mechanism)，因爲配位基 I 很大，比較容易解離。在苯基放置強拉電子取代基使中心金屬電子密度減少，使氧化加成速率減緩。

39.
> 定義**鄰邊效應** (*cis*-effect)，請舉個例子說明。[提示：在正八面體 (O_h) 的幾何形狀錯合物的配位基取代反應]
>
> Define "*cis*-effect" and give an example for it. [Hint: Ligand substitution reaction in complex with octahedral geometry (O_h)]

答：在**正八面體** (O_h) 化合物取代反應時，有些在**離去基** (leaving group) 脫去後形成空軌域，在 *cis* 位置配位基可以提供額外電子對配位到金屬上形成的空軌域上，暫時穩定反應中間體，使取代反應速率變快，是爲 *cis*-effect。參考 18 題。

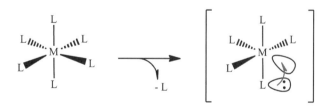

40.
> 連續量測一化合物在溶液中隨著時間的 UV-Vis 光譜的變化。發現有等色點 (Isosbestic Point) 存在。
>
> (a) 說明上述在 UV-Vis 光譜中存在等色點 (Isosbestic Point) 的意義？
>
> (b) 說明爲何等色點 (Isosbestic Point) 能存在？請推導出方程來解釋它。（提示：Beer's law $A = \varepsilon\, l\, c$）
>
> (c) 下面化合物的溶液中隨著時間量測 UV-Vis 光譜中存在等色點 (Isosbestic Point)，可能是化合物從一種構型轉換成另一種同分異構物。說明此轉換可能是電

子效應 (electronic effect) 或是立體障礙效應 (steric effect) 造成？

$$H-N \cdots N(C_2H_5)_2$$
$$Pd$$
$$(C_2H_5)_2N \qquad SeCN$$

(a) What does it imply for the presence of *isosbestic points* in the visible-ultraviolet spectrum for solution containing dissolved Pd complex?

(b) How can these *isosbestic points* be existed? Derive an equation to explain it. (Hint: Beer's law $A = \varepsilon l c$)

(c) Is the conversion from one form to its isomeric form caused by "electronic effect" or "steric effect"? Explain.

答： 參考第六章 52 題。

(a) 量測一化合物在溶液中隨著時間的 UV-Vis 光譜中發現有**等色點** (Isosbestic Point) 存在，表示這是一個單純的轉換反應，沒有經過其他中間體或副反應。

(b) Beer's law 公式：$A = \varepsilon l c$。

若是單純的 isomers 之間的轉換反應，沒有經過其他中間體或副反應。

在時間為 0 時：$A_{total} = A_{isomer1\_0} = \varepsilon_{isomer1} * l * c_{isomer1\_0}$

任何時間為 t 時：$c_{isomer1\_t} = 1 - c_{isomer2\_t}$

任何時間為 t 時：$A_{total} = A_{isomer1\_t} + A_{isomer2\_t} = \varepsilon_{isomer1\_t} * l * c_{isomer1\_t} + \varepsilon_{isomer2\_t} * l * c_{isomer2\_t}$

有可能在量測的時間變化某時間兩個 isomer 的針對某吸收頻率的吸收係數相同：$\varepsilon_{isomer1\_t} = \varepsilon_{isomer2\_t}$

此時：$A_{total} = A_{isomer1\_t} + A_{isomer2\_t} = \varepsilon_{isomer1\_t} * l * c_{isomer1\_t} + \varepsilon_{isomer2\_t} * l * c_{isomer2\_t} = A_{isomer1\_0}$

這種情況就會出現**等色點** (Isosbestic Point)。若是轉換反應有經過其他中間體，加上反應物及產物至少有三種物種。要上面等式同時相同的機率變很小。

(c) 原來的 isomer 是 N-Pd-Se 鍵，轉換成後來的 N-Pd-N 鍵，若純粹依照**電子效應** (electronic effect) 的因素，根據 π-**軌域競爭** (competition of π-orbitals) 理論，其實是不利的。應該是**立體障礙效應** (steric effect) 造成 isomer 轉換，原因可能是 N 上兩個 Et 取代基和彎曲的 Pd-Se-CN 鍵產生立體障礙效應，化合物轉變成立體障礙小的構型，為分子內轉換機制，沒有經過中間產物，有可能出現等色點。

有科學家提議使用 $[Ru(bpy)_3]^{2+}$ 作爲在從水分解製備氫氣反應的光敏劑，可是效果並不好。說明最主要的原因是什麼？

41. Someone has proposed to use $[Ru(bpy)_3]^{2+}$ as a photosensitizer in the preparation of hydrogen gas from the water depletion process. However, it did not work well. Please provide a possible explanation for it.

答：配位化合物 $[Ru(bpy)_3]^{2+}$ 的**配位場**是**強場**，**配位場穩定能** (Ligand-Field Stabilization Energies, LFSE) 很大，系統很穩定，金屬 d 電子配對，電子不易被移動，不容易進行**氧化還原**。光敏劑需要有電子容易流出流入的特性。因此，使用 $[Ru(bpy)_3]^{2+}$ 作爲光敏劑效果不彰。

繪製以 I_d 機制進行配位化合物 ML_5X 其配位基 X 被 Y 置換過程。

42.
$$ML_5X + Y \longrightarrow ML_5Y + X$$

A coordination compound ML_5X undergoes ligand substitution process. Ligand X is replaced by Y. Draw an I_d mechanism for it.

答：以下爲以 I_d 機制來進行配位基 X 被 Y 置換的過程。首先 M-X 鍵先拉長，但沒有斷鍵。接著，Y 取代基加入。最後，X 取代基離開。

配位基取代反應展現線性自由能關係 (Linear Free Energy Relationship, LFER)。這意味著什麼？

43.
$$L_nM\text{-}X + Y \longrightarrow L_nM\text{-}Y + X$$

A coordination compound ML₅X undergoes ligand substitution reaction process and exhibits LFER (Linear Free Energy Relationship). What does it imply?

答：配位基取代反應展現**線性自由能關係** (LFER) 表示**取代反應只和電子效應有關和立體障礙**因素無關。意味著反應速率只和斷 M-X 鍵有關，而和外來 Y 取代基的本質無關。表示此反應走**解離反應機制** (Dissociative Mechanism)。

44. 假設 Co(II) 是在正八面體且高自旋環境下。解釋為什麼將 Co(II) 氧化成 Co(III) 是一個緩慢的過程。

Assuming that Co(II) is under an Oₕ environment and in high spin state, explain the fact that the oxidation of Co(II) to Co(III) is a rather slow process.

答：將 Co(II) 在正八面體且**高自旋**環境下氧化成低自旋 Co(III) 過程要形成電子配對。**自旋多重性** (Spin multiplicity) 要產生變化，不容易發生。

如果原來 Co(II) 就在**正八面體**且**低自旋**環境下，將其氧化成低自旋 Co(III) 過程就很容易發生。因為沒有自旋多重性發生變化的問題。

45. 由以下實驗所收集的數據如下。請使用這些數據資料來計算這個平面四邊形的錯合物其取代反應的 k_1 和 k_2。[Pd(dien)SCN]⁺ + py → [Pd(dien)py]²⁺ + SCN⁻。[dien = diethylenetriamine, HN(CH₂CH₂NH₂)₂]。

k_{obs}	[py]
6.6×10^{-3}	1.24×10^{-3}
8.2×10^{-3}	2.48×10^{-3}
2.5×10^{-2}	1.24×10^{-2}

dien: H₂N ⌒ N ⌒ NH₂
                     H

The following data were collected for the reaction:

[Pd(dien)SCN]$^+$ + py → [Pd(dien)py]$^{2+}$ + SCN$^-$

Using these data to calculate k$_1$ and k$_2$ of substitution reactions of this square planar complex. [dien = diethylenetriamine, HN(CH$_2$CH$_2$NH$_2$)$_2$]

答：由實驗數據繪圖，看出直線的斜率約爲 1.65；截距約爲 0.4。**觀察速率常數** (k$_{obs}$) 表示法如下：k$_{obs}$ = 0.4 + 1.65[Py] = k$_1$ + k$_2$[Py]。k$_1$ 和 k$_2$ 分別爲 0.4 和 1.65。觀察速率常數 (k$_{obs}$) 有兩項表示反應進行有兩條途徑。k$_1$ 代表一級反應路線，只和 [Pd(dien)SCN]$^+$ 有關，走**解離反應機制** (**D**issociative Mechanism)。k$_2$ 代表二級反應路線，同時和 [Pd(dien)SCN]$^+$ 及 [Py] 有關，走**結合反應機制** (Associative Mechanism)。如果截距約爲 0，表示反應進行只有一條途徑，爲二級反應路線，和 [Pd(dien)SCN]$^+$ 及 [Py] 有關，走結合反應機制。在此截距不爲零，所以走兩條反應途徑。這個實驗數據只有三組是不夠的，一般實驗數據最好要五點以上才能繪出最起碼相對應的曲線。

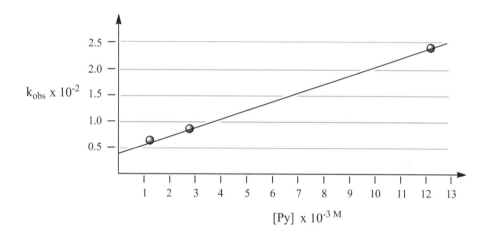

從以下反應所收集的數據如下表。(a) 請說明取代基 Y$^-$ 造成 k$_1$ 和 k$_2$ 不同數值的原因。(b) 請說明使用不同 I$^-$ 和 OH$^-$ 造成 V$_1$* 和 V$_2$* 不同數值的原因。[Pd(L)Cl]$^+$ + Y$^-$ → [Pd(L)Y]$^+$ + Cl$^-$。

Y$^-$	L	k$_1$ (s^{-1})	V$_1$* (cm^3 mol^{-1})	k$_2$ (cm^3 mol^{-1} s^{-1})	V$_2$* (cm^3 mol^{-1})
OH$^-$	1,4,7-Me$_3$dien	24.9	−12.2	223	+21.1
OH$^-$	1,1,7,7-Me$_4$dien	0.90	−15.5	4.53	+25.2
I$^-$	1,4,7-Me$_3$dien	21.9	−9.2	4318	−18.9
I$^-$	1,1,7,7-Me$_4$dien	0.99	−13.4	0.28	−

The table lists the data collected from the reaction.

[Pd(L)Cl]$^+$ + Y$^-$ → [Pd(L)Y]$^+$ + Cl$^-$

Provide a proper reason to account for the following observations. (a) The differences in k_1 and k_2 values for the attack of substrate by Y^-. (b) The differences in volumes of activation for I^- and OH^-.

答： 表中顯示 V^* 爲負值，代表走**結合反應機制** (Associative Mechanism) 路線，爲二級反應，反應速率和 $[Pd(L)Cl]^+$ 及 $[Y]$ 有關。V^* 爲正值代表走**解離反應機制** (Dissociative Mechanism) 路線，爲一級反應路線，反應速率只和 $[Pd(L)Cl]^+$ 有關。在 OH^- 當取代基時，可走兩條反應路線，即走結合反應機制和解離反應機制。在 I^- 當取代基時，且以 1,4,7-Me$_3$dien 爲配位基時，走結合反應機制，反應速率較快。當 I^- 爲取代基時，結合反應比較不容易進行，可能原因是 1,1,7,7-Me$_4$dien 比 1,4,7-Me$_3$dien 立障大，反應速率明顯下降很多。

1,4,7-Me$_3$dien   1,1,7,7-Me$_4$dien

請寫出下述反應的速率表示式。

總反應 (Total reaction)：

$$M—H_2O + L \longrightarrow M—L + H_2O$$

基本反應步驟 (Elementary steps):

47.

$$M—H_2O \underset{k_{-1}}{\overset{k_1}{\rightleftharpoons}} M + H_2O$$

$$M + L \xrightarrow{k_2} M—L \quad \text{r.d.s.}$$

Derive a rate law for the formation of the product. The total reaction and elementary steps are shown.

答： 本題可使用**穩定狀態趨近法** (Steady-State Approximation)。穩定狀態趨近法是利用**中間產物** (intermediate) 在反應過程中生成及消耗達平衡的關係來達成計算中間產物濃度的方法。在反應過程的時間某一點上中間產物的生成等於消耗量，此時 d[Intermediate]/dt = 0。

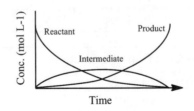

使用**穩定狀態趨近法** (Steady-State Approximation)：

$d[M]/dt = 0 = k_1[M(H_2O)] - k_{-1}[M][H_2O] - k_2[M][L]$

$[M] = k_1[M(H_2O)] / (k_{-1}[H_2O] + k_2[L])$

速率表示式：$Rate = k_2[M][L] = k_1k_2[M(H_2O)][L] / (k_{-1}[H_2O] + k_2[L])$

48.

(a) 使用**穩定狀態趨近法** (Steady-State Approximation) 推導出對下述置換反應的速率定律式。(b) 當 [SCN⁻] 在低濃度時，反應是一級或二級？ (c) 當 [SCN⁻] 在高濃度時，反應是一級或二級？

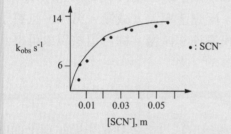

The reaction of SCN⁻ with a Co(III) hematoporphyrin complex could be described by the equations shown. A plot of kobs versus [SCN⁻] shows the expected dependence of the rate on [SCN⁻] in H₂O substitution.

(a) Using "Steady-State Approximation" method to derive a rate law for this substitution reaction. (b) Is this first-order or second order reaction while in low concentration of [SCN⁻]? (c) Is this a first-order or second order reaction while in high concentration of [SCN⁻]?

答： (a) 使用**穩定狀態趨近法** (Steady-State Approximation)：

$d[M]/dt = 0 = k_1[M(H_2O)] - k_{-1}[M][H_2O] - k_2[M][L]$

$[M] = k_1[M(H_2O)] / (k_{-1}[H_2O] + k_2[L])$

速率表示式：$Rate = k_2[M][L] = k_1k_2[M(H_2O)][L] / (k_{-1}[H_2O] + k_2[L])$

(b) 當 [SCN⁻] 在低濃度時，$k_{-1}[H_2O] \gg k_2[L]$，$Rate = k_1k_2[M(H_2O)][L] / (k_{-1}[H_2O])$，為二級反應，速率和 [M(H₂O)] 及 [SCN⁻] 有關。

(c) 當 [SCN⁻] 在高濃度時，$k_2[L] \gg k_{-1}[H_2O]$，$Rate = k_1k_2[M(H_2O)][L]/k_2[L] = k_1[M(H_2O)]$，為一級反應速率，只有和 [M(H₂O)] 有關。

49.

以下反應被視為是經由內圍機制 (Inner-sphere mechanism) 迅速地進行 (k = 1.5 x 10^6)：$[Co(NH_3)_5OH]^{2+}$ + $[Cr(H_2O)_6]^{2+}$ → $[Co(NH_3)_5OH]^+$ + $[Cr(H_2O)_6]^{3+}$。當 H_2O 取代 OH^- 時，反應速率大大減慢 (k = 0.1)。實驗觀察到反應速度和氫質子的濃度成反比。請解釋這些觀察結果。

The following reaction proceeds rapidly (k = 1.5 x 10^6) via an inner-sphere mechanism.

$[Co(NH_3)_5OH]^{2+}$ + $[Cr(H_2O)_6]^{2+}$ → $[Co(NH_3)_5OH]^+$ + $[Cr(H_2O)_6]^{3+}$

When the ligand OH^- is replaced by another ligand H_2O in the cobalt reactant, the reaction slows down considerably (k = 0.1). It is also noted that the reaction rate is inversely dependent upon the concentration of hydrogen ion. Please provide a reasonable explanation to account all these observations.

答： 電子轉移經由**內圍機制** (Inner-sphere mechanism) 的兩個要求，參考 27 題。

$[Co(NH_3)_5OH]^{2+}$ 符合條件一，有 OH^- 當**架橋配位基** (bridging ligand)；$[Cr(H_2O)_6]^{2+}$ 符合條件二，有 H_2O 當**易解離配位基** (labile ligand)。當 H_2O 取代 $[Co(NH_3)_5OH]^{2+}$ 的 OH^- 時，少了當架橋的配位基，內圍機制行不通，反應速率大大減慢。另外，氫質子的濃度增加，使 OH^- 濃度減少，內圍機制變慢，反應速率減慢。綜合這些現象可得到合理的解釋。

50.

化合物 *trans*-$[Pt(py)_2Cl_2]$ 和各種配位基進行親核取代反應，其結果顯示在下面的圖形。(a) 請問這種類型的反應是進行結合反應機制 (Associative Mechanism) 或解離反應機制 (Dissociative Mechanism) 或其他別種的機制？(b) 為什麼所有的線都聚在同一點上？這個點的值代表意思是什麼？(c) 為何每條線具有不同的斜率？斜率的值代表的意思是什麼？(d) 請寫出反應機制。

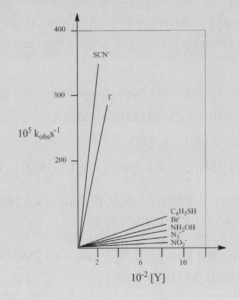

Nucleophilic substitutions of *trans*-[Pt(py)$_2$Cl$_2$] by various ligands were carried out and the results were shown in the plot. (a) Does this type of reaction undergo "**A**" or "**D**" mechanism or something else? (b) Why are all the lines joined at the same point? What is the meaning of the value? (c) Why are each line with different slops? What are the meaning of the values (slops)? (d) Write done the reaction mechanism for it.

答：(a) *trans*-[Pt(py)$_2$Cl$_2$] 和各種配位基進行**親核取代反應**，圖形顯示速率和外來配位基（取代基）有關。因此，這種類型的反應是進行**結合反應機制** (Associative Mechanism)。(b) 此反應的速率表示式為 Rate = k$_1$ + k$_{obs}$[Y]。所有的線都從同一點開始，代表常數 k$_1$，若不為零則可能是溶劑的效應，若 k$_1$ 為零，則沒有溶劑效應。(c) 因為反應是進行結合反應機制。速率和外來取代基有關。取代基不同，速率不同，斜率不同。斜率越大，反應速率越快。(d) 結合反應機制：*trans*-[Pt(py)$_2$Cl$_2$] + Y → [Pt(py)$_2$Cl$_2$][Y] → [Pt(py)$_2$Cl][Y] + Cl$^-$。四配位錯合物進行結合反應機制是很常見的。

下圖顯示在二甲基亞碸 (dmso) 溶劑中，[Co(NO$_2$)(en)$_2$(dmso)]$^{2+}$ 與不同取代基 [Y$^-$] 反應的觀察速率常數 (k$_{obs}$) 對 [Y$^-$] 作圖的圖形。

[Co(NO$_2$)(en)$_2$(dmso)]$^{2+}$ + Y$^-$ → [Co(NO$_2$)(en)$_2$Y]$^+$ + dmso

所有這些取代反應都推定具有相同的機制。(a) 請問這些曲線的形狀有什麼特別的意義？(b) 一級反應最快速率常數（極限速率常數）小於二甲基亞碸交換常數，代表什麼意義？(c) 如果該反應是進行解離反應機制 (Dissociative Mechanism, **D**)，最快速率常數（極限速率常數）會對應到什麼？(d) 如果是進行比較接近解離反應機制 (Dissociative Mechanism, **D**) 的交換反應機制 (Interchange Mechanism) 的 **I$_d$** 機制，最快速率常數（極限速率常數）會對應到什麼？(e) Cl$^-$ 和 NO$_3^-$ 的最快速率常數（極限速率常數）分別為 5.0 x 10^{-4} s^{-1} 和 1.2 x 10^{-4} s^{-1}。NCS$^-$ 最快速率常數（極限速率常數）則估計為 1.0 x 10^4 s^{-1}。這些數值是否構成反應進行 **D** 或 **I$_d$** 機制的證據？

51.

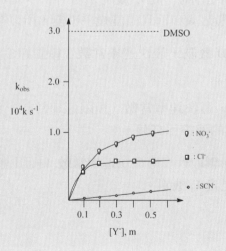

The figure shows curves of k_{obs} versus various $[Y^-]$ for the anation reactions in dimethyl-sulfoxide (dmso) solvent:

$$[Co(NO_2)(en)_2(dmso)]^{2+} + Y^- \longrightarrow [Co(NO_2)(en)_2Y]^+ + dmso$$

All these reactions are presumed to undergo the same mechanism.

(a) What is the significance of the shapes of the curves? (b) What is the significance of the fact that the first-order limiting rate constants are smaller than that for dmso exchange? (c) If all the reactions undergo **D** mechanism, to what would the limiting rate constants correspond? (d) If all the reactions undergo I_d mechanism, to what would the limiting rate constants correspond? (e) The limiting rate constants are 5.0×10^{-4} s^{-1} and 1.2×10^{-4} s^{-1} for Cl$^-$ and NO$_3^-$, respectively. For NCS$^-$, the limiting rate constant can be estimated as 1.0×10^{-4} s^{-1}. Are these values strong evidences to indicate the reaction to undergo a **D** or an I_d mechanism?

答： 這個取代反應如果以 I_d 機制來看就能清楚明白。I_d 機制中間體 Co-dmso 鍵尚未完全斷鍵，且取代基 $[Y^-]$ 和 Co 尚未完全形成鍵的情形。

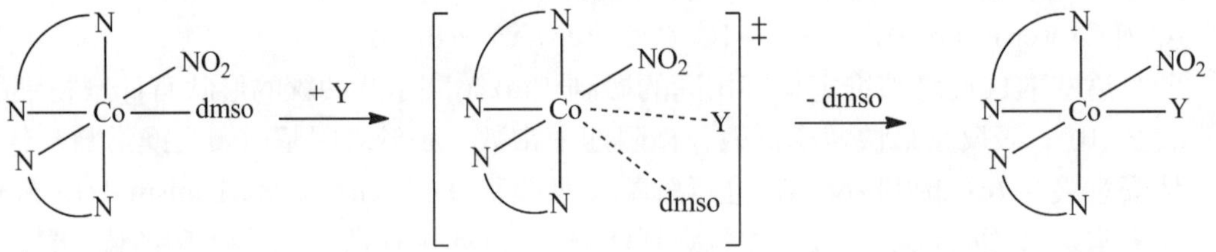

$$
\begin{array}{c}
\text{N} \\
\underset{\text{N}}{\overset{\text{N}}{\text{N}}}\!\!\text{—Co—dmso} \quad \xrightarrow{+\,Y} \quad \left[\ \underset{\text{N}}{\overset{\text{N}}{\text{N}}}\!\!\text{Co}\begin{array}{c}\text{NO}_2 \\ \cdots\cdots Y \\ \cdots\cdots \text{dmso}\end{array}\ \right]^{\ddagger} \quad \xrightarrow{-\,\text{dmso}} \quad \underset{\text{N}}{\overset{\text{N}}{\text{N}}}\!\!\text{—Co—Y}
\end{array}
$$

(a) 有些情形是直線如 SCN$^-$ 有斜率，如 dmso 沒有斜率，但交換常數最大。有些情形是曲線如 Cl$^-$ 和 NO$_3^-$。

(b) **二甲基亞碸** (dmso) 爲溶劑，從 I_d 機制來看，二甲基亞碸量最大，和錯合物上的 dmso 最快，交換常數最大。而且濃度幾乎不變，所以在圖上爲沒有斜率的直線。

(c) 如果該反應是進行 **D** 機制，最快**速率常數**（極限速率常數）只會對應到 Co-dmso 斷鍵的速率極限。

(d) 如果是進行 I_d 機制，最快**速率常數**（極限速率常數）會和 Co-dmso 斷鍵的速率及取代基和 Co 形成鍵的速率都有關。

(e) 使用不同取代基會影響取代反應最快**速率常數**（極限速率常數），必然不是走完全 **D** 機制。最有可能是走 I_d 機制。

實驗觀察到在螯合配位基 (NH$_2$C(=O)CH$_2$NHCH$_2$CH$_2$NHCH$_2$C(=O)NH$_2$) 和 Co(II) 水溶液中，慢慢地以 OH$^-$ 滴定時會有金屬錯合物形成。

(a) 解釋在下圖中滴定曲線的意義。

(b) 請解釋當活化複體形成後，在低 pH 值範圍內，鍵結的部位是 C=O 而不是 NH$_2$。當 pH 值增加時，鍵結的部位為什麼被逆轉？

(c) 為何在 5,6,5 或 6,5,6 環比 5,5,5 或 6,6,6 環的形成常數 (formation constants) 都大得多？

(d) 哪一步是速率決定步驟？形成第一次五元環，或第二或第三次五元環？

(e) 當 M^{2+} 是 Co(II) 時將過量的 OH$^-$ 添入溶液中，最終產物為何？

pH 值和 OH$^-$ 量的繪圖如下所示。

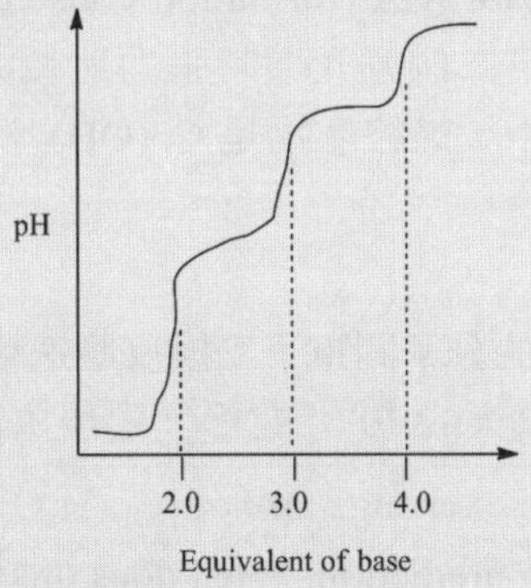

52.

pH

2.0　3.0　4.0

Equivalent of base

The formation of metal complex is observed while the mixing of chelate ligand (NH$_2$C(=O)CH$_2$NHCH$_2$CH$_2$NHCH$_2$C(=O)NH$_2$) with Co(II) was titrated slowly by OH$^-$.

(a) Explain the meaning of the curve in the Figure. (b) When the complex is formed, the binding site is C=O instead of NH$_2$ at low pH range. Explain it. Why is the binding site reversed when the pH value increases? (c) Why the formation constants are much larger when the complexes are formed in the shape of 5,6,5 or 6,5,6 ring than that of 5,5,5 or 6,6,6 ring? (d) Which is the rate determining step, the formation of the first five membered ring, or the second, or the third? Explain. (e) What will be the final product while excess of OH$^-$ is added to the solution while the M^{2+} is Co(II)?

答：(a) 圖中滴定曲線顯示配位基有四個質子逐步被 OH$^-$ 滴定。其中最早的兩個質子幾乎同時被 2 mol OH$^-$ 滴定移除，第三及第四個質子則可區別分別被 1 mol OH$^-$ 滴定移除。(b) 在低 pH 值範圍內，NH$_2$ 的部位可能是以 NH$_3^+$ 方式存在，無法和 Co(II) 鍵結，而以 C=O 和 Co(II) 鍵結。當 pH 值增加時，NH$_3^+$ 不再存在而以 NH$_2$ 或 NH$^-$ 的方式存在，因此鍵結的部位從 C=O 被逆轉。此時 NH$^-$ 和 Co(II) 的鍵結顯然比 C=O 和 Co(II) 的鍵結強。

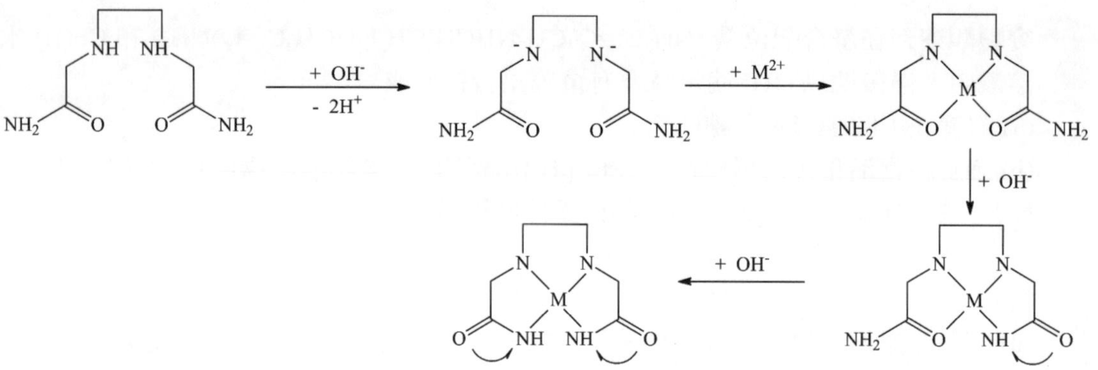

(c) 金屬環化物形成五角環比形成六角環穩定。在多環化物中形成 5,6,5 或 6,5,6 環比 5,5,5 或 6,6,6 環穩定，**形成常數** (formation constants) 大很多。(d) 形成第一次五元環比較沒有張力，形成第二個五元環時張力比較大，是速率決定步驟。(e) 將過量的 OH^- 添入 Co(II) 溶液中，最終產物是 $Co(OH)_2$ 沉澱。

配位化合物 $[Co(H_2O)_6]^{2+/3+}$ 的分子間電子交換反應速率比使用馬庫斯方程式 (Marcus equation) 所預測的要快上驚人的 10^7 倍之多。這現象對電子轉移的機制意味著什麼？

53. The inter-molecular electron exchange arte of $[Co(H_2O)_6]^{2+/3+}$ proceeds 10^7 times faster than by the Marcus equation prediction. What does this suggest about the mechanism of this type of electron exchange?

答：馬庫斯方程式 (Marcus equation) 預測分子間的電子交換反應速率使用完全的**外圍機制** (Outer-sphere mechanism) 模形。當真正量測電子交換反應速率和理論預料有如此大差距時（10^7 倍），可斷言此交換反應應該不是走**外圍機制**，而是走**內圍機制** (Inner-sphere mechanism)。況且這系統符合電子轉移經由內圍機制的兩個要求，條件一：金屬基團 A 有**架橋配位基** (bridging ligand)，此處為水分子或 OH^- 離子；條件二：金屬基團 B 有**易解離配位基** (labile ligand)，此處為水分子，容易造成不飽和。

一些遷移反應 (migration reaction) 機制受溶劑的影響很大。在此系統中觀察到遷移反應速率被提升不僅是因為磷基而且也是因為所使用的四氫呋喃當溶劑。其觀察速率常數 (k_{obs}) 如下所示。請預測在以下情形，k_{obs} 將會如何變化：(a) 使用了立障大的配位基；(b) 選用對金屬中心具有很強的配位能力的溶劑。

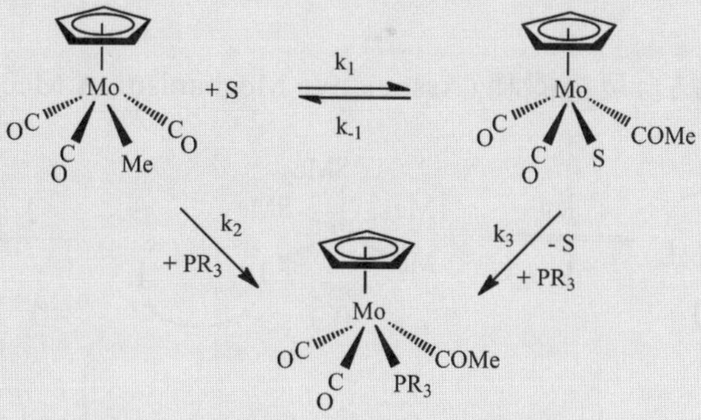

$$k_{obs} = \frac{k_1 k_3 [S][PR_3]}{k_{-1} + k_3 [PR_3]} + k_2 [PR_3]$$

54.

Some migration reactions are strongly influenced by the solvent. In this system the migration reaction is observed to be promoted not only by the phosphine in the direct pathway but also by the solvent (S), THF. The K_{obs} is shown. Predict the tendency of K_{obs} while (a) a bulky ligand is used; (b) solvent with very strong coordinating ability to metal center.

答：(a) 當磷基濃度很大時，$k_{obs} = k_1 [S] + k_2 [PR_3]$；當磷基濃渡很小時，$k_{obs} = k_1 k_2 [S][PR_3]/k_{-1}$。顯然不論磷基濃度如何改變，**反應速率**受溶劑影響，也受磷基影響。只有前者要視 k_1 和 k_2 的相對大小來判定何者的重要性。磷基加入金屬中心的難度隨著使用了立障大的配位基而增加，**反應速率會變慢**。(b) 選用對金屬中心具有很強的配位能力的溶劑，使磷基取代溶劑的難度增加，**反應速率也會變慢**。

四配位錯合物 cis-[PtMe$_2$(SMe$_2$)$_2$] 具有平面四邊形 (SP) 的幾何形狀。使用雙牙配位基 (L⌒L) 進行取代反應。(a) 在 k_{obs} 中有兩項，這對反應路徑而言意味著什麼？(b) 試著寫下可能的機制並解釋此結果。

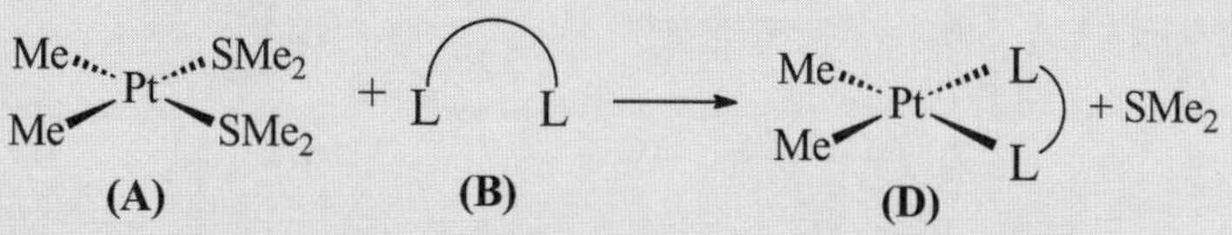

55.

Cis-[PtMe$_2$(SMe$_2$)$_2$] is a four coordinated compound with square planar geometry. (a) There are two terms in k_{obs} for this substitution reaction with a bidentate ligand (L⌒L).

What does it imply in terms of the number of the reaction pathways? (b) Try to write down your proposed mechanism for it and explain the results.

答：先解釋反應路徑問題，在 k_{obs} 中有兩項，通常意味著進行兩條反應路徑。可能的機制如下。

反應路徑一：進行**結合反應機制** (Associative Mechanism, **A** Mechanism)

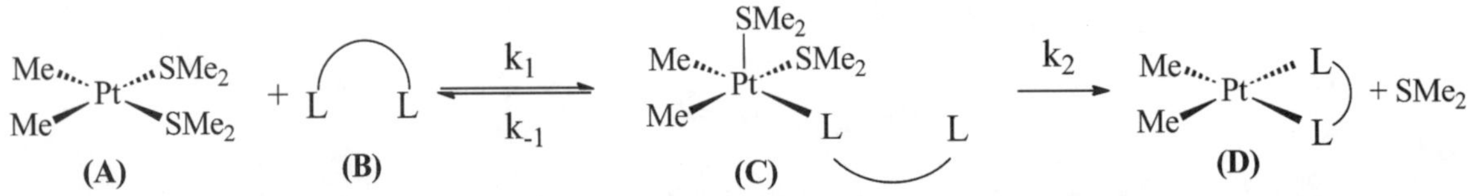

使用**穩定狀態趨近法** (steady-state approximation) 推導出對下述置換反應的速率定律式。$d[C]/dt = 0 = k_1[A][B] - k_{-1}[C] - k_2[C]$。$[C] = k_1[A][B]/(k_{-1} + k_2)$。$Rate = k_2[C] = k_1k_2[A][B]/(k_{-1} + k_2) = k_{obs}[B]$，其中 $k_{obs} = k_1k_2/(k_{-1} + k_2)[A]$。

反應路徑二：進行**解離反應機制** (Dissociative Mechanism, **D** Mechanism)

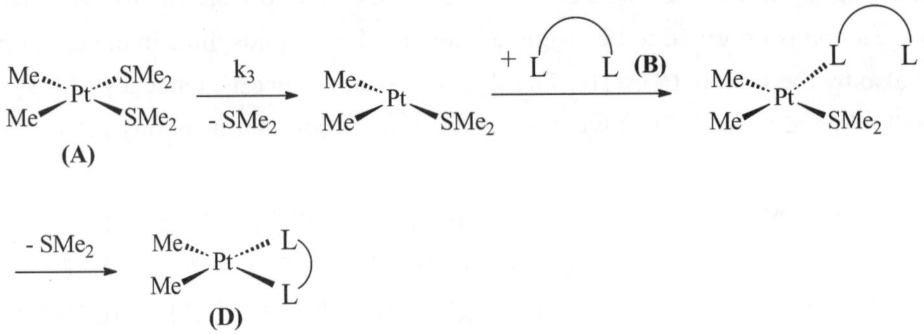

$Rate = k_3[A]$

以下反應機制共分三個基本步驟，第二步被認為是速率決定步驟 (r.d.s)。(a) 寫下的整體反應。(b) 哪些物種是中間產物？(c) 利用穩定狀態趨近法 (steady-state approximation) 簡化並寫下以下機制的完整速率方程式。

56.

$$X + Y \underset{k_{-1}}{\overset{k_1}{\rightleftharpoons}} Z \quad \text{------ step 1}$$

$$Z \xrightarrow{k_2} W \quad \text{------ step 2}$$

$$X \xrightarrow{k_3} Q \quad \text{------ step 3}$$

A mechanism was proposed as shown below for a reaction. There are three elementary steps being proposed for the mechanism. The second step is assigned as the rate-determining step (r.d.s). (a) Write down the overall reaction. (b) Which species is/are the intermediate(s)? (c) Write the rate law for the mechanism by using the steady-state approaching for the intermediates.

答：(a) 整體反應是 step 1 + step 2 + step 3 ⇨ 2X + Y ➞ W + Q。(b) Z 和 W 是中間產物。(c) 使用**穩定狀態趨近法** (steady-state approximation) 推導出對下述置換反應的速率定律式。$d[Z]/dt = 0 = k_1[X][Y] - k_{-1}[Z] - k_2[Z]$。$[Z] = k_1[X][Y]/(k_{-1} + k_2)$。第二步被認爲是速率決定步驟 (r.d.s)。$Rate = k_2[Z] = k_1k_2[X][Y]/(k_{-1} + k_2)$。

57\. 乍看之下，以下反應似乎走直接的 CO 直接插入反應 (Direct Insertion Reaction) 途徑，然而事實上可能更複雜。

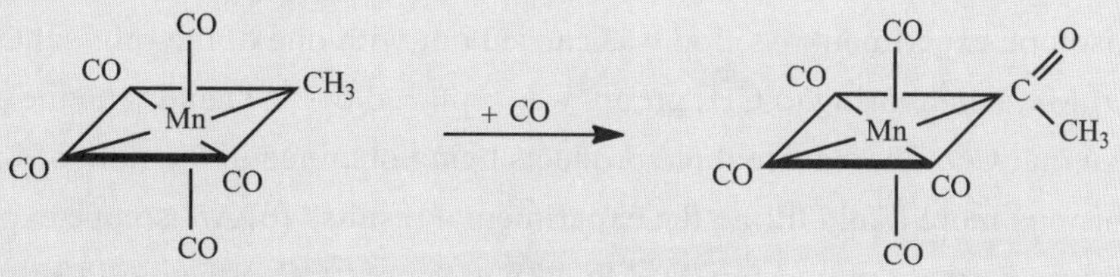

另外一種可能機制可以達到相同實驗結果就是轉移後再插入反應 (Migratory Insertion)，即 C 先轉移到 M-A 之間，騰出空間再由 B 佔據。

直接插入反應：

轉移後再插入反應：

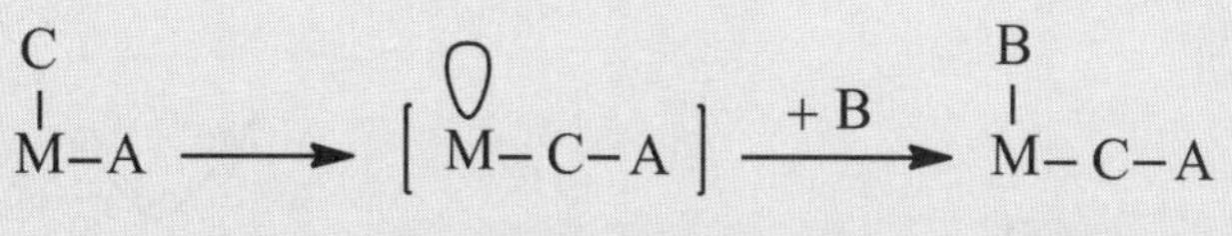

(a) 如何區分直接插入 (Direct Insertion) 和轉移再插入 (Migratory Insertion) 這兩者反應機制？(b) 化學家做了一個同位素實驗，在原先化合物 CH_3 基的相鄰位置上的 CO 上標記成同位素 ^{13}CO。在和外加 CO 進行反應，實驗結果發現，有 3 種不同產物，且有一定的比例 2:1:1。根據此實驗數據，在上述兩種機制中，何者比較符合實驗結果？

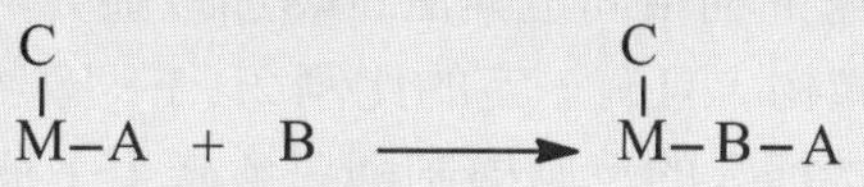

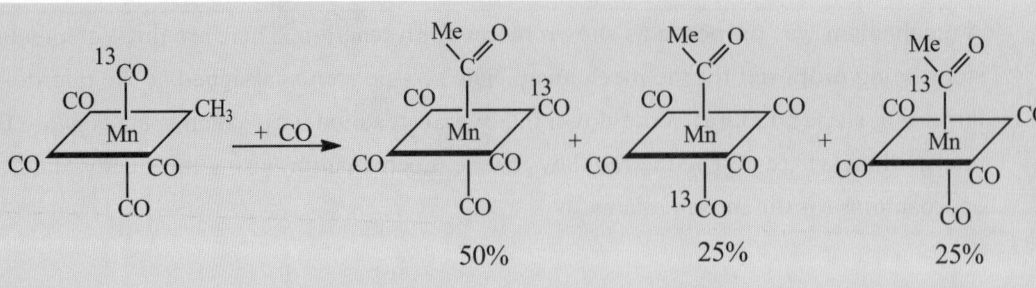

13CO
CO
CH3
Mn
CO
CO
CO
+ CO
Me
O
C
13
CO
Mn
CO
CO
CO
+
Me
O
C
CO
CO
Mn
CO
CO
13CO
+
Me
O
13 C
CO
CO
Mn
CO
CO
CO
50%
25%
25%

(c) 根據 (b) 的結論，在同位素實驗中，若外加 CO 標記成同位素 ^{13}CO，其結果將如何？

The straightforward explanation for the formation of $Mn(CO)_5(COMe)$ from the reaction of $Mn(CO)_5Me$ with extra CO is to undergo a straightforward CO insertion reaction pathway. Yet, some experimental results told the other story. Another plausible route is a migratory insertion pathway, meaning that C migrates to M-A first and then followed by the coordination of B to the released space. (a) How to differentiate these two distinct reaction mechanisms of "Direct Insertion" and "Migratory Insertion" for the case?

(b) An isotope experiment reaction was carried out with one of the original CO ligand on $Mn(CO)_5Me$, neighboring to CH_3 group, was replaced by ^{13}CO and with the presence of extra external CO. There were three products being obtained in the ratio of 2:1:1. Which mechanism is more likely fitting the experimental results? (c) An isotope experiment reaction was carried out by $Mn(CO)_5Me$ with external ^{13}CO. What will be the outcome for this case based on the conclusion from (b)?

答：(a) 反應是否進行**直接插入** (Direct Insertion) 和**轉移再插入** (Migratory Insertion) 的機制從產物無法區分。化學家則利用同位素法實驗加以區分。(b) 根據 ^{13}CO 同位素法實驗的結果發現有 3 種不同產物，且有一定的比例 2:1:1，顯然轉移再插入的反應機制比較符合實驗結果，因爲直接插入的反應機制則只會產生 1 種產物。通常自然界化學反應是走最短的路徑。因此，在此處的轉移再插入的反應機制的確是比較不尋常的。(c) 根據此反應機制，同位素 ^{13}CO 最後會出現在 $C(=O)CH_3$ 基團的 *cis* 位置。

CO
CO
CH3
Mn
CO
CO
CO
+ 13CO
Me
O
C
CO
13
CO
Mn
CO
CO
CO

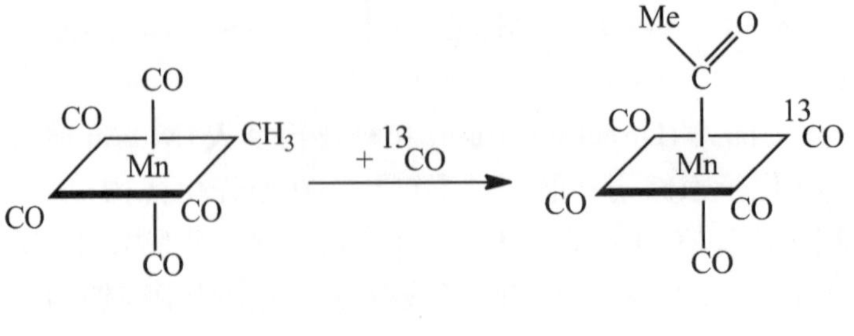

化學家推測錯合物 $Fe(bipy)_3^{2+}$ 上面的配位基 bipy 在從沒有酸的情形到酸存在下的解離機制和觀察速率常數 (k_{obs}) 對酸濃度變化的曲線圖如下。(a) 使用穩定狀態趨近法 (Steady-State Approximation) 推導下述置換反應的速率定律式。(b) 當 $[H^+]$ 在低濃度時，速率定律式為何？(c) 當 $[H^+]$ 在高濃度時，速率定律式為何？(d) 當 $Fe(bipy)_3^{2+}$ 內的配位基 bipy 被 1,10-phenanthroline 代替所形成的錯合物 $Fe(1,10\text{-phenanthroline})_3^{2+}$，其配位基 1,10-phenanthroline 的解離速率比 $Fe(bipy)_3^{2+}$ 的情形緩慢許多。請說明。

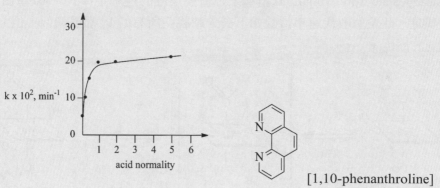

58.

[1,10-phenanthroline]

The mechanism for the dissociation of ligand bipy from $Fe(bipy)_3^{2+}$ via non-acidic to acidic environment is proposed as shown. There are two routes for the dissociation of ligand. One route is beneficial from the presence of acid; the other is not. A plot of k_{obs} versus $[H^+]$ shows the expected dependence of the rate on $[H^+]$ in H_2O substitution. (a) Using the "Steady-state approximation" method to derive a rate law for this ligand dissociation reaction. (b) What is the rate expression for this reaction while in low concentration of $[H^+]$? (c) What is the rate expression for this reaction while in high concentration of $[H^+]$? (d) The rate of ligand dissociation of $Fe(1,10\text{-phenanthroline})_3^{2+}$ is significantly slower than that of $Fe(bipy)_3^{2+}$. Explain.

答：(a) 化學家提出此反應的解離機制可能有兩條路徑。兩條路徑，速率表示式有兩項。使用**穩定狀態趨近法** (Steady-State Approximation)：$d[B]/dt = 0 = k_1[A] - k_2[B] - k_3[B]$

$- k_4[B][H^+]$。$[B] = k_1[A] / (k_2 + k_3 + k_4[H^+])$。速率表示式：$Rate = k_3[B] + k_4[B][H^+] = k_1(k_3 + k_4[H^+])/(k_2 + k_3 + k_4[H^+])$。

(b) 上述完整的速率表示式 $Rate = k_1(k_3 + k_4[H^+])/(k_2 + k_3 + k_4[H^+])$。當 $[H^+]$ 在很低濃度時，$k_4[H^+]$ 項可忽略，$Rate = k_1(k_3)/(k_2 + k_3)$，為零級反應，速率和 $[H^+]$ 無關。

(c) 當 $[H^+]$ 在很高濃度時，$k_4[H^+] >> k_2$ 及 k_3，$Rate = k_1$，為零級反應，速率也和 $[H^+]$ 無關。但是當 $[H^+]$ 濃度介於兩極端之間時，$k_3 << k_2$ 及 k_4，$Rate = k_1(k_4[H^+])/(k_2 + k_4[H^+])$，速率應該和 $[H^+]$ 有關。

(d) 配位基 1,10-phenanthroline 結構比較剛性，在 k_4 步驟不容易進行結構翻轉。因此，其配位基 1,10-phenanthroline 解離速率比 $Fe(bipy)_3^{2+}$ 的情形緩慢許多。

含錳金屬錯合物 $Mn(CO)_4(COMe)P(OPh)_3$ 可由 $Mn(CO)_5Me$ 和過量的配位基 $P(OPh)_3$ 反應來產生。有一種可能進行的機制是轉移後再插入反應 (Migratory Insertion)，即 Me 先轉移到相鄰位置 M-CO 之上，騰出的空位再由 $P(OPh)_3$ 去佔據。其反應機制和觀察速率常數 (k_{obs}) 對 $P(OPh)_3$ 濃度變化的曲線圖如下。(a) 請使用穩定狀態趨近法 (Steady-State Approximation) 推導下述置換反應的速率定律式。(b) 當使用不同的配位基時，此類型取代速率常數如下表。請說明所有的 k_1 都很類似，但 k_{-1}/k_2 卻很不相同的原因。

59.

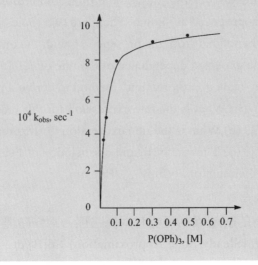

L	k_1, sec^{-1}	k_{-1}/k_2, M
Cyclo-$C_6H_{11}NH_2$	9.8×10^{-4}	3.0×10^{-3}
PPh_3	9.0×10^{-4}	5.1×10^{-3}
$P(OPh)_3$	9.9×10^{-4}	3.6×10^{-2}

The reaction of $Mn(CO)_5Me$ with excess $P(OPh)_3$ led to the formation of $Mn(CO)_4(COMe)P(OPh)_3$. It is believed that the reaction undergoes a migratory insertion pathway, meaning that Me migrates to the neighboring M-CO first and then followed by the coordination of $P(OPh)_3$ to the released space. The mechanism and the k_{obs} vs. $[P(OPh)_3]$ are shown. (a) Using "Steady-state approximation" method to derive a rate law for this reaction. (b) While different ligands are presented, the rates are quite different. Explain that k_1 values for all cases are similar; yet, the values for k_{-1}/k_2 are quite different.

答：(a) 請參考其他相關習題。使用**穩定狀態趨近法** (Steady-State Approximation)。速率表示式：Rate = d[C]/dt = $k_2[L](k_1[A] + k_{-2}[C])/(k_{-1} + k_2[L])) - k_{-2}[C]$。當忽略 $k_{-2}[C]$ 項時，$k_{obs} = k_1k_2[L]/(k_{-1} + k_2[L])$。符合實驗**觀察速率常數** ($k_{obs}$) 對 $P(OPh)_3$ 濃度變化的曲線圖。(b) 當使用不同的配位基時，其取代速率常數 k_1 相差不大，但是 k_{-1}/k_2 值相差比較大。意味著第一步反應 (k_1)，進行**解離反應機制** (**D**issociative Mechanism, **D** Mechanism)。解離反應的**速率表示式**（Rate Law 或 Rate Expression）只和反應物濃度有關，和取代基無關。第一步反應的逆反應 (k_{-1}) 及第二步反應 (k_2)，應該進行**結合反應機制** (**A**ssociative Mechanism, **A** Mechanism)。結合反應機制的速率表示式和反應物濃度及取代基兩項都有關。所以，當使用不同的配位基時，會帶來反應速率上不同的結果。

60. 含鈷金屬錯合物 $Co(CO)_4(-C(=O)R)$ 與和含磷的配位基 PR_3 進行取代反應，最後產物是 $Co(CO)_3(-C(=O)R)(PR_3)$。化學家提出的可能取代反應機制如下。

(a) 請使用穩定狀態趨近法 (Steady-State Approximation) 推導出取代反應的速率定律式。(b) 說明當 $[PR_3]$ 或 $[CO]$ 濃度高低不同時對取代速率的影響。

The substitution reaction of Co(CO)$_4$(-C(=O)R) and PR$_3$ leads to the final product Co(CO)$_3$(-C(=O)R)PR$_3$. The reaction mechanism for this reaction is shown. (a) Using "Steady-state approximation" method to derive a rate law for this substitution reaction. (b) Predict the influence of the concentration of [PR$_3$] or [CO] on the reaction rates.

答：(a) 請參考其他相關習題。使用**穩定狀態趨近法** (steady-state approximation)。速率表示式：Rate = d[Co(CO)$_3$(-C(=O)R)(PR$_3$)]/dt = k$_1$k$_2$[Co(CO)$_4$(-C(=O)R][PR$_3$] /(k$_{-1}$[CO] + k$_2$[PR$_3$])。(b) 當 [CO] >> [PR$_3$] 時，Rate = (k$_1$k$_2$/k$_{-1}$)[Co(CO)$_4$(-C(=O)R][PR$_3$]/[CO]。其取代速率和 [CO] 成反比。意味著第一步反應 (k$_1$)，進行**解離反應機制** (**D**issociative Mechanism, *D* Mechanism) 時，若太多 CO 存在會影響其順向反應。另外，其取代速率也和 [PR$_3$] 成正比。而當 [PR$_3$] >> [CO] 時，Rate = k$_1$k$_2$[Co(CO)$_4$(-C(=O)R]。其取代速率和 [CO] 或 [PR$_3$] 均無關。原因是在高濃度 [PR$_3$] 下，[PR$_3$] 濃度變化幾乎無法察覺。

61.

理論化學家常利用密度泛函數理論 (Density Functional Theory, DFT) 的方法來幫助探討一些催化反應的反應機制，從不同路徑的活化能高低藉以判定那條路徑比較可行。請舉一個例子說明。

Chemists often use Density Functional Theory (DFT) methods to explore the mechanism for catalytic reactions and to differentiate the favorite reaction pathways. Please provide an example and illustrate.

答：理論化學家常利用**電算量子化學** (Computations by Quantum mechanics techniques) 中的**密度泛函數理論** (Density Functional Theory, DFT) 的方法來幫助探討一些催化反應的反應機制，DFT 是個比較省電算資源的量子力學計算方法。以下以一個簡化的 Suzuki 耦合反應 (Suzuki cross-coupling reaction) 的反應機制為例。

下圖是利用不同**雙牙配位基**（diimine 及 diphosphine）來進行 Suzuki 耦合反應 (Suzuki cross-coupling reaction) 機制所計算出來的反應座標能量圖。不同的雙牙配位基造成不同的能量高低的反應途徑。一般化學家選擇能量較低的反應途徑視爲可行。若反應途徑能量都很高，則認爲反應不易進行。

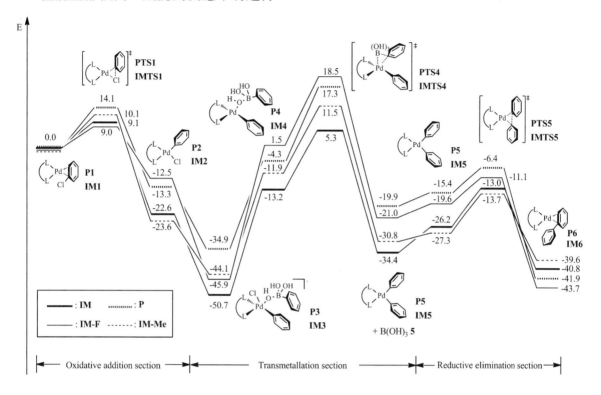

62.

在金屬錯合物中定義共生 (Symbiosis) 的概念。

Define the concept of "Symbiosis" in metal complex.

答： 在正八面體 (O_h) 金屬錯合物上配位基傾向同時爲 hard 或同時爲 soft 的效應。或是加入 hard 的配位基使金屬錯合物的中心金屬更 hard，越喜歡接受 hard 的配位基。共生的概念在**平面四邊形** (square planar) 化合物常常無法適用，在平面四邊形化合物中比較傾向遵守 π-**軌域競爭** (competition of π-orbitals) 理論，一邊爲強的配位基的對邊則是喜歡接弱的配位基。

63.

定義 Berry 旋轉機制 (Berry's Pseudorotation)。

Describe the idea of "Berry Pseudorotation".

答： 雙三角錐構型 (Trigonal BiPyramidal, TBP) 分子其軸線及三角面上的金屬－配位基的鍵不等長。容易進行 Berry 旋轉機制 (Berry's Pseudorotation)，最後結果是其上之五取代基會互相交換位置，導致最後無法區分彼此。Berry 旋轉機制中間體類似金字塔 (Square Pyramidal, SPY) 構型。

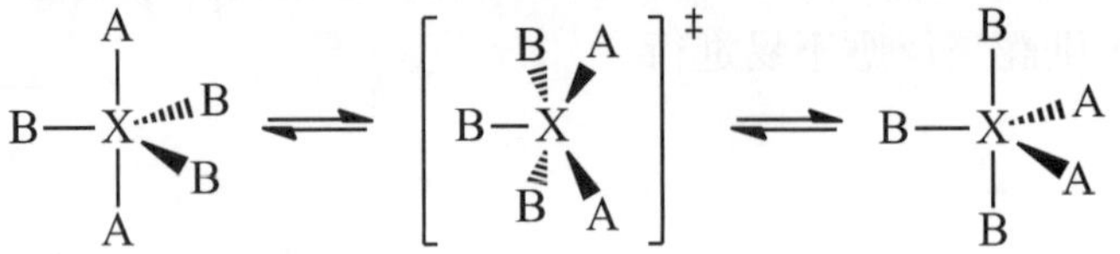

$$B-\overset{\overset{\displaystyle A}{|}}{\underset{\underset{\displaystyle A}{|}}{X}}{\overset{\cdots\cdots B}{\underset{B}{}}} \rightleftharpoons \left[B-X{\overset{\overset{\displaystyle B}{}\overset{A}{}}{\underset{\underset{\displaystyle B}{}A}{}}} \right]^{\ddagger} \rightleftharpoons B-\overset{\overset{\displaystyle B}{|}}{\underset{\underset{\displaystyle B}{|}}{X}}{\overset{\cdots\cdots A}{\underset{A}{}}}$$

64. 請填寫下列兩個反應過程的名稱。[提示：＿＿ 攻擊]

Provide proper names for the following two processes. [Hint: ＿＿ attack]

答：SCN⁻ 是**雙向配位基** (Ambi-dentate ligand)，可以用 S 或 N 去鍵結金屬。上面的情形，外來 Cr 金屬鍵結在 S 上，由於兩被鍵結的金屬比較接近，稱為**近端攻擊** (adjacent attack)。若外來 Cr 金屬鍵結在 N 上，由於兩被鍵結的金屬比較遠，稱為**遠端攻擊** (remote attack)。

$$(HN_3)_5CoSCN^{2+}$$

$$\xrightarrow{+\,Cr^{2+}} \left[\begin{array}{c} (HN_3)_5CoSCr \\ C \\ N \end{array} \right]^{4+} \quad \text{Adjacent attack}$$

$$\xleftarrow[+\,Cr^{2+}]{} \left[(HN_3)_5CoSCNCr \right]^{4+} \quad \text{Remote attack}$$

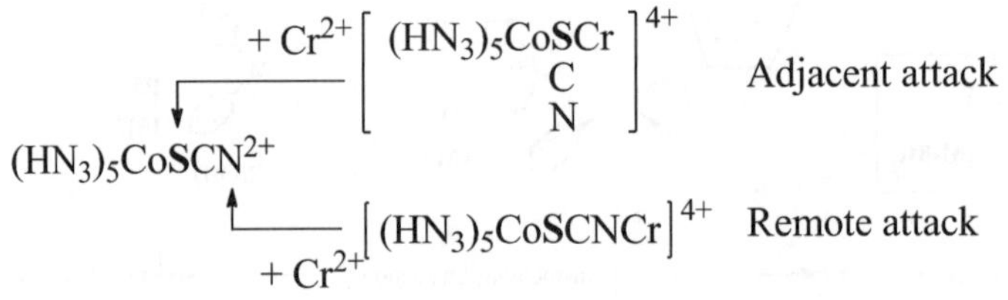

第 **8** 章

配位化合物的應用

「你不會開始認知到基礎研究的應用直到新的發現已經被掌握。在我看來，基礎科學是人類所能追求最美好的東西，不是因為它會導致新的應用，而是因為它導致了新的認知。對我來說，沒有比新的發現能帶給我更大的樂趣。」("With basic research, you don't begin to recognize the applications until the discoveries are in hand," he says. "In my view, basic science is the best thing that mankind pursues—not so much because it leads to new applications but because it leads to new understanding. For me, there's no greater pleasure than the joy of discovery.") ——麻省理工學院榮譽教授凱勒普能 (MIT Professor Emeritus Dan Kleppner)

「催化劑猶如添加一點魔力在化學反應上。」(A catalyst is like adding a bit of magic to a chemical reaction.) ——化工雜誌 (Chemical Engineering Magazine)

本章重點摘要

 8.1 無機反應機制研究的挑戰

大部份的無機反應的中心在「金屬」原子上，金屬原子除了具有 s 及 p 軌域外也可能具有 d 或 f 軌域，變化較為繁複。而且每個金屬原子都不一樣，其氧化態也不一樣，鍵結的配位基的種類及個數也可能不一樣，種種因素使得化學家對無機反應的反應機制研究上面臨困難重重的挑戰。平心而論，對**無機反應機理** (Mechanism of Inorganic Reaction) 的研究不如對**有機反應機理** (Mechanism of Organic Reaction) 研究那麼有系統化。這是因為研究對象複雜程度不同而造成的結果。

 8.2 無機化合物當催化劑的基本反應形式

常見的無機化合物（包括**配位化合物**及**有機金屬化合物**等等）的基本反應形式大致上分為**氧化加成** (Oxidative Addition)、**還原脫離** (Reductive Elimination)、**插入** (Insertion)、

脫離 (Elimination)、抽取 (Abstraction)、轉移 (Migration)、親電子攻擊反應 (Electrophilic Attack)、親核性攻擊反應 (Nucleophilic Attack)、環化反應 (Cyclization)、異構化 (Isomeriza-tion)、耦合 (Coupling) 及交換 (Metathesis) 等等步驟。

 ## 8.3 常見的催化反應

以下針對常見的催化反應以時間序方式排列來加以一一介紹。有些反應剛開發時間可能很早，但真正到成熟應用的時間通常會延後一些時日。

8.3.1 費雪-特羅普希反應 (Fischer-Tropsch Reaction) –1925 年

由於擔心原油儲量日益減少，化學家近來對將煤碳 (Coal) 轉變成碳氫化合物（包括氣態碳氫化合物及液態汽油）的**費雪-特羅普希反應** (Fischer-Tropsch, FT) 方法又開始有了濃厚的興趣。此法由德國人**費雪** (Fischer) 和**特羅普希** (Tropsch) 於早期（1920 年代）開發出來。他們首先將煤碳 (Coal) 在高溫水蒸汽 (H_2O) 下反應，生成 1:1 比例的 H_2 和 CO，即俗稱的**水煤氣** (Water Gas)。最後再將含 H_2 量提高的水煤氣藉助含金屬之觸媒的催化，將之轉換成碳氫化合物。在工業界是以**非均相催化反應** (Heterogeneous Catalysis) 的方式來進行大量生產。一般認為小分子如 H_2 和 CO 在固態催化劑的表面上先形成鍵結，經由分子化學鍵斷鍵及斷裂的分子碎片重新組合，最後產生碳氫化合物（**圖 8-1**）。由於該反應牽涉需要斷鍵的化學鍵（H-H 及 C≡O）的鍵能都很高，反應不只需要在高溫下進行，也要藉助於催化劑的金屬表面和小分子作用。費雪-特羅普希反應得到的產物碳數可以從 n = 1 到 35。在最佳化的條件下會有約 40% 產率左右的汽油成分 (n = 5~11) 生成。目前，化學家及工業界的努力方向是如何找出更有效率的催化劑使上述反應步驟能更經濟且能減少對環境的汙染。

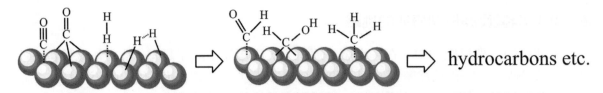

圖 8-1 小分子 H_2 和 CO 在固態催化劑的表面上被催化成碳氫化合物示意圖。

8.3.2 尼龍-66 的前驅物己二酸 (Adipic acid) 的製造 – 1935 年

尼龍-66(Nylon-66) 是用量很大的聚合物，由美國杜邦公司的化學家**卡羅瑟斯** (Wallace H. Carothers) 於 1935 年所發明，並正式以**尼龍** (Nylon) 名稱在 1938 年對外上市。尼龍-66(Nylon-66) 是由**己二酸** (Adipic Acid) 和**己二胺** (Hexane-1,6-diamine) 脫水聚合而成（**圖 8-2**）。其中原料己二酸是從**丁二烯** (CH_2=CH-CH=CH_2) 經由含有配位基的零價鎳 Ni(0) 錯合物催化，反應先產生**己二氰** (CN$(CH_2)_4$CN) 再經由水解而得。

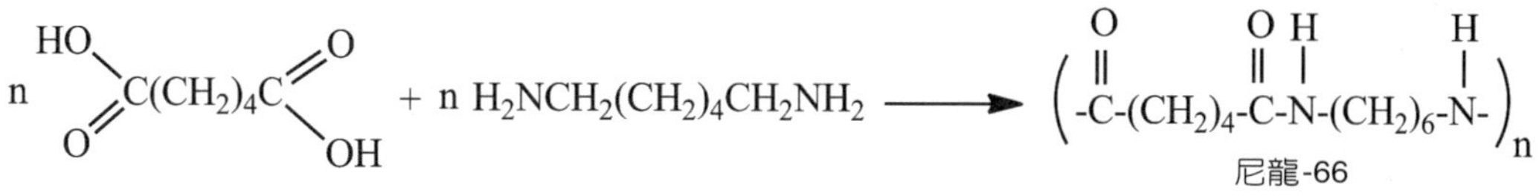

$$n\ \underset{O}{\overset{HO}{\underset{\parallel}{\parallel}}}C(CH_2)_4\overset{O}{\underset{OH}{\overset{\parallel}{C}}} + n\ H_2NCH_2(CH_2)_4CH_2NH_2 \longrightarrow \left(\overset{O}{\underset{\parallel}{-C}}-(CH_2)_4-\overset{O}{\underset{\parallel}{C}}-\overset{H}{\underset{\mid}{N}}-(CH_2)_6-\overset{H}{\underset{\mid}{N}}-\right)_n$$

尼龍-66

圖 8-2　由己二酸和己二胺脫水聚合而成尼龍-66。

8.3.3　氫醯化反應 (Hydroformylation, Oxo-Reaction, Roelen Reaction) – 1938 年

氫醯化反應是藉由催化劑（早期以鈷金屬化合物為主）的催化將烯類化合物和**水煤氣** (Water Gas, $H_2/CO=1/1$) 產生醛類化合物的反應，因為加入 CO 的緣故，這個醛類產物比原來的烯類多一個碳數（**圖 8-3**）。這個反應為**德國**人 Roelen 所開發，故早期稱為 **Roelen 反應**。後來又被稱為 **Oxo-反應**；目前則通稱為**氫醯化反應** (Hydroformylation Reaction)。這個催化反應早期以比較便宜的鈷金屬化合物為主，後來工業界換成以銠金屬化合物為催化劑，主要是著眼在反應速率的要求，銠金屬催化劑的效率比鈷金屬高很多。理論上，這反應產物會有直鏈及支鏈的異構物，但可藉由改變銠金屬上配位基的立障變大因素減少支鍊產物，而得到更大比例的直鏈產物。

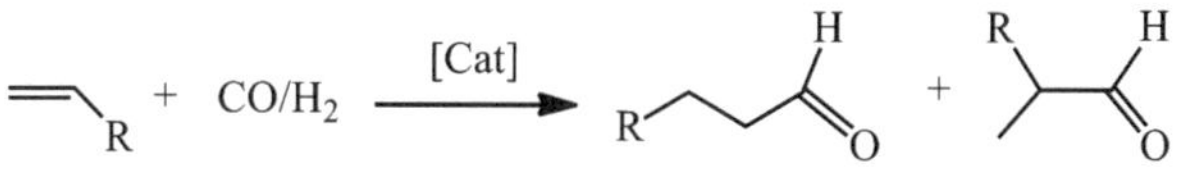

$$\overset{}{\underset{R}{=\!=}} + CO/H_2 \xrightarrow{\text{[Cat]}} R\overset{H}{\underset{O}{\diagup\!\!\diagdown}} + \overset{R}{\underset{O}{\diagup\!\!\diagdown}}\overset{H}{}$$

圖 8-3　以銠或鈷金屬化合物為觸媒的氫醯化反應。

氫醯化反應的反應機制在 1960 年代由 Breslow 和 Heck 推導出，是早期有關催化反應機制的經典之作（**圖 8-4**）。這反應機制包括了幾個非常基本的金屬催化反應步驟：如**配位** (Coordination)、**加成** (Addition)、**插入** (Insertion)、**轉移** (Migration)、**脫去** (Elimination) 等等基本步驟。

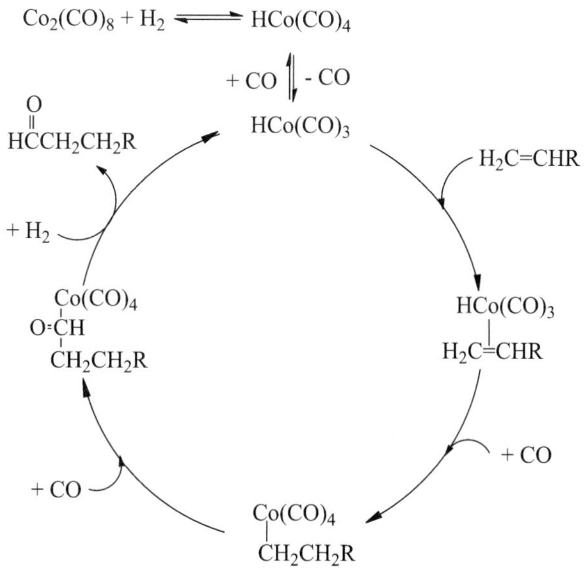

$$Co_2(CO)_8 + H_2 \rightleftharpoons HCo(CO)_4$$

$$+CO \big\Updownarrow -CO$$

$$HCo(CO)_3$$

$H_2C=CHR$

$$HCo(CO)_3$$
$$H_2C=CHR$$

$+CO$

$$Co(CO)_4$$
$$CH_2CH_2R$$

$+CO$

$$\underset{CH_2CH_2R}{\overset{Co(CO)_4}{O\text{-}CH}}$$

$+H_2$

$$\overset{O}{\overset{\parallel}{HC}}CH_2CH_2R$$

圖 8-4　以 $Co_2(CO)_8$ 為觸媒的氫醯化反應機制。

8.3.4 齊格勒-納塔反應 (Ziegler-Natta Reaction) – 1956 年

市面上聚合物製品包羅萬象，幾乎和現代人類社會的日常生活分不開。而談到聚合物化學就必須提到於 1950 年代發展的**齊格勒-納塔反應** (Ziegler-Natta Reaction)。剛開始，德國科學家**齊格勒**利用**四氯化鈦或三氯化鈦**（$TiCl_4$ 或 $TiCl_3$）和**三乙基鋁** $(Al(C_2H_5)_3)$ 的混合物當催化劑，將乙烯聚合成**聚乙烯**。隨後，義大利科學家**納塔**將此法應用於合成聚合丙烯。這兩位科學家於 1963 年同時獲頒諾貝爾化學獎。得獎理由是對聚合物化學的重大貢獻。

聚合反應的中間產物或產物為黏稠狀，很難鑑定，因此**齊格勒-納塔**聚合乙烯反應過程猜測的反應機制如下（**圖 8-5**）。首先，催化劑前驅物**四氯化鈦或三氯化鈦**（$TiCl_4$ 或 $TiCl_3$）和**三乙基鋁** $(Al(C_2H_5)_3)$ 混合產生含 Ti-R(R = C_2H_5) 鍵的中間物。接著，乙烯單體可與此含 Ti-R 鍵的中間物形成 π-鍵結形式的配位化合物。然後，進行乙烯單體插入反應，形成 σ-形式的鍵結，使烷基碳鏈增加二個碳單位。如此步驟一再重複，由預先設定的碳鏈長度到達時即中止反應。藉由**齊格勒-納塔**反應法所得的聚乙烯有較大密度及強度。其他有各式各樣取代基的烯屬烴的聚合方式都大略相同。

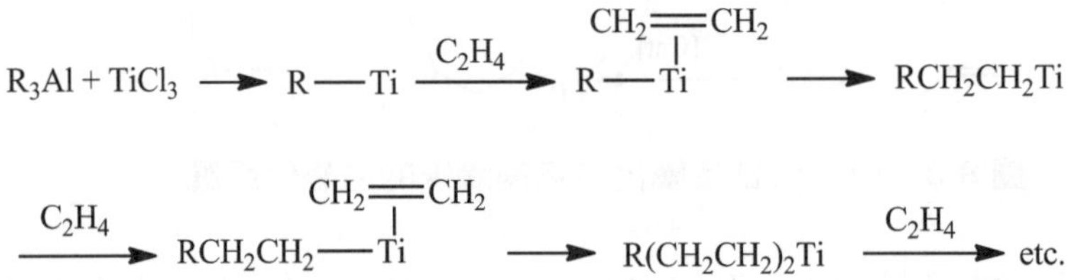

$$R_3Al + TiCl_3 \longrightarrow R\!-\!Ti \xrightarrow{C_2H_4} R\!-\!Ti \longrightarrow RCH_2CH_2Ti$$

$$\xrightarrow{C_2H_4} RCH_2CH_2\!-\!Ti \longrightarrow R(CH_2CH_2)_2Ti \xrightarrow{C_2H_4} etc.$$

圖 8-5 齊格勒-納塔反應催化劑於乙烯聚合反應中的可能進行的機制。

當烯屬烴上有取代基時，其聚合後產物可能因取代基方位選擇不同方式而造成不規則聚合的情形，有時候會影響聚合物材質的物性。化學家曾將可能當催化劑前驅物的**四氯化鈦或三氯化鈦**（$TiCl_4$ 或 $TiCl_3$）修改成 Cp_2TiCl_2，由於 Cp 基團具有更大立體障礙的關係，產物方位選擇性變高，規則鏈狀產物的機率增加，聚合物具有更好的物性（**圖 8-6**）。藉著改變配位基的形態，化學家把鈦金屬化合物 Cp_2TiCl_2 當成改良形式的**齊格勒-納塔** (Ziegler-Natta) 反應催化劑。

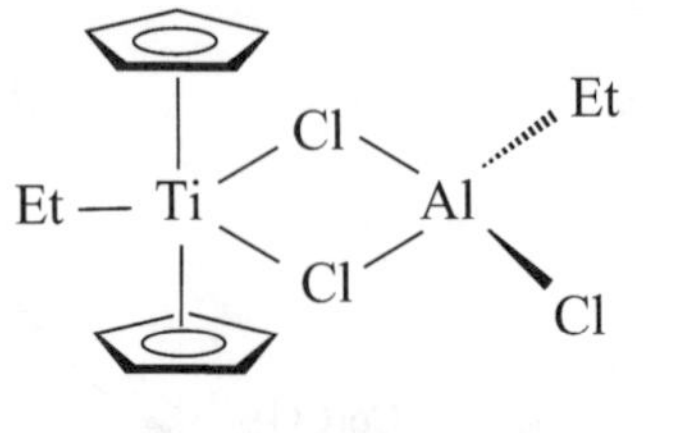

圖 8-6 改良形的齊格勒-納塔反應催化劑前驅物。

8.3.5 Wacker 烯屬烴氧化反應 (Wacker Process, Hoechst-Wacker Process) – 1956 年

　　把烯類轉化成醛類除上述的**氫醯化反應**外，另一個方法是使用 Wacker 公司的**烯屬烴氧化反應**步驟。兩者在產物的差別是氫醯化反應醛類產物比原來的烯類多一個碳數，而 **Wacker 烯屬烴氧化反應**碳數並沒有增加。Wacker 公司的**烯屬烴氧化反應**步驟使用的催化劑前驅物是二價的鈀 (Pd(II)) 和一價的銅 (Cu(I)) 的混合物 $PdCl_2/CuCl$（**圖 8-7**）。此法於 1950 年代後期成為工業界上第一個使用 Pd 於大量生產工業產品的反應。

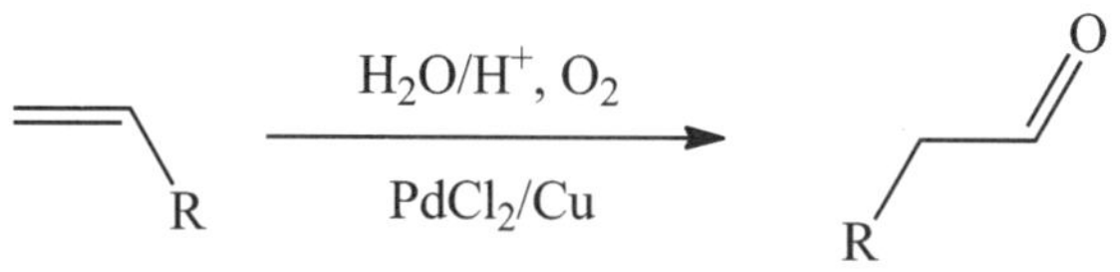

圖 8-7　以鈀金屬化合物為觸媒的 Wacker 烯屬烴氧化反應。

8.3.6 氫化反應使用 Wilkinson 催化劑 (Hydrogenation by Wilkinson's catalyst) – 1966 年

　　氫化反應 (Hydrogenation Reaction) 是指將烯類（或炔類）在經由觸媒的催化下將氫氣加入使其轉變成烷類的反應（**圖 8-8**）。氫化反應不只在學術研究上是重要的方法，在工業生產上，特別是在食品及藥物化學工業，更是年產值很驚人的重要反應。在食品化學工業上，歐美家庭早餐常吃吐司，塗在上面的**乳瑪琳** (Margarine) 就是由不飽和植物油經由**氫化反應**而來的。在藥物化學工業上，目前有很多重要的藥物合成使用**不對稱氫化反應**的技術來合成重要中間體。

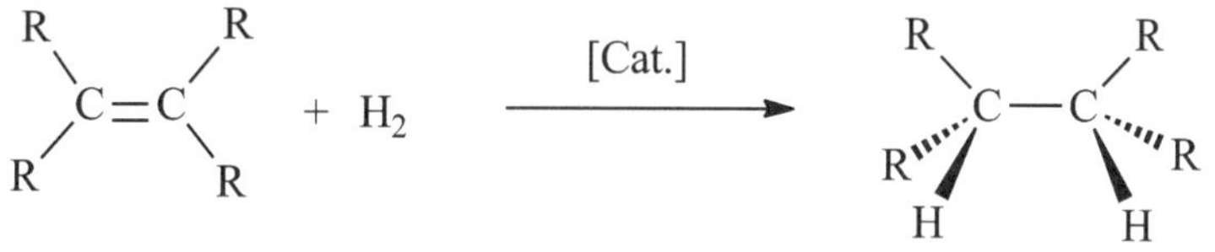

圖 8-8　經由觸媒的催化將不飽和烴加入氫氣轉變成飽和烴。

　　氫化催化反應循環機制比**氫醯化反應**簡單（**圖 8-9**）。在含銠金屬觸媒的存在下，氫氣先和觸媒進行**氧化加成**步驟，然後不飽和烴再配位上來，接著再進行**插入反應**步驟，最後是進行**還原離去**步驟，即形成產物及活性銠金屬催化劑，接著繼續下一次循環。含銠金屬 $RhCl(PPh_3)_3$ 可能是被研究最多的均相**氫化反應**的催化劑，一般稱為**威金森催化劑** (Wilkinson's Catalyst)。

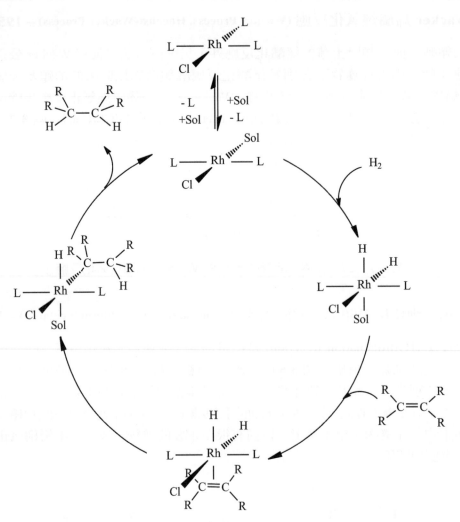

圖 8-9 被一般研究者接受的以威金森催化劑為觸媒的氫化反應循環。

　　氫化反應在藥物化學工業上最重要的應用是利用**不對稱氫化反應**的技術，來合成重要的且具有**光學活性**的藥物中間體或產品。主要原因爲生物體內的有機化合物幾乎都是具有**光學活性**的分子。當藥物進到生物體內和這些具有光學活性的分子作用時，本身必須有正確的光學活性構型，否則容易產生嚴重的副作用如**沙利竇邁事件**。上述的氫化反應因爲**威金森催化劑**本身不具光學活性，在氫化過程中產物烷類不具光學活性。化學家利用具有**光學活性的配位基** (Chiral Ligand) 結合金屬將威金森催化劑修飾成爲具有光學活性的催化劑，因而具有使被催化後之有機烷類成爲具有光學活性分子的能力。這種合成方法稱爲**不對稱合成** (Asymmetric Synthesis)。

8.3.7 孟山都 (Monsanto) 醋酸合成反應步驟 (Monsanto Acetic Acid Process) – 1966 年

　　所謂一**碳化學** (C$_1$ Chemistry) 在工業上運用的第一個重要例子是由**孟山都** (Monsanto) 公司所開發從**甲醇** (CH$_3$OH) 來合成**醋酸** (CH$_3$COOH) 的反應。一碳化學是指工業上利用自然界儲量極豐的煤或含一個碳（如 CH_4、CO、CO/H_2O 等等）的大宗原料將其轉化成多碳有機化合物的工業製程。**孟山都醋酸合成反應**步驟 (Monsanto Acetic Acid Process) 是利用由**費雪-特羅普希反應**得來的**甲醇** (CH_3OH) 及由**水煤氣** (CO/H_2O) 得來的**一氧化碳** (CO) 經催化合成醋酸或**醋酸酐**（圖 **8-10**）。此反應步驟中使用腐蝕性強的氫碘酸 (HI)，不利於一般鐵製反應容器，使用內襯鐵弗龍的鋼製反應容器可避免鐵製反應容器被腐蝕的困擾。

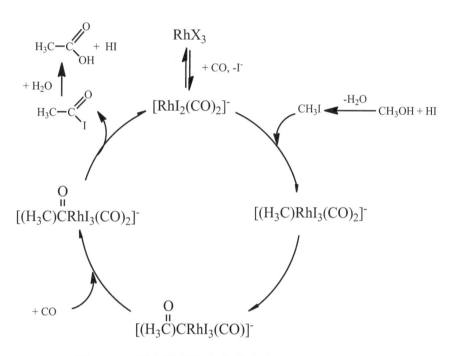

圖 8-10　孟山都公司合成醋酸的循環反應圖。

8.3.8　殼牌高烯屬烴合成反應 (Shell Higher Olefins Process, SHOP) – 1968 年

　　Shell 高烯屬烴合成反應 (Shell Higher Olefins Process, SHOP) 是**殼牌** (Shell) 公司所開發的有名反應（圖 **8-11**）。它利用以過渡金屬錯合物**氧化鉬** (MoO_3) 和**鈷**的混合物將其吸附在**氧化鋁** (Al_2O_3) 上的固體物質當觸媒，將一長一短的烯屬烴經由互相交換得到適當長鏈的烯屬烴。通常是經由**非均相催化**方式將 C4-C10 的烯屬烴和含二十個碳左右 (C20+) 的烯屬烴，經由互相交換得到約含十三個碳左右 (C13+) 的烯屬烴。合成出的烯屬烴為製造清潔劑的重要起始物。此催化反應通常在 80-140℃ 及 13 大氣壓下進行。催化劑可以藉由蒸餾方式和產物分離。此反應可視為**烯烴複分解反應** (Olefin Metathesis) 類型中的一種。

$$(CH_3)CH \atop (CH_3)CH \quad + \quad HC(C_{10}H_{21}) \atop HC(C_{10}H_{21}) \quad \Longleftrightarrow \quad 2\ CH_3CH{=}CHC_{10}H_{21}$$

圖 8-11　Shell 高烯屬烴合成反應將長短的烯屬烴催化得到適當鏈長的烯屬烴。

8.3.9　複分解反應 (Olefin Metathesis) – 1970 年代

有些碳鏈太長的不飽和烴不能當汽油，其利用價值不高，化學家藉由**複分解反應** (Metathesis) 將其碳鏈長度改變爲有利用價值鏈長的不飽和烴。它是一種藉由金屬催化劑的協助下，將一長碳鏈及一短碳鏈的不飽和烴重新組合成合適鏈長的重要反應。如果不飽和烴是烯烴類則稱此反應爲**烯烴複分解反應** (Olefin Metathesis)，在工業上烯烴複分解反應是一種重要的技術（**圖 8-12**）。

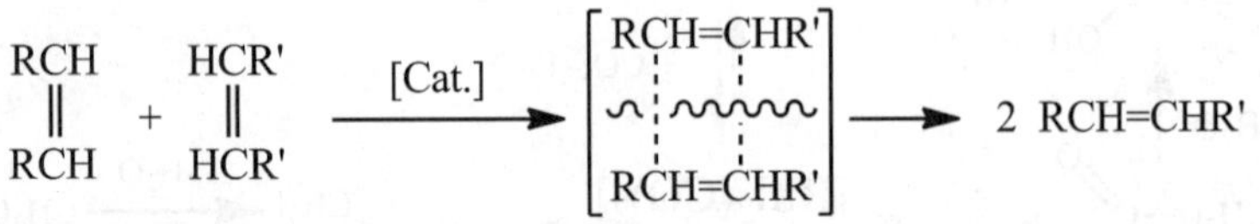

$$\begin{matrix} RCH \\ \| \\ RCH \end{matrix} + \begin{matrix} HCR' \\ \| \\ HCR' \end{matrix} \xrightarrow{[Cat.]} \left[\begin{matrix} RCH=CHR' \\ \\ RCH=CHR' \end{matrix}\right] \longrightarrow 2\ RCH=CHR'$$

圖 8-12　藉由金屬催化劑的催化改變兩鏈長不一的不飽和烴烯到合適鏈長。

8.3.10　美孚石油公司甲醇轉換成汽油反應 (Mobil Oil process: From Methanol to Gasoline, MTG) – 1970 年代

1970 年代曾爆發幾次以 – 阿中東戰爭。戰後，阿拉伯國家對全世界西方國家或和西方國家友善的國家發動石油禁運，因而引發首次全球能源危機。當時各國領袖開始意識到尋求石油以外的代替能量是攸關國家生存發展的重要課題，因而投入大量人力物力尋求其它的可能的代替能量方法。科學家所提出若干解決能源危機的辦法之一是從農作物製成生質能源。但是基於種種原因的考量，特別是糧食排擠作用，目前最可行的方法是從煤或氣態碳氫化合物（如甲烷）中將其轉換成液態碳氫化合物（汽油等等），及將小分子量的氣態碳氫化合物轉換成適當碳鏈長度的液態碳氫化合物 (From Gas To Liquid, GTL) 供汽車當燃料。

美孚石油公司在 1970 年代早期開發一種將甲醇轉換成汽油的反應。剛開始是將天然氣（主要成分爲甲烷）先轉換爲水煤氣 (CO/H$_2$, syngas)，在一種沸石催化劑 (ZSM-5) 的催化下再轉換爲甲醇，最後將甲醇轉換成液態碳氫化合物。

8.3.11　包生-韓德反應 (Pauson-Khand Reaction, PKR) – 1977 年

環戊烯酮 (Cyclopentenone) 是重要的酮類化合物。化學家藉著含金屬催化劑如 Co$_2$(CO)$_8$ 的催化將烯類、炔類及一氧化碳進行 [2+2+1] 的環加成反應得到**環戊烯酮**，此方法一般稱爲**包生-韓德反應** (Pauson-Khand Reaction，PKR)（**圖 8-13**）。此分子間 (Intermolecular) 的包生-韓德反應方法大約從 1970 年代初期開始發展，後來研究慢慢轉移到分子內 (Intramolecular) 的包生-韓德反應，近來則轉移到**不對稱** (Asymmetric) 合成形態。包生-韓德反應除了產生環戊烯酮外，還可能生成其它多種副產物。

圖 8-13　以 $Co_2(CO)_8$ 為觸媒的包生-韓德反應。

　　包生-韓德反應的完整反應機制是早期有關雙金屬化合物催化的少數例子之一（圖 8-14）。反應機制顯示第一步是炔類和雙鈷化物先形成架橋似結構的雙金屬化合物 (μ_2, η^2-alkyne)$Co_2(CO)_6$。接著，烯類先配位到其中之一個金屬上，再藉著**插入反應** (Insertion) 和炔類連結形成**金屬環化物** (Metallacycle)。然後，一氧化碳先配位到金屬上再藉著插入反應嵌入環中。最後，藉由脫去反應將金屬基團移出，而得到**環戊烯酮** (Cyclopentenone) 的有機產物。如果，反應中烯類、炔類是分別從不同分子而來，為**分子間**的包生-韓德反應。烯基及炔基如果由相同分子而來，是為**分子內**的包生-韓德反應。後者反應方式近年來為化學家所青睞，因為可能由此法合成出含多環有機物，或是雜環有機物。

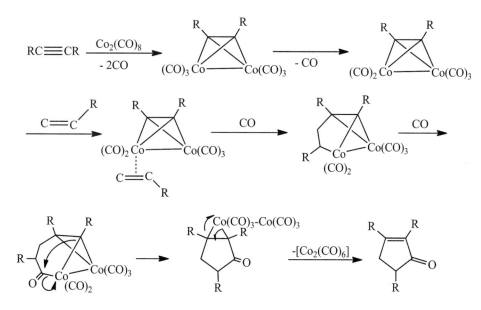

圖 8-14　以雙金屬化合物 $Co_2(CO)_8$ 為觸媒的包生-韓德反應機制。

8.3.12　交叉耦合反應 (Cross-coupling reactions) – 1970 年代

　　化學合成反應的重點之一在形成新的化學鍵，特別是形成 C-C 鍵或 C-X 鍵（X 為異核原子）。**耦合反應** (Coupling reactions) 為目前很熱門的催化反應類型之一。其定義是「將兩個化合物基團，借助催化反應方法，結合成一個新分子的反應。」**耦合反應**又可細分為**自身耦合反應** (Homo-coupling Reaction) 和**交叉耦合反應** (Cross-coupling Reaction) 兩類型，後者形成的產物方式比較有意義。一般的耦合反應通常以金屬錯合物（特別是 Pd 金屬）

來當催化劑前驅物。交叉耦合反應的研究在 1970 年代真正進入百家爭鳴時期，使用不同試劑的各種方法不斷出現。反應名稱常以原始開發的化學家來命名（圖 8-15）。

Cross-Coupling Reactions

$$R\text{-}X \; + \; R'\text{-}m \xrightarrow{\;[ML_n]\;} R\text{-}R'$$

[M] = Fe, Ni, Cu, Pd, Rh etc.
L = phosphine, amine etc.
X = I, Br, Cl, OTf etc.
m = Li (Murahashi)
Mg (Kumada-Tamao, Corriu)
B (Suzuki-Miyaura)
Al (Nozaki-Oshima, Negishi)
Zn (Negishi)
Cu (Normant)
Zr (Negishi)
Sn (Migita-Kosugi, Stille)
Si (Tamao-Kumada, Hiyama-Hatanaka)

圖 8-15　常見的耦合反應形態。

交叉耦合反應的種類繁多，反應機制各有不同。比較常見的類型大致上可分為以下幾種。

• Suzuki-Miyaura 耦合反應

首先，談到 **Suzuki-Miyaura 耦合反應**。此反應大概是被研究最多的**耦合反應**形態（圖 **8-16**）。這反應使用**硼酸** ($ArB(OH)_2$) 當起始物及鈀金屬化合物當催化劑，在鹼的環境及適當的溶劑下，有很好的反應性。

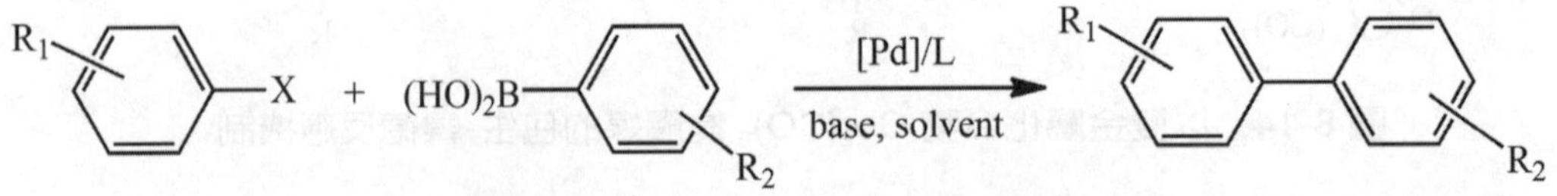

$$R_1\text{—}\!\!\bigcirc\!\!\text{—X} \; + \; (HO)_2B\text{—}\!\!\bigcirc\!\!\text{—}R_2 \xrightarrow[\text{base, solvent}]{[Pd]/L} R_1\text{—}\!\!\bigcirc\!\!\bigcirc\!\!\text{—}R_2$$

圖 8-16　Suzuki-Miyaura 耦合反應。

目前一般研究者所接受的 **Suzuki-Miyaura 耦合反應**機制如下所示（圖 **8-17**）。首先，催化劑前驅物 Pd(II) 先還原成 Pd(0) 活性物種。接著，再芳香族鹵化物 (Aryl Halide) 再和 Pd(0) 進行**氧化加成** (Oxidative Addition) 步驟。接著，鹼和硼酸試劑進行結合後再進行**置換** (Transmetallation) 反應，硼酸上的取代基置換到鈀金屬上。最後，由**還原脫去** (Reductive Elimination) 步驟得到目標產物。

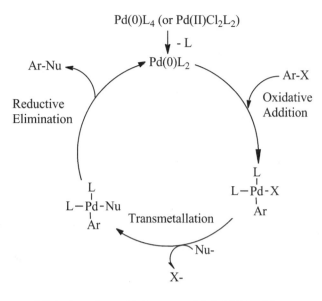

圖 8-17　Suzuki-Miyaura 耦合反應機制。

• Heck 耦合反應

　　Heck 所領導的研究團隊於 1972 年首先發表有名的 **Heck 耦合反應**。Heck 耦合反應通常使用鈀金屬化合物當催化劑，將芳香族鹵化物和烯類在溶劑與鹼的存在下，催化生成以**反式** (*trans*) 為主的烯類產物（**圖 8-18**）。

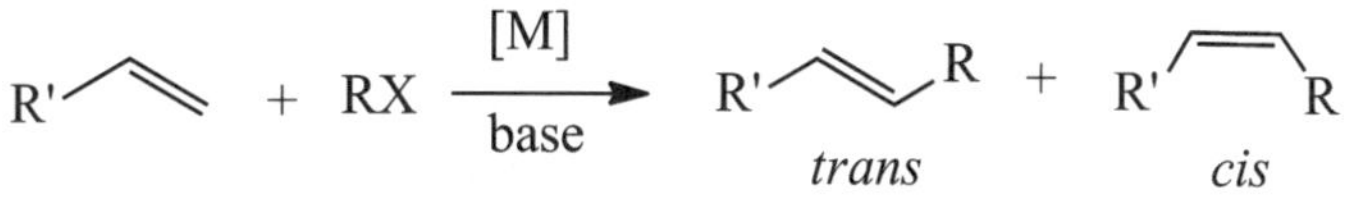

$$R' \diagup + RX \xrightarrow[\text{base}]{[M]} R' \diagup R + R' \diagup R$$
$$\qquad\qquad\qquad\qquad\quad trans \qquad\quad cis$$

圖 8-18　Heck 耦合反應通式。

　　目前一般研究者所接受的 **Heck 反應**機制如下圖所示（**圖 8-19**）。Heck 反應機制和 Suzuki-Miyaura 反應的最大的差別在烯類的雙鍵的**插入** (Insertion) 動作，原則上可以有 α 或是 β 碳進行插入的動作。根據烯類插入位置不同，可得到不同的烯類產物，通常產物會以反式為主。

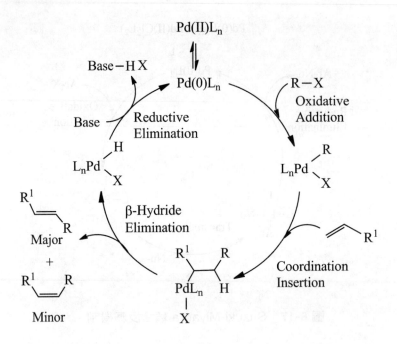

圖 8-19 Heck 耦合反應機制。

• Sonogashira 耦合反應

Sonogashira 耦合反應為將炔類和烷類耦合的反應，為合成具有取代基之炔類最常使用的有效方法（**圖 8-20**）。原來的炔類至少需有一端取代基為氫。

$$R'{-}C{\equiv}C{-}H \ + \ RX \xrightarrow[\text{base}]{\text{[Pd(0)]/[Cu(I)]}} R'{-}C{\equiv}C{-}R$$

X = I, Br, Cl, OTf etc.
R = Ar, alkenyl

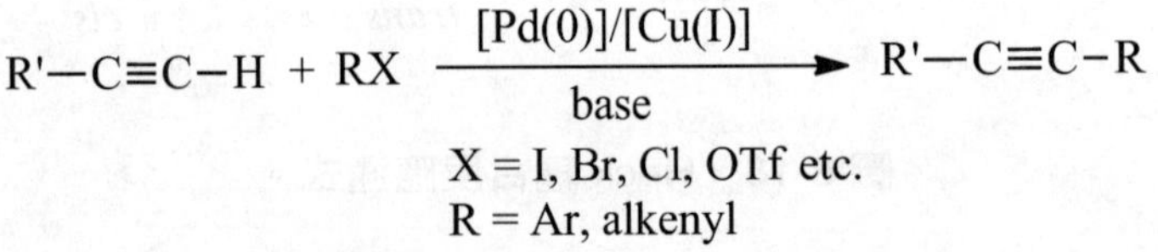

圖 8-20 Sonogashira 耦合反應。

Sonogashira 耦合反應利用鈀金屬 Pd(0) 為主要催化劑輔佐以 Cu(I) 做為共催化劑，為幾個循環機制環環相扣而成，如下圖所示（**圖 8-21**）。

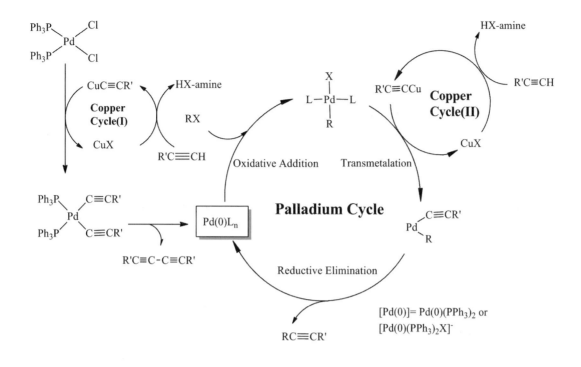

圖 8-21　Sonogashira 耦合反應機制。

- Neigishi 耦合反應

　　Negishi 耦合反應使用含鋅 (Zn) 的有機金屬化合物為起始物，比 Kumada 使用含鎂 (Mg) 的有機金屬化合物要來得穩定，效率更高（**圖 8-22**）。

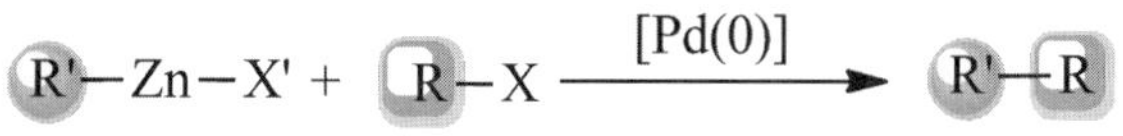

$$R'-Zn-X' + R-X \xrightarrow{[Pd(0)]} R'-R$$

圖 8-22　Negishi 耦合反應通式。

　　目前一般研究者所接受的 **Negishi 耦合反應**機制如下圖所示（**圖 8-23**）。Negishi 耦合反應機制較為簡單，就是由**氧化加成、交換反應**及**還原脫離**等步驟組合而成。Suzuki、Heck 和 Negishi 等三名學者共同獲得 2010 年諾貝爾化學獎。

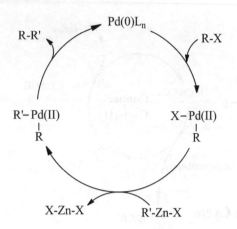

圖 8-23 Negishi 耦合反應機制。

• Amination 反應

　　胺化反應 (Amination reaction) 是少數的 C-X 鍵（X 為異核原子，在這裡是 N）耦合的例子之一。胺化反應是將苯環接到胺上合成苯胺的合成方法。即將鹵化苯環類和二級胺類在 Pd 催化劑的催化下形成苯胺。現代胺化反應發展的兩位重要人物分別是 Buchwald 和 Hartwig。有時候，化學家將 ArX 及 HNR₂ 在催化劑存在下直接催化成 ArNR₂ 的反應稱為 **Hartwig-Buchwald 胺化反應** (Hartwig-Buchwald Amination Reaction)（**圖 8-24**）。

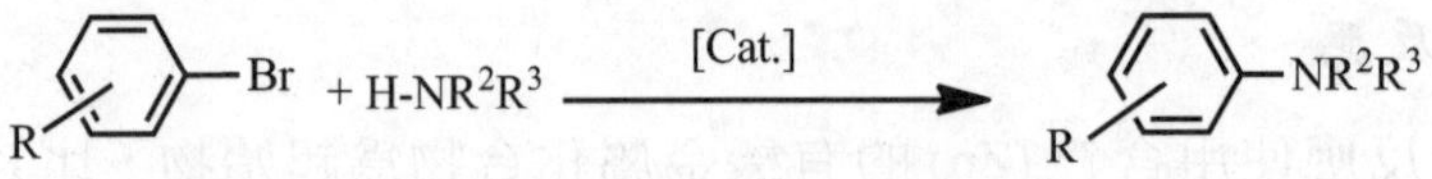

圖 8-24 胺化反應 (Amination reaction) 通式。

　　目前一般研究者所接受的 Hartwig-Buchwald 胺化反應機制如下圖所示（**圖 8-25**）。

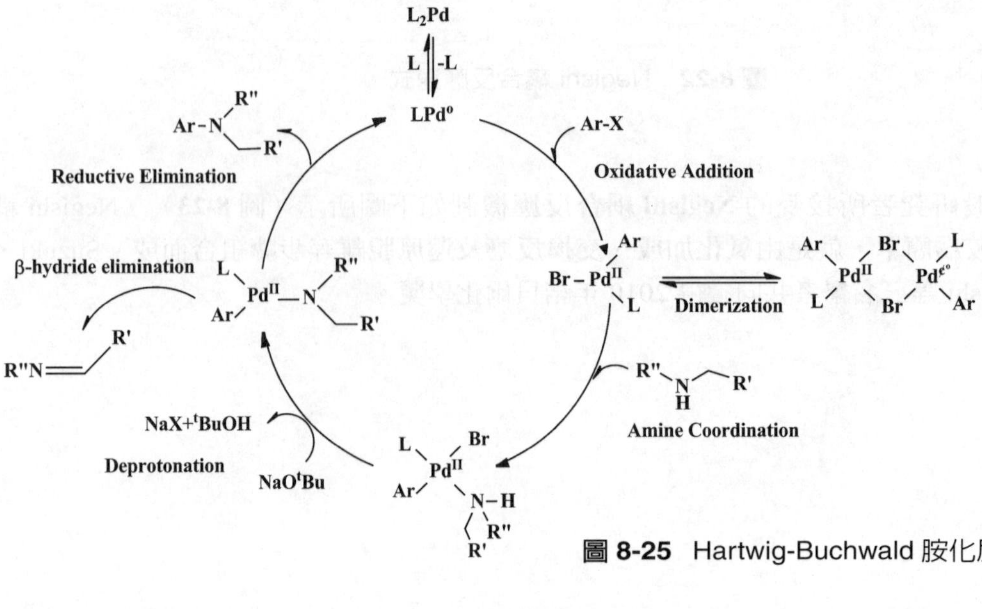

圖 8-25 Hartwig-Buchwald 胺化反應的機制。

8.3.13 多成份反應 (Multiple Component Reactions) – 1990 年代

　　一般對**多成分反應** (Multiple Component Reaction, MCR) 的定義爲由三種（或三種以上）反應物進行結合而形成單一產物的反應。因爲反應牽涉到較多的反應物，所以反應具有較多的變化性，其可應用的範圍比起一般的由兩反應物進行結合的**耦合反應**相對提升許多，如果處理得當可提升其方便性及經濟價值，此爲這類型多成分反應的最大優勢。相對地，也是因爲其反應性較爲複雜，可能因此而導致反應的選擇性變差、副產物變多以及產率降低等等缺點。所以，如何使多成份反應發揮其最大優勢而避開劣勢，是許多化學家致力研究的目標。

　　多成分反應最早可追溯至 1850 年由德國化學家 Adolph Strecker 所提出的 **Strecker 氨基酸合成反應**（圖 **8-26**）。

圖 8-26　Strecker 氨基酸合成反應。

　　1881 年由德國化學家 Hantzsch 將醛 (aldehydes)、β-酮酯 (β-keto esters) 以及氨 (ammonia) 進行結合得出 1,4-Dihydropyridines (1,4-DHP)，後來稱爲 Hantzsch 反應（圖 **8-27**）。

圖 8-27　Hantzsch 反應。

　　另一個**多成分反應**爲 Biginelli 於 1893 年提出後來被稱爲 Biginelli 反應。此反應利用**乙醯乙酸乙酯** (ethyl acetoacetate)、**苯甲醛** (benzaldehyde) 以及**尿素** (urea) 進行結合得出一系列嘧啶的化合物（圖 **8-28**）。

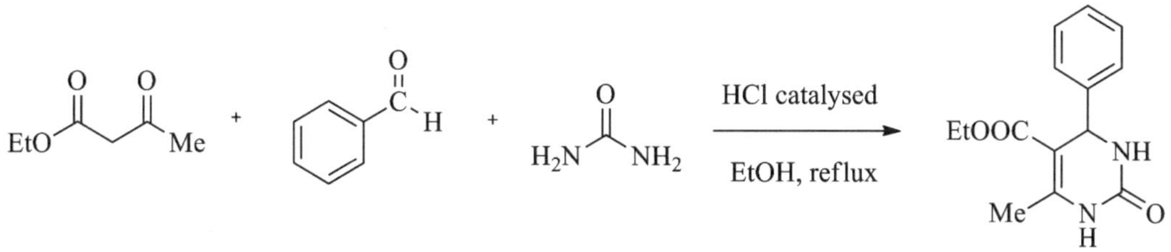

圖 8-28　Biginelli 反應。

Mannich 於 1912 年提出現在稱爲 Mannich 反應的多成分反應方式。一般性的 Mannich 反應則是將亞甲基化合物 (methylene compound)、甲醛 (formaldehyde) 以及胺 (amine) 進行多成分反應結合得出 β-氨基羰基化合物 (β-aminocarbonyl)（如**圖 8-29**）。

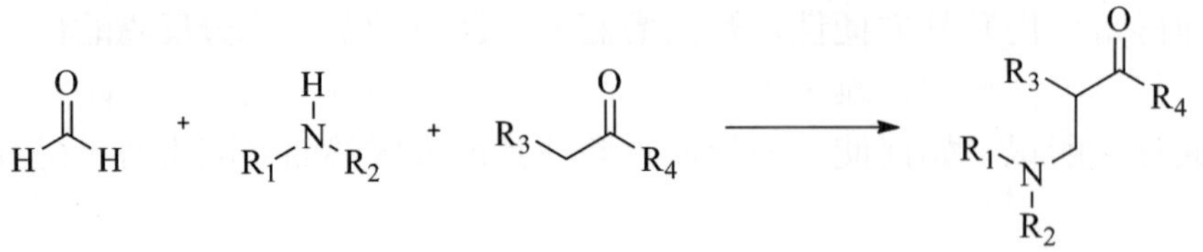

圖 8-29 Mannich 反應。

另一個獨特的**多成分反應**爲 1983 年由義大利化學家 Marta Catellani 提出的反應形態，後來被稱爲 Catellani 反應。這反應機制的特色是利用 norbornene 來當作助催化劑，進行鹵化苯基 *Ortho* 位置的 C-H 鍵活化反應 (C-H Activation)，最後被活化含 Pd 的化合物再進行 Heck 或 Suzuki 形態的耦合反應，進而得到相對應的產物（**圖 8-30**）。

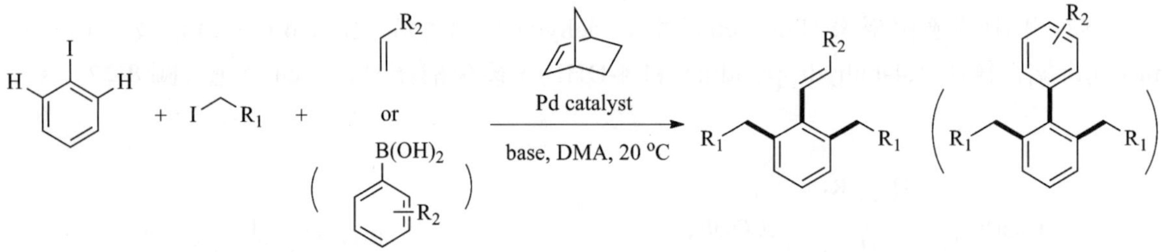

圖 8-30 Catellani 反應。

目前一般研究者所接受的 Catellani 反應機構如下所示（**圖 8-31**）。特別之處在於 norbornene 進行插入在 Pd 和苯環之間的反應，使得 Pd 接近苯環上 *Ortho* 位置的氫，進而容易進行 **C-H 活化反應**。Norbornene 最後會脫去。一般認爲這反應機構進行由 Pd(0) 到 Pd(II) 再到 Pd(IV) 之間循環的催化反應步驟。

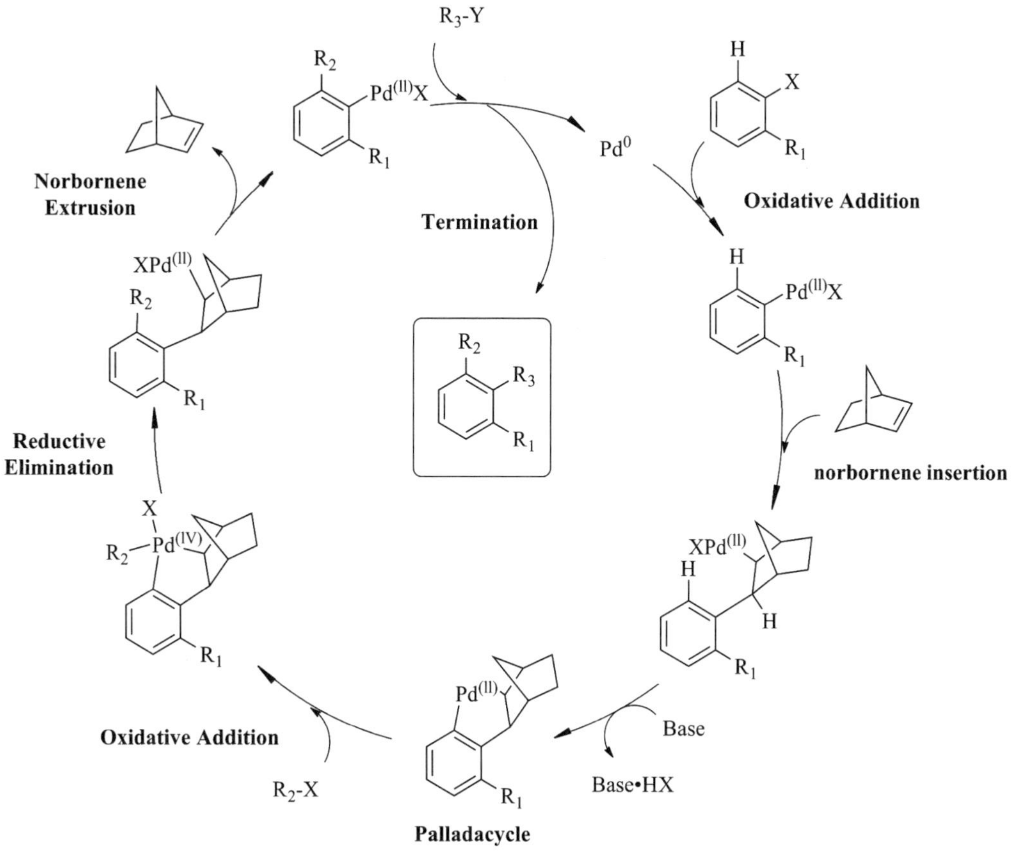

圖 **8-31** Catellani 反應機構。

8.4 配位化合物的其它應用

8.4.1 分子孔洞材料 (Metal-Organic Framework, MOFs)

　　近年來，**雙向配位基** (Ambi-dentate ligand) 在合成上有很多新奇的運用，例如利用雙向配位基來合成孔洞材料。分子孔洞材料最有潛力的應用，是氣體的吸收及儲存，或是小分子在孔洞中的反應。例如將氣體氫分子（原本體積大，莫耳數少）吸附在孔洞材料內，由於吸附在固體上，其體積大幅度地減少，可儲存大莫耳數的氫分子。這些儲存在孔洞材料內的大莫耳數的氫分子，於需要使用時釋出，和氧氣反應而大量放熱。使用氫氣當汽車引擎燃料，可杜絕一般使用汽油當汽車燃料所排放的廢氣污染。分子孔洞材料可由適當選定的**雙（多）向配位基**和金屬結合而成，再由多角狀形成立體狀。有名的 Fujita 多角柱狀即是藉由**自組裝反應**方式所形成。理論上，其孔洞大小可由雙向配位基的長度來調控。參考第四章 4.9 節。

8.4.2 配位化合物奈米材料

　　理論上，只要找到適當的配位化合物就有機會可以組裝成奈米級的材料。如下所示，將具有三方向配位能力的化合物 2,4,6-tri(pyridin-4-yl)-1,3,5-triazine 和平面四邊形的配位化合物 *cis*-MY$_2$X$_2$（X 為易解離配位基）反應，有可能組成奈米級的材料（**圖 8-32**）。

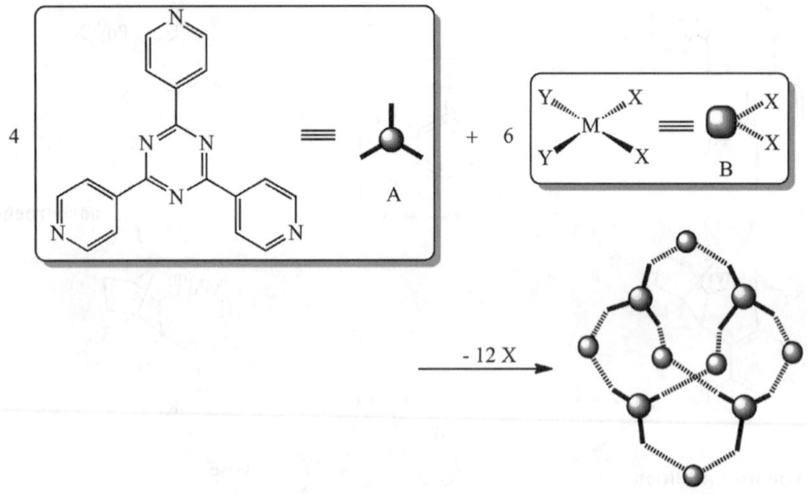

圖 8-32 由兩個適當的配位化合物組裝成奈米級的材料。

8.4.3 生物大分子與太陽能發電

　　由多牙配位基配位金屬離子所形成的生物大分子在生命現象中扮演重要角色。**卟吩** (porphine) 是重要的多牙配位基，為平面且含 4 個氮的 4 牙配位基。血紅素核心架構是卟吩螯合 Fe^{2+} 離子。血紅素 (heme) 是由含取代基的卟吩螯合 Fe^{2+} 而成。運送血液中氧的血紅蛋白 (Hemoglobin) 化合物包含四個這種血紅素組 (heme)。Heme 上的第五個配位是組胺酸 (His) 咪唑 (imidazole) 官能基上的氮原子，第六個位置則是被水或氧分子配位（**圖 8-33**）。

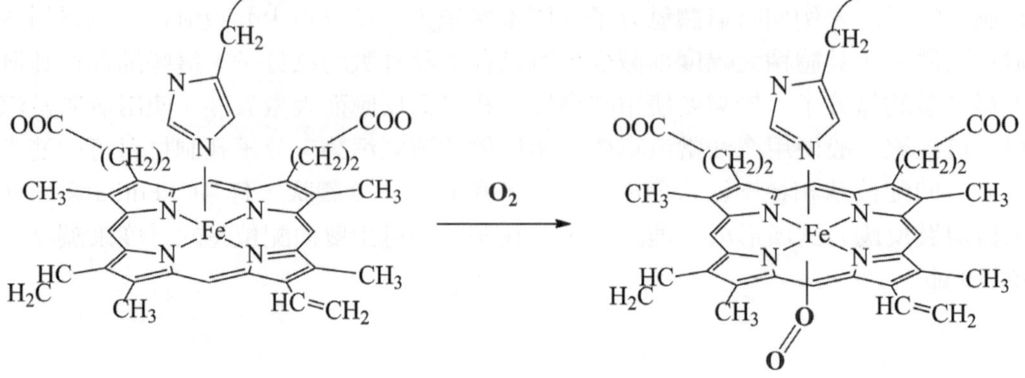

圖 8-33 血紅素的核心架構以第六配位空間結合氧氣。

在光合作用 (photosynthesis) 很重要的葉綠素 (chlorophyll) 的核心架構是**卟啉環**螯合 Mg^{2+} 離子。為典型的大環配位基螯合金屬的配位化合物。葉綠素轉換太陽能的能力令人嘆為觀止。科學家試著以人工合成方法模擬葉綠素的主架構，將 Mg^{2+} 離子置換成其它如 Ru^{2+} 離子等等，希望能達到轉換太陽能成為可用電能的目的。

　　維他命 B_{12} 中心為鈷。被類似**卟啉環**的大環螯合，它的結構在某些部分類似血紅素，環的上下各有一個咪唑 (benzimidazole) 基團及 CN^- 配位（**圖 8-34**）。維生素 B_{12} 治療惡性貧血和其他疾病的中很有用。已知微量金屬如釩 (V)，鉻 (Cr)，錳 (Mn)，鐵 (Fe)，鈷 (Co)，鎳 (Ni)，銅 (Cu)，鋅 (Zn)，鉬 (Mo) 等等在動植物的生理機能中扮演重要角色。

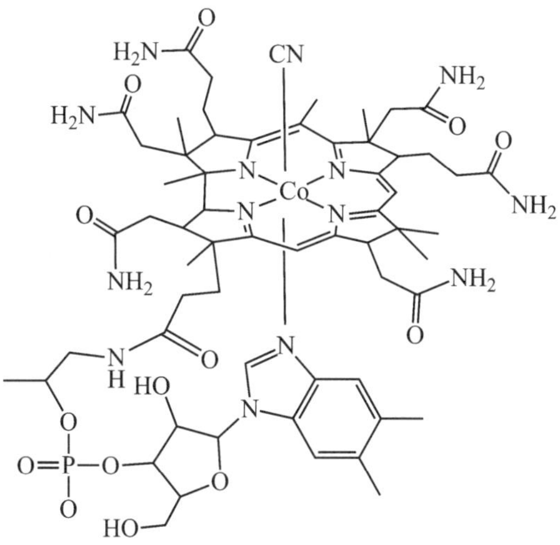

圖 8-34　維他命 B_{12} 核心結構。

　　長久以來工業界將氮氣固定成氨的合成方法都使用**哈柏法**。哈柏法必須在嚴苛的條件下（其中一個條件是 300 atm 及 500℃下）進行反應。自然界某種大豆的根瘤菌裡頭有固氮酵素，此固氮酵素能在常溫及常壓的狀況下 (1 atm, 25℃) 將空氣中的氮氣固定成氨。科學家對此相當有興趣，他們分析了根瘤菌裡頭的固氮酵素，發現它們可能的含金屬基團核心結構如下，當然金屬基團旁邊仍須有很大的蛋白質基團連結才能發揮功用。這些金屬基團核心結構也可視為配位化合物（**圖 8-35**）。

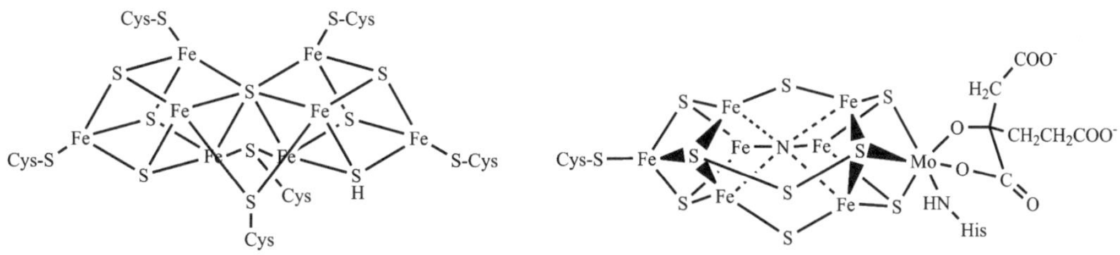

圖 8-35　固氮酵素幾種可能的核心結構。

8.4.4 核磁共振攝影（亦稱磁振造影，magnetic resonance imaging, MRI）顯影劑

近年來，在醫療診斷上核磁共振攝影技術 (MRI) 是相當重要的工具。此種以「非侵入性」的方式爲人體內部器官成像，爲診斷病因帶來莫大福音。核磁共振攝影技術有時候會加入顯影劑，藉以強化影像的清晰度。這些顯影劑常是由具有順磁性的錯合物來組成。下圖爲兩種常見的顯影劑（**圖 8-36**）。

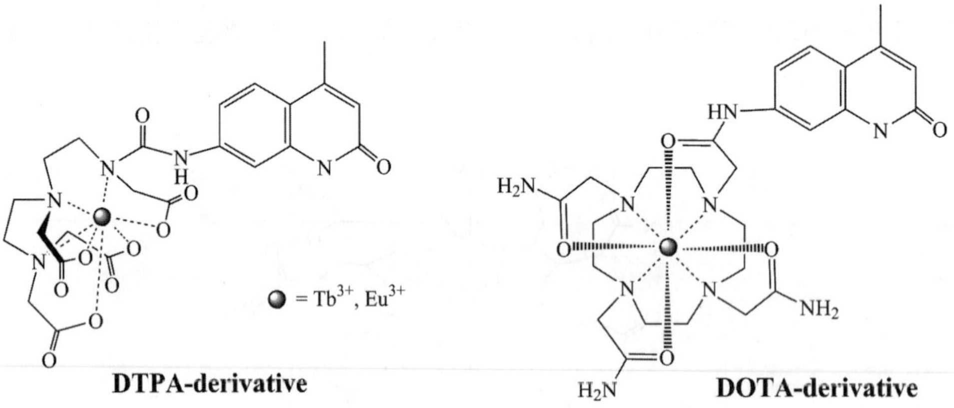

圖 8-36 兩種常見的顯影劑。DTPA = diethylenetriaminepentaacetic acid; DOTA = tetrakis (carboxymethyl-1,4,7,10-tetraazacyclododecane。

🔋 充電站

S8.1　平面四邊形配位化合物當催化劑的好處

　　催化劑在催化反應中的首要任務是讓反應物容易接近先形成某種鍵結形式，接著再進行其他反應。催化劑最好有空間讓反應物容易接近，就是要配位數不飽和。**平面四邊形**配位化合物符合此一條件。另外，催化劑最好要總價電子數不飽和（飽和為 18 個價電子數），平面四邊形配位化合物也符合此一條件，它通常只有 16 個價電子數。所以，以此類型化合物當催化劑是很好的起點。

S8.2　以含早期金屬 (Early Transition Metals) 配位化合物當聚合反應 (Polymerization) 的催化劑

　　通常化學家以含**早期金屬** (Early Transition Metals) 而非**晚期金屬** (Late Transition Metals) 配位化合物來催化烯類或炔類的聚合反應。原因是當烯類（或炔類）和早期金屬錯合物的鍵結比較弱（因缺乏 π-鍵結能力），比較不穩定，繼續往下反應的速度快，容易形成**聚合物** (polymer)。而晚期金屬有比較多的 d 電子可以進行 π-**逆鍵結** (Backbonding)，形成金屬和烯類（或炔類）比較強的鍵結，中間體比較穩定，繼續往下反應的速度慢，容易形成**寡聚物** (oligomer)。**Ziegler-Natta 烯屬烴聚合反應**使用烷化鋁 (AlR_3) 和鹵化鈦（$TiCl_3$ 或 $TiCl_4$）的錯合物為催化劑。正三價的鈦及鋁都沒有 d 電子可以進行**逆鍵結**，金屬和烯類（或炔類）的鍵結弱，容易進行往下的**聚合反應**，因此以此類型催化劑來進行烯屬烴的聚合反應容易形成聚合物（**圖 S8-1**）。

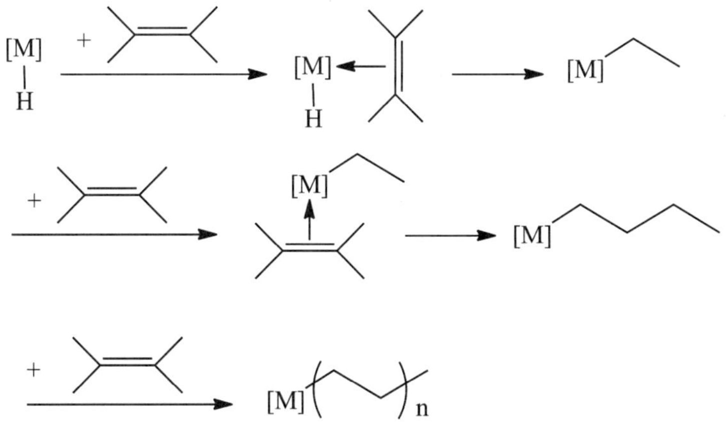

圖 S8-1　以催化劑來催化不飽和烴的聚合反應。

S8.3 以金子做成的飛機

早期聚合反應的研究由**德國人齊格勒** (Karl Ziegler) 拔得頭籌。傳聞**義大利人納塔** (Giulio Natta) 一直想從齊格勒學習聚合反應的一些關鍵技術。有一天，納塔乘坐飛機飛往德國去找齊格勒請教。齊格勒正好不在，他的學生在沒有心理防備下，將正在進行的聚合反應研究技術的細節告知納塔。納塔非常高興地又搭飛機回義大利。此後，義大利的聚合物化學工業在納塔的指導下建立很好的根基，成爲產值很大的工業。因此，有人戲稱納塔乘坐的飛機簡直就是金子做的，太值得了。1963 年諾貝爾化學獎頒給齊格勒及納塔兩人以彰顯他們在聚合物化學的重大貢獻。聽說齊格勒聞訊非常生氣，氣到不想和納塔同臺領獎。在科學界講求原創性的研究，而不是 me too 的研究。被人家叫 copycat 在科學界可不是件光采的事。

S8.4 血液中血紅素的中心金屬是二價鐵，有差嗎？

血紅素的中心金屬是二價鐵 (Fe(II)) 而不是三價鐵 (Fe(III))，若是血紅素的中心金屬是三價鐵 (Fe(III))，當氧氣 (O$_2$) 和三價鐵 (Fe(III)) 結合時，鍵結比較強，如此氧氣被送到微血管末梢時很難解離，氧氣不足，新陳代謝很難進行。若是血紅素的中心金屬是三價鐵 (Fe(III))，血液可能就不是鮮紅色的。

S8.5 耦合反應與諾貝爾化學獎得主硼化學大師布朗的淵源

2010 年諾貝爾化學獎頒發給在催化**耦合反應**領域研究有成的三位有名的學者即：**美國化學家理查‧赫克** (Richard Heck)、美國普渡大學日裔教授**根岸英一** (Ei-ichi Negishi) 及日本北海道大學名譽教授**鈴木章** (Akira Suzuki)。得獎的理由是他們「將鈀催化耦合反應方法應用到有機合成上。(…for palladium-catalyzed cross couplings in organic synthesis.)」**催化耦合反應**有各式各樣的類型，其應用相當廣泛。

其中值得一提的是 **Suzuki-Miyaura 耦合反應**。這反應使用**硼酸** (ArB(OH)$_2$) 當反應物。有些人一聽到**硼化物**直覺上就認爲其具有高爆性並不適合當起始物。其實，**硼酸** (Boric acid) 和一般小分子**硼化物** (Boranes) 不同，硼酸本身的硼已和氧結合成穩定的硼 – 氧鍵（強度大於一般單鍵），不再具有遇氧即爆的特性。且硼 – 苯基的鍵弱，容易斷鍵後反應。選擇使用硼酸當反應物足見**鈴木**的洞察力。

鈴木早年在 1979 年諾貝爾化學獎得主硼化學大師**布朗** (H. C. Brown) 任教的美國印地安那州**普渡大學**化學系當**布朗**的博士後研究員。鈴木選擇硼酸當耦合反應反應物是其來有自。布朗就是有機化學中鼎鼎有名的**硼氫化反應** (Hydroboration) 的發現者。有趣的是另一位與鈴木同年獲得諾貝爾化學獎得主**根岸英一** (Ei-ichi Negishi) 也曾在鈴木之後於布朗實驗室當過博士後研究員。同一個師承的實驗室出過三個諾貝爾化學獎得主應該是絕無僅有的案例。

✏️ 練習題

1. 舉出一些含過渡金屬的配位化合物被應用於催化反應的有名例子。

List some applications of transition metal complexes in industrial or academic.

答：早期最有名的催化反應是 **Ziegler-Natta 聚合反應** (Polymerization) 和**氫醯化反應** (Hydroformylation reaction) 等等。後來有**氫化反應** (Hydrogenation Reaction) 包括**不對稱氫化反應** (Asymmetric Hydrogenation)。最近則有**耦合反應** (Cross-coupling reactions) 等等。請參考本文。

2. 說明 Ziegler-Natta 聚合反應 (Polymerization) 方法的重要性及其衍生問題。

Illustrate the importance of the Ziegler-Natta polymerization reaction process. Also, point out the drawbacks of the extensive usage of products made of polymers.

答：工業界每年由類似 **Ziegler-Natta 聚合反應** (Polymerization) 方法生產無數各式各樣的聚合物供人類各方面的需求。這些俗稱的塑膠製品具有以下優點：1. 材質輕攜帶方便；2. 堅固穩定；3. 容易製造；4. 運送方便；5. 便宜用後既丟等等其它材質無法比擬的特性。現在很難想像有人家裡沒有塑膠製品。然而，塑膠製品問世之後雖然大幅改變人類生活，卻也帶來莫大夢魘。根據統計，現在九成塑膠產自石油，只有不到一成可以回收。每年丟棄塑膠袋，對環境造成極大傷害。近來化學家開發「生物可分解材質」希望能減少對環境傷害。這些「生物可分解材質」以自然界農作物的成分做成聚合物，這些聚合物再作成各式各樣的成品，這些物品可經紫外光或細菌分解成為小碎片，減少對環境危害。

3. 說明費雪-特羅普希反應 (Fischer-Tropsch, FT) 方法的重要性。

Illustrate the importance of the Fischer-Tropsch (FT) reaction process.

答：早期（1920 年代）德國人**費雪** (Fischer) 和**特羅普希** (Tropsch) 開發將煤碳 (Coal) 轉換成碳氫化合物（包括氣態碳氫化合物及液態汽油）的方法稱為**費雪-特羅普希反應** (Fischer-Tropsch, FT)。首先，煤碳在高溫水蒸汽下反應，生成 1:1 比例的 H_2 和 CO，即俗稱的**水煤氣** (Water Gas)。再以含金屬之觸媒催化成碳氫化合物。

由於擔心原油儲量日益減少，學術界及工業界近來對費雪-特羅普希反應 (Fischer-Tropsch, FT) 方法又開始有了濃厚的興趣。希望在日後能利用此法產出足夠的碳氫化合物，以彌補石油短缺。近來，美國開發頁岩油，減輕原油庫存量日益減少的壓力。但頁岩油的開發對環境破壞更爲嚴重，形成經濟發展和環境保護的拉拒。

請解答下述氫化反應 (Hydrogenation) 的相關問題。(a) 定義氫化反應。(b) 繪出 Wilkinson 催化劑 (Wilkinson's Catalyst) 的結構。(c) 氫化反應使用 Wilkinson 催化劑，加氫催化循環如下所示。將 A、B 和 C 空格填入相對應分子。

4. Answer the following questions concerning "Hydrogenation". (a) Define "Hydrogenation reaction". (b) Draw out "Wilkinson's Catalyst". (c) The catalytic cycle for Hydrogenation by using Wilkinson's catalyst is shown below. Fill up all the blank spaces with intermediates **A** and **B**, and product **C**.

答：(a) 氫化反應：對不飽和烴（烯或炔類）添加 H_2，在催化劑作用下催化成飽和烴的反應。(b) **Wilkinson 催化劑** (Wilkinson's Catalyst) 的結構：

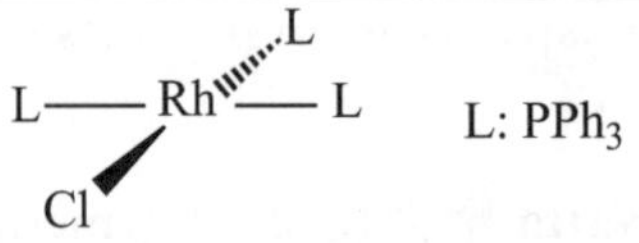

(c) 空格中填入相對應分子如下。

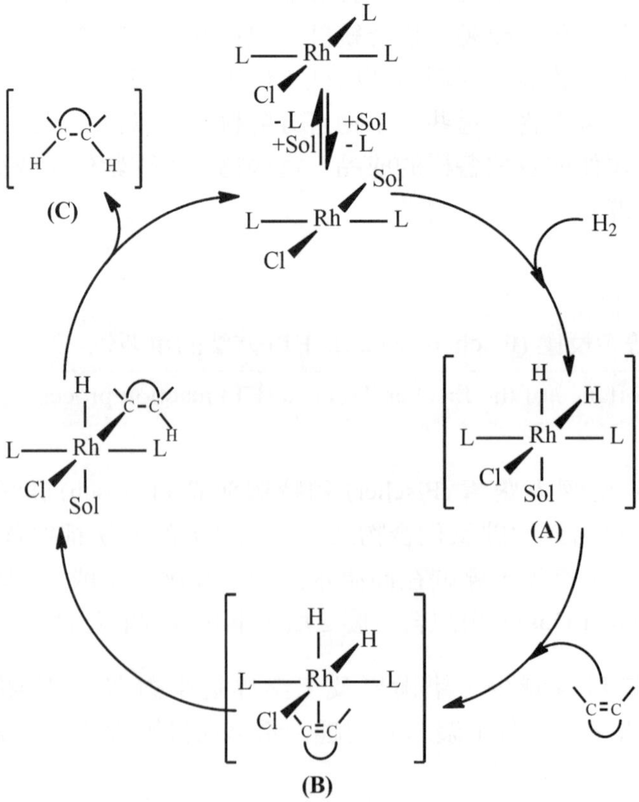

請回答有關 Ziegler-Natta 聚合反應的問題。(a) 定義齊格勒-納塔催化過程 (Ziegler-Natta Catalytic Process)。(b) 寫出 Ziegler-Natta 催化劑的成分。(c) Ziegler-Natta 聚合反應的活化物種。(d) 近來有些 Ziegler-Natta 聚合反應的催化劑從 $TiCl_2$（或 $TiCl_3$）被換成 Cp_2TiCl_2。畫出此彎曲三明治化合物 (Bent Metallocene) 的構型。說明理由。(e) 繪出 Ziegler-Natta 聚合反應的機制。(f) Ziegler-Natta 聚合反應有時會加入 MAO，說明其成分。

5. Answer the following questions concerning the polymerization of Ziegler-Natta reaction. (a) Define "Ziegler-Natta Catalytic Process". (b) Point out the components of catalysts in Ziegler-Natta reaction. (c) Point out the active species in the polymerization process. (d) Recently, the catalyst of Ziegler-Natta has changed from $TiCl_2$ (or $TiCl_3$) to Cp_2TiCl_2. Draw out the structure of this "Bent Metallocene". Explain the reason. (e) Draw out the mechanism of the polymerization of Ziegler-Natta reaction. (f) The polymerization of Ziegler-Natta reaction normally adds MAO. What is the component of MAO?

答：(a) **Ziegler-Natta 催化反應**利用 AlR_3 和 $TiCl_3$（或 $TiCl_4$）金屬化合物當催化劑，將單體烯類聚合成聚合物。(b) **Ziegler-Natta 催化劑**的成分由 AlR_3 和 $TiCl_3$（或 $TiCl_4$）組成的混合物。(c) **聚合反應**的活化物種為 $TiRCl_2$（或 TiR_2Cl）。(d) **彎曲三明治化合物** (Bent Metallocene) Cp_2TiCl_2 的結構。Cp 提供立體障礙，使反應產生更高比例的直鏈產物；減少支鏈副產物。

(e) **Ziegler-Natta 聚合反應**的機制：

$$R_3Al + TiCl_3 \longrightarrow R\!-\!Ti \xrightarrow{C_2H_4} R\!-\!Ti \overset{CH_2=CH_2}{\longrightarrow} RCH_2CH_2Ti$$

$$\xrightarrow{C_2H_4} RCH_2CH_2\!-\!Ti \overset{CH_2=CH_2}{\longrightarrow} R(CH_2CH_2)_2Ti \xrightarrow{C_2H_4} etc.$$

(f) MAO 其成分應為混合物，即其 Al 上被接上 R 或 OR 基。加入 MAO 有助於反應進行。

Alumoxane

齊格勒-納塔聚合反應 (Ziegler-Natta polymerization) 反應機制如下。(a) 填滿空格。
(b) 如何產出比較多的直鏈形而非支鏈狀產物？

6.

The mechanism of the Ziegler-Natta polymerization reaction is shown. (a) Fill up the
blank. (b) How can the reaction produce more linear rather than branch alkanes?

答：(a) 可能的中間體結構如下。(**A**) 可能由雙金屬中間體轉爲單金屬中間體，交換了 R
基。

(**B**) 可能爲單金屬烯基插入反應的中間體。

(b) 若催化劑上有立體障礙大的配位基，則產物中具直鏈的產物會比支鏈的多。

化學家以含早期金屬 (Early Transition Metals) 而非晚期金屬 (Late Transition Metals)
的配位化合物來執行聚合反應。說明理由。

7.

Explain the reason why chemists using Early Transition Metals as catalysts rather than
Late Transition Metals while carrying out the polymerization processes.

答：根據**皮爾森** (Pearson) 提出**硬軟酸鹼理論** (Hard and Soft Acids and Bases, HSAB)，即是「硬酸喜歡硬鹼，軟酸喜歡軟鹼」。當烯類（或炔類）是「軟鹼」和**早期金屬**是「硬酸」錯合物鍵結弱，形成不穩定的中間體，往下繼續反應的速度快，容易形成**聚合物**。而**晚期金屬**是「軟酸」有比較多的 d 電子可以進行**逆鍵結** (Backbonding)，形成比較強比較穩定的金屬和烯類（或炔類）鍵結，容易形成**寡聚物**。**Ziegler-Natta 烯屬烴聚合反應**使用烷化鋁和鹵化鈦的錯合物為催化劑。正三價的鈦及鋁都沒有 d 電子可以進行**逆鍵結**，金屬和烯類（或炔類）的鍵結弱，容易進行往下的聚合反應，因此以早期金屬錯合物為催化劑的聚合反應容易形成聚合物。

8.　說明尼龍-66 製造的重要性。

Illustrate the importance of Nylon-66.

答：**尼龍-66**(Nylon-66) 是由**己二酸** (Adipic Acid) 和**己二胺** (Hexane-1,6-diamine) 脫水聚合而成。尼龍-66 在美國是用量很大的聚合物，主要是用於家庭地毯。美國大部分地區乾燥，冬天非常寒冷，家家戶戶使用地毯。在台灣**尼龍**則主要用於製造帆布及尼龍繩。

9.　有一個有趣的觀察現象如下，從不同位置雙鍵的烯烴異構物開始，經鋯金屬化合物 (Cp$_2$ZrClH) 催化，最終產品是相同的直鏈烷基，無關乎以什麼樣的烯烴開始作為反應物。(a) 解釋觀察到的事實。(b) 如何辨別此催化反應是經歷分子內或分子間的過程？(c) 如果在反應結束後將 I$_2$ 添入，產物是什麼？

An interesting observed phenomenon as to the alkyl isomerization from different olefins is shown in the scheme using Cp$_2$ZrClH as catalyst. The final product is the same straight-chain zirconium alkyl doesn't matter what kind of olefins started as reactants. (a) Explain this observed fact. (b) How can you distinguish whether it undergoes an intra- or intermolecular process? (c) What are the products if I$_2$ is added in the end of the reaction?

答：(a) 將催化劑 Cp$_2$ZrCl(H) 視為 [M]-H。[M]-H 與烯類化合物進行加成反應，形成 [M]-R。[M]-R 再進行 β-**氫離去步驟** (β-hydrogen elimination process)，形成 [M]-H 與烯類。由於 Schwartz 催化劑 Cp$_2$ZrCl(H) 有立體位障，步驟進行過程會往立體位障小的趨勢，最終形成線性烷基。(b) 有很多方法。如可將反應的烯類上其中「一個」氫換成氫同位

素氘 (D) 標示的烯類進行反應，如果形成的 [M]-R 的烷基上有多於「一個」氫同位素氘 (D)，即為**分子間**步驟。否則，為**分子內**步驟。或者，反應一定時間之後加入額外烯烴與同位素。如果有混合的產品，它就是一個分子間的過程。如果不是，它是一個分子內的過程。

(c)

10. Explain "Hydroformylation reaction". List the major reactants and product(s) of "Hydroformylation reaction".

答：氫醯化反應是利用催化劑將烯類和**水煤氣** (Water Gas, $H_2/CO=1/1$) 反應產出醛類的反應。產物是比原來烯類多一個碳的醛類。早期催化劑以鈷金屬化合物為主，現在工業界為了效率考量多改成以銠金屬化合物當催化劑。

11.
說明「Wacker 反應 (Wacker process)」和「氫醯化反應 (Hydroformylation reaction)」不同之處。

Explain the major difference between "Wacker process" and "Hydroformylation reaction".

答：Wacker 公司開發的**烯屬烴氧化反應步驟** (Wacker process) 是把烯類轉化成同碳數醛類的反應。和**氫醯化反應** (Hydroformylation reaction) 不同之處是後者醛類產物比原來的烯類多一個碳數，而前者碳數沒有增加。

12.
說明「Shell 高烯屬烴合成反應 (Shell Higher Olefins Process, SHOP)」。

Illustrate "Shell Higher Olefins Process, (SHOP)".

答：**Shell 高烯屬烴合成反應** (Shell Higher Olefins Process, SHOP) 是以過渡金屬錯合物**氧化鉬** (MoO_3) 和鈷的混合物將其吸附在**氧化鋁** (Al_2O_3) 上的固體物質當觸媒，將一長一短的烯屬烴經由互相交換得到適當長鏈的烯屬烴。通常是經由非均相催化方式將 C4-C10 的烯屬烴和含二十個碳左右 (C20+) 的烯屬烴經由互相交換得到約含十三個碳左右 (C13+) 的烯屬烴。合成出的烯屬烴為製造清潔劑的主要起始物。此催化反應通常在 80-140℃ 及 13 大氣壓下進行。催化劑可以藉由蒸餾方式和產物分離。

$$
\begin{array}{cc}
(CH_3)CH & HC(C_{10}H_{21}) \\
\| & + \quad \| \\
(CH_3)CH & HC(C_{10}H_{21})
\end{array}
\rightleftharpoons
2\ CH_3CH{=}CHC_{10}H_{21}
$$

13.
說明「烯烴複分解反應 (Olefin Metathesis)」。

Illustrate "Olefin Metathesis".

答：**烯烴複分解反應**是一種藉由金屬催化劑的協助下將一長碳鏈烯屬烴及一短碳鏈的不飽和烯屬烴重新組合成比較有經濟價值的合適鏈長烯屬烴的反應。

$$
\begin{array}{cc}
RCH & HCR' \\
\| & + \quad \| \\
RCH & HCR'
\end{array}
\xrightarrow{[Cat.]}
\begin{bmatrix}
RCH{=}CHR' \\
\sim\!-\!-\!-\!-\!\sim \\
RCH{=}CHR'
\end{bmatrix}
\longrightarrow 2\ RCH{=}CHR'
$$

14.
說明一碳化學 (C_1 Chemistry)。

Briefly describe "C_1 Chemistry".

答：所謂**一碳化學**是利用自然界儲量極豐的煤 (C) 或含一個碳的大宗原物料（如 CH_4、CO、CO/H_2O 等等）將其轉化成其他多碳的有機化合物的化學。

---

15. 定義「包生-韓德反應 (Pauson-Khand Reaction, PKR)」，並指出和「氫醯化反應 (Hydroformylation reaction)」不同之處。

Define "Pauson-Khand Reaction, PKR". Explain the difference between "Pauson-Khand Reaction" and "Hydroformylation reaction".

答：**包生-韓德反應** (Pauson-Khand Reaction, PKR) 是以 $Co_2(CO)_8$ 爲催化劑將烯類、炔類及一氧化碳進行 [2+2+1] 的環加成形成**環戊烯酮** (Cyclopentenone) 的反應。早期**氫醯化反應** (Hydroformylation reaction) 也是以 $Co_2(CO)_8$ 爲催化劑，將烯類化合物和水煤氣 (Water Gas, $H_2/CO=1/1$) 產生醛類化合物的反應。

---

16. 說明「耦合反應 (Cross-coupling reactions)」。

Briefly describe "Cross-coupling reactions".

答：目前很熱門的催化反應類型爲**耦合反應** (Cross-coupling reactions)。耦合反應的一般定義是「將兩個化合物基團，借助催化反應方法，結合成一個新分子的反應。」**催化耦合反應**有各式各樣的類型，其應用相當廣泛。請參考本文。

---

17. 常見的耦合反應 (Cross-coupling reactions) 有那些？

List some commonly seen "Cross-coupling reactions".

答：常見的耦合反應有 Suzuki-Miyaura 耦合反應、Heck 反應、Nigishi 反應、Sonogashira 耦合反應和**胺化反應** (Amination reaction) 等等。

---

18. 說明「Suzuki-Miyaura 耦合反應」。

Briefly describe "Suzuki-Miyaura reaction".

答：**Suzuki-Miyaura 耦合反應**是**耦合反應**的一種，使用鈀金屬化合物當催化劑，在鹼的環境及適當的溶劑下，將**硼酸** $(ArB(OH)_2)$ 和芳香族鹵化物 (ArX) 當反應物，最終形成從硼酸 $(ArB(OH)_2)$ 和芳香族鹵化物 (ArX) 而來的不同芳香族基團的結合。可能是被研究最多的耦合反應。

19. 說明「耦合胺化反應 (Amination reaction)」的特色。

Illustrate the importance of "Amination reaction".

答：**耦合胺化反應** (Amination reaction) 是少數的 C-X 鍵（X 為異核原子，在這裡是 N）耦合的例子之一。**胺化反應**是將苯環接到胺上合成苯胺的合成方法。即將鹵化苯環類和二級胺類在 Pd 催化劑的催化下形成苯胺。早期化學家必須經過一系列繁複的步驟才能達成，且產率不高。耦合胺化反應發展的兩位重要人物是 Buchwald 和 Hartwig。有時候將在催化劑存在下，將 ArX 及 HNR_2 催化成 $ArNR_2$ 的反應稱為 **Hartwig-Buchwald 胺化反應** (Hartwig-Buchwald Amination Reaction)。這類型反應在 Buchwald 和 Hartwig 的努力開發下有些可以在溫和條件如室溫下進行。

$$R-\text{C}_6\text{H}_4-Br + H-NR^2R^3 \xrightarrow{[Cat.]} R-\text{C}_6\text{H}_4-NR^2R^3$$

20. 定義「多成分反應 (Multiple Component Reaction, MCR)」。

Provide a proper definition for "Multiple Component Reaction, MCR".

答：**多成分反應** (Multiple Component Reaction, MCR) 的定義為：由三種（或三種以上）反應物進行結合而形成單一產物的反應。此類型反應的最大優勢可一鍋化反應，省去中間分離純化的複雜過程。缺點是有可能產生多種副產物導致產率降低。

21. 說明「Catellani 反應」的特色。

Explain the importance of "Catellani reaction".

答：Catellani 反應為 1983 年由義大利化學家 Marta Catellani 提出的反應形態。這反應機制的特色是利用 norbornene 當作助催化劑 (Co-catalyst) 來進行鹵化苯基 *Ortho* 位置的 C-H Activation 反應，最後階段含 Pd 的中間體再進行 Heck 或 Suzuki 形態的耦合反應進而得到相對應產物。

$$\text{ArH} + I-R_1 + \left(\begin{array}{c}R_2 \text{ (alkene)} \\ \text{or} \\ R_2-B(OH)_2\end{array}\right) \xrightarrow[\text{base, DMA, 20 °C}]{\text{Pd catalyst}} \text{product}$$

> 說明下列有關現代汽車的一些觀察現象。(a) 現代汽車的觸媒轉換器是蜂巢式結構材質被吸附上過渡金屬。被吸附上的過渡金屬通常為第二及第三列過渡金屬,而非第一列過渡金屬。(b) 近來四乙基鉛 Pb(Et)₄ 被禁止加入汽油當抗震劑。(c) 含硫化合物被禁止加入汽油當抗震劑。(d) 孔洞材料 ZSM-5 被用來當催化劑來合成汽油。

22.

> Explain the following observations about the modern cars. (a) The catalytic converter in modern cars is a honeycomb coating with transition metals. The second and third rows transition metals such as Pt, Rh are employed rather than the first row transition metals. Explain. (b) The Pb(Et)₄ is not allowed to add to the gasoline in modern cars. List at least two reasons. (c) The sulfur-containing gasoline is not favorable. Please provide the reason. (d) The ZSM-5 might act as catalyst in making "gasoline" molecule. Please provide a proper reason for it.

答:(a) **觸媒轉換器**的蜂巢式結構材質上被吸附第二及第三列過渡金屬,因為第二及第三列過渡金屬的化學活性比第一列過渡金屬強,和廢氣的作用比較迅速。(b) **四乙基鉛**含鉛會毒化觸媒轉換器上的昂貴第二及第三列過渡金屬;鉛也會引起人體中毒。大多數地區已被禁止加入汽油當**抗震劑**。(c) 硫是「軟鹼」會毒化觸媒轉換器上的昂貴第二及第三列過渡金屬,後者為「軟酸」。(d) ZSM-5 的孔洞大小適合這些小分子進入在裡面產生作用。

$$CO + 2H_2 \xrightarrow{\text{CuO}} CH_3OH$$

$$x\, CH_3OH \xrightarrow{\text{ZSM-5}} (CH_2)_x + xH_2O \ (x = 5\sim10)$$

> 舉出一些配位化學在合成分子孔洞材料 (Metal-Organic Framework, MOFs) 上的應用。

23.

> List some applications of coordination chemistry in the synthesis of Metal-Organic Framework (MOFs).

答: 分子孔洞材料可由適當選定的**雙向配位基**和金屬結合而成利用**自組裝** (self-assembled)

的方式組成如下,為平面圖示。

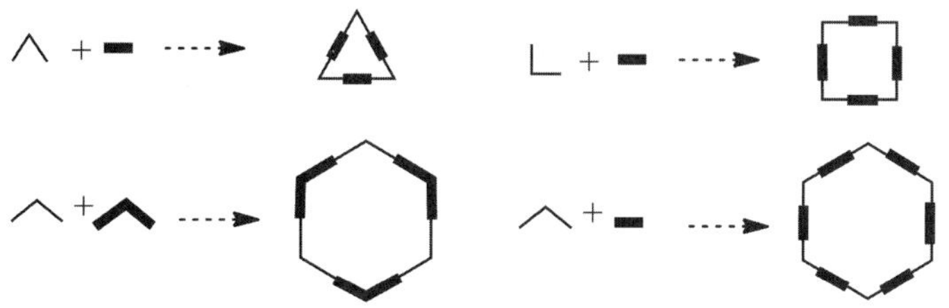

利用**自組裝** (self-assembled) 的方式組成孔洞材料的例子如下,為平面圖示,真正的孔洞材料是立體的。請參考第四章 36 題。

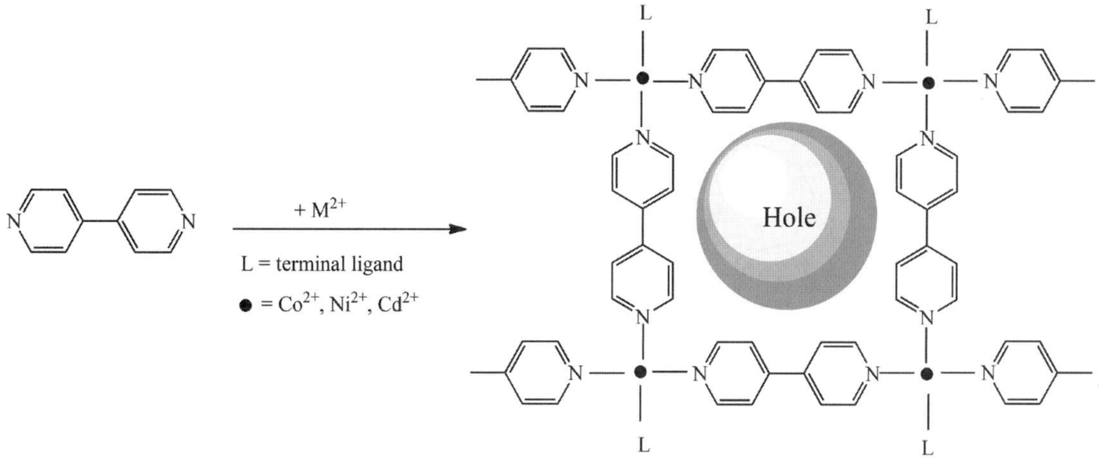

$+ M^{2+}$

L = terminal ligand

● = Co^{2+}, Ni^{2+}, Cd^{2+}

Hole

一些生物重要大分子的中心架構是配位化合物。舉出一些有名例子。

24. The cores of some importance biological active molecules are coordination complexes. Name some renowned examples.

答:葉綠素是很重要的生物大分子,為參與**光合作用**的主要色素,它存在植物細胞內的葉綠體中,葉綠素反射綠光並吸收紅光和藍光,使植物呈現綠色。沒有植物就沒有動物,或者說沒有葉綠素就沒有動物也一樣成立,可見葉綠素的重要性。葉綠素中心是以類似**卟啉環** (porphyrin ring) 螯合 Mg^{2+} 離子,其中心架構是配位化合物。血紅素中心是以類似卟啉環 (porphyrin ring) 螯合 Fe^{2+} 離子,其中心架構也是配位化合物,是很重要的生物分子,血紅素在肺部與氧結合後經過血流的流動把氧搬運到身體各部份組織。血紅素中心是由四個稱為 heme 的單位組成。在 heme 的上下各接一個配位基及 O_2(或 H_2O)。O_2 形成強場,使 Fe^{2+} 逆磁性,吸收短波長,呈現紅色。H_2O 形成**弱場**,使 $Fe^{2+}(d^6)$ 順磁性,吸收長波長,呈現藍色。

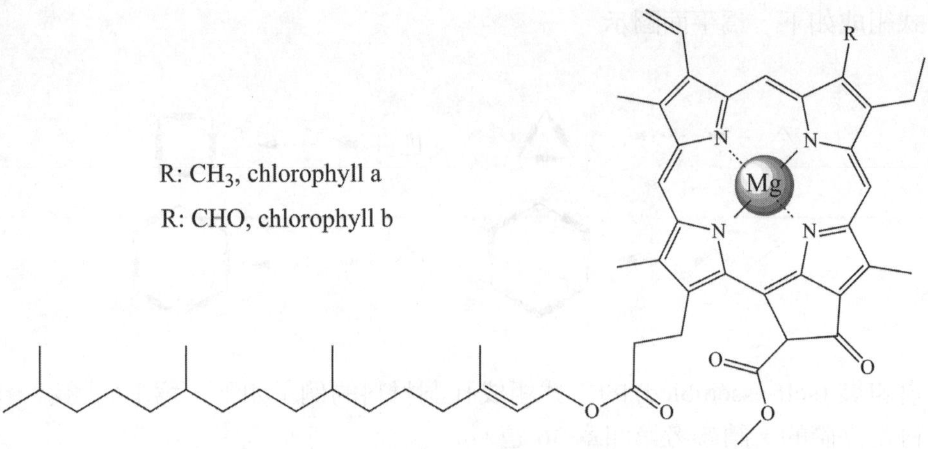

R: CH₃, chlorophyll a

R: CHO, chlorophyll b

R: CH_3, chlorophyll a

R: CHO, chlorophyll b

葉綠素

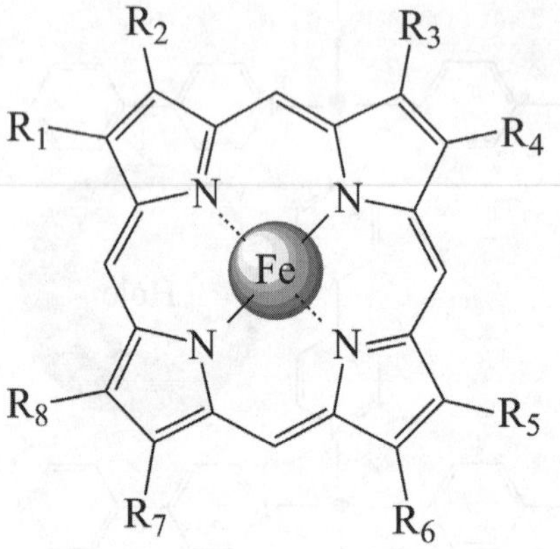

R_1: -CH₃

R_2: -CH=CH₂

R_3: -CH₃

R_4: -CH=CH₂

R_5: -CH₃

R_6: -CH₂-C(O)OH

R_7: -CH₂-C(O)OH

R_8: -CH₃

血紅素 heme b

化學家可以由合成方法來合成生物中大型生物分子中心的配位化合物結構。但是經常發現這些合成的化合物沒有生物活性。請說明。

25. Chemists could synthesize the main core of the large bioactive molecule. Yet, it does not always exhibit the corresponding bioactivity as that of a large bioactive molecule. Explain.

答：大型生物分子除了中心的配位化合物核心外，其週遭的大型蛋白質也扮演重要的角色。中心的配位化合物如果沒有週遭的蛋白質的協助，其相對應生物活性無法展現。同理，大型蛋白質沒有中心的配位化合物的協助的話，則光有蛋白質也完全無法展現原先的功能。

26. 維他命 B$_{12}$ (Cobalamin) 為大型生物活性分子如圖 8-34 所示，其中心結構也可視為配位化合物，其中心金屬為鈷 (III)。說明它的主架構及功能。

Vitamin B$_{12}$ (Cobalamin) is a large bioactive molecule as shown in Diagram 8-34. It can also be regarded as a coordination compound. Describe its structure and function.

答：維他命 B$_{12}$ 的核心結構如圖 8-34。其中心為鈷 (III) 金屬，被類似**卟啉環** (porphyrin ring) 的大環螯合，為 low spin d^6，是很穩定結構。它的結構在某些部分類似血紅素，卟啉環 (porphyrin ring) 的上下各有一個咪唑 (benzimidazole) 基團及 CN$^-$ 配位基所配位而成。明顯地，維他命 B$_{12}$ 的核心為配位化合物的結構方式。維他命 B$_{12}$ 被細菌所合成，它為動物所必須的維生素，但在植物中並沒有發現 B$_{12}$。雖然，維他命 B$_{12}$ 中心為鈷 (III) 金屬，其價數可以隨著反應需要而改變。

27. 大豆根瘤菌裡頭的固氮酵素能在常溫及常壓的狀況下 (1 atm, 25℃) 將空氣中的氮氣固定成為氨。固氮酵素的幾種可能的核心結構如如圖 8-35 所示。說明它們也可被視為配位化合物。

The core structures of some of known nitrogen fixation enzymes are shown in Diagram 8-35. In a sense, they can also be regarded as coordination compounds. Explain.

答：大豆根瘤菌的幾種固氮酵素可能的核心結構如圖 8-35。其中左邊圖形中的分子，Fe 離子被 S 基團以架橋或端點方式鍵結。右邊圖形中的分子，除了 Fe 離子被 S 基團以架橋或端點方式鍵結外，更有 Mo 離子被 S-, N-, O-基團以架橋或端點方式鍵結。因此，它們都可視為配位化合物，而且是複雜的配位化合物分子。

28. 核磁共振攝影（亦稱磁振造影，Magnetic Resonance Imaging, MRI）在醫療診斷上是相當重要的工具。操作時通常會加入顯影劑，藉以強化影像的清晰度。指出常用的顯影劑並說明這些顯影劑必須具備的特色。

The Magnetic Resonance Imaging technique (MRI) is rather an important tool for symptoms diagnosis. More than often, some kinds of diagnostic agents are added in order to enhance the intensity of MRI image. Describe the required characters of these agents and list some of them.

答：兩種常見的顯影劑結構如**圖 8-36**。這些顯影劑通常是由具有順磁性的錯合物來組成。顯影劑必須具備有毒性小及排出體內快等特色，最好為中性分子，且對人體個別特定組織有鑑別度。

29. 有些含金屬配位化合物被用來當「毒化」核酸的藥物，請說明。

Some metal complexes have been used as drugs to "poison" nucleotides. Explain.

答： 舉簡化的核酸單體核苷酸磷酸鹽 2'-deoxyadenosine 5'-monophosphate 為例，當腺嘌呤上的 N- 和 O- 和含金屬配位化合物配位時，核酸的原本功能即被改變，即所謂的被「毒化」。所以說有些含金屬配位化合物可被用來當成「毒化」核酸的藥物。其實這也可間接印證重金屬對人體造成的嚴重危害的可能原因之一。

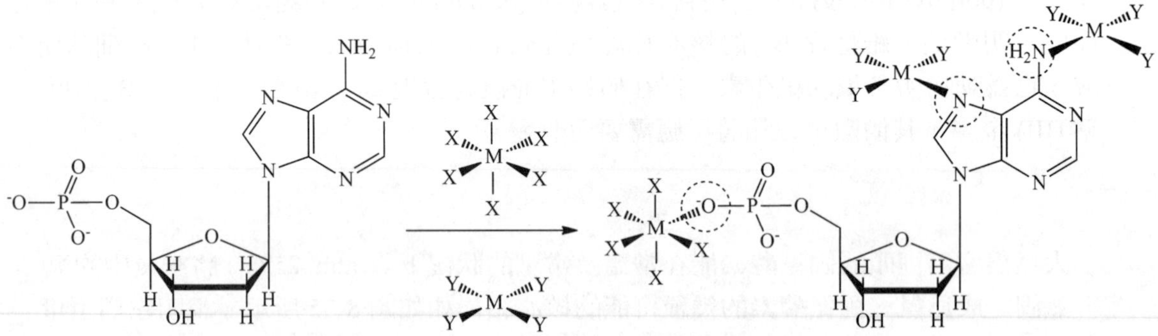

30. 葉綠素中心是由類似卟啉環 (porphyrin ring) 螯合 Mg^{2+} 離子而成，其中心架構是配位化合物。化學家試圖模擬葉綠素的運作方式，而合成以下化合物。其中心是由卟啉環 (porphyrin ring) 螯合 Zn^{2+} 離子的配位架構，旁邊則聯結共軛有機長鏈及苯醌。說明其作用及功能。

The center of chlorophyll is an ion Mg^{2+} coordinated by a porphyrin ring like macrocyclic ligand. Chemists tried to mimic the function of chlorophyll by creating the complex as shown. There is a branch of conjugated double bonds linked by a benzoquinone as side arm to porphyrin ring. Explain how the complex functions.

答： 當進行**光合作用**時，**葉綠素**吸收可見光，而由中心 Mg^{2+} 配位基團激發電子，然後將被激發的電子轉移並儲存在其所聯結的長鏈共軛有機物上。此處模擬的 Zn^{2+} 配位化合物分子的運作方式類似葉綠素。當可見光照在此配位化合物上時，中心 Zn^{2+} 配位基團被激發的電子轉移到有機共軛鍵上，再轉移到苯醌的衍生物基團上儲存。在此被光照射的 Zn^{2+} 配位基團被視為電子提供者，而苯醌的衍生物基團則被視為電子接收者。

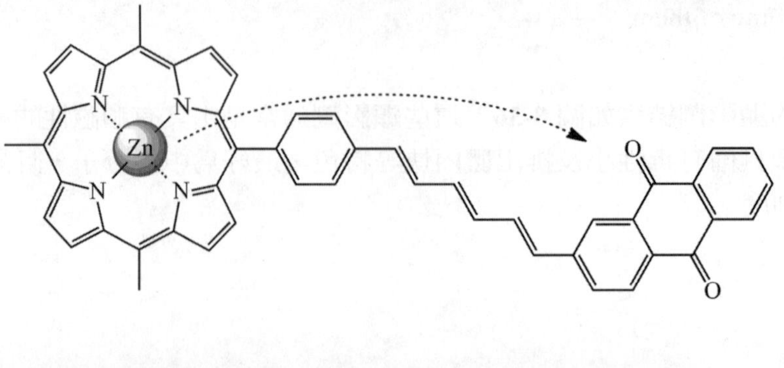

第 9 章
群論在配位化學的應用

「起造這座城市的聖者（建築者）擺脫不了盎格魯撒克遜人追求「結構對稱」的建築特點。」(The founder of the City of the Saints could not escape from the taste for symmetry which distinguishes the Anglo-Saxons.) —環遊世界八十天，儒勒‧凡爾納 (Around The World In Eighty Day, Jules Verne)

本章重點摘要

9.1 對稱與群論 (Symmetry and Group Theory)

綜觀我們生活的周遭環境有許多物品有明顯的「對稱」外觀，如圓形的太陽，圓桶狀的杯子，長方形的衣櫃，兩邊對稱的建築物如總統府，兩邊對稱的生物如人體等等。因此我們對於「對稱」的概念並不陌生。

希臘哲學家柏拉圖的心目中的理想化規則多面體結構又稱為柏拉圖式規則多面體，如圖 9-1 所示。有趣的是化學分子的主架構有些是採取這些構型為骨架，再做其它延伸。化學家幾乎天天要面對這些分子構型；因此，必須對它們的構型有深入的了解才能掌握分子結構特性。

Tetrahedron (T$_d$)
正四面體

Cubic (O$_h$)
立方體

Octahedron (O$_h$)
正八面體

Dodecahedron (I$_h$)
正十二面體

Icosahedron (I$_h$)
正二十面體

Icosahedron (I$_h$)
截角正二十面體

圖 9-1 柏拉圖式（理想化）規則多面體 (The Regular Polyhedra or Platonic Solids)。早期柏拉圖式規則多面體沒有最右下角結構，而自然界相對應的則有 C$_{60}$。

在日常生活中，我們很容易不自覺地說某個物體比另一物體「對稱」，如足球比橄欖球對稱，立方體箱子比長方體箱子對稱等等。然而這是個人主觀的直覺，有沒有其他科學性的系統化方式來看待所謂的「對稱」？如果以科學的方式來看待「對稱」，又該如何去描述？還好，科學家發展出**群論 (Group Theory)** 這門學問來應付這個課題。當我們說：「立方體箱子比長方體箱子對稱」時，我們可以利用群論的原理中立方體的**對稱元素 (Symmetry Elements)** 比長方體的對稱元素個數爲多的推論來加以說明。

早期數學家發展群論這門學問時，並沒有想要將它應用到分子的結構及光譜的理解上。群論後來經物理學家及化學家的修改後，將這門學問不單應用到分子的鍵結及結構的理解上，也應用到分子的光譜解釋上。從群論來看分子的結構，我們可以說一個具有**正八面體 (Octahedral)** 構型的分子如 $Cr(CO)_6$ 比一個具有**正四面體 (Tetrahedral)** 構型的分子如 $Ni(CO)_4$ 來得對稱。

首先必須了解，由群論所推導出的結果是**定性 (Qualitatively)** 而非**定量 (Quantitatively)** 的。例如，在下面段落的一些例子中可以發現，利用群論方法的推導可以得到某一種能量狀態在某種環境下可分裂成更細的幾種能量狀態，但卻無法告訴我們何者能量高或何者能量低。

9.2 群論簡介

如前面所說，群論最早由**數學家**發展出來，當時並沒有「實體物質」或「量」的概念，後來經由**物理學家**及**化學家**引用來處理相關的物理學和化學問題才將這些概念帶入。化學家引用群論通常來處理分子的對稱及光譜問題。在探討群論時若能以「實體物質」如「分子」來當例子說明，會相對容易理解。此時，若將一個**分子**（或離子）孤立來探討，例如將一個分子以中心位置不變的情形下**旋轉 (rotation)** 或**反射 (reflection)** 等等，這樣的做法是爲**點群 (Point Group)**。若是以一大群分子（離子）如結晶的固體的情形來探討，則會多出一些包括**平移 (glide)** 及**旋移 (screw)** 等等操作，這樣的做法是爲**空間群 (Space Group)**。後者在**結晶學**裡使用到；前者通常在軌域鍵結或探討**光譜**現象時使用。本章節集中在點群的探討。

9.3 群論與分子對稱 (Group Theory and Molecular Symmetry)

9.3.1 定義「群」的屬性 (The Definition of Group)

數學上的「群」是按照一定的規則下相互關聯的元素的集合。以下界定「群」的規則。

規則 1. 該「群」中的任何兩個元素相乘或自己相乘的積必須仍是該「群」中的元素。例如 A*B = C, A*A = D。其中 A, B, C 和 D 都是在同一「群」中的元素。

規則 2. 該「群」中必須有一個元素（定義爲 E）與其他所有的元素 commute，讓它們保持不變。E*X = X*E = X。

規則 3.　元素相乘必須遵守結合律。A* (B*C) = (A*B) *C。即相乘的結果不會因為不同結合的順序而改變。

規則 4.　每個元素必須有其倒數，此倒數也是「群」的元素之一。例如 R*S = S*R = E（元素 R 和元素 S 互為倒數），反之亦然。

9.3.2 點群 (Point Group) 的對稱操作元素 (Elements of Symmetry Operations) 種類

分子經由**對稱操作元素**操作的前後分子外觀無法區分。以下舉例說明幾種常見**對稱操作元素**。

1. **對稱平面** (Planes, σ)：在平面上的反射（**圖 9-2**）。

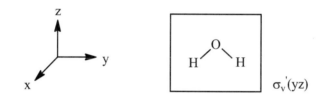

圖 **9-2**　在水分子平面上（yz 面）的反射操作元素。

2. **對稱中心**或**倒轉中心** (Center of symmetry or center of inversion, i)：所有原子通過中心點的反射。

下圖（**圖 9-3**）中只有 *trans*-$Pt(NH_3)_2Cl_2$ 及 $Cr(CO)_6$ 有倒轉中心 (center of symmetry or center of inversion (i))，而 $Ni(CO)_4$ 及 $Fe(CO)_5$ 則無倒轉中心。

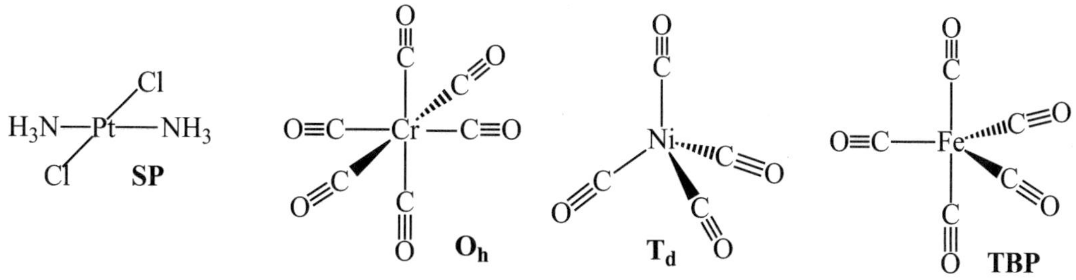

圖 **9-3**　分子具有或無倒轉中心的例子。前兩者有；後兩者無。

3. **旋轉軸** (Proper axis, C_n)：一個或多個旋轉軸。

在 $Fe(CO)_5$ 上可發現兩種旋轉軸：C_3 及 C_2。在此 C_3 為主軸，旋轉 120° (C_3^1)、240° (C_3^2)、360° (C_3^3)。另外，有三個 C_2 軸，旋轉 180° (C_2^1) 及 360°(C_2^2)（**圖 9-4**）。在此 C_n 符號中 C 表示旋轉；n 表示 360°/ 旋轉角度的值。

（圖中 $Fe(CO)_5$ 分子結構圖，標示 C_3、C_2）

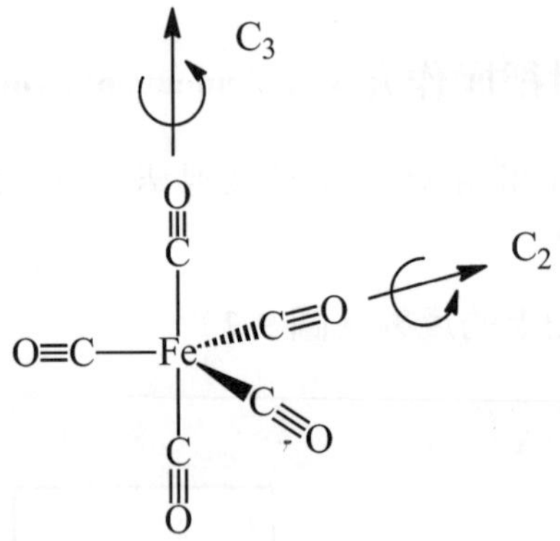

圖 9-4 $Fe(CO)_5$ 分子具有多個旋轉軸。

4. **旋射軸** (Improper axis, S_n)：旋轉後跟著旋轉軸垂直方向反射，可一次或多次重複序列（**圖 9-5**）。

在正四面體分子 SiF_4 上的旋射軸之一，可旋轉 90°，再通過中心點反射，對稱操作元素 S_4。這類型對稱操作元素共有 6 個。

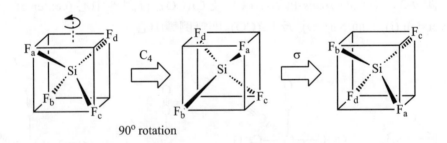

圖 9-5 SiF_4 分子具有旋射軸。

5. **鏡像或反射面** (Mirror, σ)

H_2O 分子有垂直的反射面 (σ_v'(xz))（**圖 9-6**）。分子經由這個對稱元素操作前後並無法區分。

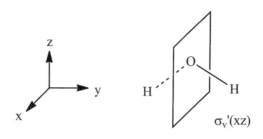

圖 **9-6**　在水分子垂直面上（xz 面）的反射操作元素。

正四面體構型的分子 SiF_4 經由**鏡像對稱元素** σ(xy) 操作前後，分子並無法回到原狀。因此**鏡像操作** σ(xy) 不是這分子 (SiF_4) 的對稱元素（**圖 9-7**）。但是可以找到通過 F_a、Si、F_c 的平面或是通過 F_b、Si、F_d 的平面，對稱操作後分子無法區分，為對稱元素 S_4，這類型的對稱元素共有 6 個。

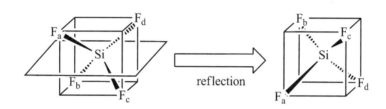

圖 **9-7**　鏡像操作 (σ) 不是 SiF_4 分子的對稱元素。

H_2O 為彎曲形，以**群論**的**點群**觀點視之，H_2O 分子為 C_{2v} 對稱，有四個對稱元素 (Symmetry Elements)：旋轉 360º (E)，旋轉 180º (C_2)，包含 H_2O 分子的反射面 ($σ_v(xz)$)，垂直 H_2O 分子的反射面 ($σ_v'(yz)$)。分子經由這些**對稱操作元素**之前後並無法區分（**圖 9-8**）。

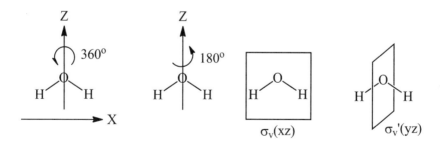

圖 **9-8**　H_2O 分子有四個對稱元素。

現在利用 H_2O 分子為例來說明「群」的規則。參考 9.3.1。

規則 1. $\sigma_v(xz)*\sigma_v'(yz) = C_2$。$C_2*C_2 = E$。

規則 2. $E*C_2 = C_2*E = C_2$。

規則 3. $\sigma_v(xz)*(\sigma_v'(yz)*C_2) = E; (\sigma_v(xz)*\sigma_v'(yz))*C_2 = E$。

規則 4. 此 H_2O 分子例子中，元素的倒數是自己，如 C_2 的倒數是 C_2，$C_2*C_2 = E$。

　　一個有趣的分子鐵辛 (Ferrocene)，理論上它可以兩種可能幾何構型存在，鐵辛 (Ferrocene) 上此兩五角環是以**掩蔽式** (eclipsed, D_{5h}) 或**間隔式** (staggered, D_{5d}) 組態存在（**圖 9-9**）。因為對稱性不同，其稱性符號也不同。前者沒有**倒轉中心** (i)；後者有。前者有**反射面**；後者也有。讀者可以從相對應徵表中找到更多的對稱操作元素。事實上，在溶液狀態下鐵辛的兩五角環是繞著中心**鐵離子**快速旋轉，無法區分是何種構型。

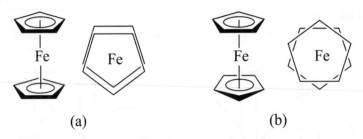

(a)　　　　　　　　　　　　　(b)

圖 9-9 兩種幾何構型的鐵辛 (Ferrocene)：(a) 掩蔽式 (eclipsed, D_{5h}) 及 (b) 間隔式 (staggered, D_{5d}) 構型。

9.3.3 低對稱分子的點群符號

　　一般而言，小分子量的分子通常有高的對稱性；而大部份大分子量的分子的對稱性低，甚至分子內完全沒有**對稱元素**。

1. C_s: 分子內唯一的對稱元素是一個對稱平面 (A molecule whose sole symmetry element is a

plane.)。如 　　　　　，其中對稱平面是包含 a,b,c,d 四配位基的平面。

2. C_i: 分子內唯一的對稱元素是一個倒轉中心 (A molecule whose sole symmetry element is an

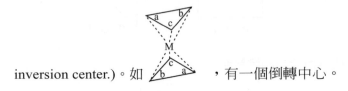

inversion center.)。如 　　　　　，有一個倒轉中心。

3. C_1: 分子內完全沒有對稱元素 (No symmetry element.)。如 　　　　　，沒有對稱元素。

9.3.4 分子對稱性分類的系統化流程
(A Systematic Procedure for Symmetry Classification of Molecules)

判斷分子的對稱常用的流程圖 (flow chat) 如下。先由高對稱，再繼續降低對稱（圖 **9-10**）。

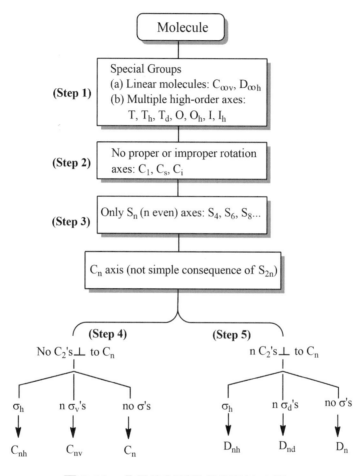

圖 9-10 分子的對稱性分類的流向圖。

 ## 9.4 對稱元素矩陣表示法

分子是由原子組合而成的實體，在立體空間中被點群的對稱元素操作後，中心位置不變，而分子內其所有組成的原子變換原先在空間的位置，這些對稱操作元素操作可以立體空間 (x, y, z) 的 3 x 3 矩陣來表達（圖 **9-11**）。

本體不動 (The Identity, E)：

$$\begin{bmatrix} 1 & 0 & 0 \\ 0 & 1 & 0 \\ 0 & 0 & 1 \end{bmatrix} \begin{bmatrix} x \\ y \\ z \end{bmatrix} = \begin{bmatrix} x \\ y \\ z \end{bmatrix}$$

倒轉中心 (Inversion, i)：

$$\begin{bmatrix} -1 & 0 & 0 \\ 0 & -1 & 0 \\ 0 & 0 & -1 \end{bmatrix} \begin{bmatrix} x \\ y \\ z \end{bmatrix} = \begin{bmatrix} \bar{x} \\ \bar{y} \\ \bar{z} \end{bmatrix}$$

反射面 (Reflections, $\sigma(xy)$)：

$$\begin{bmatrix} 1 & 0 & 0 \\ 0 & 1 & 0 \\ 0 & 0 & -1 \end{bmatrix} \begin{bmatrix} x \\ y \\ z \end{bmatrix} = \begin{bmatrix} x \\ y \\ \bar{z} \end{bmatrix}$$

旋轉軸 (Rotation, C_n)：

$$\begin{bmatrix} \cos(\theta) & \sin(\theta) & 0 \\ -\sin(\theta) & \cos(\theta) & 0 \\ 0 & 0 & 1 \end{bmatrix} \begin{bmatrix} x1 \\ y1 \\ z1 \end{bmatrix} = \begin{bmatrix} x2 \\ y2 \\ z2 \end{bmatrix}$$

旋射軸 (Improper Rotation, S_n)：

$$\begin{bmatrix} \cos(\theta) & \sin(\theta) & 0 \\ -\sin(\theta) & \cos(\theta) & 0 \\ 0 & 0 & -1 \end{bmatrix} \begin{bmatrix} x1 \\ y1 \\ z1 \end{bmatrix} = \begin{bmatrix} x2 \\ y2 \\ z2 \end{bmatrix}$$

圖 9-11 對稱操作元素以立體空間的 3 x 3 矩陣來表達。其中 $\theta = 2\pi/n$。

再以 H_2O 分子為例。H_2O 分子為 C_{2v} 對稱，從**徵表**（**表 9-1**）看出有四個**對稱元素** (Symmetry elements)：旋轉 360º (E)，旋轉 180º (C_2)，包含 H_2O 分子的反射面 ($\sigma_v(xz)$)，垂直 H_2O 分子的反射面 ($\sigma_v'(yz)$)。這些對稱元素以下面 3 x 3 矩陣來表達（**圖 9-12**）。這些對稱元素以下面 3 x 3 矩陣來表達。

表 9-1 C_{2v} 對稱的徵表 (Character Table)

C_{2v}	E	C_2	$\sigma_v(xz)$	$\sigma_v'(yz)$		
A_1	1	1	1	1	z	x^2, y^2, z^2
A_2	1	1	−1	−1	R_z	xy
B_1	1	−1	1	−1	x, R_y	xz
B_2	1	−1	−1	1	y, R_x	yz

$$
\begin{array}{cccc}
\mathrm{E} & \mathrm{C_2} & \sigma_\mathrm{v} & \sigma_\mathrm{v}{'} \\[4pt]
\begin{bmatrix} 1 & 0 & 0 \\ 0 & 1 & 0 \\ 0 & 0 & 1 \end{bmatrix} &
\begin{bmatrix} -1 & 0 & 0 \\ 0 & -1 & 0 \\ 0 & 0 & 1 \end{bmatrix} &
\begin{bmatrix} 1 & 0 & 0 \\ 0 & -1 & 0 \\ 0 & 0 & 1 \end{bmatrix} &
\begin{bmatrix} -1 & 0 & 0 \\ 0 & 1 & 0 \\ 0 & 0 & 1 \end{bmatrix}
\end{array}
$$

圖 9-12　H_2O 分子對稱操作元素操作以 3 x 3 矩陣來表達。

以 C_2 旋轉對稱元素操作爲例，C_2 以下面 3 x 3 矩陣來表達。旋轉 $180°$ 後，x 及 y 軸的符號轉爲負號（**圖 9-13**）。

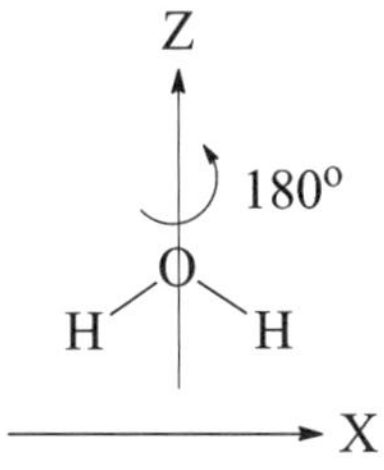

$$
\begin{bmatrix} -1 & 0 & 0 \\ 0 & -1 & 0 \\ 0 & 0 & 1 \end{bmatrix}
\begin{bmatrix} x \\ y \\ z \end{bmatrix}
=
\begin{bmatrix} \overline{x} \\ \overline{y} \\ z \end{bmatrix}
$$

C_2

圖 9-13　H_2O 分子 C_2 旋轉對稱元素操作後 x 及 y 軸的符號改變。

9.5　偉大的正交定律 (The "Great Orthogonality Theorem")

群論中很重要的**徵表** (Character Table) 其實可由以下的公式得出。這個公式被暱稱爲**偉大的正交定律** (The "Great Orthogonality Theorem")（公式 9-1）。它隱含幾個重要的數值推導。

$$
\sum_R [\Gamma_i(R)_{mn}][\Gamma_j(R)_{m'n'}]^* = \frac{h}{\sqrt{l_i l_j}} \ \delta_{ij}\delta_{mm'}\delta_{nn'}
\qquad\text{（公式 9-1）}
$$

1. 將**不可化約表述** (irreducible representations) 的**維度** (dimensions) 平方相加等於群組的元素個數值 (h, Order)：$\sum l_i^2 = l_1^2 + l_2^2 + l_3^2 + ... = h$

2. 在任何**不可化約表述** (irreducible representations) 的**徵值** (Character) 的平方相加等於 h：

$$
\sum_R [\chi_i(R)]^2 = h
$$

3. 任兩個**不可化約表述** (irreducible representations) 的**徵值** (Character) 爲正交：

$$\sum_R [\chi_i(R)][\chi_j(R)] = 0, \text{ when } i \neq j$$

4. 任何在同一個**類** (class) 中的矩陣表述不論其為**可化約**或**不可化約**其**徵值**都相同。

5. 一個群中其**不可化約表述**的數目等於**類** (class) 的數量。

　　徵表 (Character Table) 中的**徵值** (Character) 定義是對稱元素以矩陣表示時，其斜角數值之和 ($\chi_A = \Sigma_j a_{jj}$)（**圖 9-14**）。

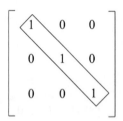

圖 9-14 徵值為斜角數值之和。

　　常見**徵表** (Character Table) 可分為幾個區域，每個區域代表一些重要意涵，以 C_{3v} 對稱的徵表來說明（**表 9-2**）。

表 9-2 C_{3v} 對稱的徵表 (Character Table)

C_{3v}	E	$2C_3$	$3\sigma_v$		
A_1	1	1	1	z	x^2+y^2, z^2
A_2	1	1	−1	R_z	
E	2	−1	0	$(x,y)(R_x, R_y)$	$(x^2−y^2, xy)(yz, xz)$
II		I		III	IV

區域 I：此區域代表不可化約表述 (irreducible representations) 的**徵值** (Character)。

區域 II：此區域代表**密立根符號** (Mulliken symbols)。

1. 一維標記為 A 或 B；兩維標記為 E；三維標記為 T（或有時標記為 F）。

2. 當 C_n 主軸旋轉軸對稱為 +1（對稱）時，一維標記為 A；而當 C_n 主軸旋轉軸對稱為 −1（反對稱）時被標記為 B。

3. 和指定主旋轉軸 (C_n) 垂直的 C_2 旋轉軸，為「對稱」和「反對稱」相對應到下標 1 和 2，通常連接到 A 和 B。如果缺乏這樣的 C_2 軸，則相對應到以垂直主軸的平面。

4. 當 (') 和 (") 附加到所有的字母，是指對應到 σ_h 為「對稱」和「反對稱」時。

5. 在有對稱中心的分子，g 和 u 分別是指對應於對稱中心為「對稱」和「反對稱」。

區域 III：在這區域有六個符號：x、y、z、R_x、R_y、R_z，都是一級。

區域 IV：在這區域的表列出所有的座標的相乘或平方，都是二級。

　　徵表 (Character Table) 中區域 III 及區域 IV 的符號可對應到原子軌域，或光譜現象中在兩分子軌域間的光吸收是否可行 (allowed or forbidden)。

9.6 將群論應用到分子上

　　應用**群論**到分子上通常是為了解決分子的光譜及軌域鍵結的問題。例如，在一個具有 D_{3h} 對稱的分子如 $Fe(CO)_5$ 上有五個 CO 配位基，我們原先預期在紅外光譜區 CO 的振動頻率可找到五個吸收峰。應用群論的推導，$Fe(CO)_5$ 分子以 D_{3h} 對稱的**可化約表述** (reducible representations) 的總結果為：$\Gamma = 2A_1' + E' + A_2''$。將 D_{3h} 徵表應用在 $Fe(CO)_5$ 上（**表 9-3**），我們發現可化約表述 A_1' 沒有在 x、y 或 z 方向產生分子的**偶極矩** (dipole moment) 改變，因而不會有紅外光可觀察的作用發生。而可化約表述 E' 和 A_2'' 有在 x、y 或 z 方向產生分子的偶極矩改變，振動是有效的，可被紅外光觀察到。因此從群論我們推斷只有兩個（不是原先期望的五個）是在能量上可區分的振動頻率。其吸收頻率對應於 E' 和 A_2''，個別有 x、y 或 z 的一次方成份的可化約表述（**圖 9-15**）。實驗上，的確可發現 $Fe(CO)_5$ 有兩個吸收峰。

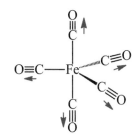

圖 9-15　$Fe(CO)_5$ 分子以 D_{3h} 對稱存在，將每個 CO 配位基的振動當基礎函數，由群論推導出只有兩個可區分的振動頻率吸收峰。

表 9-3　D_{3h} 徵表

D_{3h}	E	$2C_3$	$3C_2$	σ_h	$2S_3$	$3\sigma_v$		
A_1'	1	1	1	1	1	1		x^2+y^2, z^2
A_2'	1	1	−1	1	1	−1	R_z	
E'	2	−1	0	2	−1	0	(x,y)	(x^2-y^2, xy)
A_1''	1	1	1	−1	−1	−1		
A_2''	1	1	−1	−1	−1	1	z	
E''	2	−1	0	−2	1	0	(R_x, R_y)	(yz, xz)

在紅外光譜中，分子的偶極矩改變必須和對稱操作中的 x、y 或 z 軸的變化方向相同，才能產生吸收光譜。換句話說，**偶極矩的變化** $(\Delta\mu)$ 必須在 x、y 或 z 方向產生改變 $(\Delta x，\Delta y，\Delta z)$ 才會在實質上有用。從純數學上的要求是**基態** $(\Gamma_{v=0})$、偶極矩 (Γ_μ) 與**激發態** $(\Gamma_{v=1})$ 的相乘積 (Γ_{prod}) 或積分不為零時，才能產生吸收光譜。$\Gamma_{prod} = \Gamma_{v=1}\Gamma_\mu\Gamma_{v=0} \neq 0$。該乘積表示式中，如可以化約必須包含「完全對稱」的表示形式，唯有如此，才能將分子由基態 (v = 0) 激發至激發態 (v = 1)，產生吸收光譜。

由此可見，對稱分子可觀察到的紅外振動吸收的個數常常是小於所有可能的振動吸收個數的總和。從群論的處理過程我們能夠理解到，為什麼從 $Fe(CO)_5$ 這五個 CO 振動中，只有兩個吸收峰可以在紅外光譜區被看到。然而，必須注意到在固態或液態中，分子結構被環境擾動，可能會影響其對稱性。有時候，在固態或液態中可以觀察到由純對稱結構推導時所禁止的紅外振動吸收峰，因其對稱性降低。不過，其強度仍然偏弱。

分子越不對稱吸收峰越多。如果 $Fe(CO)_5$ 具 C_1 對稱（完全沒有對稱），則沒有振動頻率吸收會被禁止，光譜會顯示五個振動吸收峰。另一方面，如果 $Fe(CO)_5$ 具 D_{5h} 五角平面對稱，則應該只有兩個紅外光吸收峰，但此結構可能性低，不符合一般化學鍵結常識。因此，當由實驗觀察到 $Fe(CO)_5$ 有兩個吸收峰分別在 2028 和 1994 cm^{-1} 時，符合 $Fe(CO)_5$ 具 D_{3h} 對稱性的假設。

分子越對稱，紅外光吸收峰越少。這就是為什麼在量測化合物在溶液中的紅外光譜研究中，以**正四面體**結構存在的 CCl_4 會是一種優良的溶劑，因溶劑吸收峰少，對量測的干擾較小。所以，利用 CCl_4 在紅外線光譜量測中當溶劑的理由是顯而易見的。

一般在光譜學上的**選擇律** (Selection rule) 是指可允許的躍遷。在紅外光譜學這個選擇律的設定是，為了使紅外光的電磁輻射與分子進行交互作用，並誘導分子振動激發可允許的躍遷，分子狀態間（由基態至激發態）的躍遷造成分子的**偶極矩** (dipole moment) 的改變必須不為零。

分子具高對稱性會影響紅外光吸收峰數目，最突出的例子之一是 $K_2B_{12}H_{12}$ 的紅外光譜（圖 9-16）。理論上它最多可以展示 66 個振動吸收峰。原因是 $B_{12}H_{12}^{2-}$ 有 72 個自由度 (3 x 24)，減掉 3 個移動及 3 個轉動自由度之後，剩 66 個振動自由度。但是因為它具有很高的對稱性 (I_h)，而導致大量振動被簡併，紅外光吸收峰數目大量減少，既使在固態中亦是如此。有文獻報導 $K_2B_{12}H_{12}$ 在固態的紅外光譜中只出現 715, 1070 及 2480 cm^{-1} 三組吸收峰，遠低於其最大可能性。

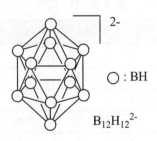

$B_{12}H_{12}^{2-}$

○ : BH

圖 9-16 硼化物 $K_2B_{12}H_{12}$ 具有很高的對稱性 (I_h)。

9.7 在過渡金屬化合物中的化學鍵 (Chemical bonding in transition metal compounds)

1929 年，理論物理學家貝特 (H. Bethe) 首先利用對稱的概念建立純粹靜電模型的**結晶場理論** (crystal field theory)。在此一理論中先假定中心金屬離子和其周圍配位的**配位基**皆視為點電荷以純粹靜電相互作用，其結果是中心金屬離子的五個 d 軌域（本為能量相同的簡併狀態）因為周圍配位基對稱環境不同而產生分裂。例如，中心金屬五個 d 軌道在**正八面體** (Octahedral, O_h) 的環境下不再是**簡併狀態**，而分裂成 t_{2g} 和 e_g 兩組，分別包含三個 (d_{xy}, d_{yz}, d_{zx}) 和兩個原子軌域 (d_{x2-y2}, d_{z2})（**圖 9-17**）。群論是定性的，並無法告訴我們 t_{2g} 和 e_g 兩組軌域之間的能量分裂的大小，也沒有辦法告訴我們兩組軌域分裂的相對順序。理論上，分子定量的能量資料可由分子結構以 Schröinger 方程來解出。然而，對於配位化合物的大型分子，實際執行上卻很困難及耗費電算資源。**結晶場理論**模型藉由一些假設，試圖回答分子定量的問題。當環境的對稱更低時，軌域分裂越多。如在**平面四邊形** (Square planar, D_{4h}) 的環境下，d 軌域分裂成四組（**圖 9-17**）。其實，這些軌域分裂情形很容易由相對應的**徵表**中的區域 III 及區域 IV 看出（**表 9-4, 9-5**）。

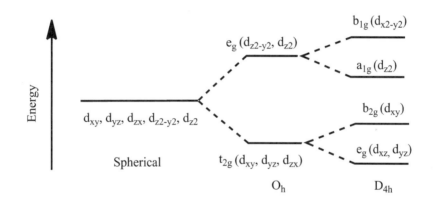

圖 9-17 五個 d 軌域在對稱環境下產生分裂，先在正八面體 (Octahedral, O_h) 的環境下，分裂成兩組。接著在平面四邊形 (Square planar, D_{4h}) 的環境下，分裂成四組。

表 9-4 正八面體 (Octahedral, O_h) 徵表

O_h	E	$8C_3$	$6C_2$	$6C_4$	$3C_2(=C_4^2)$	i	$6S_4$	$8S_3$	$3\sigma_h$	$6\sigma_d$	
A_{1g}	1	1	1	1	1	1	1	1	1	1	$x^2+y^2+z^2$
A_{2g}	1	1	−1	−1	1	1	−1	1	1	−1	
E_g	2	−1	0	0	2	2	0	−1	2	0	$2z^2-x^2-y^2, x^2-y^2$
T_{1g}	3	0	−1	1	−1	3	1	0	−1	−1	(R_x,R_y,R_z)
T_{2g}	3	0	1	−1	−1	3	−1	0	−1	1	(xy, yz, xz)
A_{1u}	1	1	1	1	1	−1	−1	−1	−1	−1	
A_{2u}	1	1	−1	−1	1	−1	1	−1	−1	1	
E_u	2	−1	0	0	2	−2	0	1	−2	0	
T_{1u}	3	0	−1	1	−1	−3	−1	0	1	1	(x,y,z)
T_{2u}	3	0	1	−1	−1	−3	1	0	1	−1	

表 9-5　平面四邊形 (Square planar, D_{4h}) 徵表

D_{4h}	E	$2C_4$	C_2	$2C_2'$	$2C_2''$	i	$2S_4$	σ_h	$2\sigma_v$	$2\sigma_d$		
A_{1g}	1	1	1	1	1	1	1	1	1	1		x^2+y^2, z^2
A_{2g}	1	1	1	−1	−1	1	1	1	−1	−1	R_z	
B_{1g}	1	−1	1	1	−1	1	−1	1	1	−1		x^2-y^2
B_{2g}	1	−1	1	−1	1	1	−1	1	−1	1		xy
E_g	2	0	−2	0	0	2	0	−2	0	0	(R_x, R_y)	(yz, xz)
A_{1u}	1	1	1	1	1	−1	−1	−1	−1	−1		
A_{2u}	1	1	1	−1	−1	−1	−1	−1	1	1	z	
B_{1u}	1	−1	1	1	−1	−1	1	−1	−1	1		
B_{2u}	1	−1	1	−1	1	−1	1	−1	1	−1		
E_u	2	0	−2	0	0	−2	0	2	0	0	(x,y)	

另外，四配位的另一種常見結構為**正四面體** (Tetrahedral, T_d)。正四面體和正八面體結構的相關性可由下圖看出端倪。兩者可皆由**立方體** (Cubic) 開始，正四面體為立方體的角落上每隔一個位置上有配位基；正八面體為立方體的每個面中心的位置上有配位基（**圖 9-18**）。中心金屬五個 d 軌道的分裂情形剛好相反。正四面體沒有中心對稱，分裂的 t_2 和 e 兩組沒有 g 的符號。

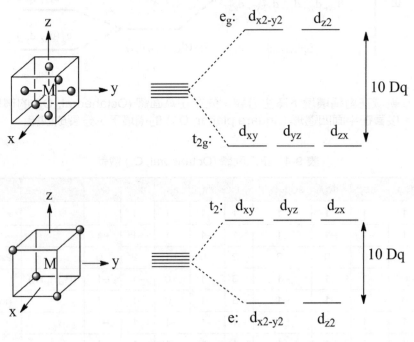

圖 9-18　正八面體及正四面體皆可由立方體導出。

從**徵表** (Character Table) 的**級數** (Order) 或**對稱操作** (Symmetry Operation) 的數目可看出分子是否比較對稱。如正八面體及正四面體結構的**對稱元素** (Element) 數目分別為 48 及 24。可以說正八面體比正四面體要來得對稱（**表 9-6**）。

表 **9-6**　正四面體 (Tetrahedral, T_d) 徵表

T_d	E	$8C_3$	$3C_2$	$6S_4$	$6\sigma_d$		
A_1	1	1	1	1	1		$x^2+y^2+z^2$
A_2	1	1	1	−1	−1		
E	2	−1	2	0	0		$2z^2-x^2-y^2, x^2-y^2$
T_1	3	0	−1	1	−1	(R_x, R_y, R_z)	
T_2	3	0	−1	−1	1	(x,y,z)	(xy, yz, xz)

　　一個常容易混淆的名詞是**電子組態** (electron configurations) 和**電子態** (electronic state)。首先必須注意到的是電子組態不等於**能量項** (energy terms)。前者是電子填在軌域的情形，有實質的軌域空間；後者是指電子填入軌域後所造成的能量狀況。例如，一個過渡金屬離子具有一個 d 電子，在正八面體對稱環境下，d 電子可能填入 t_{2g} 軌道，由此產生 $^2T_{2g}$ 能量項。注意軌域以小寫的「t」表示；能量項以大寫的「T」表示。一個電子組態可能會產生幾個能量項。

　　舉一個實際的例子來說明。Be 原子的基態的**電子組態**是 $2s^2 2p^0$，激發態是 $2s^1 2p^1$。(a) 試問有多少**微狀態** (microstates) 是從激發態的電子組態產生的？(b) 將這些微狀態化約成**能量項** (energy terms)。(c) 哪一個能量項能量最低？另一種激發態是 $2s^0 2p^2$。(d) 試問有多少微狀態是從激發態的電子組態產生的？將這些微狀態化約成能量項。(e) 哪一個能量項能量最低？解答是：(a) 微狀態數目為 C(2,1)*C(6,1) = 2*6 =12。(b) 12 個微狀態可化約為 ^3P 及 ^1P 兩個能量項。(c) 基態是 ^3P。

		M_s		
		−1	0	+1
	+1	1	2	1
M_l	0	1	2	1
	−1	1	2	1

　　(d) 激發態的**電子組態**為 $2s^0 2p^2$。**微狀態**數目為 C(6,2) = 6*5/2 = 15。(e) 可化約為 ^1D、^1S 及 ^3P 三個**能量項** (energy terms)。基態是 ^3P。

		Ms				
		−2	**−1**	**0**	**+1**	**+2**
	+1	0	1	1	1	0
Ml	**0**	1	2	3	2	1
	−1	0	1	1	1	0

　　以上是指在球形環境下，**能量項** (energy term) 的分裂情形。下圖表示能量項的相對能量受到不同外圍環境影響下的可能分裂情形（**圖 9-19**）。對稱越低的環境造成能量項分裂越多。從另一個觀點上看，這些變化可視為中心原子原來的球形環境受到外圍環境的**擾動** (perturbation) 所造成。這種擾動使能量項分裂的大小在可見光區，透過能量項間的可見光吸收，產生互補光，即造成過渡金屬化合物的顏色。

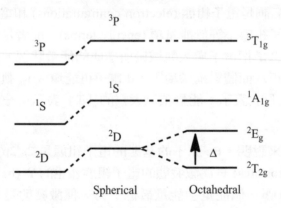

圖 9-19 (a) 能量項 ^1S，^3P 和 ^2D 在 (b) 球面對稱和 (c) 正八面體對稱下的靜電場能量受到影響示意圖。

　　下表展示能量項符號 S、P、D、F、G、H、I 在立方對稱狀態的分裂情形（**表 9-7**、**9-8**）。

表 9-7　能量項在立方體 (Cubic) 對稱狀態的分裂情形

S	→	A_1
P	→	T_1
D	→	$E + T_2$
F	→	$A_2 + T_1 + T_2$
G	→	$A_1 + E + T_1 + T_2$
H	→	$E + 2T_1 + T_2$
I	→	$A_1 + A_2 + E + T_1 + T_2$

表 9-8　不同電子組態 (Electron Configurations) 產生不同能量項 (Energy Terms)

	電子在等值軌道
$s^2, p^6,$ and d^{10}	^1S
p and p^5	^2P
p^2 and p^4	$^3P, ^1D, ^1S$
P^3	$^4S, ^2D, ^2P$
d and d^9	^2D
d^2 and d^8	$^3F, ^3P, ^1G, ^1D, ^1S$
d^3 and d^7	$^4F, ^4P, ^2H, ^2G, ^2F, ^2D, ^2D, ^2P$
d^4 and d^6	$^5D, ^3H, ^3G, ^3F, ^3F, ^3D, ^3P, ^3P, ^1I, ^1G, ^1G, ^1F, ^1D, ^1D, ^1S, ^1S$
d^5	$^6S, ^4G, ^4F, ^4D, ^4P, ^2I, ^2H, ^2G, ^2G, ^2F, ^2F, ^2D, ^2D, ^2D, ^2P, ^2S$
	電子在不等值軌道
ss	$^1S, ^3S$
sp	$^1P, ^3P$
sd	$^1D, ^3D$
pp	$^3D, ^1D, ^3P, ^1P, ^3S, ^1S$
pd	$^3G, ^1G, ^3F, ^1F, ^3D, ^1D, ^3P, ^1P, ^3S, ^1S$
dd	$^3P, ^1D, ^1S$
sss	$^4S, ^2S, ^2S$
ssp	$^4P, ^2P, ^2P$
spp	$^4D, ^2D, ^2D, ^4P, ^2P, ^2P, ^2P, ^4S, ^2S, ^2S$
spd	$^4F, ^2F, ^2F, ^4D, ^2D, ^2D, ^4P, ^2P, ^2P$

9.8　以分子軌域理論來描述過渡金屬化合物中的化學鍵
(Chemical bonding in transition metal compounds described by Molecular Orbital Theory)

　　金屬化合物的中心金屬離子的五個 d 軌域的分裂情形，可以**群論**來定性描述。**結晶場理論** (Crystal Field Theory, CFT) 的假設很簡單，卻可以定量但粗糙的來描述五個 d 軌域的分裂情形。**分子軌域理論** (Molecular Orbital Theory, MOT) 則是比較好的理論來描述過渡金屬化合物中的化學鍵結。以下分別為正八面體 (O_h)、正四面體 (T_d) 及平面四邊形 (D_{4h}) 的分子軌域能量圖。藉由 LCAO-MO（將原子軌域做線性組合成分子軌域）方法組合而成，且只考慮 σ-鍵結（**圖 9-20**、**9-21**、**9-22**）。

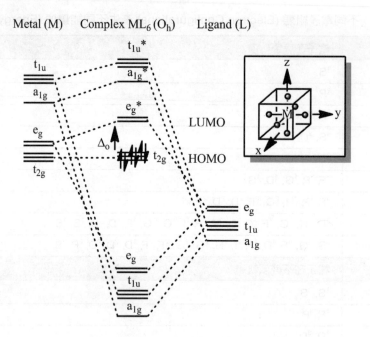

圖 9-20 正八面體 (Oₕ) 軌域能量圖。藉由 LCAO-MO 方法組合而成。只考慮 σ-鍵結。

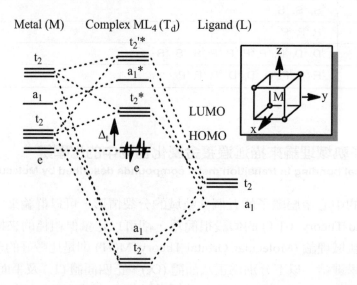

圖 9-21 正四面體 (Tₔ) 軌域能量圖。藉由 LCAO-MO 方法組合而成。只考慮 σ-鍵結。

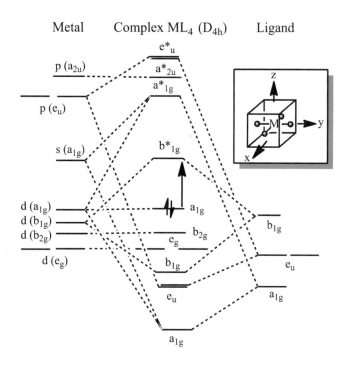

圖 9-22　平面四邊形 (D_{4h}) 軌域能量圖。藉由 LCAO-MO 方法組合而成。只考慮 σ-鍵結。

　　以**平面四邊形** (D_{4h}) 的分子 $PtCl_4^{2-}$ 為例說明（**圖 9-23**）。四個配位基 Cl^- 在群論中視為等價 (equivalent)，可以根據群論方法將四個配位基做線性組合，形成 A_{1g}、B_{1g}、E_u 四組 LGO（**圖 9-24**）。分別為 $\psi_1(A_{1g}) = 1/2 \ (A + B + C + D)$；$\psi_2(B_{1g}) = 1/2 \ (A - B + C - D)$；$\psi_3(E_u) = 1/\sqrt{2} \ (A - C)$；$\psi_4(E_u) = 1/\sqrt{2} \ (B - D)$。當四個 LGO 被設定好後，再找中心 Pt 金屬內適當的軌域來結合。例如，$\psi_1(A_{1g})$ 可找到 Pt 金屬的 s 軌域甚或 d_{z^2} 軌域來結合。$\psi_2(B_{1g})$ 可找到 Pt 金屬的 $d_{x^2-y^2}$ 軌域來結合。

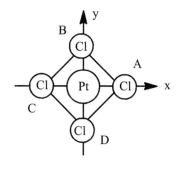

圖 9-23　平面四邊形 (D_{4h}) 分子 $PtCl_4^{2-}$。

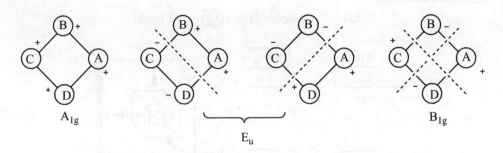

圖 9-24 四個配位基做線性組合形成 A₁g、B₁g、Eᵤ 四組 LGO。

🔅 充電站

S9.1　科頓 (F. A. Cotton, 1930-2007) 與群論在化學上的應用

　　科頓是一位很奇特的化學家。他就讀**哈佛大學**時原本選擇物理化學為首要目標。後來跟隨無機化學家**威金森** (Geoffrey Wilkinson) 為指導教授，興趣改往無機化學方向。多年後，威金森為 1973 年諾貝爾獎得主。科頓和威金森鑑於當時沒有適當的無機化學教科書可使用，而合寫了有名的**高等無機化學** (Advanced Inorganic Chemistry) 一書。然而，讓科頓名留化學界的是他的另一本巨著**群論在化學上的應用** (Chemical Applications of Group Theory)，出版至今仍被化學界廣泛地使用。書中大量使用數學及化學的原理，足見作者深厚的數理功力。科頓成就非凡，卻一輩子和諾貝爾獎無緣。有人說和他特異獨行的處事風格有關。參考文獻：F. A. Cotton, "Chemical Applications of Group Theory", 3rd Ed., John Wiley, New York, 1990.

S9.2　群論與量子力學計算

　　以**群論**來推估化學分子的軌域或光譜等等物理性質只能為定性，要得到化學分子的物理性質的定量值，必須以實驗方式或以**量子力學計算**來取得。在量子力學計算分子的物理性質時，若能適當地應用群論對稱的概念則能使計算時間降低，節省計算資源。

S9.3　群論徵表 (Character Table) 最右邊的欄位看不到的區域

　　徵表中最右邊的欄位可看出在此對稱中，所分成的幾種「群組」狀態對一級函數或二級函數是否具有**作用**。理論上，從徵表中可以推導出比二級更高的函數。不過，在一般使用上，到二級函數已很夠用了。

S9.4　「對稱」觀念要人命

　　比利時首府**布魯塞爾**市中心廣場樹立著一棟華麗無比的建築物，聽說原先是皇室的居所，後來由皇室轉讓予布魯塞爾市政府使用。傳說多年前啟建的建築師第一次嘗試以左右不對稱方式來突破當時公共建築物必須遵守左右「對稱」的窠臼（**圖 S9-1**）。雖然此建築物在各方面的建築成就上無可挑剔，然而建築師仍飽受當時許多人堅持公共建築物必須遵守左右「對稱」原則的輿論強烈攻擊，遂於建築物完成後憤而從建築物上面樓層跳樓而下，其結局可想而知。不過，時代改變，人們的好惡也隨之改變。聽說此「不對稱」建築物後來反而變成建築界的經典之作。

圖 S9-1 布魯塞爾市中心廣場樹立一棟華麗無比的「不對稱」建築。

練習題

1. 從群論 (Group Theory) 來說明群 (Group) 的概念。

Please explain the concept of "Group" from "Group Theory".

答：在**群論**中，**群** (Group) 的概念是指具有某些被設定的數學操作特性的元素的集合。

補充說明：早期發展**群論**的是數學家，**群** (Group) 是抽象的概念，後來經物理學家及化學家的修改後，將它應用到有實體的分子的結構及光譜的理解上。

2. 請說明點群 (Point Group) 和空間群 (Space Group) 的概念。

Please explain the concept of "Point Group" and "Space Group".

答：在**群論**中，**點群** (Point Group) 的概念是指對在有限空間存在的物體的數學操作。如一塊六邊形地磚、一個水分子，或是一個 C_{60} 分子。**空間群** (Space Group) 的概念指對在無限延伸的空間存在的物體的數學操作。結晶的分子如 NaCl 或是由六邊形地磚所鋪出的大片人行道，都可被視為在無限延伸的空間存在的物體。

補充說明：在**結晶學**中，**空間群** (Space Group) 的概念才會被用到。

3. 請說明群論可以預測事件可不可能發生，卻無法預測事件發生的量。

Explain that "Group Theory" could be employed to predict the possibility of the event occurred; yet, not the "quantity" of that event occurred.

答：**群論**是定性非定量。如群論可預測 $Fe(CO)_5$（D_{3h} 對稱）可能可觀察到幾個 CO 振動吸收峰。卻無法預測吸收峰的位置（頻率）及強度。如群論可推論 $Cr(CO)_6$（O_h 對稱）的分子軌域如何由原子軌域組成。卻無法預測所組成分子軌域的能量高低位置。

補充說明：科學家對於所處理的物理現象不會只滿足於**定性**的性質，而是希望最終能夠得到**定量**的數值。雖然偶爾可以從某些理論假設上取得某些定量資料；然而，最直接的方式當然是從實驗中去量測其物理量。

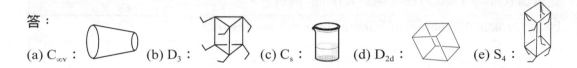

舉例屬於下面點群的物件：(a) $C_{\infty v}$, (b) D_3, (c) C_s, (d) D_{2d}, (e) S_4。

4.

Provide example of object having the following Point Group：(a) $C_{\infty v}$, (b) D_3, (c) C_s, (d) D_{2d}, (e) S_4.

答：

(a) $C_{\infty v}$:   (b) D_3 :   (c) C_s :   (d) D_{2d} :   (e) S_4 :

指出下面每個物件或分子的點群。

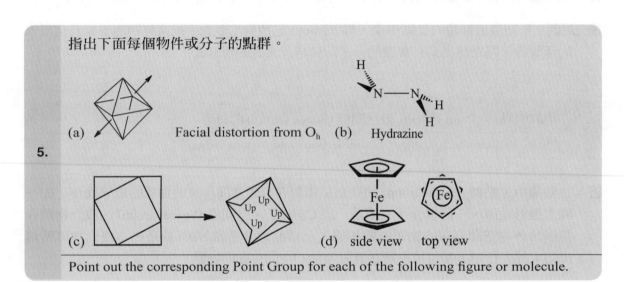

(a)   Facial distortion from O_h (b)   Hydrazine

5.

(c)   (d)   side view   top view

Point out the corresponding Point Group for each of the following figure or molecule.

答：

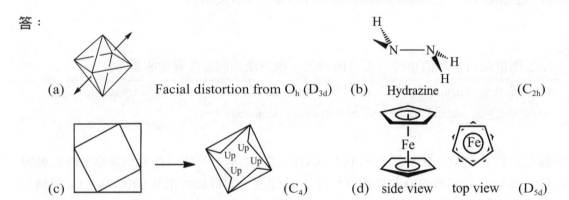

(a)   Facial distortion from O_h (D_{3d})   (b)   Hydrazine   (C_{2h})

(c)   (C_4)   (d)   side view   top view   (D_{5d})

指出下面每個物件或分子的點群。

6.

Figure out the corresponding Point Group for each of the following figure or molecule.

答：

(a)  $D_{\infty h}$

(b)  C_{4v}

(c) 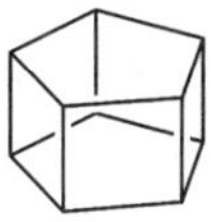 D_{5d}

(d)  C_{4v}

(e)  C_{3d}

(f)  C_3

(g) 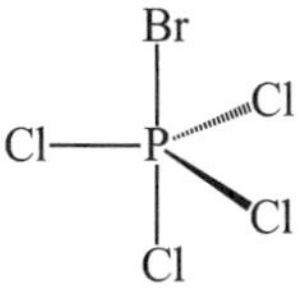 C_{3v}

(h) 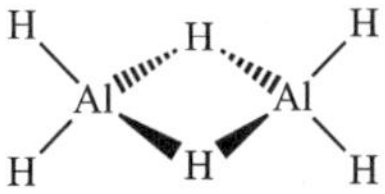 Al_2H_6　D_{2h}

(i) 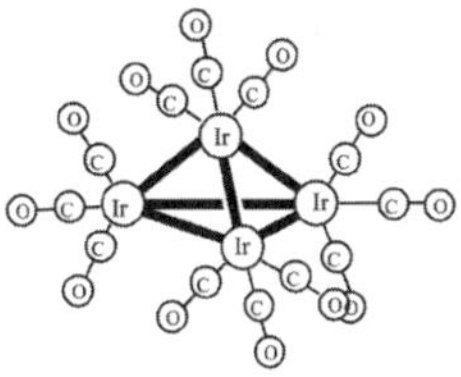 T_d

(j) 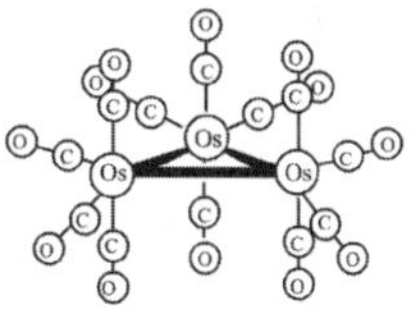 C_{3v}

(k) 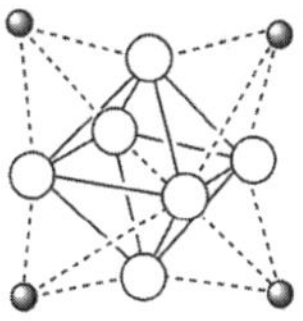 ◯ : $Rh(CO)_2$　● : μ_3-CO　T_d

(l) 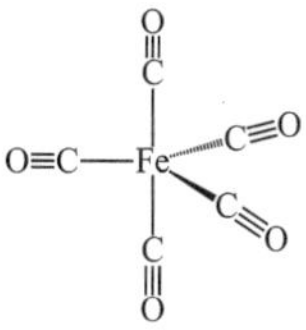 D_{3h}

(m) 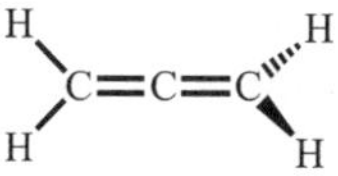 allene　C_{2v}

(n) 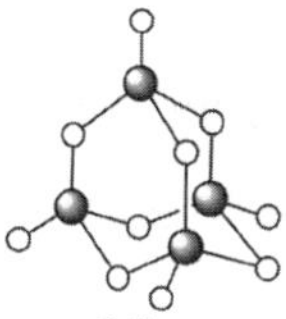 P_4O_{10}　C_{3v}

(o)  D_{4h}

(p) 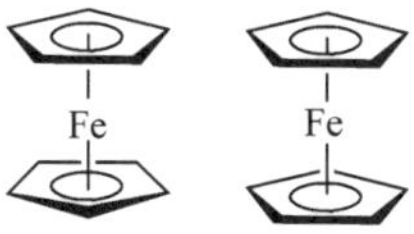 form A　form B　D_{5d}, D_{5h}

(q) Form A　Form B　C_{3v}

(r) 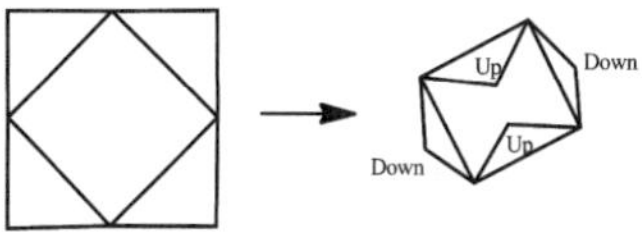 C_{2v}

(s) 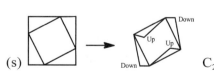 C_2

7.

指出下述分子或幾何形狀的點群。

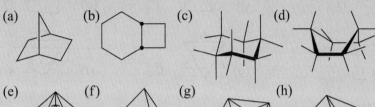

Point out the corresponding Point Group symbol for each of the following molecule or object.

答：分別是：(a) C_{2v}；(b) C_{2v}；(c) C_{3v}；(d) C_{2v}；(e) I_h；(f) D_{3h}；(g) D_{2d}；(h) C_{4v}。

8.

指出下面每個分子構型的點群。

Name the corresponding Point Groups for each of the following molecular structures.

答：每個分子構型及其相對應的**點群**如下。

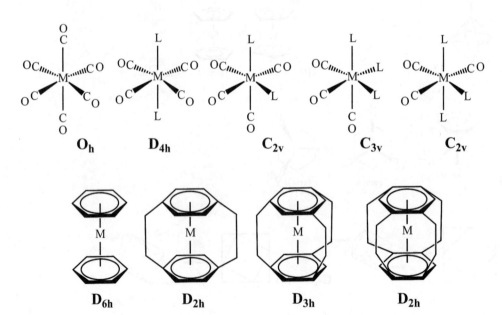

9. 請指出下面每個分子構型的點群。

Please point out the corresponding Point Group for each of the following molecule.

答： 每個分子構型及其相對應的**點群**如下。

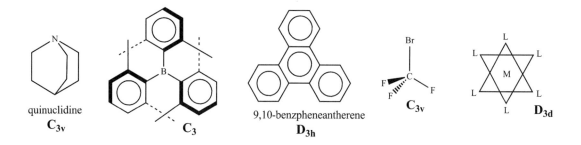

N
quinuclidine
C_{3v}
B
C_3
9,10-benzpheneantherene
D_{3h}
Br
C
F
F
F
C_{3v}
L
L
L
M
L
L
L
D_{3d}

10. 找出正八面體 (Octahedral) 的所有對稱元素 (Symmetry Elements)。

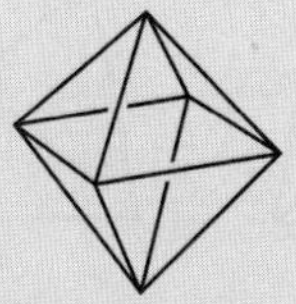

Octahedron (O_h)

Please find out all the "Symmetry Elements" for an object with octahedral geometry.

答： 從**正八面體** (Octahedral, O_h) 的徵表第一列看出，正八面體總共有 48 個**對稱元素** (Symmetry Elements)。參考**表 9-4** 正八面體徵表。取其中幾個重要對稱操作說明如下。

C_4
C_2
i
S_4
S_3
C_3
σ_h
σ_d

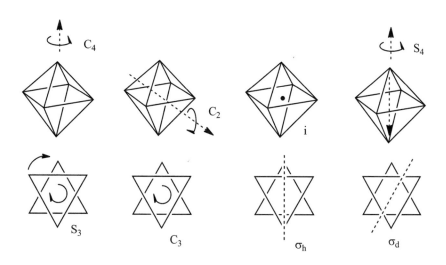

11.
找出正四面體 (Tetrahedral) 的所有對稱元素 (Symmetry Elements)。

Tetrahedron (T_d)

Please find out all "Symmetry Elements" for an object with tetrahedral geometry.

答： 從**正四面體** (Tetrahedral, T_d) 的**徵表**第一列看出，正四面體總共有 24 個**對稱元素** (Symmetry Elements)。參考**表 9-6** 正四面體徵表。取其中幾個重要對稱操作說明如下。

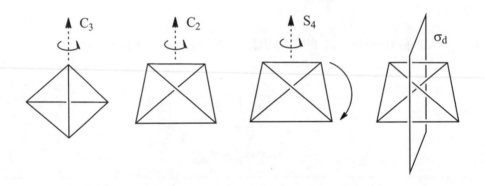

12.
請說明在**群論** (Group Theory) 中**徵表** (Character Table) 的用途。

Explain the function of "Character Table" which is derived from "Group Theory".

答： 在**群論**中**徵表**有很多用途。它可指出在此對稱中，分成幾種「群組」狀態，且各種「群組」狀態對一級函數或二級函數是否具有作用。

13.
請說明在**徵表** (Character Table) 中最右邊的欄位的用途。

Explain the function of the right column in "Character Table".

答： **徵表**中最右邊的欄位可指出在此對稱中，所分成的幾種「群組」狀態，其對一級函數或二級函數是否具有作用。

補充說明：理論上**徵表**中最右邊的欄位可對應到二級函數以上，但是一般化學應該都使用不到。

|14.|請找出 C_{3v} 對稱的徵表 (Character Table) 並藉以說明群論中被暱稱為偉大的正交定律 (The "Great Orthogonality Theorem") 公式。

Find out the C_{3v} symmetry from the corresponding "Character Table" and interpret the so called "Great Orthogonality Theorem" by using this symmetry operation.|

答：以 C_{3v} 為例，從 C_{3v} **徵表**看出有 6 個對稱操作元素：E, $2C_3$, $2\sigma_v$。參考表 **9-2** C_{3v} 對稱的徵表。

偉大的正交定律 (The "Great Orthogonality Theorem") 公式

1. 將**不可化約表述** (irreducible representations) 的**維度** (dimensions) 平方相加等於群組的**元素個數值** (Order)：$\Sigma\, l_i^2 = l_1^2 + l_2^2 + l_3^2 + ... = h$

說明：**不可化約表述** (A_1, A_2, E) 的**維度**為 1, 1, 2。$1^2 + 1^2 + 2^2 = 6$，等於 6 個對稱操作元素的數目 (h)。

2. 在任何**不可化約表述** (irreducible representations) 的**徵值** (Character) 的平方相加等於

$$h : \sum_R [\chi_i(R)]^2 = h$$

說明：**不可化約表述** (A_1) 的**徵值**為 1, 1, 1。$1^2 + 2 \times 1^2 + 3 \times 1^2 = 6$，等於 6 個對稱操作元素的數目 (h)。同理，不可化約表述 (A_2) 的徵值為 1, 1, –1。$1^2 + 2 \times 1^2 + 3 \times (-1)^2 = 6$，等於 6 個對稱操作元素的數目 (h)。再者，不可化約表述 (E) 的徵值為 2, –1, 0。$2^2 + 2 \times (-1)^2 + 3 \times (0)^2 = 6$，等於 6 個對稱操作元素的數目 (h)。

3. 任兩個不可化約表述 (irreducible representations) 的徵值 (Character) 為正交：

$$\sum_R [\chi_i(R)][\chi_j(R)] = 0, \text{ when } i \neq j$$

說明：**不可化約表述** (A_1) 及 (A_2) 的**徵值**分別為 (1, 1, 1) 和 (1, 1, –1)。$1 \times 1 + 2 \times (1 \times 1) + 3 \times (1 \times (-1)) = 0$，不可化約表述 ($A_1$) 及 ($A_2$) 為正交。同理，不可化約表述 ($A_1$) 及 (E) 的徵值分別為 (1, 1, 1) 和 (2, –1, 0)。$1 \times 2 + 2 \times (1 \times (-1)) + 3 \times (1 \times (0)) = 0$，不可化約表述 ($A_1$) 及 (E) 為正交。

4. 任何在同一個**類** (class) 中的矩陣表述不論其為**可化約**或**不可化約**其徵值都相同。

說明：同一個**類** (class) 例如是指如 C_3 中旋轉 120° 或 240° 操作，其矩陣表述其**徵值**都相同。

5. 一個群中其不可化約表述的數目等於類 (class) 的數量。

說明：**類** (class) 指對稱操作元素 (E, $2C_3$, $2\sigma_v$) 種類，共三種。**不可化約表述**指 A_1，A_2 及 E，共三種。

15.
> 請說明群論 (Group Theory) 如何應用於分子的紅外光譜。
>
> Explain that the concept of "Group Theory" can be employed to interpret the IR spectrum of a molecule.

答：**徵表 (Character Table)** 中最右邊的欄位第一欄指出，徵表中所分成的幾種「群組」狀態對一級函數是否具有**活性 (Active)**。

補充說明：紅外光吸收和一級函數 x、y 或 z 軸的軸向**偶極矩 (dipole moment)** 改變有關。有改變者才會有紅外光吸收。

16.
> 只有當 $\int \psi_i H \psi_j d\tau$ 積分非零時，紅外光譜才可以觀察到吸收。ψ_i 是初始狀態；而 ψ_j 是最終狀態。當中的運算元 H 應該 x、y 或 z 中的一個奇函數。解釋為什麼 ψ_i 和 ψ_j 同時為奇函數或同時為偶函數，不會觀察到紅外光譜吸收。
>
> Infrared radiation can be observed only when the integral such as $\int \psi_i H \psi_j d\tau$ is nonzero. Here ψ_i is the initial state (ground state) and ψ_j is the final state (excited state). Since operator H in Infrared radiation shall be either x, y, or z (an odd function), explain why the ψ_i and ψ_j shall both be even or odd functions.

答：當 ψ_i 和 ψ_j 同時為奇函數或同時為偶函數時，乘以當中的運算元 H（奇函數），其乘積 $\psi_i H \psi_j$ 為奇函數，其積分為零。故要觀察到紅外光譜吸收，ψ_i 和 ψ_j 不可同時為奇函數或同時為偶函數。

補充說明：運算元 H 為 x、y 或 z 軸的奇函數 ($f(-x) = -f(x)$)。

17.
> (a) 四配位過渡金屬化合物 M(CO)$_4$ 可能是以正四面體 (Tetrahedral, T$_d$) 或平面四邊形 (Square planar, D$_{4h}$) 構型存在。可以藉由 IR 光譜 υ_{CO} 吸收峰個數來區分兩者嗎？
> (b) 六配位過渡金屬化合物 M(CO)$_4$L$_2$（L 不是 CO）視為由正八面體延伸而來，可能以 *cis*- 或 *trans*- 構型存在。是否可以由化合物的 IR 光譜 υ_{CO} 吸收峰個數來區分兩者嗎？ (c) 請以同樣方式來處理五配位過渡金屬化合物 M(CO)$_5$，它們可能是以雙三角錐 (trigonal bipyramidal, D$_{3h}$) 或金字塔 (pyramidal, C$_{4v}$) 構型存在。(d) 請以同樣方式來處理五配位過渡金屬化合物 M(CO)$_5$，它們可能是以雙三角錐 (trigonal bipyramidal, D$_{3h}$) 或金字塔 (pyramidal, C$_{4v}$) 構型存在。
>
> (a) The metal carbonyl complex M(CO)$_4$ (M: transition metal) could be occurred in either tetrahedral or square planar shape. Can it be identified by using IR technique? (b) The transition metal complex M(CO)$_4$L$_2$ (L is not CO) could be presented in either *cis*- or *trans*-form. Can the employment of IR technique be able to differentiate them? (c) Do the

same porcess to the following case. There are two forms, *mer-* or *fac-*, could be found in the transition metal complex M(CO)₃L₃ (L is not CO). (d) Similarly, the transition metal complex M(CO)₅ could be existed in either Trigonal Bipyramidal (D₃ₕ) or Pyramidal (C₄ᵥ) form. Using the IR technique to tell them apart.

答：(a) 分子 M(CO)₄ 上有四個 CO 配位基，最多可預期在紅外光譜區 CO 的振動頻率區可找到四個吸收峰。事實上，因為分子可能具有對稱的關係，其 CO 振動頻率的實際個數往往會比預期少。

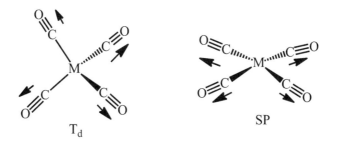

首先，將四個 CO 當做基礎向量。在**正四面體** (Tetrahedral, T_d) 的對稱下，參考**表 9-6 T_d 徵表**，將 Γ_tot(= 4, 1, 0, 0, 2) 化約為**不可化約表述** (irreducible representations)，為 A₁ + T₂。其中 A₁ 是 IR inactive mode，而 T₂ 是 IR active mode。因此，實際只會觀察到一個 CO 的 IR 吸收峰。在**平面四邊形** (Square planar, D₄ₕ) 的對稱下將 Γ_tot 化約為**不可化約表述** (irreducible representations)。參考**表 9-5 D₄ₕ 徵表**。Γ_tot: 4, 0, 0, 2, 0, 0, 0, 4, 2, 0，可化約為 A₁g + B₁g + E_u。其中 A₁g 和 B₁g 是 IR inactive mode，而 E_u 是 IR active mode。實際只會觀察到一個 CO 的 IR 吸收峰。如此看來，如果只是從兩者的紅外光譜區 CO 的振動頻率吸收峰個數，並無法判定四配位過渡金屬化合物 M(CO)₄ 是否為**正四面體**或**平面四邊形**構型。

(b) *Trans*-M(CO)₄L₂ 是 D₄ₕ 對稱；*cis*-M(CO)₄L₂ 是 C₂ᵥ 對稱。

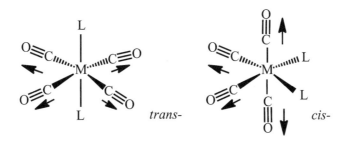

將四個 CO 當做基礎向量。*Trans*-M(CO)₄L₂ 在 D₄ₕ 對稱下將 Γ_tot 化約為**不可化約表述** (irreducible representations)。參考**表 9-5 D₄ₕ 徵表**。Γ_tot: 4, 0, 0, 2, 0, 0, 0, 4, 2, 0，可化

約為 $A_{1g} + B_{1g} + E_u$。A_{1g} 和 B_{1g} 是 IR inactive mode，E_u 是 IR active mode。因此只有一個 CO 的 IR 吸收峰。*Cis*-$M(CO)_4L_2$ 在 C_{2v} 對稱的對稱下將 Γ_{tot} 化約為**不可化約表述** (irreducible representations)。參考表 **9-1** C_{2v} 徵表。Γ_{tot}: 4, 0, 2, 2，可化約為 $2A_1 + B_1 + B_2$。全部都是 IR active mode。有四個 CO 的 IR 吸收峰。紅外光譜區 CO 的振動頻率吸收峰個數不同。因此，可以用來判定六配位過渡金屬化合物 $M(CO)_4L_2$ 是以 *cis*- 或 *trans*- 構型存在。

(c) *mer*-$M(CO)_3L_3$ 是 C_{2v} 對稱；*fac*-$M(CO)_3L_3$ 是 C_{3v} 對稱。

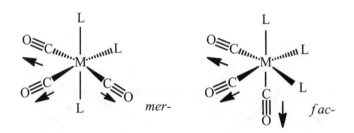

將三個 CO 當做基礎向量。*mer*-$M(CO)_3L_3$ 在 C_{2v} 對稱下將 Γ_{tot} 化約為**不可化約表述** (irreducible representations)。參考 C_{2v} 徵表。Γ_{tot}: 3, 1, 1, 2，可化約為 $2A_1 + B_2$。A_1 和 B_2 是 IR active mode。因此有三個 CO 的 IR 吸收峰。*fac*-$M(CO)_3L_3$ 在 C_{3v} 對稱的對稱下將 Γ_{tot} 化約為不可化約表述。參考 C_{3v} 徵表。Γ_{tot}: 3, 0, 1，可化約為 $A_1 + E$。全部都是 IR active mode。只有二個 CO 的 IR 吸收峰。紅外光譜區 CO 的振動頻率吸收峰個數不同，因此，可以判定六配位過渡金屬化合物 $M(CO)_3L_3$ 是以 *mer*- 或 *fac*- 構型存在。

(d) $M(CO)_5$ 是以雙三角錐構型存在是 D_{3h} 對稱；以金字塔構型存在是 C_{4v} 對稱。

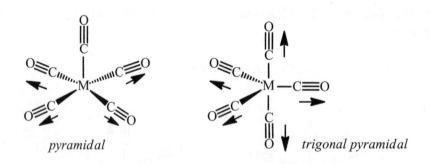

pyramidal　　　　　　　　*trigonal pyramidal*

將五個 CO 當做基礎向量。$M(CO)_5$ 以雙三角錐構型存在是 D_{3h} 對稱下將 Γ_{tot} 化約為**不可化約表述** (irreducible representations)。參考 D_{3h} 徵表。Γ_{tot}: 5, 2, 1, 3, 0, 3，可化約為 $2A_1' + A_2'' + E'$。A_2'' 和 E' 是 IR active mode。因此有二個 CO 的 IR 吸收峰。$M(CO)_5$ 以金字塔構型存在是 C_{4v} 對稱。對稱下將 Γ_{tot} 化約為不可化約表述。參考 C_{4v} 徵表。Γ_{tot}: 5, 1, 1, 3, 1，可化約為 $2A_1 + B_1 + E$。B_1 是 IR inactive mode，$2A_1$ 和 E 是 IR active mode。有三個 CO 的 IR 吸收峰。

紅外光譜區 CO 的振動頻率吸收峰個數不同，因此，可以判定五配位過渡金屬化合物 $M(CO)_5$ 可能是以雙三角錐 (trigonal bipyramidal, D_{3h}) 或金字塔 (pyramidal, C_{4v}) 構型存在。

18.

> 理論上，$Fe(CO)_4(PR_3)$ 有二個結構異構物 (A) 和 (B)。請預測在紅外線光譜圖上每個結構異構物會多少 CO 吸收峰。

form A　　　form B

> How many CO signals will show up in IR spectrum (theoretically) for each isomer of $Fe(CO)_4(PR_3)$, (A) and (B).

答： $Fe(CO)_4(PR_3)$ 其中一個**結構異構物** (A) 的對稱是 C_{2v}。參考**表 9-1** C_{2v} 徵表。

Γ_{tot}: 4, 0, 2, 2。$\Gamma_{tot} = 2A_1 + B_1 + B_2$。

A_1、B_1 和 B_2 是 IR active mode，因此有四個 CO 的 IR 吸收峰。

$Fe(CO)_4(PR_3)$ 另外一個結構異構物 (B) 的對稱是 C_{3v}。參考**表 9-2** C_{3v} 徵表。

Γ_{tot}: 4, 1, 2。$\Gamma_{tot} = 2A_1 + E$。

A_1 是 IR Active mode，E 是 IR Active mode，因此有三個 CO 的 IR 吸收峰。

此例中，由 IR 吸收峰個數可推測分子的結構。

19.

> 六配位過渡金屬化合物 *trans*-$M(CO)_4L_2$（L 不是 CO）的結構視為由正八面體延伸而來，具有 D_{4h} 對稱。將四個 CO 當做基礎向量，以群論對稱的觀點來化約出 IR active 及 inactive mode，並繪製其相對應 CO 振動的正交模式 (vibrational normal mode)。
>
> The transition metal complex *trans*-$M(CO)_4L_2$ (L is not CO in this case) is having a D_{4h} symmetry. Using four CO ligands as base sets and reducing them to IR active and inactive modes by Group Theory. Also, plot out the corresponding vibrational normal modes.

答： 參考上述練習題。將四個 CO 當做基礎向量。*Trans*-M(CO)$_4$L$_2$ 在 D$_{4h}$ 對稱下將 Γ_{tot} 化約 為 A$_{1g}$ + B$_{1g}$ + E$_u$。其中，A$_{1g}$ 和 B$_{1g}$ 是 IR inactive mode，只有 E$_u$ 是 IR active mode。其 相對應 CO 振動的正交模式 (vibrational normal mode) 如下。這結論同樣適用 D$_{4h}$ 對稱 的 M(CO)$_4$。

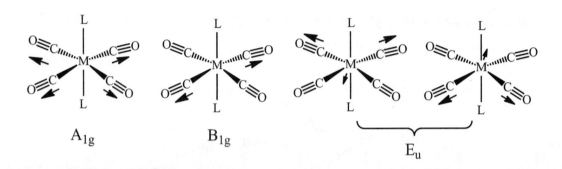

$$A_{1g} \qquad B_{1g} \qquad E_u$$

20.

過渡金屬化合物 Os$_3$(CO)$_{12}$ 的 IR 吸收光譜如下。繪出 Os$_3$(CO)$_{12}$ 可能的結構異構 物。這 IR 吸收光譜符合化合物的何種構型？

The IR spectrum of Os$_3$(CO)$_{12}$ is shown. Please draw out possible isomeric structures of Os$_3$(CO)$_{12}$. Which structure is consistent with the IR spectrum shown?

答： 第一種 Os$_3$(CO)$_{12}$ 分子可能的結構 (**A**)，其所有的 12 個 CO 都是在端點位置的。這種 構型分子是以 D$_{3h}$ 對稱存在。

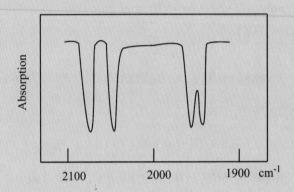

參考**表 9-3** D_{3h} 徵表。將 12 個端點 CO 當做基礎向量，在 D_{3h} 對稱下將 Γ_{tot} 化約爲不可化約表述 (irreducible representations)。Γ_{tot}: 12, 0, 0, 6, 0, 2，化約爲 $2A_1' + A_2' + 3E' + A_2'' + E''$。其中 A_2'' 和 $3E'$ 是 IR active mode。因此有 4 個 CO 的 IR 吸收峰。另一種 $Os_3(CO)_{12}$ 分子可能的結構 (**B**) 是其中 9 個 COs 是端點的及另外 3 個 COs 是架橋的（或是 $Os_3(CO)_9(\mu_2\text{-}CO)_3$）。也是以 D_{3h} 對稱方式存在。同樣地將 12 個 CO 當做基礎向量，可區分成端點的及架橋的兩種。在 D_{3h} 對稱下將 Γ_{tot} 化約爲不可化約表述。其中端點的 $\Gamma_{tot}(t)$: 9, 0, 1, 3, 0, 3，化約爲 $2A_1' + 2E' + A_2'' + E''$。$A_2''$ 和 $2E'$ 是 IR active mode。因此有 3 個 CO 的 IR 吸收峰。另外架橋的 $\Gamma_{tot}(b)$: 3, 0, 1, 3, 0, 1，化約爲 $A_1' + E'$。A_1' 是 IR active mode。因此有 1 個 CO 的 IR 吸收峰。總共有 4 個 IR 吸收峰。如果單獨從 IR 吸收峰個數來看，無法區分是何種構型。然而，從實驗的 IR 光譜吸收峰位置卻可以加以區分。通常，當端點的 CO 的振動頻率在 2120~1850 cm^{-1} 範圍；而當架橋的 CO 應該是在 1850~1750 cm^{-1} 範圍。實驗上 IR 光譜吸收峰頻率並不出現在架橋的範圍。因此 $Os_3(CO)_{12}$ 分子的結構應該是所有的 12 個 CO 都是端點的構型 (**A**)。另一種可能的 $Os_3(CO)_{12}$ 分子結構 (**C**) 是其中 10 個 CO 是端點的及另外 2 個 COs 是架橋的。此構型是以 C_{2v} 對稱方式存在。將 12 個 CO 當做基礎向量，區分成端點的及架橋的兩種。在 C_{2v} 對稱下將 Γ_{tot} 化約爲不可化約表述 (irreducible representations)。其中端點的 $\Gamma_{tot(t)}$: 10, 0, 4, 2，化約爲 $4A_1 + A_2 + 3B_1 + 2B_2$。$4A_1$, $3B_1$ 和 $2B_2$ 是 IR active mode。因此有 9 個 CO 的 IR 吸收峰。另外架橋 $\Gamma_{tot(b)}$: 2, 0, 0, 2，化約爲 $A_1 + B_2$。A_1 和 B_2 是 IR active mode。因此有 2 個 CO 的 IR 吸收峰。總共有 11 個 IR 吸收峰。顯然 IR 吸收峰個數太多，不符合實驗結果。可見分子對稱越低，IR 吸收峰個數越多。這種結構可在和 Os 同族的分子 $Fe_3(CO)_{12}$（或是寫成 $Fe_3(CO)_{10}(\mu_2\text{-}CO)_2$）中發現。

當金屬羰基化合物 $M(CO)_n$ 具有越對稱的結構，其羰基的 IR 吸收峰的個數越少。請提出解釋。

21. The number of absorption bands in the infrared spectrum for metal carbonyls $M(CO)_n$ is decreased while the molecule shows high symmetry. Suggest a proper interpretation for this observed phenomenon.

答：越對稱的結構，相對應的觀察現象越容易形成**簡併狀態**，因此 CO 的 IR 吸收峰的個數越少。

22.

如下圖所示三種含 Co 配位錯合物上硫酸根 (SO_4^{2-}) 的紅外光譜吸收區。請解釋光譜差異的原因。

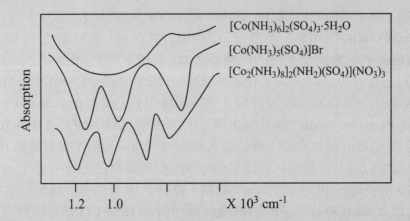

The infrared spectra in the sulfate absorption region for three complexes of cobalt(III) are shown in the following figure. Account for the spectroscopic differences.

答：越對稱的結構，相對應的觀察現象越容易形成**簡併狀態**，IR 吸收峰的個數越少。**硫酸根** (SO_4^{2-}) 當成離子時很對稱，四個 S-O 鍵可能只有一個 IR 吸收峰。當硫酸根 (SO_4^{2-}) 開始以 S-O 基與其他金屬作用時，其對稱性下降，吸收峰的個數增加。很不對稱性時，四個 S-O 鍵吸收峰全部顯現。

23.

純 CO 在紅外光譜吸收為 2143 cm^{-1}。金屬羰基化合物如 $Ni(CO)_4$ 上的羰基和有機化合物的羰基不同，因為它們含有三鍵特性：$M-C\equiv O$。$Ni(CO)_4$ 上 CO 的鍵結都是 terminal 型態。而 $Co_2(CO)_8$ 則顯示兩個紅外光譜吸收峰分別在 ~ 2000 cm^{-1} 和 1800 cm^{-1}。請提出解釋。

The absorption peak of free carbon monoxide shows up at 2143 cm^{-1} in the infrared spectrum. It is known that the IR absorption peak region for a simple metal carbonyls such as $Ni(CO)_4$ differ from the organic carbonyl. The former has CO with triple bond character; yet, the latter with double bond character. Dicobalt octacarbonyl, $Co_2(CO)_8$, shows two absorption bands in the infrared spectrum around ~ 2000 cm^{-1} and 1800 cm^{-1} region. Suggest a proper interpretation for this observation.

答：$Co_2(CO)_8$ 分子的吸收峰在 ~ 2000 cm^{-1} 左右區域者為 terminal 羰基；而吸收峰在 ~ 1800 cm^{-1} 左右區域者為 bridging 羰基。下圖為 $Co_2(CO)_8$ 的幾何構型，有些 CO 以 terminal 方式，而有些 CO 則以 bridging 方式存在。

> 一般在光譜學上的選擇律 (Selection rule) 是指可允許的躍遷。有中心對稱的過渡金屬化合物在 UV-Vis 的電子躍遷光譜，為選擇律所不允許的躍遷。請提出解釋。

24.
> The electron jumps from the ground state to the excited state in transition metal complex is regulated by "Selection rules". Explain that the process is not allowed in UV-Vis for a transition metal complex bearing an inversion center.

答：在可見光譜這個**選擇律** (Selection rule) 的設定是分子狀態間（由基態 ψ_i 至激發態 ψ_f）的躍遷的改變必須 $\int \Psi_i \hat{\sigma} \Psi_f d\tau$ 積分不為零。具有**反轉中心**的分子，電子從**基態**跳躍到**激發態**的狀態間之躍遷是被禁止的。有中心對稱的過渡金屬化合物因 d 軌域有**反轉中心**（具有 gerade(g)），ψ_i 和 ψ_f 都是偶函數，而 $\hat{\sigma}$ 為奇偶數，$\int \Psi_i \hat{\sigma} \Psi_f d\tau$ 積分為零。因此，在 d 軌域間之躍遷理論上是被禁止。此被稱為**拉波特選擇律** (Laporte Selection Rule)。參考第六章第 7 題。

$$\mu_{fi} = \int \Psi_f^* \; \mu \; \Psi_i \, d\tau$$

$$\uparrow \qquad \uparrow \qquad \uparrow$$

$$g \times u \times g = u$$

$$u \times u \times u = u$$

> 請從群論 (Group Theory) 觀點來說明在 C_{60} 的環境下，金屬的 5 個 d 軌域並不會分裂。

25.
> Explain that the five d orbitals of transition metal do not split under the environment displayed by C_{60} from the viewpoint of "Group Theory".

答：C_{60} 的對稱是 I_h，在 I_h 的環境下從**徵表** (Character Table) 看金屬的 5 個 d 軌域並不會分裂。如果能將一個過渡金屬置於 C_{60} 中間，因 5 個 d 軌域並不會分裂，不會觀察到由 d 軌域產生分裂所引發的顏色。

請從群論 (Group Theory) 觀點來說明 (a) 在正八面體 (Octahedral) 的環境下，金屬的 5 個 d 軌域會分裂成兩組。(b) 在正四面體 (Tetrahedral) 的環境下，金屬的 5 個 d 軌域也會分裂成兩組。(c) 說明從群論 (Group Theory) 的觀點切入並無法區分兩者。

26. Answer the following questions from the viewpoint of "Group Theory". (a) The five d orbitals of transition metal do split into two sets of orbitals under the Octahedral environment. (b) The same splitting also held true for the five d orbitals of transition metal under the Tetrahedral environment. (c) Explain that the results of splitting are indistinguishable from the Group Theory prediction.

答：從正四面體 (T_d) 的**徵表** (Character Table) 看金屬的 5 個 d 軌域在此環境下分裂成兩組：$t_{2g}(d_{xy}, d_{yz}, d_{zx})$ 和 $e_g(d_{x2-y2}, d_{z2})$。從正四面體 (T_d) 徵表來看也是分裂成兩組：$t_2(d_{xy}, d_{yz}, d_{zx})$ 和 $e(d_{x2-y2}, d_{z2})$。其 d 軌域分組的構型一樣，兩者並無法區分。其不同之處在於正八面體有中心原子對稱，而正四面體沒有。因此符號稍有不同。若要區分兩組能量高低，必須加入新的考量如結晶場論，或以實驗方式獲得。

請說明群論 (Group Theory) 如何應用於分子軌域的結合，例如建立由配位基組成的軌域 LGO (Ligand Group Orbitals) 再來組合 BeH_2 分子。

27. Explain how the idea of "Group Theory" can be employed to build up LGO (Ligand Group Orbitals) for a BeH_2 molecule.

答：在 BeH_2 分子中，兩個 H 從**群論**的觀點視之是**等值** (equivalent) 的，可以做**線性組合** (Linear Combination of Ligands)，得到兩個**由配位基組成的軌域** (Ligand Group Orbitals, LGOs)。

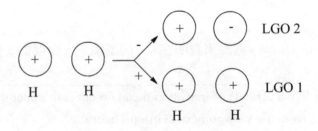

這兩個 LGOs（LGO 1 和 LGO 2）再和 Be 上適當的軌域（2s 和 $2p_z$）來鍵結。共形成四個鍵結。

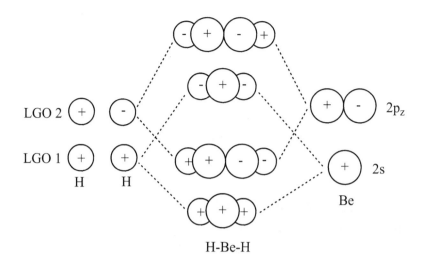

補充說明：原子軌域必須是**等值** (equivalent) 才可以做**線性組合** (Linear Combination of Ligands)。等值的軌域是在群論對稱操作下無法區分的軌域。

28.

線性錯合物 ML_2 兩個配位基在 z 軸方向，其點群為 $D_{\infty h}$。指出可能參與 σ 鍵結的配位基軌域，及其相對應的金屬軌域。指出可能參與 π 鍵結的配位基軌域，及其相對應的金屬軌域。

For a linear ML_2 complex ($D_{\infty h}$) with the two ligands lying along the z axis, sketch the σ- and π-type ligand group orbitals (LGOs) for bonding with metal. Point out appropriate metal orbitals that may participate in σ-bonding and in π-bonding.

答：答案如下。兩個**配位基**先做 s 軌域的線性組合 (LGO) 形成 σ- 及 σ*-軌域，再找出適當相對應的金屬軌域形成鍵結。σ-軌域可和 s, d_{zx}, d_{yz}, d_{z2} 軌域；σ*-軌域可和 p_z 軌域形成鍵結。

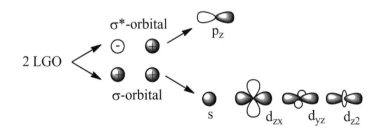

兩個**配位基**先做 p 軌域的線性組合 (LGO) 形成 π- 及 π*-軌域，再找適當相對應的金屬軌域形成鍵結。π-軌域可和 p_z 軌域；π* 可和 d_{z2-x2} 鍵結。

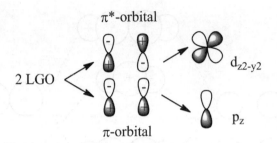

29. 請使用群論的方法來取得平面三角形錯合物 ML_3 的 Ligand Group Orbitals (LGO)。若 LGO 由 s 類型的軌域來組成，指出可能和 LGO 鍵結的金屬軌域。若 LGO 由 p 類型的軌域來組成，指出可能和 LGO 鍵結的金屬軌域。

For a trigonal-planar complexes, ML_3, using the "Group Theory" approach to obtain the Ligand Group Orbitals (LGO) from the s-type orbitals of ligands and finding the matching orbitals for metal. Do the same process for p-type orbitals of ligands.

答： 答案如下。三個配位基先做 s 軌域的**線性組合 (LGO)** 共形成一個 σ-軌域及二個 σ*-軌域，其中後兩個是**簡併狀態**。

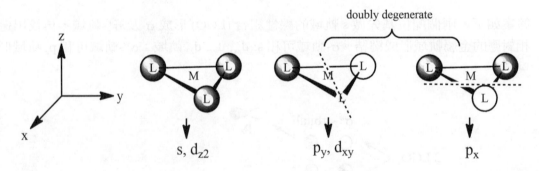

三個配位基先做 p 軌域的**線性組合 (LGO)** 形成一個 π-及二個 π*-軌域，其中後兩個是**簡併狀態**。

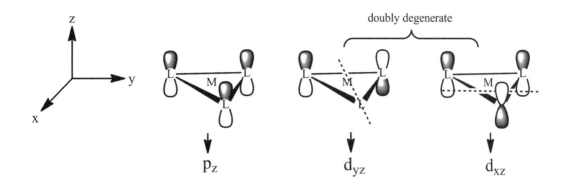

以正八面體 (O_h) 的六配位分子 (ML_6) 為例，請說明群論 (Group Theory) 如何應用於配位化合物來建立分子軌域。

30.

Explain how the idea of "Group Theory" can be employed to build up molecular orbitals for a molecule by using a ML_6 molecule (O_h) as an example.

答： 參考表 **9-4** 正八面體 (Octahedral, O_h) 徵表。例如在正八面體 (O_h) 環境下的 ML_6 分子中，六個**配位基**從**群論**的觀點視之是**等值** (equivalent)，可以做**線性組合** (Linear Combination of Ligands)，得到六個由**配位基組成的軌域** (Ligand Group Orbitals, LGOs)，分成 a_{1g}, t_{1u}, e_g 等三組。

也可從群論著手，將六個**配位基**的**面向金屬方向鍵結**的軌域當做基礎向量，在**正八面體** (Octahedral, O_h) 對稱元素的操作下，Total representation 為

Γ_σ	6	0	0	2	2	0	0	0	4	2

將 Total representation 的值以**正八面體徵表**去化約成包括 a_{1g}, t_{1u}, e_g 三個**不可化約表述** (irreducible representations)。

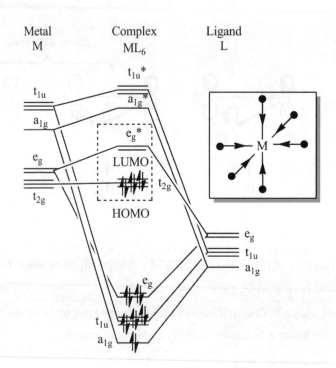

再將金屬可用於鍵結的軌域在**正八面體** (O_h) 環境下以**群論**分成 t_{2g}, e_g, a_{1g}, t_{1u} 等四組。對稱一樣的可重疊鍵結。其中，t_{2g} 找不到對應的軌域，為 non-bonding 軌域。

補充說明：上圖為只有考慮 σ-**鍵結**；當加入 π-**逆鍵結**考慮時會比較複雜。

上圖為正八面體 (O_h) 的六配位分子 (ML_6) 只有考慮 σ-鍵結的情形的分子軌域能量圖；請加入 π-逆鍵結的考慮來建立新的分子軌域能量圖。

31. The above diagram is a representation of molecular orbital energy diagram for a molecule ML_6 (O_h) in which only σ-bonding is considered. Rebuild a new molecular orbital energy diagram while taking into the consideration of π-bonding.

答：下圖為加入 π-**逆鍵結**模型的考量。每個**配位基**上仍有三個基礎向量未參與鍵結，其中背對著金屬方向鍵結的軌域 a 無法參與鍵結，只剩二個切線方向的基礎向量 b & c 可參與鍵結。

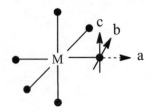

從群論著手，將六個配位基中可參與鍵結的軌域（共 12 個）當做基礎向量，組合形成 12 個 LGO，在正八面體 (Octahedral, O_h) 對稱元素的操作下，Total representation 為：

Γ_π	12	0	0	0	−4	0	0	0	0	0

將 Total representation 的值以**正八面體徵表**去化約成包括 t_{1u}, t_{1g}, t_{2g}, t_{2u} 四個**不可化約表述** (irreducible representations)。在基本模型中，金屬的 t_{2g} 為**不鍵結** (non-bonding) 軌域。在加入 π-**逆鍵結**模型後，原本**不鍵結**軌域 (t_{2g}) 可以和 12 個 LGO 中的 t_{2g} 軌域形成鍵結。如果配位基的 π 為填滿電子軌域，則 10 Dq 變小（下圖左）；如果配位基的為空軌域，則 10 Dq 變大（下圖右）。因此，加入 π-逆鍵結的考慮所建立新的**分子軌域能量圖**能解釋**光譜化學系列** (Spectrachemical series) 的排序。

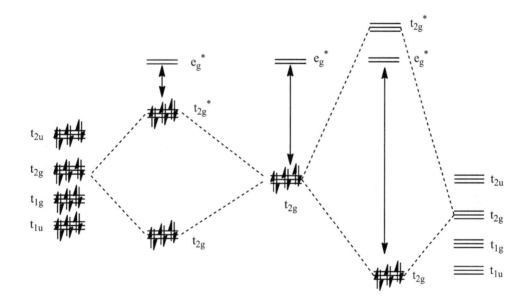

補充說明：舉使用群論的操作從 Total representation 的值來取得其中化約成 t_{1u} 為例，其餘可類推。化約成 T_{1u} **不可化約表述** (irreducible representations) 的個數 = [12*3*1 + 0*0*8 + 0*(−1)*6 + 0*1*6 + (−4)*(−1)*3 + 0*(−3)*1 + 0*(−1)*6 + 0*0*8 + 0*1*3 + 0*1*6]/48 = 48/48 = 1。其中 48 為 order 的數目。T_{1u} 和 Γ_π 相乘時要注意係數也要相乘進去。

O_h	E	$8C_3$	$6C_2$	$6C_4$	$3C_2(=C_4{}^2)$	i	$6S_4$	$8S_3$	$3\sigma_h$	$6\sigma_d$
T_{1u}	3	0	−1	1	−1	−3	−1	0	1	1
Γ_π	12	0	0	0	−4	0	0	0	0	0

> 苯環上有 6 個氫。以群論說明 6 個氫在 ^{1}H NMR 光譜只呈現一個吸收峰,且為單峰。並說明「chemical equivalent」的概念。
>
> **32.** There are six protons in benzene. Yet, there is only one and singlet signal showing up for these six protons in ^{1}H NMR. Explain the observation by employing the idea of "Group Theory". Also explain the concepts of "chemical equivalent".

答: 苯環上有 6 個氫。從**群論**的觀點來看,6 個氫的化學環境是一樣的,為「chemical equivalent」,且不會互相**耦合** (coupling),在 ^{1}H NMR 光譜只呈現一個吸收峰,且為單峰。

> 甲苯上有 8 個氫。在低解析 ^{1}H NMR 光譜呈現兩組吸收峰,比例為 5:3。說明此光譜。並說明「magnetic equivalent」的概念。
>
> **33.** There are eight protons in toluene. Explain the observation that there are two sets of signals in the ratio of 5:3 showing up for these eight protons in low resolution ^{1}H NMR. Also explain the concepts of "magnetic equivalent".

答: 甲苯上有 8 個氫。按照**群論**的觀點來看甲苯在 ^{1}H NMR 光譜應該呈現四組吸收峰,積分比為 3(d):2(c):2(b):1(a),除了甲基為單峰外,其它三組應該會互相**耦合** (coupling),理當在 ^{1}H NMR 光譜中呈現多重峰。但在低解析 ^{1}H NMR 光譜中,除了甲基外的五個氫呈現接近「magnetic equivalent」,只呈現一個吸收峰,且不會互相耦合,為單重峰。最後,甲苯呈現兩組吸收峰,比例為 5:3。

補充說明: 在高解析 ^{1}H NMR 光譜中,H_c 比較接近 doublet,H_b 是 doublet of doublet,H_c 比較像是 triplet 吸收峰,而 H_d 仍是單峰不會被耦合。

34.

在二戊鐵辛 (Ferrocene) 上有 10 個氫。^{1}H NMR 光譜卻只呈現一個吸收峰，且為單峰。說明之。

There are ten protons in Ferrocene; yet, only one set of signal showing up for these eight protons in ^{1}H NMR. Provide a proper explanation for it.

答：因為二戊鐵辛 (Ferrocene) 上兩個 Cp 環在一般溫度下呈現繞 Fe(II) 自由旋轉狀態，10 個氫的化學環境是一樣的，被視為「chemical equivalent」且為「magnetic equivalent」，不會互相**耦合** (coupling)，只呈現一個吸收峰，且為單峰。一般化學位移現在 ^{1}H NMR 的 4~6 ppm 位置。

補充說明：在足夠低溫下，測量 ^{1}H NMR 光譜可發現多於一個吸收峰，且吸收峰間會互相**耦合** (coupling)。

35.

徵表 (Character Table) 中某對稱元素的徵值 (Character) 的定義是，該對稱換作元素以 3x3 矩陣表示時，其由左上往右下斜角數值之和 ($\chi_A = \Sigma_j a_{jj}$)。一個對稱操作元素以 3x3 矩陣表示時，同類 (Class) 其徵值為定值。說明之。

The "Character" of the same "Class" in "Character Table" is the same while the symmetry operation is expressed as a 3x3 matrix in Cartesian coordinates. The "Character" is defined as the sum of diagonal number (or trace) ($\chi_A = \Sigma_j a_{jj}$). Illustrate it.

答：以 C_{3v} 對稱的 NH_3 分子為例。C_{3v} 對稱的**徵表** (Character Table) 中兩個旋轉對稱操作元素 C_3^1 及 C_3^2 為同**類** (Class)，為旋轉 120º (C_3^1) 及 240º (C_3^2)。這兩個對稱操作元素操作以立體空間 (x, y, z) 的 3x3 矩陣來表達。其**徵值相同**（為 0），為定值。參考**表 9-2** C_{3v} 對稱的徵表。

$$
C_3{}^1 \equiv
\begin{bmatrix}
\cos(120^0) & \sin(120^0) & 0 \\
-\sin(120^0) & \cos(120^0) & 0 \\
0 & 0 & 1
\end{bmatrix}
\equiv
\begin{bmatrix}
-0.5 & 0.866 & 0 \\
-0.866 & -0.5 & 0 \\
0 & 0 & 1
\end{bmatrix}
$$

$$
C_3{}^2 \equiv
\begin{bmatrix}
\cos(240^0) & \sin(240^0) & 0 \\
-\sin(240^0) & \cos(240^0) & 0 \\
0 & 0 & 1
\end{bmatrix}
\equiv
\begin{bmatrix}
-0.5 & -0.866 & 0 \\
0.866 & -0.5 & 0 \\
0 & 0 & 1
\end{bmatrix}
$$

中英名詞對應表